EXPOSITION

DES PRODUITS DE L'INDUSTRIE FRANÇAISE.

RAPPORT

DU JURY CENTRAL

EN 1844.

EXPOSITION

DES PRODUITS DE L'INDUSTRIE FRANÇAISE EN 1844.

RAPPORT
DU JURY CENTRAL.

TOME TROISIÈME.

PARIS.

IMPRIMERIE DE FAIN ET THUNOT.

Rue Racine, 28, près de l'Odéon.

M DCCC XLIV.

RAPPORT

DU JURY CENTRAL

SUR LES PRODUITS

DE L'INDUSTRIE FRANÇAISE

EN 1844.

SIXIÈME COMMISSION.

BEAUX-ARTS.

Membres de la Commission.

MM. Fontaine, président, Barbet, Beudin, Blanqui, Brongniart, Chevreul, Denière, Firmin Didot, Amédée-Durand, Feuchère (Léon), Héricart de Thury (vicomte), Laborde (comte de), Noé (comte de), Picot, Sallandrouze-Lamornaix.

SECTION PREMIÈRE.

ORFÉVRERIE, PLAQUÉ.

M. Denière, rapporteur.

§ 1. ORFÉVRERIE.

Considérations générales.

Nous ouvrons le rapport du jury des années 1834 et 1839, et nous trouvons, à cinq années de distance, les mêmes reproches et aussi les mêmes conseils adressés avec sagesse et autorité à cette industrie par son habile rapporteur.

Ces reproches et ces conseils, dictés pour remettre en honneur l'art et la forme, ont amené leurs fruits : le temps a décidé en faveur de l'orfèvrerie, et nous nous félicitons d'avoir à constater un progrès brillant et de pouvoir applaudir aux succès qui ont couronné les efforts de nos habiles et intelligents fabricants. Si nous sommes heureux de louer le présent, c'est que l'orfèvrerie, glorieuse à juste titre de son passé, est engagée d'honneur à bien mériter de l'avenir.

L'orfèvrerie a été une part notable de l'art antique. On peut apprécier dans la *Bible* et dans les poésies grecques quelle a été la science de la profession et la perfection des ouvrages, on cite des morceaux fameux : les vases sacrés de Jérusalem, le bouclier d'Homère, relevé et damasquiné, une magnifique corbeille d'argent offerte à Hélène, corbeille dont les bords étaient d'un or très-fin et très-travaillé ; les lois somptuaires à Rome expliquent toute l'abondance et la prodigalité de l'art, appliquées aux bijoux et au service de la table.

Après la chute de Rome, les arts de la fonte, de la ciselure, du repoussé et de la gravure, se réfugient dans plusieurs contrées de l'Europe : ils ne disparaissent pas dans ces temps barbares, on les retrouve partout. Plus tard les allemands firent beaucoup pour le progrès; les orfévres de la renaissance italienne, et entre eux tous Benvenuto, ont eu l'admirable privilége de laisser des preuves palpables de leur mérite et de leur savoir.

En France, aux premiers temps de notre monarchie, les œuvres de la corporation des orfévres enrichissaient nos abbayes et nos églises; les premiers rois donnèrent de nombreux encouragements à cette profession. Cette profession, ainsi naturalisée, se constitua en état juré dans Paris; le titre primordial en vertu duquel ce privilége a pu être concédé, ne se retrouve plus; certaines ordonnances portent seulement la date de 1260.

Les orfévres étaient puissants : ils composaient le sixième corps des marchands, et l'on peut dire que de toutes les communautés qui partagaient l'exercice des arts et du commerce, celle de l'orfévrerie et de la joaillerie étaient une des plus honorées, à raison de l'excellence de ses œuvres. Vinrent avec les règnes de Louis XIV et Louis XV, les Launay, les Balin, Grossier, Germain, qui ont illustré l'orfévrerie française.

Il faut faire à ces maîtres une juste part : ils ont varié à l'infini l'application de l'argent et sa mise en œuvre, ils ont porté le goût français vers la décoration de la table et du domicile, et en même temps qu'ils créaient un atelier fécond et producteur, ils ouvraient des débouchés et préparaient l'avenir d'une consommation plus générale, à un art qu'on a pu, depuis, appeler une industrie; art princier et seigneurial autrefois, qui n'avait pas encore témoigné avec complaisance qu'il se pût appliquer par tant de côtés aux usages domestiques et multiplier les jouissances de la vie intérieure.

Malheureusement, de toute l'histoire de cet art, que nous venons de dire, il ne reste que de rares vestiges: le vandalisme a trouvé souvent son excuse dans des misères publiques ou privées, et les plus précieux modèles ont été détruits; presque tous les chefs-d'œuvre ont ainsi péri. Les circonstances sont aujourd'hui plus stables; les temps meilleurs; les mines plus habilement exploitées produisent annuellement 884,000 kilogrammes d'argent; nos orfèvres sont dignes des anciens maîtres de leur art, tout fait donc espérer que les beaux ouvrages ne retourneront pas au creuset. Nos orfèvres comprennent bien aujourd'hui que l'industrie qu'ils exercent est un art, mais ils doivent surtout se préoccuper des exemples que leur ont laissés les maîtres célèbres de tous les temps. Ceux-ci et les anciens au premier rang, tout en faisant des œuvres de choix privilégiées par leur destination, appliquaient tout leur art à des produits d'usage journalier, aux choses utiles, aux besoins de la vie intérieure. Chez eux la délicatesse du goût n'excluait jamais le caractère de l'utilité. la convenance de l'appropriation, la logique de la forme. Ces artistes industriels conciliaient l'art et le bon sens, et ne concevaient pas le beau, sans le confortable et le commode.

Nos orfèvres de 1844 marchent et doivent marcher dans cette voie; c'est ainsi que déjà, hors de toute comparaison avec l'Angleterre sous le rapport de l'intelligence dans le choix des formes, comme dans l'art de l'exécution, ils ne lui laisseront pas même ce dernier avantage d'une bonne fabrication livrant des produits utiles et commodes. Ces progrès nouveaux doivent populariser au dehors l'orfévrerie française et produire des résultats toujours plus féconds.

Dans l'état actuel de l'industrie et du commerce, il est à peu près impossible de séparer l'orfèvre du bijoutier et le bijoutier du joaillier, car nous retrouvons souvent ces trois professions exercées par le même fabricant. Nous demanderons donc aux états du contrôle la situation générale de ces industries.

Le bureau de garantie indique, en moyenne, depuis la dernière exposition, c'est-à-dire depuis cinq ans, un poids de matières fabriquées s'élevant :

Pour l'or, à. . . . . 4,292 kilog.
Pour l'argent, à. . . . . 64,082 —

Soit en francs, pour l'or. . . . 12,489,720 fr.
— pour l'argent. . 14,226,204

Total. . . . 26,715,924 fr.

Cette somme exprime la valeur de l'or et de l'argent employés dans l'orfévrerie, la bijouterie et la joaillerie; ajoutant autant pour la main-d'œuvre, et c'est l'apprécier au-dessous de sa valeur, lorsque l'on considère le nombre des ouvriers employés dans cette industrie, et que l'on fait la part des bénéfices des commerçants, nous trouvons 53,431,848 fr.

La perception du bureau de garantie, à raison de ces produits, est annuellement de 1,500,000 fr.

Ces chiffres doivent s'élever encore, nous en avons la certitude en considérant les efforts persévérants de nos fabricants et l'intelligence des besoins de leur industrie, dont ils ont donné tant de témoignages.

Pour que notre appréciation soit plus facile et plus juste, nous croyons devoir distinguer en deux catégories et examiner à part : 1° l'*orfévrerie, joaillerie et bijouterie;* 2° l'*orfévrerie proprement dite.*

Chacune de ces industries, quels que soient d'ailleurs leurs points de contact et d'affinité, a ses difficultés et ses mérites spéciaux.

I. *Orfèvrerie, joaillerie et Bijouterie.*

RAPPEL DE MÉDAILLE D'OR.

M. RUDOLPHI, à Paris, rue du Mail, 11.

M. Rudolphi se présente comme élève et continuateur de Wagner. Cet artiste s'est appliqué avec soin à conserver ce que son maître avait apporté de perfectionnement à son art. Il a religieusement gardé le souvenir de son enseignement et de ses exemples, et nous en donne des preuves dans les divers travaux de joaillerie qu'il a exposés cette année. (Voir le *Rapport sur la joaillerie et la bijouterie.*)

Nous signalerons un coffre-corbeille ciselé et repoussé, une pendule en lapis avec deux coupes, deux bouteilles ciselées dans le style des maîtres de la renaissance allemande, un vase byzantin émaillé avec sujets en peinture.

Les couteaux, les tabatières, les sabres que nous avons examinés avec soin empruntent leur décoration opulente à l'art habile du nielleur.

A l'exposition de M. Rudolphi, on remarquait un vase modelé par M. Jouffroy de Chôme et ciselé par M. Poux; ce vase se recommandait par la naïveté et le charme de la composition et par l'éclat pittoresque de sa ciselure.

Le jury décerne à M. Rudolphi le rappel de la médaille d'or, qui fut décernée à M. Wagner en 1834 et lui fut rappelée en 1839.

MÉDAILLES D'OR.

M. FROMENT-MEURICE, à Paris, rue Lobau, 2.

M. Froment-Meurice a paru pour la première fois en 1839 dans les concours de l'industrie. Le rapport du jury à cette époque fit l'éloge des formes et loua les bons résultats de sa fabrication. Il récompensa cet industriel en lui décernant une médaille d'argent.

Aujourd'hui, M. Froment-Meurice se présente avec une exposition remarquable, tant par le nombre des articles qui la composent, que par leur variété. Nous applaudissons avec bonheur à ces succès, car nous devons tenir compte des efforts qu'il a fallu faire pour se montrer aussi dignement.

En 1839, il n'occupait que vingt-cinq ouvriers avec un chiffre annuel d'affaires de 200,000 fr.

Aujourd'hui, il en occupe environ quatre-vingts, et son chiffre d'affaires est de 640,000 fr. environ.

La supériorité de ses produits classe M. Froment-Meurice au premier rang.

Fils de ses œuvres, artiste industriel, partageant entre l'atelier de son père et l'étude du dessin les moments de sa jeunesse, il a appris à reproduire les œuvres des artistes avec la discrétion d'un homme de bon goût et l'autorité d'un homme pratique. Nous ferons particulièrement remarquer quelques-uns de ses produits exposés :

1° Son ostensoir émaillé,

2° Un calice pour Sa Sainteté,

3° Un bouclier destiné à être offert en prix de course,

4° Uue coupe en agate,

5° Un coffie en fer (non terminé).

Si nous avons plus spécialement distingué ces pièces, c'est qu'il nous était, par cette seule énumération, facile de signaler le mérite excellent de la forme, les difficultés de fabrication habilement vaincues, sans préjudice souvent de l'économie de la façon ni de la rapidité de l'exécution.

Soins minutieux, hardiesse, nouveauté et variété dans les formes, sont les qualités que nous retrouvons encore dans la joaillerie et la bijouterie de ce fabricant. (Voir le *Rapport sur la Joaillerie et la bijouterie.*)

Des preuves d'estime sont venues trouver M. Froment-Meurice dans l'exercice de sa profession. Cet industriel a été appelé avec MM. Gatteaux, Paul Delaroche et Visconti, à la surveillance de l'exécution de l'épée du comte de Paris.

Des succès si beaux méritent une autre récompense, et le jury décerne à M. Froment-Meurice une médaille d'or d'ensemble.

MM. MOREL et Cie, à Paris, rue Neuve-Saint-Augustin, [illegible]

Les produits exposés par MM. Morel et Cie sont dignes de remarque.

Entrée depuis deux ans seulement dans l'industrie de l'orfévrerie, la maison de MM. Morel et Cie a déjà su mériter toutes les sympathies du public. Ses produits, tous également louables, se distinguent par des perfections infinies d'industrie et une science habile des arts appliquée à des objets d'usage journalier. Ce sont là les fruits d'une association puissante, dans laquelle la dextérité manuelle de l'artisan vient en aide au goût distingué d'un artiste dont la présence se révèle dans les moindres détails.

Cette maison occupe, tant dans les ateliers qu'en ville, quatre-vingts ouvriers environ.

Elle emploie annuellement 150,000 fr. de matières.

M. Morel, que nous avons à juger aujourd'hui, comme orfèvre, a donné dans son passé de nombreuses preuves d'habileté. Né dans l'atelier, il a inventé, étendu et perfectionné, avec les ressources d'un homme d'imagination et la capacité d'un ouvrier habile, plusieurs moyens ingénieux de fabrication.

L'épée du comte de Paris, sans parler de plusieurs œuvres remarquables, exécutées à diverses époques par la maison de M. Fossin, fut pour lui l'occasion de montrer combien était incontestable sa supériorité dans son art. Il recueillit à propos de ce travail de nombreux et honorables témoignages d'approbation.

Nous retrouvons :

Dans un sceau à glace d'un travail merveilleux,

Dans une toilette de l'époque de Louis XIII,

Dans une coupe en cristal de roche, avec figures repoussées et ornements en or,

Dans une croix reliquaire, émaux, style du XVIe siècle,

Dans des pièces d'une application purement usuelle, distinguées dans leurs formes et leur travail, et aussi dans toute la joaillerie et la bijouterie de M. Morel, la même habileté d'art et d'exécution. (Voir le *Rapport sur la joaillerie et la bijouterie.*)

L'on peut admirer la réussite des émaux, la hardiesse du repoussé, le travail patient de la mosaïque, et faire la part des moyens mécaniques ingénieusement appropriés à l'ajustage de ces divers produits.

En présence de ces preuves éclatantes de capacité, le jury décerne à M. Morel une médaille d'or d'ensemble.

II. *Orfèvrerie proprement dite.*

RAPPEL DE MÉDAILLE D'OR.

M. ODIOT, à Paris, rue Basse-du-Rempart, 26.

Cette ancienne maison a sa place marquée dans nos expositions. Elle s'est livrée spécialement à l'orfèvrerie de table, et, conseillée sans doute par ses relations à l'étranger, elle s'est inspirée dans sa fabrication des formes anglaises.

C'est ainsi qu'elle nous montre cette année des candelabres et des pièces de surtout, appréciables d'ailleurs pour leur bonne exécution.

Un petit service de café nous semble ne rien laisser à désirer sous le rapport du style qu'on a voulu reproduire.

Nous le signalons comme digne d'attention.

Le jury décerne à M. Odiot le rappel de la médaille d'or qu'il a obtenue dans les précédentes expositions.

MÉDAILLE D'OR.

M. LEBRUN, à Paris, quai des Orfèvres, 40.

M. Lebrun se présente pour la cinquième fois dans les salles de l'exposition. Il a reçu du jury, comme témoignage honorable, une médaille d'argent en 1823, un rappel en 1827 et en 1834, enfin une nouvelle médaille d'argent en 1839.

Les pièces d'orfévrerie que nous avons eues sous les yeux se distinguent entre toutes, par une perfection d'exécution digne des plus grands éloges.

Nous ferons remarquer quatre vases dans le genre Louis XV, vases d'un travail éminent comme ciselure, un candelabre de grande dimension, une fontaine et service de thé complet, un beau plateau d'argent à fond émaillé. Il est juste de dire combien, à l'occasion de ce travail, ont été grandes les difficultés à surmonter.

Les œuvres toujours excellentes de ce fabricant, ses sacrifices de tout ordre, le culte du beau qu'il a toujours apporté dans l'exercice de sa profession, ont aidé à conserver à l'orfévrerie cette supériorité dont elle s'honore aujourd'hui.

Ces travaux persévérants méritent une récompense proportionnée à leur durée et à leur valeur; elle est due à M. Lebrun, l'un des plus anciens de cette industrie qu'il a toujours servie avec habileté et dévouement. Le jury lui décerne une médaille d'or.

RAPPELS DE MÉDAILLES D'ARGENT.

M. DURAND, à Paris, rue du Bac, 33.

M. Durand, élève de M. Odiot, a déjà paru dans les salles de l'exposition en 1834 et 1839.

Une médaille d'argent qu'il obtint la première fois lui fut rappelée la seconde.

Nous signalerons le service de table complet qu'il a exposé cette année. Ce service présentait dans son exécution des difficultés qui ont été victorieusement surmontées.

A l'aspect de ces produits on reconnait que cette maison continue à garder avec honneur le rang auquel elle a su se placer.

Le jury décerne à M. Durand le rappel de la médaille d'argent.

M. AUCOC, à Paris, rue de la Paix, 4 *bis*.

M. Lemaire fut le prédécesseur de M. Aucoc, et, sous sa direction, l'établissement se montra digne d'une médaille d'argent dont le rappel a toujours été continué à M. Aucoc.

Ce fabricant a exposé diverses pièces d'orfévrerie montées, candelabres et pièces de service de table. Il faut reconnaître les soins religieusement apportés à l'exécution de ces produits, et le choix de formes de quelques-uns d'entre eux.

Dans ce concours de l'industrie, M. Aucoc a donné de nouvelles preuves de son habileté pratique. Cette habileté brille encore dans des nécessaires magnifiquement garnis.

Le jury décerne à M. Aucoc le rappel de la médaille d'argent qu'il a obtenue aux expositions précédentes.

MM. LENGLET et TURQUET, à Paris, rue Bourg-l'Abbé, 32.

M. Lenglet reçut, en 1839, une médaille d'argent qui lui fut personnellement décernée. Il s'est adjoint depuis comme associé M. Turquet, ancien chef d'atelier de la maison Odiot.

MM. Lenglet et Turquet apportent à leur fabrication des soins et un talent incontestables; ils nous en ont donné les preuves dans plusieurs pièces de leur exposition et notamment dans deux candelabres destinés à la ville de Lyon.

M. Lenglet n'a pas eu recours à la collaboration des artistes que d'autres ont habituellement mise à profit :

La composition, la sculpture et la ciselure de ses candelabres sont de lui seul.

La sévérité du style et la grande correction d'exécution que nous retrouvons dans les œuvres de ce fabricant sont dignes d'éloges, et le jury lui décerne le rappel de la médaille d'argent.

MÉDAILLES D'ARGENT.

M. MAYER, à Paris, rue Vivienne, 20.

M. Mayer a exposé pour la première fois. Son établissement ne date que de cinq années.

Nous signalerons à l'examen et à l'attention du jury :

1° Plusieurs pièces de service en porcelaine de vieux Sèvres, ajustées avec recherche et bonheur. Ces montures sont disposées de façon à ne pas masquer la beauté des peintures.

2° Un service de couverts et couteaux dans le genre renaissance, d'une ciselure fine et soignée.

3° Une coupe en vermeil justement appréciée par les connaisseurs.

4° Un assortiment de pièces variées, tel que soupières, sucriers, cafetières, gravés avec un soin remarquable.

M. Mayer mérite bien que ses efforts soient récompensés, car, nouveau venu dans cette industrie, il a su rivaliser avec les maîtres de son art, et son zèle l'a rapidement élevé à la position d'un fabricant distingué.

C'est là un mérite qui doit être signalé publiquement, et le jury décerne à M. Mayer une médaille d'argent.

M. TRIOULLIER, à Paris, rue des Arcis, 18.

Nous avons remarqué, dans l'exposition de M. Trioullier, les efforts et la volonté du fabricant vers un but excellent. La ciselure en repoussé a été pour lui l'objet d'études particulières et d'une pratique constante.

Ces études lui ont fait apprécier le parti que l'on peut tirer de ce genre de travail.

La première application sérieuse qu'il ait tentée, le résultat le plus louable que nous ayons distingué est un calice repoussé, décoré de quelques émaux heureusement réussis.

Nous signalerons particulièrement un cachet bien composé et d'une exécution très-remarquable.

C'est la première fois que M. Trioullier expose, et le jury lui décerne une médaille d'argent.

MENTION HONORABLE.

M. CAHIER, à Paris, rue de la Fontaine-Molière, 26.

M. Cahier fils a exposé pour la première fois.

Ce début est fort distingué. La châsse en bronze doré que M. Cahier fils a exécutée témoigne de ses efforts consciencieux.

Le jury lui accorde une mention honorable.

CITATION FAVORABLE.

M. COTTIN, à Paris, rue aux Ours, 26.

Plusieurs pièces de petite orfévrerie, exécutées avec soin et dans des conditions commerciales bien entendues, ont fait remarquer M. Cottin.

Le jury lui accorde une citation favorable.

---

§ 2. PLAQUÉ.

Considérations générales.

L'argent est un métal tellement peu altérable à l'air, même humide, que l'on a été amené à donner, à des produits fabriqués avec du cuivre, les avantages de l'argent, en les recouvrant d'une couche plus ou moins épaisse de ce métal précieux. Cette opération constitue un art important : le *doublé* ou *plaqué*.

Le plaqué, d'origine anglaise, eut pour inventeur Thomas Bolsover, fabricant de Scheffield, qui s'occupa, en 1742, de la fabrication de boutons et de tabatières. Vint après lui Joseph Haucok, maître coutelier de la même ville, qui appliqua à des produits plus nombreux cette nouvelle découverte ; il se livra à l'imitation de la vaisselle plate, et ouvrit à sa ville natale, par la fabrication de ses théières et de ses flambeaux, une ère nouvelle d'industrie, dont Birmingham ne tarda pas à partager les fruits.

En France, en 1785, Louis XVI encourageait, par une commande de 100,000 livres tournois, une première manufacture qui venait d'être formée à l'hôtel de Pomponne. Cette industrie, naturalisée en France quarante-trois ans après être née en Angleterre, a vécu dans des temps politiques qui ont pu compromettre son essor et sa prospérité ; elle s'est cependant, jusqu'en 1839, progressivement accrue.

En lisant le rapport du jury de cette année, nous voyons que l'importance de la fabrication du plaqué pouvait être évaluée alors à

8,000,000 fr. de produit, et que l'on estimait à 2,000 le nombre d'ouvriers employés dans cette profession. Aujourd'hui, après cinq années, nous retrouvons ces mêmes chiffres; seulement, l'exportation des produits, qui s'élevait autrefois à 4,000,000 fr., c'est-à-dire à la moitié de la production, a sensiblement diminué, mais, par contre, la consommation intérieure s'est accrue; cette consommation intérieure est acquise à notre fabrique par suite du privilége de la prohibition absolue qui frappe les produits étrangers.

Nous regrettons que cette industrie ait éprouvé. relativement à l'exportation, sa part des atteintes dont a souffert depuis quelques années notre commerce à raison des prohibitions et de l'augmentation des tarifs, de la part de plusieurs gouvernements.

Malgré ces influences défavorables à diverses époques et les reproches qui pourraient être encore adressés au plaqué sous le rapport de ses formes, malgré enfin que cette industrie ait toujours trouvé pour rivales et maîtresses sur les marchés étrangers Scheffield et Birmingham, ces deux villes si puissamment organisées relativement à leur industrie et leurs débouchés, nous n'en sommes pas moins portés à croire que la vente à l'extérieur viendra encourager les efforts de nos fabricants, s'ils se livrent avec persévérance à l'étude de formes correctes et élégantes, qui fassent honneur à ce renom de gens de goût que l'étranger ne nous a jamais refusé.

RAPPEL DE MÉDAILLE D'ARGENT.

M. PARQUIN, à Paris, rue Popincourt, 74.

M. Parquin reçut en 1827 une médaille d'argent qui lui fut rappelée en 1834 et en 1839.

Ce fabricant a exposé des pièces pour le service de table, flambeaux et girandoles en plaqué; il a également soumis à l'examen du jury des cafetières et casseroles en cuivre.

M. Parquin mérite d'être distingué pour les soins qu'il a apportés à populariser, par la modicité de ses prix, les produits de sa fabrique.

Rendant justice à ses efforts continus, le jury lui rappelle la médaille d'argent.

NOUVELLES MÉDAILLES D'ARGENT.

M. GANDAIS, à Paris, rue du Ponceau, 42.

La fabrique de plaqué de M. Gandais se recommande à l'attention du jury sous plus d'un rapport. Une médaille d'argent fut décernée à ce fabricant en 1834, et rappelée en 1839. Cette année encore les œuvres dignes d'éloges de cet industriel, l'importance continuelle de son établissement, la variété de ses produits, répondent dignement à sa réputation.

M. Gandais a importé d'Angleterre le système

des bordures d'argent adaptées au plaqué. Ce système assura aux produits de cette fabrication une durée qu'ils n'avaient pas eue jusqu'alors.

Le titre ordinaire des articles exécutés pour la consommation parisienne est, chez M. Gandais, le vingtième; pour la province, le trentième. Il n'emploie pas au-dessous du quarantième.

Cet industriel a constamment soutenu la qualité du titre. Dévoué activement aux intérêts et aux progrès de sa profession, M. Gandais ne l'a pas seulement pratiquée avec honneur, il a publié plusieurs écrits utiles sur le plaqué.

Le jury lui décerne une nouvelle médaille d'argent.

M. BALAINE, à Paris, rue du Faubourg-du-Temple, 93.

M. Balaine est l'un des fabricants dont l'orfèvrerie plaquée mérite des éloges à raison de la bonne qualité de son titre.

Nous devons à ses efforts une part de l'honneur et de la considération dont jouissent les produits français sur les marchés étrangers.

M. Balaine a exposé en 1827; il a obtenu une médaille de bronze; en 1834, une médaille d'argent lui fut décernée; et, en 1839, le rappel de la médaille d'argent. La prospérité de son établissement a donc toujours été croissante, et le jury s'est plu à le reconnaître et à le constater. Depuis la dernière exposition, M. Balaine a perfectionné encore les procédés de fabrication du plaqué. Ses œuvres se distinguent par une pureté et une correction d'exécution remarquables.

Ces qualités que nous venons de signaler, se retrouvent au plus haut degré dans un service de table à contours unis et à côtes, service qui mérite l'examen de tous les hommes de l'art.

Le jury, constatant ces progrès toujours croissants, décerne à M. Balaine une nouvelle médaille d'argent.

MM. VEYRAT et fils, à Paris, rue de Malte, 20.

MM. Veyrat et fils ont obtenu une mention honorable, deux médailles de bronze et une médaille d'argent en 1839.

Ces fabricants, comme par le passé, ont exposé des produits empruntés à leur fabrication de chaque jour, et nous en avons trouvé les preuves dans une visite que nous avons faite à leur établissement, où ils occupent soixante-dix ouvriers, et au dehors plus de cinquante; leur chiffre d'affaires annuel s'élève à 600,000 fr.

Rendons justice à la bonne fabrication de MM. Veyrat et fils.

Un vœu exprimé dans le rapport du jury en 1839 a été complétement réalisé par l'application que ces fabricants ont faite à l'orfévrerie en argent de tous les procédés expéditifs de fabrication employés pour le plaqué. Ces procédés, en assurant l'économie sous le double rapport de la main-d'œuvre et de la légèreté du poids, tendent à populariser de plus en plus l'usage de l'orfévrerie française. Ce sont là de notables perfectionnements à signaler.

Nous avons sous les yeux une note émanant du bureau de garantie, qui constate que dans le cours de l'année 1843, leur maison avait fait contrôler quatorze mille articles en orfévrerie d'argent, tant pour la consommation intérieure que pour l'exportation. Pour prix de ces efforts et de ces résultats, le jury décerne à MM. Veyrat et fils une nouvelle médaille d'argent.

---

§ 3. MAILLECHORT.

Considérations générales.

Le maillechort, alliage qui imite l'argent, est un composé de nickel, de cuivre et de zinc. Il se prête à de nombreuses applications, et s'est classé dès à présent comme branche intéressante de fabrication.

Son introduction en France date de vingt-cinq ans, et il est resté à l'état d'essai pendant les dix premières années. C'est, depuis, qu'il a pris sérieusement possession et fait des progrès notables sous le double rapport de son importance commerciale et de sa manipulation industrielle.

En 1834, son chiffre de production ne dépassait guères 100,000 fr.;

En 1844, il dépasse 400,000 fr. pour Paris seulement. Il a quadruplé en dix ans, sans compter le contingent fourni par les fabriques de Saint-Étienne, Lyon et Bordeaux.

En 1834, le maillechort en lingot se vendait 10 fr. le kilogramme;

En 1844, il se vend 7 fr.

En 1834, le laminé à 5 millimètres se vendait 12 fr. le kilogramme;

En 1844, il se vend 8 fr.

En 1834, le laminé à 1 millimètre se vendait 10 fr. le kilogramme;

En 1844, il se vend 12 fr.

En 1834, le laminé mince et en fil fin se vendait 20 fr. le kilogramme;

En 1844, il se vend 16 fr.

Les prix ont donc baissé de plus de 25 p. 0/0, et pourtant le prix du nickel, un de ses élements principaux, a haussé de 100 p. 0/0 : en 1834, le nickel ne valait que 15 fr. le kilogramme, il vaut aujourd'hui 30 fr.

Le maillechort n'a pas moins gagné en facilité de travail et de fabrication : il se rétreint aujourd'hui, s'estampe, se coule, se tréfile d'une façon remarquable.

Il en résulte qu'il s'applique déjà, ou peut s'appliquer avec succès, à une très-grande variété d'articles de la fabrication française. Il est particulièrement propice à la sellerie, qui le substitue au fer très-avantageusement.

Les manufactures d'armes de Saint-Étienne l'emploient à garnir les bois de fusil et de pistolet.

Aussi bien qu'il remplace le fer en certains cas, il remplace l'argent.

Il jouit depuis quelque temps d'une certaine faveur pour la fabrication des couverts et du service de table.

Nous dirons encore quelques-unes de ses applications diverses.

M. Pape, facteur de pianos, s'en sert pour des tables d'harmonie. L'adresse et le tour de main de nos ouvriers sauront en tirer un heureux parti pour mille objets divers.

Le maillechort nous paraît placé dans des conditions favorables de prospérité et de développement.

RAPPEL DE MÉDAILLE D'ARGENT.

M. PECHINEY aîné, à Paris, quai Valmy, 45.

M. Pechiney s'est présenté à cette exposition. Ce fabricant fut honoré en 1839 d'une médaille d'argent.

M. Pechiney compose et prépare le maillechort, et le livre aux industries diverses; il en fournit beaucoup plus aux fabricants qu'il n'en emploie lui même en produits ouvrés. Ce qui distingue sa maison, c'est qu'elle résume bien le progrès et le succès du maillechort, c'est qu'elle y a pour sa part contribué largement.

M. Pechiney, dès le principe de sa fabrication, arriva à perfectionner cet alliage. Aujourd'hui, grâce à sa malléabilité et son homogénéité, les produits laminés de cette fabrique s'emploient à Genève et à Chaux-de-fonds pour la fabrication des montres destinées à l'exportation.

Ce fabricant donna, le premier, d'utiles exemples et de profitables conseils pour la coulée en sable du maillechort; il a exposé aujourd'hui comme preuve de son habileté en ce genre une vierge du poids de 25 kilogrammes, fondue d'un seul jet; des pièces diverses d'orfévrerie témoignent que le repoussé sur le tour aussi bien que la rétreinte au marteau, sont des procédés de fabrication facilement applicables au maillechort. M. Pechiney est l'un des promoteurs habiles de la fabrication du maillechort, et le jury lui décerne le rappel de la médaille d'argent.

MENTIONS HONORABLES.

M. LELIEUR, à Paris, rue du Puits-Blancs-Manteaux, 8.

M. Lelieur a exposé, à côté de couverts unis et à filets en maillechort très bien exécutés, des bandes laminées très-minces et des fils de ce même métal, remarquables par leur grande finesse. Ces fils disent assez la qualité et la malléabilité du maillechort ouvré par M. Lelieur. Ce fabricant fut honoré en

1839 d'une citation favorable. Le jury lui décerne une mention honorable.

M. LESGENT jeune, à Paris, rue Bourg-l'Abbé, 22.

M. Lesgent a exposé des couverts fourrés, c'est-à-dire des couverts en étain renfermant une âme en tôle d'acier.

Ces produits sont louables pour leur bonne fabrication. M. Lesgent a su, en soumettant ses couverts après le coulage à la pression d'un balancier puissant, leur donner l'adhérence et la flexibilité si désirables pour ce genre de produits.

Le jury lui décerne une mention honorable.

CITATION FAVORABLE.

M. MOUSSIER-FIÈVRE, à Paris, rue des Fossés-Montmartre, 27.

M. Moussier-Fièvre expose pour la première fois; son établissement date de 1832.

L'exposition de ce fabricant se composait de divers objets applicables au service de la table. L'alliage qu'il emploie, qu'il a nommé *minofor*, inférieur au maillechort, est cependant l'objet d'une consommation assez étendue. Ses produits sont d'une bonne exécution.

Le jury lui accorde une citation favorable.

SECTION II.

BRONZES, ORNEMENTS MOULÉS, DORÉS, SCULPTÉS, ETC.

M. Feuchère (Léon), rapporteur.

§ 1er. BRONZES.

Considérations générales.

Parmi les grandes industries de luxe, celle des bronzes a, sans contredit, toujours tenu le premier rang, non-seulement en France, mais en Europe.

Ses efforts constants et ses sacrifices lui ont maintenu cette supériorité. Nos fabricants ont fait avec succès ce que l'on fait toujours dans un siècle de progrès. Ils ont suivi les bonnes traditions de leurs devanciers, ils les ont agrandies, perfectionnées, pour soutenir et souvent pour élever la bonne réputation qu'ils avaient à défendre.

Ce que l'art avait fait naître, l'esprit commercial l'a développé ; et, grâce à ces deux puissants moteurs, les bronzes sont devenus un objet considérable de consommation dans le pays et à l'étranger. Nous les examinerons donc sous les deux points de vue d'industrie artistique et de commerce.

Il y a quarante ans, Paris comptait au plus six fabriques de premier ordre; c'était assez pour quelques hôtels privilégiés de la fortune, pour les monuments publics qui employaient seuls les richesses de cette belle industrie.

Mais, depuis cette époque, le luxe, en pénétrant dans la classe moyenne, et le bien-être dans la classe inférieure, ont popularisé les bronzes; et ce qui était un objet de luxe est aujourd'hui un objet d'utilité. Aussi avons-nous vu surgir en peu d'années un grand nombre de fabriques dont le but est principalement de satisfaire à ces nouveaux besoins.

Signalons avec plaisir que, malgré l'entraînement de l'intérêt commercial, malgré l'engouement souvent aveugle du public, des fabricants éclairés ont compris, n'ont pas cessé de comprendre les exigences prescrites et imposées par l'art, et par là ont pu conserver aux bronzes français ce qui faisait autrefois et ce qui fait encore toute leur valeur sur les marchés étrangers.

Mais, dans cette noble lutte de l'art contre le bon marché, ce n'est que par une bonne entente des moyens de fabrication, par des études continuelles d'économie bien comprise, par des combinaisons ingénieuses d'exécution, enfin par la connaissance approfondie de leur art que nos industriels peuvent soutenir leurs grands établissements, tout en respectant avec une juste délicatesse la rétribution de l'artiste et le salaire de l'ouvrier.

C'est là, disons-le avec orgueil, la sauvegarde de cette industrie qui est encore sans rivale à l'étranger. Mais pour conserver ces avantages, il nous faut des maîtres habiles luttant sans relâche, luttant avec succès et présentant aux fabriques étrangères la supériorité qui décourage la concurrence et qui la détruit.

Aussi quelques grands états de l'Europe, l'Allemagne, la Russie, l'Angleterre, la Belgique, en sont-ils à la rivalité des bas prix; ils sont contraints de revenir à nous encore pour les ameublements de luxe.

Ce monopole, l'art nous l'a acquis et nous le maintient, bien que chaque année les fabriques étrangères viennent chercher des exemplaires de nos œuvres remarquables, pour en tirer des surmoulés auxquels ils ne savent pas conserver la pureté du modèle, qui perd en passant par ces mains inhabiles tout ce qui faisait son principal mérite.

Tout en rendant hautement justice à l'importance de l'artiste qui concourt par son talent à la bonne confection des bronzes, n'oublions pas de faire ressortir ici le concours du fabricant à la discrétion duquel est confiée une œuvre qu'il doit reproduire dans toute sa virginité primitive. Cette condition est vitale dans une industrie où l'art est indispensable ; car un bronze mauvais, médiocre même, n'est qu'une inutilité que le bon sens et le bon goût repoussent.

Quant à ces tendances fâcheuses que les amis de l'art signalent quelquefois, on aurait tort d'en accuser le fabricant. L'industrie n'a jamais lutté contre les entraînements même ridicules du public, sans risquer de se briser contre cet obstacle. Défendons les intérêts de l'art, mais, s'ils ne sont pas toujours respectés, pour être justes n'en faisons pas peser toute la responsabilité sur d'autres intérêts plus graves encore, qui, s'ils étaient compromis, deviendraient pour l'industrie des bronzes une cause inévitable de ruine.

Nous sommes heureux de constater comme un fait acquis, que les objets de vente possible et facile même ont seuls paru cette année, à l'exclusion des pièces dites d'exposition si souvent et si justement reprochées aux fabricants dans les expositions précédentes.

Nous diviserons les bronzes en deux catégories distinctes.

La première catégorie comprendra la *fonderie* et les *bronzes d'art* ; et la seconde, les *bronzes d'art* et *d'ameublement*.

1. *Fonderie, Bronzes d'art.*

EXPOSANT HORS DE CONCOURS.

MM. DENIÈRE et fils, à Paris, rue d'Orléans, 9, au Marais.

M. Denière étant membre du jury, nous interdit les éloges pour la maison Denière et fils, qui d'ailleurs a depuis longtemps été honorée de toutes les récompenses.

RAPPEL DE MÉDAILLE D'OR.

MM. SOYER, INGÉ et fils, rue des Trois-Bornes, 28.

MM. Soyer et Ingé, dont le nom se rattache à de grands travaux d'arts, à plusieurs monuments en bronze, remarquables par leur belle exécution, obtinrent, en 1839, une médaille d'or pour leurs nombreux et magnifiques travaux. Au nombre des produits qui fixèrent alors l'attention du jury central, on cita notamment la statue colossale d'Emmanuel-Philibert, un Christ de Marochetti et le chapiteau de la colonne de juillet, la plus grande pièce qui ait été fondue d'un seul jet, dont le poids s'élevait à 10,000 kil., dont la circonférence dépassait 26 mètres, bien que son épaisseur atteignît à peine un centimètre.

Depuis cette époque, sans cesse occupés des grands objets moulés en bronze, MM. Soyer et Ingé ont construit de nouveaux ateliers, dans lesquels ils reproduisent, au moyen de la galvanoplastie, un grand nombre d'objets d'art, et recouvrent d'une couche métallique des pièces d'histoire naturelle de différentes dimensions, et jusqu'aux organes délicats des insectes.

Par ces travaux variés, d'un fini et d'une exécution très-remarquables, MM. Soyer et Ingé sont de plus en plus dignes de la haute récompense qu'ils ont obtenue en 1839, et que le jury s'empresse de leur rappeler.

MÉDAILLE D'OR.

MM. ECK et DURAND, à Paris, rue des Trois-Bornes, 15.

L'exposition de ces fondeurs est remarquable par la grande intelligence qui a dirigé la confection de tous les objets qui la composent.

La statue colossale de Duquesne destinée à la ville de Dieppe est d'un beau résultat, d'une grande hardiesse de fonte et d'une reparure habile.

Entre autres, nous citerons le Mercure de Jean de Bologne, un Milon de Crotone, fondu sur une esquisse originale de Puget, une série de statuettes de grands hommes, des médaillons d'après David d'Angers, des bas-reliefs, un coureur d'après Cavelier le sculpteur, enfin un pot à bière d'après Jeannest, chef-d'œuvre de ciselure fine et délicate.

Tous ces objets d'art témoignent du soin et du travail infatigable de ces habiles fondeurs.

Nous croyons nécessaire de citer encore des morceaux importants qui n'ont pu être exposés, tels que les magnifiques portes de la Madeleine, dont un bas-relief seulement et le chambranle avaient été présentés en 1839; les statues colossales de

Fabert, à Metz;
Laval, à Beaufort;
Bichat, à Bourg;
celle enfin de Molière, à Paris.

L'importance de la fonderie de MM. Eck et Durand, l'application des moyens faite avec des résultats aussi heureux, placent ces artistes au premier rang.

D'après ces considérations, le jury, voulant reconnaître le haut mérite et les constants efforts de MM. Eck et Durand, leur décerne la médaille d'or.

NOUVELLE MÉDAILLE D'ARGENT.

MM. QUESNEL et Cie, à Paris, rue Richelieu, 112.

M. Quesnel, d'abord ciseleur habile, a pris depuis longtemps un rang distingué parmi les fondeurs. Un travail sans relâche, une grande connaissance de son art, l'ont aidé à maintenir ce rang avec succès. Aussi son exposition s'est-elle présentée sous un aspect très-favorable.

Parmi les nombreux produits, nous signalerons avec intérêt, comme objets principaux, un Mercure inventant la lyre, d'après Duret; l'éducation de l'Amour, de Pradier, et des fonts baptismaux surmontés d'un saint Jean, d'après Jean Debay.

M. Quesnel, qui en 1839 avait eu l'idée d'exposer une pièce avec ses jets, vient de renouveler ce fait en présentant un buste colossal de Boulay de la Meurthe, tel qu'il sort du moule, puis le buste terminé, dont la ciselure conserve intact l'effet du modèle en plâtre placé à côté.

De petits bronzes, tels que statuettes, coupes, chandeliers et bénitiers gothiques, des groupes divers, enfin une réduction exacte du sarcophage de Napoléon, dont ils avaient exécuté les ornements, se recommandent généralement à l'appréciation du jury.

MM. Quesnel et Cie, par les progrès apportés à leur remarquable industrie, se sont rendus dignes d'une nouvelle médaille d'argent. Le jury la leur décerne.

NOUVELLE MÉDAILLE DE BRONZE.

M. DE BRAUX D'ANGLURE, à Paris, rue Castiglione, 8, et rue d'Astorg, 15,

A exposé cette année un buste grandeur nature du marquis de Pérignon, une statue équestre d'Emmanuel-Philibert et une statue de La-Tour-d'Auvergne, toutes deux d'après Marochetti.

Un groupe de Boizot, un Napoléon à cheval, une bacchante et un satyre de Clodion; l'Amour du même auteur, plus divers animaux.

Tous ces bronzes sont d'une exécution bien comprise. Nous remarquons des progrès depuis l'exposition de 1839. Tous les petits objets nombreux qui s'adressent à la grande consommation, tels que des presse papiers à animaux, à figurines diverses, sont d'une jolie reproduction et traités avec intelligence.

M. de Braux d'Anglure se distingue par un discernement heureux dans le choix des motifs qu'il reproduit avec succès.

Le jury, pour récompenser ses efforts, décerne

à M. de Braux d'Anglure une nouvelle médaille de bronze.

II. *Bronzes d'art et d'ameublement.*

RAPPEL DE MÉDAILLE D'OR.

MM. THOMIRE et Cie, à Paris, rue de la Chaussée-d'Antin, 51.

La fondation de la maison Thomire date de 1793. C'est la plus ancienne fabrique de bronzes en France.

La grande intelligence du fondateur, leur aïeul, qui avait constamment présidé à tous les travaux dont il a enrichi notre pays et l'étranger, se retrouvait à cette exposition comme aux précédentes. Félicitons ces fabricants d'avoir toujours présent à la pensée un exemple aussi beau; le suivre sans relâche est une tâche difficile, mais d'autant plus noble à remplir.

L'exposition de MM. Thomire et Cie. se distinguait par une grande variété d'objets de forme et de style divers. Plusieurs pendules à figures d'un goût et d'une exécution remarquables, de magnifiques vases en porcelaine montés, une garniture de cheminée, style Louis XVI. Un surtout de table de diverses pièces de bronze argenté, des candélabres, des lustres d'une grande richesse, sont le résultat d'un travail consciencieux, et continuent à les maintenir au premier rang.

N'oublions pas de dire que parmi ces nombreuses productions, beaucoup sont dues au crayon de M. H. Thomire qui joint à la qualité de fabricant de premier ordre, celle de dessinateur distingué.

Le jury, heureux de constater les efforts soutenus de MM. Thomire et Cie, leur rappelle avec éloge la médaille d'or qu'ils ont toujours méritée.

RAPPEL DE MÉDAILLE D'ARGENT.

M. VILLEMSENS, à Paris, rue Sainte-Avoye, 51.

L'aspect de l'exposition de ce fabricant témoignait assez du genre auquel il s'est principalement voué depuis la fondation de son établissement. Des garnitures d'autel et de nombreux chandeliers dans le style gothique font de cette fabrication une spécialité bien distincte destinée à la décoration des églises.

Un peu plus d'observance dans la pureté de ce style qui, comme tous les autres, a ses règles, eût fait de ces divers objets des œuvres sans reproche. Du reste, l'exécution nous en a paru bien comprise, vu surtout la difficulté d'ajustage que présente souvent, par ses détails multipliés, le genre que M. Villemsens est appelé à reproduire.

Une aiguière sur un plateau est une transformation du casque de François Ier, dont la cime forme l'anse et dont les ornements enrichissent le corps. Sans parler de l'idée, nous dirons que la difficulté a été assez bien vaincue; la ciselure en est faite avec soin. Des buires, des lampes, divers groupes pour pendules formaient l'ensemble de cette exposition. Les prix modérés énoncés sont des titres de plus, acquis à M. Villemsens.

Le jury lui rappelle la médaille d'argent qu'il a obtenue en 1839.

NOUVELLE MÉDAILLE D'ARGENT.

M. PAILLARD (Victor), à Paris, rue de la Perle, 3.

M. Victor Paillard qui, dès son début en 1839, s'était placé hardiment en première ligne, a tenu tout ce qu'il avait promis, et les engagements que la récompense qui lui avait été décernée lui avait fait contracter.

Si son exposition était modeste par le petit nombre des productions, elle était remarquable par le choix distingué des divers objets qui la composaient, et qui dénotent des progrès sensibles.

Nous citerons avec éloge :

Une pendule à figures couchées d'après Jean Feuchère, et un Bossuet du même artiste. Un candélabre à groupe d'enfants d'une proportion heureuse ; une Françoise de Rimini d'après Decaisne, une pendule Louis XV à enfants et oiseaux d'après un des éléments de Boucher, et un candélabre Pompeii.

Un bénitier supporté par des anges, et un petit vase allemand d'une ciselure exquise complétaient cet intéressant ensemble.

Dans cette fabrique, le premier étau est celui du maître ; aussi cet exemple si utile a-t-il fait naître dans les ateliers de cet industriel, de bons et habiles ouvriers.

Le bon goût, le respect pour l'œuvre du sculpteur, la parfaite exécution, et l'habileté du dessinateur et du modeleur, font de M. Victor Paillard un fabricant remarquable et un artiste de mérite.

En considération de ces éminentes qualités, le

jury décerne à M. Paillard une nouvelle médaille d'argent.

RAPPELS DE MÉDAILLES DE BRONZE.

M. SERRUROT, à Paris, rue Richelieu, 89.

Plusieurs pendules de divers styles, des candélabres et de nombreux petits bronzes formaient l'exposition de M. Serrurot.

Ce fabricant se fait remarquer par son désir de soutenir avec honneur la réputation acquise par M. Galle son prédécesseur. Nous engageons M. Serrurot à entrer plus hardiment encore dans cette voie.

Tout en reconnaissant le soin apporté à l'exécution d'une garniture de cheminée, imitée du style de Dieterlin, nous désirerions un peu plus de sobriété dans ce genre d'ornementation qui présente, nous l'avouerons, un écueil dangereux.

Nous ne doutons pas que M. Serrurot, par des efforts constants, ne puisse arriver aux récompenses obtenues par son devancier.

Le jury lui rappelle la médaille de bronze qu'il a obtenue en 1839.

M. COURCELLE, à Paris, rue Beaubourg, 44.

S'adonne presque exclusivement à la fabrication des lustres; nous en avons remarqué cinq de diverses grandeurs, en bronze et cristaux, ainsi qu'une paire de candélabres.

La majeure partie de ses produits est destinée à l'exportation et livrée à la commission à des prix très-modérés.

Le chiffre de la consommation intérieure ne figure que pour moitié dans celui de ses opérations.

Production prompte par des moyens économiques et ingénieux est le résultat des efforts de cet actif fabricant.

Le jury lui rappelle la médaille de bronze décernée en 1839.

NOUVELLE MÉDAILLE DE BRONZE.

M. MARQUIS, à Paris, rue Chapon, 23.

La grande spécialité de l'ancienne maison Chaumont et Marquis, continuée par M. Marquis, est principalement l'établissement des lustres en bronze ornés de cristaux. Ce fabricant y a joint cette année, une lanterne d'appartement style Louis XVI, une riche cheminée en marbre ornée de bronzes, deux pendules avec candélabres, et une corbeille de table.

Ces divers objets, d'une exécution économique et bien entendue, sont livrés au commerce à des prix qui en assurent facilement la vente. Aussi l'importance commerciale de cette fabrique est-elle de 250 à 280,000 francs.

Ces titres se recommandent favorablement à l'appréciation du jury qui décerne à M. Marquis une nouvelle médaille de bronze.

MÉDAILLES DE BRONZE.

M. BOYER, à Paris, rue Saintonge, 38.

C'est la première fois que M. Boyer se présente au palais de l'Industrie.

Parmi les objets exposés, nous avons remarqué avec intérêt une grande pendule, la Justice et la Paix, d'une exécution soignée; les candélabres qui l'accompagnent sont en bon rapport.

Une pendule figurant un petit monument de la renaissance, quoique traitée avec intelligence sous le rapport du travail, est une imitation un peu exagérée des horloges du seizième siècle. L'abus d'aiguilles qui terminent chaque saillie est un défaut sensible, qui se reproduit dans les candélabres qui l'accompagnent.

Deux autres garnitures de cheminée, Vénus et l'Amour, et une pendule Louis XVI, sont une preuve du soin et du talent qu'on remarque dans l'ensemble des objets exposés par M. Boyer.

Le jury, pour récompenser ses efforts, lui décerne une médaille de bronze.

MM. RAINGO frères, à Paris, rue Saintonge, 11.

Avant de parler de leurs produits, disons un mot de ces fabricants: c'est une famille d'industriels composée de quatre frères dont l'intelligence est constamment acquise à la prospérité de leur établissement, à Paris et à l'étranger. La partie commerciale y domine, et le chiffre de leur exportation est considérable.

Dans la grande quantité d'objets exposés, nous avons remarqué une pendule Louis XIV, le char de Neptune, accompagnée de deux candélabres et de deux vases très-riches; une pendule, forme renaissance, ornée de porcelaines peintes, et des potiches garnies de bronzes; deux groupes, sujets de chasse; une pendule, la Poésie et l'Éloquence, avec candelabres à enfants, sont des témoignages du zèle et de l'activité qui règnent dans cette fabrique.

En considération de l'importance de cette maison et des services rendus au commerce, le jury décerne à MM. Raingo frères la médaille de bronze.

M. RÖDEL, à Paris, rue Pierre-Levée, 19.

Selon l'usage ordinaire, la pendule posée sur une cheminée intercepte au milieu la vue de la glace; pour obvier à cet inconvénient, M. Rödel nous présente l'ensemble général d'une garniture qui, par sa disposition originale, a fixé notre attention.

Cette pendule, supportée à droite et à gauche par des rinceaux et des enfants, qui eux-mêmes donnent naissance à des candélabres, laisse par sa position élevée la possibilité de se voir, sans que la grâce et l'élégance de cet ensemble en soient altérées.

Ce motif, en même temps qu'il est ingénieusement conçu, est d'une bonne exécution.

M. Rödel, pour la première fois exposant, nous paraît dans une bonne voie de fabrication; le peu de place ne lui a pas permis d'exposer d'autres objets qui sont en harmonie avec son exposition.

Le jury, qui se plaît à récompenser les efforts heureux, accorde à M. Rödel la médaille de bronze.

MENTIONS HONORABLES.

M. PRÉVOST, à Paris, rue des Quatre-Fils, 11.

M. Prévost, ancien ciseleur chez M. Denière, a exposé un tableau représentant un bouquet de fleurs en bronze, que nous n'hésitons pas à considérer comme un chef-d'œuvre de ciselure; c'est un objet d'art et de haute curiosité.

Cette œuvre remarquable, que nous ne saurions trop louer, mérite une mention toute particulière que le jury s'empresse de lui accorder.

M. BAVOZET, à Paris, rue Saint-Étienne-Bonne-Nouvelle, 15.

L'exposition de ce fabricant se composait principalement de pendules représentant des cathédrales gothiques. La consommation de ses produits est considérable, surtout à l'étranger.

Ces objets sont exécutés avec intelligence et lui méritent une mention honorable que le jury lui décerne.

M. ROZIER (Nicolas), à Lyon (Rhône).

A exposé des bronzes pour les églises. Nous avons remarqué avec intérêt des chandeliers de style différent, et qui, vu le peu de ressource pour la fabrication des bronzes dans les départements, sont exécutés avec goût et intelligence.

M. Rozier, qui avait commencé son établissement avec un ou deux ouvriers, en occupe maintenant près de quatre-vingts.

Des reliquaires, une croix de procession, enfin l'ensemble de ses produits offre de bons résultats.

Le jury lui décerne une mention honorable.

M. GRIGNON, à Paris, rue d'Anjou, 13, au Marais.

Le jury décerne une mention honorable à M. Grignon pour l'ensemble de son exposition, qui se composait de lustres, pendules, surtouts et vases d'une confection satisfaisante.

III. *Bronzes pour l'éclairage au gaz et pour magasins.*

MÉDAILLE D'ARGENT.

M. LACARRIÈRE, à Paris, rue Sainte-Elisabeth, 3 *bis*.

M. Lacarrière, d'abord simple artisan, est le premier qui ait fait des applications heureuses du bronze aux appareils pour le gaz.

Son exposition, déjà remarquable en 1839, offrait en 1844 la preuve la plus évidente de ce que peut la volonté guidée par l'intelligence et le goût.

Les produits nombreux et variés soumis à notre examen ont tous d'heureux résultats. Un grand candélabre à pied triangulaire est d'une exécution large, d'un bon sentiment de dessin et de sculpture. Un calorifère surmonté d'un Mercure portant un bec de gaz est d'une ingénieuse conception. Un fragment de lustre pour le théâtre de la reine à Londres, orné d'enfants jouant de divers instruments, est un morceau capital et digne de remarque. Enfin des bras, des lampes suspendues, une grande lanterne complétaient cette riche exposition.

Nous félicitons bien sincèrement M. Lacarrière de la bonne voie dans laquelle il a persévéré avec tant d'ardeur; nous nous plaisons à constater des progrès notables dans tous ces produits.

M. Lacarrière, qui avait obtenu une médaille de bronze en 1839, est digne à tous égards d'une médaille d'argent pour l'ensemble de son exposition, dont une autre partie est citée dans la commission des métaux (V. le *Rapport de M. Amédée-Durand*, t. I, p. 874).

RAPPEL DE MÉDAILLE DE BRONZE.

M. POMPON, à Paris, rue du Temple, 15,

A exposé un grand lustre, des candélabres et des bras, genre rocaille. Le lustre surtout, par la manière dont il est combiné, présentait des difficultés d'exécution qui ont été surmontées avec succès. Ces objets sont d'une grande richesse, et sont la partie importante de cette exposition. D'autres lustres et candélabres sont le résultat d'efforts et de recherches.

M. Pompon est toujours digne de la médaille de bronze décernée par le jury en 1839.

MENTIONS HONORABLES.

M. GEORGI, à Paris, rue Saint-Denis, 328,

A exposé quatre lampes suspendues d'une bonne forme et d'une bonne exécution.

Le jury lui vote une mention honorable.

M. THOMAS, à Paris, rue Saint Martin, 63,

A exposé des porte-chapeaux à plusieurs branches mobiles et ciselés, d'un prix très-modéré, ainsi que divers articles pour étalage. Cette fabrication offre un aspect satisfaisant.

Le jury décerne à M. Thomas une mention honorable.

IV. *Bronzes appliqués aux lampes.*

MÉDAILLE D'ARGENT.

MM. GAGNEAU frères, à Paris, rue d'Enghien, 25.

MM. Gagneau frères, dont la réputation justement méritée les place au premier rang, obtinrent en 1819 une médaille de bronze, qui leur fut rappelée en 1834, enfin une nouvelle en 1839.

Leur exposition démontre les progrès incontestables apportés par eux à la confection des ornements qui enrichissent leurs lampes.

Les modèles, dont quelques-uns sont dus au talent de Klagmann, sculpteur, sont de bon goût et exécutés avec beaucoup de soin et de recherche jusque dans les moindres détails.

Nous citerons avec éloge une grande collection de lampes en porcelaine française et étrangère, garnies avec la plus grande entente de l'art. Ces diverses montures sont généralement bien appropriées à chaque genre indiqué par ces porcelaines.

Des lampes pour grande salle à manger sont d'un bon dessin et d'une forme heureuse; la bonne exécution vient en augmenter la valeur.

L'importance des affaires de MM. Gagneau frères est justifiée par l'intelligence et l'art qu'on remarque dans tous les objets qui sortent de cette fabrique distinguée.

Le jury, pour reconnaître le mérite de MM. Gagneau frères, leur décerne une médaille d'argent.

---

§ 2. SCULPTURE EN CARTON-PIERRE.

Considérations générales.

La sculpture en carton-pierre a pris dans la décoration architecturale une importance que les services nombreux rendus journellement par elle, depuis trente ans, ont constaté d'une façon victorieuse.

Le facile emploi de ce mode d'ornementation est justifié par les résultats si remarquables obtenus jusqu'à ce jour.

Dans les palais, les hôtels, les établissements publics, dans les modestes habitations, dans les maisons à loyer même, partout se retrouvent les produits variés de cette utile industrie.

Tous les progrès que l'art a pu faire, la sculpture en carton-pierre les a tentés, et ses efforts ont toujours été couronnés du plus grand succès. Non-seulement les ornements, les arabesques de tout genre, depuis les plus vigoureux jusqu'aux plus délicats, mais les reliefs les plus saillants, les figures de ronde-bosse les plus accentuées ont été exécutés et sont devenus d'une application facile et commune.

Cette industrie a toujours suivi avec une intelligence heureusement récompensée les exigences des divers styles qui, depuis vingt ans surtout, sont tombés, en se succédant rapidement, dans le domaine de la mode.

L'extension du carton-pierre en province, et son exportation à l'étranger sont considérables. Comme les autres industries d'art, celle-ci obtient, par sa supériorité, une faveur que justifie l'intelligence dépensée par nos artistes, au profit des productions où le goût se manifeste.

Sans vouloir ici trop blâmer ni proscrire l'usage du carton-pierre dans les imitations purement d'art et de curiosité, disons cependant que le véritable emploi de cette intéressante industrie est dans l'application aux décors intérieurs où l'architecture réclame son secours.

Ainsi compris, le carton-pierre remplit sa véritable mission. Venant en aide aux artistes, il leur permet de réaliser à peu de frais les projets créés par leur imagination, projets qui, sans ce puissant appui, seraient d'une exécution souvent difficile, toujours trop coûteuse.

Parmi les artistes qui ont le plus concouru aux progrès et à la propagation de cet art, il est de notre devoir de citer en première ligne MM. Wallet et Huber, comme l'exemple le plus digne d'être signalé.

RAPPEL DE MÉDAILLE D'ARGENT.

M. ROMAGNÉSI aîné, à Paris, rue de Paradis-Poissonnière, 24.

M. Romagnési, dont le nom est si ancien dans l'industrie du carton-pierre, s'est fait encore remarquer à cette exposition comme à celle de 1839 par un ensemble très-varié de statuettes, vases, coffrets, armures, imités d'objets en acier, bronze, fer et terre cuite. Ces diverses pièces, par la manière ingénieuse avec laquelle elles sont traitées, annoncent un artiste distingué.

On regrette peut-être, comme en 1839, tant d'intelligence dépensée si largement à ces productions, surtout en remarquant la beauté de l'exécution du grand chapiteau et du magnifique entablement surmonté d'un riche fronton.

Que M. Romagnési ne perde pas de vue l'application vraiment utile du carton-pierre dont il possède si bien l'emploi quand il traite la décoration architecturale.

Le jury s'empresse de rappeler à M. Romagnési aîné la médaille d'argent qu'il n'a pas cessé de mériter.

NOUVELLE MÉDAILLE D'ARGENT.

MM. WALLET et HUBER, à Paris, rue Bergère, 20.

Des ateliers considérables qui occupent pendant toute l'année cent vingt ouvriers, dix sculpteurs, cinq menuisiers;

Une collection immense de creux en plâtres qui reproduisent les ornements, les reliefs, les rondes bosses et les sculptures de toutes les époques ;

Une haute intelligence d'artiste mise à la disposition de tous les architectes décorateurs pour l'ornementation des palais et des demeures plus modestes;

Tels sont les éléments du travail et de l'exploitation industrielle de ces habiles fabricants.

Aussi, à toutes les expositions, le jury les a-t-il honorablement distingués, car il les retrouvait toujours à la tête de cette industrie qui a pris des développements considérables, et qui entre pour une si grande part dans les décorations intérieures que nous admirons à l'Hôtel-de-Ville, à Fontainebleau, à Versailles, à Saint-Cloud, aux Tuileries, etc.

En 1823, une médaille de bronze a signalé leur début; en 1827, une médaille d'argent; en 1834, un rappel; enfin, en 1839, une nouvelle médaille d'argent leur ont été décernées.

Depuis cette époque, leurs efforts et leurs succès ont constamment grandis, ni les variations fréquentes de style et de genre, ni les difficultés nombreuses que soulèvent ces changements rapides du goût n'ont arrêté leur zèle, n'ont surpris leur intelligence.

On a remarqué à cette exposition, comme à toutes les autres, une grande variété de modèles du goût le plus pur et de l'exécution la plus sévère. Dans les reproductions de tous les styles différents, on a retrouvé même discernement dans le choix, même réussite dans l'application.

Comme en 1839, le jury n'a pas cru pouvoir accorder une récompense du premier ordre à cette industrie ; mais, reconnaissant le mérite toujours soutenu de ces habiles artistes, MM. Wallet et Huber, il les place en première ligne et leur décerne une nouvelle médaille d'argent, au lieu de leur rappeler celles qu'ils ont obtenues aux expositions précédentes.

RAPPEL DE MÉDAILLE DE BRONZE.

M. TIRRART, à Paris, impasse Sandrié, 4 *bis*,

A présenté à l'appréciation du jury un candélabre surmonté de girandoles d'une grande dimension et d'une bonne exécution. La scène, d'après Léonard de Vinci, des anges adorateurs, enfin divers motifs de chapiteaux, colonnes, pilastres, complétaient son exposition, et se faisaient remarquer par le soin apporté à leur confection.

M. Tirrart n'est pas sorti de la bonne voie qui, en 1839, lui avait valu une médaille de bronze. Le jury lui en vote le rappel.

MÉDAILLES DE BRONZE.

M. LOMBARD, à Paris, rue Thorigny, 5.

En lisant le précédent rapport, qui se terminait par une citation favorable, on est étonné de l'importance extraordinaire que la fabrication de M. Lombard a prise depuis cinq ans.

Les motifs si nombreux et si intéressants qui sont

exposés cette année, et la manière remarquable avec laquelle ils sont compris et exécutés, témoignent des efforts soutenus et de la grande intelligence de cet artiste fabricant.

On remarque d'abord un grand cadre, style renaissance, d'une forme heureuse; les ornements et les figures y sont distribués avec art et une discrétion louable; l'exécution en est pure et élégante.

La table hexagone est peut-être un peu trop surchargée d'ornements, mais un grand cadre, Louis XV, et surtout un fragment d'un cadre à rinceaux bien enroulés et à fleurs très-heureusement modelées, attestent la souplesse du talent de M. Lombard.

Composés et exécutés en partie par lui, ces objets acquièrent un mérite de plus et font l'éloge de sa capacité industrielle.

Le jury, heureux de reconnaître les titres de M. Lombard, décerne à cet habile artiste la médaille de bronze.

M. HARDOUIN, à Paris, rue de Bréda, 24.

Un autel, partie en bois, partie en carton-pierre (XVe siècle), exécuté pour la ville de Dieppe dans le style de l'église Saint-Pierre, était l'objet le plus important de l'exposition de M. Hardouin. Les divers ornements, les clochetons, les frises, les frontons qui couronnent ce monument, sont d'une grande délicatesse de détails et d'un fini précieux. Le style de l'époque y est reproduit avec une scrupuleuse fidélité.

On regrette toutefois que les figures de ronde bosse,

qui composent les différents sujets de cet autel, soient, ou une imitation, ou une reproduction trop servile des quelques exemples fâcheux qu'on retrouve au XVe siècle comme à toutes les époques de l'art.

Un porte-reliquaire, une table et un candélabre, formaient l'ensemble de l'exposition de M. Hardouin.

Le jury, appréciant les bons résultats obtenus par M. Hardouin, lui décerne la médaille de bronze.

MENTIONS HONORABLES.

M. CAMARET, à Paris, rue du Caire, 24.

L'aspect de l'exposition de cet artiste était très-intéressant par les productions qui la composaient.

Les fleurs principalement sont la partie dominante dans la décoration des nombreux cadres, des vases-corbeilles, dessus de porte, etc., qu'on y remarquait. Ces fleurs sont d'une délicatesse d'exécution et d'une vérité surprenante.

La pâte employée par M. Camaret est ductile comme la terre glaise, et il exécute lui-même tous ses ornements avec une facilité inconcevable.

Cette pâte acquiert une grande dureté. Le vernis qui recouvre ces diverses productions leur donne un aspect très-agréable.

L'emploi en serait heureux, appliqué à des intérieurs d'appartement, et donnerait des résultats satisfaisants.

Le jury, voulant récompenser les efforts de M. Camaret, lui vote une mention honorable.

M. TROUVÉ, à Paris, passage Violet, 5,

A exposé un grand assortiment de cadres de styles différents. L'ornementation qui décore l'un d'eux, d'une grande dimension, est très-bien conçue. L'exécution en a été dirigée avec intelligence et avec soin. Le jury, pour l'ensemble de ses travaux, décerne à M. Trouvé une mention honorable.

M. COTELLE, à Paris, rue du Bac, 19,

A exposé des sculptures auxquelles il donne la dénomination de *plastique*, bois et pâte métallique. Cette matière est d'une dureté telle, qu'elle résiste plus que la pierre aux chocs les plus violents. L'application bien comprise de cette nouvelle composition lui assure un avenir dont les résultats ne sont pas douteux. Nous engageons beaucoup M. Cotelle à persévérer et à donner tous ses soins à l'extension et à l'heureux emploi de sa plastique.

Le jury lui vote une mention honorable.

M. LAMY fils, à Paris, rue Bleue, 22.

Une grande collection de cadres, une console exécutée avec soin, méritent à M. Lamy fils la mention honorable que lui vote le jury.

Le jury mentionne honorablement :

M. GUILLAUME, à Paris, rue du Delta, 13,

Pour des statuettes et statues d'église en matière composée.

MM. HEILIGENTHAL et Cie, à Strasbourg (Bas-Rhin),

Pour leurs pâtes dures exécutées avec soin et qui se recommandent par le bon marché. Des chapiteaux, des rosaces et ornements divers sont traités avec intelligence.

CITATIONS FAVORABLES.

Le jury cite favorablement :

M. DALIOT, à Paris, rue du Pourtour-Saint-Gervais, 4,

Pour ses statues en carton-pierre.

M. LECŒUR, à Paris, boulevard Montmartre, 1,

Pour ses lettres en pierre-factice et ses numéros qui sont d'une bonne et durable application.

---

§ 3. CUIRS ET CARTON-TOILE EN RELIEF.

MENTION HONORABLE.

M. MARTIN, à Paris, rue Neuve-Saint-Nicolas, 12 *bis*,

A exposé deux meubles dont les ornements sont en cuir repoussé. Ces meubles sont bien de proportion et l'ornementation en est heureuse. Le cuir gauffré ou repoussé, quoique d'un usage très-ancien surtout pour les tentures, parait pour la première fois à l'exposition avec son application nouvelle; l'usage dira si elle offre des garanties de durée. Le carton-toile, dans son emploi pour la décoration des appartements est d'un grand avantage par sa légèreté.

Le jury décerne à M. Martin une mention honorable.

---

§ 4. CUIVRE ESTAMPÉ VERNI.

Considérations générales.

Le cuivre pur ou allié, estampé et verni, était évidemment appelé à prendre un jour une place importante parmi les industries qui offrent leur concours à la décoration intérieure des appartements. Cette place, le cuivre estampé l'a acquise pour toujours d'une manière incontestable.

Déjà, en 1839, cette nouvelle direction, quoique faiblement indiquée par un des exposants, avait cependant pu faire pressentir les immenses ressources que cette industrie devait se créer.

Diverses interprétations, toutes très-bien comprises, et que nous avons remarquées à l'exposition, confirment d'heureux succès que nous nous empressons de signaler à l'appréciation des artistes et des industriels.

Des débouchés faciles, un écoulement plus considérable de produits en province et à l'étranger, voilà les importants résultats que vient de conquérir cette récente industrie.

Depuis cinq ans, un grand développement a été donné à cette fabrication. Si l'usage de l'estampage dans nos habitations intérieures n'est point encore très-répandu, son application du décor des établissements publics, des salles de spectacles surtout, a été couronnée du plus grand succès.

Les théâtres des Italiens, de l'Opéra-Comique, du Panthéon, le théâtre Beaumarchais, en ce moment même, ceux de Nantes, de Brest et de Saint-Quentin, sont une preuve de l'importance du fait avancé et de l'avenir qui est réservé à cette branche intéressante de notre industrie nationale.

Parmi les nombreux avantages que présente l'emploi du cuivre estampé dans les établissements que nous venons de citer, un des plus notables est sans contredit la solidité des ornements qui peuvent se déplacer avec promptitude et facilité, sans craindre l'altération des formes.

On connait généralement les effets rapides et fâcheux du gaz sur les ornements dorés, naguère encore en usage dans les cafés et surtout dans les théâtres; en peu de temps cette dorure noircie nécessitait de fréquentes réparations. Cet inconvénient grave et coûteux, le vernis du cuivre estampé l'a fait disparaître. Les expériences faites par M. Payen au conservatoire des arts et métiers en ont constaté la solidité et la durée.

La plupart des estampeurs ne vernissent pas chez eux, ils font vernir leurs produits dans des ateliers spéciaux.

En passant en revue les divers objets exposés par les fabricants qui ont droit à des distinctions, on trouvera la justification complète des éloges qui sont le principal but de ces considérations générales.

RAPPELS DE MÉDAILLES D'ARGENT.

MM. LECOCQ et Cie, à Paris, rue des Francs-Bourgeois, 14, au Marais.

MM. Lecocq et Cie, dont la position commerciale est remarquable par le chiffre des affaires, qui dépasse 300,000 fr., ont exposé une grande quantité d'objets très-variés : douze grandes rosaces de plafond simples et riches, des lambris et panneaux ornés avec goût, de nombreuses corniches décorées d'après les meilleurs principes d'architecture.

Parmi ces produits, nous avons remarqué surtout, une grande rosace, riche sans profusion ; les ornements, les moulures sont d'un dessin correct, et le cul-de-lampe qui forme milieu est d'une silhouette élégante.

Des frises nombreuses se distinguent par la variété de leur forme et la délicatesse des détails ;

enfin des chapiteaux d'une bonne proportion. En examinant un de ces derniers objets, nous avions distingué la mauvaise jonction des figures et des têtes saillantes, avec le fond qui les reçoit. Nous sommes heureux de dire qu'en visitant les ateliers de MM. Lecocq et Cie, nous avons pu constater le bon résultat de notre critique par la disparition complète des défauts qui avaient été signalés à ces habiles fabricants.

Le jury vote avec empressement à MM. Lecocq et Cie le rappel de la médaille d'argent.

M. MARSAUX, à Paris, rue de la Perle, 14.

L'ensemble d'une loge d'avant-scène, qui était l'objet capital de l'exposition de M. Marsaux, indique immédiatement toute l'habileté et le goût de cet artiste manufacturier. Ce motif est d'une charmante proportion et d'un ajustement distingué. Le bon emploi et la répartition heureuse des ornements sont remarquables. Le couronnement, sans être lourd, est d'une bonne fermeté de détails, et forme des contours gracieux. Dans les montants, les ornements qui donnent naissance aux bras, les balustres de la galerie, et une imitation ingénieuse de crêtes et de galons qui enrichissent les rideaux, forment le complément de cet ensemble, qui ne mérite que des éloges.

Des rosaces, des motifs de lambrequin pour croisées, des consoles et des encadrements de glace, ajoutaient à l'intérêt de cette exposition.

L'importance de cette maison rivalise presque avec celle que nous avons signalée avant.

Le jury, en récompense du mérite toujours soutenu de M. Marsaux, lui rappelle la médaille d'argent.

MÉDAILLE D'ARGENT.

M. FUGÈRE, à Paris, rue Amelot, 52.

Après avoir paru sous le couvert de l'anonyme aux expositions précédentes, M. Fugère vient enfin avouer hautement ses œuvres. Il est du petit nombre de ceux qui composent, sculptent eux-mêmes leurs modèles, et qui en exécutent les matrices.

L'aspect de l'établissement de M. Fugère est celui de la véritable fabrique, le magasin s'efface devant l'atelier. Depuis les ouvriers qui frappent aux moutons jusqu'aux dessinateurs, sculpteurs et graveurs, tout se trouve réuni sous sa main : il en est le chef par son exemple.

M. Fugère a exposé le véritable spécimen de l'application heureuse du cuivre estampé, signalé en tête de ce rapport.

Trois parois et un plafond forment l'ensemble d'un petit salon, composé de lambris, portes et panneaux, surmontés d'un entablement complet. Toute l'ornementation de ce salon est distribuée avec une sagesse et un discernement qui en font un tout digne de l'appréciation des artistes.

Une devanture de loge du théâtre Italien, dont la décoration en cuivre estampé a été faite par M. Fugère, et divers ornements, tels que consoles, frises, etc., ajoutent encore à l'intérêt dont il est digne.

Le jury, pour récompenser tant d'intelligence dépensée au profit de la véritable fabrication, décerne à M. Fugère la médaille d'argent.

RAPPEL DE MÉDAILLE DE BRONZE.

M. BORDEAUX, à Paris, rue Saint-Sauveur, 12.

Anciennement sculpteur sur bois, M. Bordeaux a appliqué son art à l'industrie de l'estampage en cuivre.

Parmi les objets exposés, nous avons remarqué un baldaquin de lit et plusieurs couronnements de rideaux d'une très-grande richesse et d'une bonne exécution. Plusieurs pièces de bon goût, tels que frises pour cadres, thyrses, patères, prouvent que M. Bordeaux est un industriel de talent.

Fidèle à son ancien art, il a exposé quelques sculptures sur bois d'un effet heureux.

Le jury rappelle à M. Bordeaux la médaille de bronze qu'il avait obtenue en 1839.

MÉDAILLES DE BRONZE.

MM. THOUMIN et CORBIÈRE, à Paris, rue Saint-Antoine, 165,

Ont un grand assortiment de tous les objets que comporte le cuivre estampé, et qui s'adressent aux tapissiers. Ces industriels ont principalement adopté le vernis mat.

Des galeries, palmettes, rosaces, rinceaux, patères, etc., y figuraient en grand nombre.

On remarquait particulièrement un baldaquin de lit, d'une grande richesse, une tête de bélier pour thyrse d'une bonne exécution, enfin un couronnement de croisée composé d'un aigle enrichi de feuillage de chêne d'un effet vigoureux et bien accentué.

L'importance de cet établissement est digne d'attention; son chiffre de commerce très-élevé, joint au mérite de la fabrication, placent MM. Thoumin et Corbière à un rang distingué.

Le jury leur décerne la médaille de bronze.

M. TOURNIER, à Paris, rue Saint-Sauveur, 24.

M. Tournier, qui, le premier, en 1839, avait tenté avec quelque succès l'emploi du cuivre estampé dans la décoration architecturale, a présenté cette année un ensemble bien choisi d'articles d'utilité usuelle, qui se recommandent par le bon goût qui les a créés, et par une bonne fabrication.

M. Tournier, anciennement graveur en médaille et sculpteur, compose et exécute en partie les objets qu'il livre au commerce.

Nous avons examiné avec intérêt des thyrses bien ajustés, des couronnements, baldaquins, enfin tout ce que comportent les nombreuses ressources dont les tapissiers savent tirer un parti si avantageux. Son exposition annonce une intelligence bien employée, qu'il avait précédemment mise, en qualité de sculpteur, au service des meilleures fabriques d'estampage.

M. Tournier qui, en 1839, avait obtenu une mention honorable, est digne de la médaille de bronze que lui vote le jury.

M. BASNIER, à Belleville (Seine), rue des Lilas, 7.

La spécialité bien marquée de M. Basnier, dans l'emploi du cuivre estampé, est celle des ornements destinés aux églises et au clergé.

Son exposition se distinguait par un autel garni de chandeliers d'une bonne exécution, et remarquable par l'ajustage, qui est une des grandes difficultés de l'estampage dans la ronde bosse. Cette perfection est sensible dans des ostensoirs, surtout dans des crosses d'évêque, que la légèreté de leur volume rend d'un plus facile usage. Dans une croix de procession se retrouvent ces mêmes avantages.

L'ensemble des nombreux objets dans lesquels on remarquait des encensoirs, parle en faveur de M. Basnier. Étant le seul pour cette spécialité, il est facile de se faire une idée de l'importante consommation de ses produits.

Le jury décerne à M. Basnier une médaille de bronze.

NOUVELLE MENTION HONORABLE.

M. BLÈVE, à Paris, rue de Lancry, 4.

Tous les ornements applicables à la décoration intérieure, tels que cadres pour glaces et tentures, se trouvaient réunis à l'exposition de M. Blève.

Un grand encadrement de glace nous a principalement frappé par son heureuse proportion, et ses détails bien combinés. Des frises d'un bon ajustement et délicatement travaillées sont une preuve du soin et du goût que M. Blève apporte à tous ses produits.

Le jury vote à M. Blève une nouvelle mention honorable.

MENTIONS HONORABLES.

M. PETITPAS, à Paris, rue Castex, 5.

L'exposition de ce fabricant était remarquable par un grand assortiment de rosaces et de patères, dont il fait une consommation considérable. Variété dans les formes et dans les ornements, grande recherche dans l'exécution, voilà les titres de M. Petitpas à la mention honorable que le jury lui décerne.

M. DURENNE, à Paris, rue Saint-Nicolas-Saint-Antoine, 5,

A exposé un grand nombre d'articles en cuivre fondu et estampé, pour meubles, tapisserie et bâtiments. La bonne confection de ses produits explique le chiffre élevé de son commerce.
Le jury lui vote une mention honorable.

CITATION FAVORABLE.

Le jury cite favorablement :

MM. AGNELLET frères, à Paris, rue du Caire, 7,

Pour leurs galeries estampées, palmettes, couronnements de lit, qui sont généralement exécutés avec intelligence.

Vernis sur métaux.

MÉDAILLE DE BRONZE.

M. BENOIT-LANGLASSÉ, à Paris, rue des Blancs-Manteaux, 46,

A exposé un nombreux assortiment d'objets en bronze, tels que candélabres, pendules, flambeaux, écritoires, etc., vernissés dans ses ateliers; ces objets présentent à s'y méprendre l'aspect des bronzes dorés. Comme imitation de la dorure, le vernissage de M. Benoît-Langlassé ne laisse à désirer qu'une uniformité un peu plus grande dans les tons, uniformité difficile à produire à cause de la diversité même de composition et de couleur des bronzes ou laitons en plusieurs pièces que les fabricants confient au vernisseur.

L'art de donner au cuivre et à ses alliages la couleur de l'or est digne d'intérêt; il vient en aide au commerce des bronzes; il tend à répandre les jouissances du luxe, car il permet de livrer à des prix très-modiques des objets dont la valeur serait plus que doublée par l'emploi de la dorure; le vernis qui donne à ces objets la couleur de l'or est assez durable pour que les intérêts de la somme qu'il eût fallu consacrer à leur dorage suffise pour les entretenir dans un parfait état de conservation.

Le jury, voulant récompenser les efforts et les

succès de M. Benoit-Langlassé, décerne à cet exposant une médaille de bronze.

---

§ 5. STORES ET ÉCRANS.

Considérations générales.

Cette année les fabricants de stores ont paru en plus grand nombre qu'aux expositions précédentes.

Si le goût du luxe a développé à un haut degré chez ces artistes les moyens employés au profit de cette industrie, le goût proprement dit aurait bien dû les garantir des abus qui s'y sont glissés.

La propriété essentielle du store doit être avant tout de reposer la vue et non de l'offenser. Peut-être quelques artistes n'ont-ils pas assez compris et observé cette nécessité.

L'imitation servile des tons vigoureux et éclatants des vitraux, adoptée pour l'intérieur des habitations, est une erreur. On ne doit point oublier que la nature dite de convention est toujours plus heureusement applicable à ce genre de travail, si on songe surtout à sa véritable destination. C'est une fausse idée d'espérer tromper l'œil, qui l'est rarement. Chaque art d'ailleurs a ses limites qu'on ne doit pas chercher à dépasser sous peine de manquer le but qu'on veut atteindre.

Disons-le cependant, quelques-uns ont compris toutes les qualités inhérentes à la peinture sur transparent, en satisfaisant complétement le goût et la vue.

Empressons-nous donc de citer les noms de ceux qui, par l'absence des défauts signalés plus haut, ont mérité le juste intérêt que le jury accorde toujours aux efforts couronnés par de bons résultats.

MÉDAILLES DE BRONZE.

M. GIRARD, à Paris, rue Saint-Martin, 254.

M. Girard, fait lui-même ses dessins; il a présenté au jury plusieurs stores qui méritent de fixer son attention.

Une vue intérieure de Saint-Isidore de Madrid est d'une bonne exécution et d'un effet piquant. Les conditions de perspective, comme dessin et couleur, y sont observées avec talent. Les ornements formant cadre à cette vue sont d'un ton très-doux, qui laisse au tableau toute sa valeur.

Une descente de croix, d'après Jouvenet, est assez correcte comme copie; enfin, le Décaméron, d'après Winterhalter, encadré d'une façon heureuse, ajoute à l'intérêt qu'offrait l'exposition de M. Girard, auquel le jury décerne une médaille de bronze.

M. BACH-PÉRÈS, à Paris, rue du Faubourg-St-Denis, 105.

Le jury a remarqué l'exécution précieuse d'un grand store imité d'une pastorale de Boucher. Si les figures en sont gracieuses comme dessin et coloris, le cadre d'un ton d'or rouge est d'un éclat un peu trop ardent. Une Vierge, d'après Murillo, et un store de fleurs bien peintes et d'un joli ton, sont des œuvres faites avec conscience et talent.

M. Bach-Pérès se recommande aussi par les nombreux artistes qu'il emploie. Le jury lui décerne une médaille de bronze.

M. HANKIN, à Paris, rue Pierre-Sarrazin, 2.

J.-J. Rousseau cueillant des cerises, de C. Roqueplan, est un sujet gracieux que M. Hankin a choisi et rendu avec succès. Les figures y sont d'une bonne imitation de dessin et d'une jolie harmonie de couleur : il est à regretter que l'arbre soit un peu lourd de ton.

Cet artiste a exposé aussi une collection nombreuse de vues de jardins, de fleurs, d'oiseaux. Enfin une grande variété de motifs riches et simples se recommande par une bonne exécution. Pour l'ensemble de tous ses travaux le jury décerne à M. Hankin une médaille de bronze.

M. HATTAT (Antoine), à Paris, rue Richelieu, 81,

A exposé cinq stores, tous d'une bonne exécution,

et faits dans un bon principe de dessin et dans des conditions heureuses de ton et d'harmonie.

Une vue de château est remarquable par une jolie perspective et par la finesse des détails. Un store à oiseaux et fleurs est d'un arrangement gracieux. Deux figures encadrées d'une bordure élégante, une vue intérieure riche, et une Vierge à l'enfant, sont des titres à nos éloges.

Le jury décerne à M. Hattat une médaille de bronze.

MENTIONS HONORABLES.

M. LEROY, à Paris, quai Saint-Michel, 15.

Quelques jolies compositions, un heureux choix de couleurs et un dessin assez correct, rendent M. Leroy digne de la mention honorable que le jury lui accorde.

M. SAVARY, à Paris, rue du Roule, 5.

Il y a dans les compositions de M. Savary les conditions essentielles d'un travail intelligent et habile. Le jury l'a jugé digne de la mention honorable.

CITATION FAVORABLE.

M. AUDRY, à Paris, rue Rochechouart, 44.

Le jury, voulant récompenser les efforts intelligents et la bonne exécution de l'exposition présentée par M. Audry, lui accorde une citation favorable.

§ 6. IMITATION DES BOIS ET DES MARBRES PAR LES PROCÉDÉS DE PEINTURE.

Considérations générales.

On connaît la perfection à laquelle on est arrivé dans les imitations des bois et des marbres par les procédés de peinture. L'exposition nous en a offert quelques exemples tellement frappants, qu'il est difficile, pour ne pas dire impossible, d'établir une différence entre l'imitation et la réalité.

RAPPEL DE MÉDAILLE DE BRONZE.

M. MAURIN jeune, à Paris, rue Saint-Honoré, 342.

M. Maurin jeune, qui a obtenu, en 1839, une médaille de bronze, a exposé deux colonnes en bois de sapin et une fausse cheminée en bois de chêne. Dans ces travaux, M. Maurin a soutenu dignement sa réputation. Le jury lui rappelle la médaille de bronze.

MENTIONS HONORABLES.

M. BIGNON, à Paris, rue Bellefond, 15,

A exposé une mosaïque de marbres français et étrangers imités par des procédés de peinture; de plus un assortiment de marbres pour décors. Le talent avec lequel ces peintures sont exécutées mérite à M. Bignon une mention honorable que le jury lui accorde.

M. HUGHES, à Paris, rue de Charenton, 11 *bis*,

A présenté dans un panneau peint, avec encadrement séparé en grisaille, une collection très-variée d'imitation des bois; entre autres celle du bois de chêne, exécutée par un procédé particulier, donne l'idée la plus vraie de ce que peut l'étude et l'habileté réunies. Le jury lui décerne une mention honorable.

CITATION FAVORABLE.

Nous citerons favorablement :

M. GAVREL, à Paris, rue Saint-Merry, 48,

Pour sa collection de dessins d'intérieur d'appartements.

---

§ 7. DORURE SUR BOIS ET SUR CARTON-PIERRE.

Considérations générales.

Les procédés de la dorure sur bois et sur carton-pierre sont parfaitement connus. Aucun moyen nouveau n'a été signalé à l'attention du jury. Nous nous bornerons donc à citer les exposants qui nous ont paru dignes de récompense.

MENTIONS HONORABLES.

M. GARNEREY, à Paris, rue du Faubourg-Poissonnière, 104,

A exposé un miroir sculpté et un chambranle de porte, dont la composition riche est rendue avec intelligence. Les ornements sculptés sont d'un bel effet. Les dorures sont exécutées avec une grande perfection.

Le jury décerne à M. Garnerey une mention honorable.

M. SOUTY, à Paris, place du Louvre, 18,

A exposé trois cadres d'une richesse somptueuse : un orné d'attributs ecclésiastiques aux armes du pape, un autre enrichi de trophées militaires, et le troisième d'un gothique très-ornementé. La dorure de ces trois pièces est faite avec soin et solidité.

Le jury vote à M. Souty une mention honorable.

Le jury mentionne honorablement :

M. JEANNE, à Paris, passage Choiseul, 66 et 68,

Pour un grand cadre d'une exécution et d'une composition heureuse. La dorure en est remarquable.

§ 8. CONSTRUCTION. COUPE DE PIERRES.

MENTION HONORABLE.

M. AMAND (représentant la Société d'ouvriers tailleurs de pierres, sous le titre de compagnons étrangers), à Paris, rue du Roi-de-Sicile, 20.

Il y a toujours un immense intérêt pour un jury de l'industrie à suivre les travaux des sociétés d'ouvriers.

C'est sans doute une idée heureuse pour des travailleurs de mettre en commun l'intelligence et l'habileté de chacun; d'arriver par des efforts d'ensemble à surmonter toutes les difficultés d'un art pratique, à résoudre les problèmes les plus compliqués.

Aussi avons-nous examiné avec une attention toute particulière le modèle en plâtre exposé par M. Amand, représentant de la société des ouvriers tailleurs de pierres, sous le titre de Compagnons étrangers.

On a réuni dans la combinaison architecturale de cet édifice romain toutes les difficultés que peut offrir la coupe de pierres.

Elles ont été vaincues avec une supériorité qui annonce des études faites avec conscience, et la connaissance approfondie de l'art du tailleur de pierres.

Le jury félicite les ouvriers pour ce beau travail, et il vote avec empressement à M. Amand, leur représentant, une mention honorable.

SECTION III.

ÉBÉNISTERIE, TABLETTERIE, EMPLOI DU BOIS, ETC.

M. Beudin, rapporteur.

Considérations générales.

L'ébénisterie est un art de luxe et d'utilité.

Elle doit avoir les qualités propres à cette double exigence : l'usage approprié aux besoins, la richesse alliée au bon goût.

Cette industrie, sans rivale à l'étranger, occupe une des premières places au milieu des brillants produits de la fabrication parisienne, et nous pouvons le dire, puisque nos concurrents en conviennent, Paris est la ville du monde où l'on exécute, avec le plus de goût et de solidité, les meubles de toute espèce.

Aussi, cette richesse industrielle de notre pays est-elle digne de notre intérêt particulier, surtout dans une capitale qui fournit à la consommation de toute la France et qui expédie ses produits à l'étranger.

Elle est exploitée presque exclusivement dans un quartier de Paris, ou plutôt dans une cité intelligente et laborieuse qui compte quatre-vingt mille habitants, et qu'on appelle le faubourg Saint-Antoine.

Depuis quelques années, l'ébénisterie a fait de notables progrès, et les produits soumis à l'examen du jury placent l'exposition de 1844 beaucoup au-dessus de celle de 1839.

Présentons cependant quelques observations générales, dans l'intérêt de l'avenir.

Les meubles chers sont en trop grand nombre; les bronzes dorés, les sculptures, les incrustations et les riches marqueteries couvrent, et souvent couvrent trop la modeste et simple ébénisterie d'assemblage. Il semble qu'on n'ait travaillé que pour des maisons princières; et la classe secondaire, la classe bourgeoise, qui occupe aujourd'hui tant de place dans nos institutions, nous paraît être un peu délaissée. Les meubles de 2,000 à 20,000 fr. pièce ne sont pas rares et conviennent à peu d'acheteurs.

Nous souhaitons pour nos fabriques que ces ameublements dispendieux soient d'une vente courante et facile, et surtout que cette surexcitation du luxe ne donne pas aux consommateurs des désirs que leurs petites fortunes ne pourraient satisfaire sans danger.

Une seconde tendance à remarquer à côté de ce progrès dangereux, c'est le besoin de faire tenir beaucoup de choses dans un petit espace.

La dimension des intérieurs influe beaucoup sur la forme et la grandeur des meubles; et à

Paris principalement, le prix excessif du terrain et le peu d'air qu'on nous laisse pour vivre ont fait naître l'idée de convertir des meubles à deux ou trois usages différents.

Aussi a-t-on vu cette année des commodes dans des secrétaires, des secrétaires dans des bibliothèques, des lits dans des canapés, et des billards servant, au besoin, de table à manger.

Mais il faut savoir s'arrêter dans cette voie.

Un meuble à compartiments, destiné à divers usages, peut être une chose utile. Mais que dire de meubles à combinaisons multiples tellement opposées entre elles, que l'usage en devient impossible.

Un lit dans un divan est une idée ingénieuse de 1839; aujourd'hui nous avons deux lits dans un divan; que fera-t-on en 1849?

Toutes ces tendances à dépasser le but doivent être évitées avec soin, qu'elles viennent du luxe, de la nécessité ou de l'art lui-même; et à ce sujet disons un mot de la sculpture appliquée à l'ébénisterie.

Nous sommes loin d'en repousser l'emploi dans les ameublements; le jury n'ignore pas que dans ce genre les fabricants français ont sur les étrangers une incontestable supériorité. En Allemagne et en Angleterre on peut établir le meuble à moulures et profils d'assemblages, mais quand on veut y ajouter les ornements légers de la renaissance, et surtout les figures, la fabrique étrangère échoue complétement à côté de la nôtre qui ne connaît pas de rivale en ce genre.

Nous conseillons donc la sculpture comme complément obligé de la richesse du meuble, et peut-être serions-nous souvent tentés de la préférer au bronze, mais il faut savoir user sagement de ces avantages.

Un meuble peut être enrichi avec goût par des sculptures s'harmonisant bien avec l'ensemble, ou par des bronzes dorés disposés avec art; il devient confus et lourd, si ces ornements sont employés avec profusion, si les surfaces, les lignes et les profils disparaissent sous les détails, et si l'œil ne peut se reposer sur rien.

Nous insistons sur ce point, car nous sommes ainsi faits. Notre intelligence passionnée nous conduit presque toujours à l'abus des meilleures choses que nous rendons quelquefois mauvaises avec une habileté merveilleuse!

Ces observations ne sont pas des reproches. Elles sont présentées par le jury aux ouvriers amis du goût dans les arts industriels, pour les éclairer et les préserver des dangers de cette exagération qui sacrifie trop souvent la convenance et l'art lui-même au caprice du jour, à la mode, à la folie du moment.

Pour classer avec ordre le nombre très-considérable des produits qui ont pour base l'emploi du bois indigène ou exotique, nous avons groupé les diverses spécialités de l'ébénisterie, de manière à former trois catégories distinctes :

1° *L'ébénisterie proprement dite* ou le meuble moderne dans tous ses usages;

2° *L'ébénisterie d'imitation* ou *de curiosité*, c'est-à-dire la reproduction des meubles anciens;

3° *L'ébénisterie de siéges*, ou l'art du menuisier en fauteuils.

Nous allons les examiner successivement.

§ 1er. ÉBÉNISTERIE MODERNE.

Que fait l'ébéniste qui veut établir un meuble *bien entendu*, pour nous servir d'une expression du métier?

Il commence par en faire le dessin.

Son goût, son expérience, peuvent être deux guides suffisants pour des meubles ordinaires et d'une vente courante; mais pour des meubles de prix, un conseil d'artiste n'est pas à dédaigner, et si ce précepte était plus souvent mis en pratique, nous croyons que l'art et le fabricant lui-même y gagneraient beaucoup.

Quand le dessin est bien arrêté, quelquefois

même essayé sur un modèle en petit, on prépare, en chêne le plus ordinairement, la carcasse du meuble qui doit recevoir le placage à l'extérieur et à l'intérieur.

Ce fonds de menuiserie exige toutes les ressources d'un excellent menuisier, et doit être coupé avec une grande précision, en employant des bois vieux et secs qui ne contrarient pas le bois précieux qui doit les recouvrir.

Vient ensuite le placage avec des feuilles très-minces, plus ou moins compliquées d'incrustations et de marqueteries.

Ce placage posé, collé, rapproché avec une netteté parfaite, est ensuite raclé à la pierre-ponce ou au papier de verre, et enfin verni.

Disons à ce sujet, que le vernis mis au tampon peut s'étendre et se polir, de manière à donner des surfaces nettes et brillantes, mais qu'il est difficile de l'appliquer par ce moyen dans les parties sculptées sur lesquelles on est obligé de le placer au pinceau.

De là ce reflet inégal, pâteux et grenu, qui nuit à la pureté des contours. Il serait peut-être à désirer que les parties sculptées ne fussent pas vernies, ou fussent vernies seulement à la cire; et le jury a remarqué des meubles pour lesquels on a pris ce parti avec quelque succès.

RAPPEL DE MÉDAILLE D'OR.

M. JACOB-DESMALTER, à Paris, rue des Vinaigriers, 23.

Au moment où l'ébénisterie fait des efforts heureux pour constater ses progrès, la concurrence devient chaque jour plus redoutable, et le jury regrette que des circonstances imprévues et indépendantes de sa volonté n'aient pas permis à M. Jacob-Desmalter de se présenter avec une importance commerciale en harmonie avec la supériorité de sa fabrication.

Ce fabricant n'a pas offert cette année une grande variété de produits, mais les deux meubles qui composaient toute son exposition se sont fait remarquer par leur bonne exécution et par un talent très-distingué d'ajustage.

M. Jacob, qui est depuis longtemps un des premiers ébénistes de la capitale, mérite de conserver le rang que lui ont donné ses précédentes expositions, et le jury, rendant hommage à son habileté connue, lui vote le rappel de la médaille d'or.

MÉDAILLE D'OR.

MM. GROHÉ frères, à Paris, rue de Varennes, 30.

Cette maison, qui a mérité une mention honorable en 1834, et une médaille d'argent en 1839, a pris en peu d'années un développement considérable.

Elle occupe continuellement 45 ouvriers dans ses ateliers et 60 ouvriers au dehors.

Ses dessins sont faits exclusivement pour elle; ses modèles de bronze restent sa propriété; et la sculpture des bois, qui se fait dans l'établissement, est confiée au talent d'un artiste très-recommandable, M. Liénard, que MM. Grohé frères ont associé à leurs travaux.

L'exposition soumise par ces fabricants à l'appréciation du jury était très-variée, et donnait un spécimen complet de l'élégance et de l'habileté de leur fabrication.

Ils ont présenté un meuble musée en bois d'ébène et poirier noirci, à quatre faces tournant sur pivot, style renaissance.

Le pied sert de support à quatre enfants gracieusement modelés, dont le corps, terminé par un double rinceau, fait pendentif aux cartouches occupant les faces du pied. Les quatre pilastres formant pans coupés au corps du meuble, sont ornés de figures allégoriques d'un travail très-remarquable. Le meuble est couronné d'un entablement orné de petites figures dans la frise, et de quatre portions de cercle, avec consoles et fleurons qui se réunissent à leur partie supérieure et forment support à une lanterne architecturale qui termine l'ensemble.

Cette partie est un chef-d'œuvre d'assemblage, et nous ne pouvons que louer sans réserve la pureté des profils et toutes les délicatesses d'ébénisterie qu'elle présente.

A côté de ce meuble, tous les autres produits

présentaient les mêmes qualités de bon goût et de bonne exécution.

On distinguait : un prie-dieu en bois de chêne, style gothique, panneaux décorés de cartouches, enrichis de pierres et de marbres ;

Deux buffets et une console en bois d'ébène, style Louis XIV, ornementation en bronze doré ;

Un meuble bonheur du jour en bois de rose, style Louis XVI, panneaux ornés de peintures sur porcelaine ;

Un bahut en bois de palissandre, style renaissance, et plusieurs autres meubles, qui par leur forme, leur sculpture et leur style, témoignent de l'habile direction donnée au travail dans cette maison du premier ordre.

Le jury a pensé que cette alliance heureuse de l'art et de l'industrie méritait la plus honorable de ses récompenses, et il décerne à MM. Grohé frères la médaille d'or.

RAPPELS DE MÉDAILLES D'ARGENT.

MM. FISCHER père et fils, à Paris, impasse Guémenée, 3.

Cette ancienne maison, dirigée de père en fils par des maîtres habiles, conserve son rang distingué dans la fabrique.

Elle a exposé une garniture de meubles, lit, commode, armoire à glace, en bois de palissandre, ornée richement, mais sans profusion, de bronze et cartouches dorés.

Ce meuble est très-bien fait ; les bronzes légère-

m.

ment découpés sont distribués avec goût, les profils en sont purs, l'usage en est sagement entendu.

Cette manière de faire rentre parfaitement dans les observations générales que nous avons présentées au commencement de ce rapport et peut être offerte comme exemple.

En les engageant à rester dans cette bonne voie, le jury vote avec empressement à MM. Fischer père et fils le rappel de la médaille d'argent.

M. JOLLY, à Paris, rue du Faubourg-Saint-Antoine, 38.

M. Jolly a exposé plusieurs meubles en ébène parfaitement traités et d'une richesse de bon goût.

Nous avons distingué une armoire à glace mobile, une bibliothèque prie-dieu fort habilement disposée, ainsi qu'un petit bureau en bois de violette moucheté, d'une exécution très-élégante.

Ces produits remarquables ont paru au jury des titres suffisants pour rappeler à cet estimable fabricant la médaille d'argent qu'il a obtenue en 1839.

NOUVELLES MÉDAILLES D'ARGENT.

M. DURAND fils, à Paris, rue du Harlay, 5.

M. Durand a exposé un ameublement composé de trois pièces, lit, commode, armoire à glace, en palissandre, garni de bronzes dorés.

Ce meuble, qui annonce une fabrication distinguée, ne reproduit pas particulièrement le style d'une époque; mais, par son ensemble général, il fait pressentir l'inspiration et le dessin d'un artiste.

La forme adoptée n'emprunte rien, ou peu de chose, à la sculpture; les moulures en cuivre pourraient même être supprimées et remplacées par des moulures en bois de même profil; ce qui serait peut-être à désirer, sinon d'une manière générale, au moins pour les balustres du lit.

Ce travail, qui ne doit son élégance qu'à des détails d'assemblage, se trouve ainsi placé sous la responsabilité de l'ébéniste.

Les portes, les côtés, et toutes les parties qui présentent une grande surface, sont contre-plaqués en chêne, c'est-à-dire plaqués quatre fois et formés de trois épaisseurs à fil croisé.

Les profils sont corrects, et les moulures en cuivre nous ont paru ajustées avec une grande précision.

Ce travail consciencieux, habile et de bon goût, conserve à M. Durand la position distinguée qu'il a su mériter en 1839. Le jury l'engage à persévérer dans cette intelligente direction, et pour récompenser ses efforts il lui accorde une nouvelle médaille d'argent.

MM. MEYNARD et fils aîné, à Paris, rue du Faubourg-Saint-Antoine, 52.

Si MM. Meynard et fils aîné ont eu l'intention de faire un meuble d'ébénisterie utile, commode, nouveau et d'un prix raisonnable, nous pensons qu'ils ont réussi.

Point de sculptures, peu de bronzes, mais un

talent réel d'ajustement et de dispositions, voilà ce qui distingue le bureau-bibliothèque qu'ils ont exposé à côté d'une fort jolie commode à armoire en bois de rose.

Ce meuble se compose de trois parties : bibliothèque, grand tiroir de bureau et coffre-fort.

Pour le service des rayons supérieurs de la bibliothèque, on a fort ingénieusement placé dans la profondeur du corps du meuble, et au milieu de la partie basse, un marchepied circulaire qui roule sur deux supports cylindriques à galets et qui descend jusqu'à terre.

Ce système offre convenance et économie. Le meuble est d'ailleurs dans d'excellentes conditions de fabrication. Il sort des ateliers d'une maison qui occupe un grand nombre d'ouvriers, et qui est placée depuis longtemps en première ligne pour ses ventes considérables en province et à l'étranger.

Le jury pense que ces sages progrès, si constamment soutenus de père en fils, doivent être récompensés. MM. Meynard ont obtenu une médaille d'argent en 1834 et un rappel en 1839 ; le jury leur vote une nouvelle médaille d'argent.

MÉDAILLES D'ARGENT.

M. LEMARCHAND, à Paris, rue des Tournelles, 17.

M. Lemarchand est un des ébénistes les plus distingués de la capitale, et ses magasins offrent la collection la plus complète de tout ce que l'art peut enfanter d'élégant et d'utile.

C'est à lui que le gouvernement a confié l'exécution du cercueil d'ébène qui contient les restes mortels de Napoléon. Ce coffre précieux a fait deux longues traversées sans être altéré dans ses bois ni dans ses assemblages.

M. Lemarchand, dont l'absence aux expositions précédentes avait été remarquée, a présenté cette année une table en bois de noyer sculpté, style renaissance, et un ameublement complet de chambre à coucher, même style, en bois de palissandre poli à la cire, ce que nous approuvons sans réserve.

Ce meuble est d'un très-bon dessin, et les sculptures, placées peut-être avec un peu de profusion, ne sont pas sans mérite.

Nous avons aussi remarqué un meuble en palissandre, à deux corps, dont l'un d'une forme demi-hexagone est garni de glaces, pour laisser apercevoir les objets de curiosité qu'il est destiné à contenir.

Enfin, à côté d'une table genre boule, nous avons vu avec plaisir une commode formant bureau, en palissandre et acajou. Ce meuble simple, mais d'un excellent goût, sans aucun ornement étranger à l'ébénisterie, se recommande surtout par l'ajustement et la perfection du travail.

Tous ces produits, dans leur ensemble comme dans leurs détails, attestent une grande habileté de fabrication, et rendent M. Lemarchand digne de la médaille d'argent que le jury lui accorde.

MM. FOURDINOIS et FOSSEY, à Paris, rue Amelot, 38.

Quand un artiste habile, ayant assez de goût pour concevoir et assez de talent pour exécuter, offre son concours à l'industrie, il devient pour elle un instrument précieux, car il peut tout à la fois interpréter la pensée par le dessin et l'exécuter par le ciseau.

C'est l'histoire de MM. Fourdinois et Fossey, qui ont mis pendant longtemps leur intelligence d'artiste au service de la fabrique d'ébénisterie.

Mais cédant enfin au désir de produire pour eux-mêmes, ils se sont présentés pour la première fois dans le palais de l'Industrie, sans cacher leur nom d'auteur.

Leur exposition s'est fait remarquer par un grand buffet-dressoir en noyer sculpté, destiné à une salle à manger, ou même au besoin à un cabinet de curiosités, car il est disposé de manière à recevoir des objets précieux d'orfévrerie, de porcelaine et de verrerie.

Ce meuble riche et sévère se rapproche du style renaissance, et nous a paru d'une exécution parfaite comme ébénisterie et surtout comme sculpture.

Nous placerons sur la même ligne un modèle de chaise, une grande console Louis XIV, un prie-dieu et deux torchères style Louis XV. Ces meubles destinés à être dorés n'imitent pas, dans toutes leurs imperfections, les styles qu'ils reproduisent; ils présentent des profils d'une forme correcte et des sculptures bien composées.

D'ailleurs tout se fait dans cet établissement sous

l'inspiration et souvent par la main des directeurs : les modèles, l'ébénisterie, la sculpture, la découpure et les parties de tour. Le bois entré brut dans leurs ateliers y reçoit, sans en sortir, les formes les plus riches et les plus variées.

Ces premiers travaux annoncent des maîtres habiles, et le jury décerne à ces ébénistes sculpteurs la médaille d'argent.

MM. ROYER fils et CHARMOIS, à Paris, rue du Faubourg-Saint-Antoine, 23.

A l'exposition de 1839, cette maison a déjà obtenu une médaille de bronze sous le nom de Royer fils ; aujourd'hui elle s'est présentée avec de nouveaux titres à l'intérêt du jury.

Nous devons des éloges mérités au meuble formant bureau-toilette, en bois de rose, orné de médaillons ovales et de panneaux en porcelaine, avec des incrustations genre boule, encadrées par des ornements en bronze doré.

Le dessin général, quoiqu'un peu mélangé de styles, est fort joli dans son ensemble ; les profils en sont heureux et annoncent une composition moderne de beaucoup de goût ; la disposition des placages forme [illegible] quadrilles damiers qui ne réussissent avec le bois de rose que par la manière intelligente dont on les dispose.

A côté de ce meuble de boudoir figuraient une armoire à glace, un lit et une commode en bois d'ébène orné de sculptures et rehaussé de bronze doré style Louis XV. L'intérieur plaqué en bois de courbaril verni.

Cet ameublement, riche de composition, nous a paru largement coupé. La forme de l'armoire, contournée en plan comme en élévation, offrait des difficultés habilement vaincues. Les sculptures, peut-être trop importantes sur la façade du lit, sont faites avec vigueur, et nous avons cru un instant voir du poirier teint, à la hardiesse avec laquelle le ciseau a passé à travers tous les ornements.

Cette manière de travailler l'ébène annonce une fabrication du premier ordre, et le jury la croit digne de la médaille d'argent qu'il lui accorde.

M. CLAVEL, à Paris, passage de la Bonne-Graine, 123, faubourg Saint-Antoine.

Le jury ne s'en défend pas; il protége, mais il protége avec justice, l'ébénisterie courante et bien faite, destinée à se reproduire souvent, à se vendre beaucoup, à donner longtemps, et toujours s'il est possible, du travail à l'ouvrier. En industrie, ce qui fait la richesse publique, ce n'est pas le produit unique qu'on ne fait qu'une fois comme chef-d'œuvre d'exposition, c'est le produit normal d'une fabrication journalière, qui développe la consommation en s'adressant à la classe la plus nombreuse des acheteurs.

A ce titre, M. Clavel, qui occupe un très-grand nombre d'ouvriers, mérite une mention particulière.

Son bureau-ministre, d'acajou moiré, n'a pour ornements que des moulures bien faites. C'est un travail sage et correct, qui ne changera pas entre les mains du consommateur et qui fera honneur à notre fabrication. Nous y avons remarqué un système de serrure qui permet de fermer douze tiroirs avec la même serrure.

Le buffet, forme bibliothèque, a les mêmes qualités ; il est convenablement distribué. Le corps du milieu est fermé par des glaces qui laissent voir l'argenterie ; les côtés sont arrondis et réservés aux cristaux.

A un degré plus élevé, l'armoire à glace en palissandre ornée de sculpture, le bureau bois de rose et bois de violette orné de bronze doré, annoncent que le fabricant peut au besoin établir des objets moins simples ; mais la qualité essentielle de cette exposition, c'est la bonne fabrication qui se cherche, s'achète et se reproduit.

Le jury, appréciant ce mérite modeste, mais réel, accorde à M. Clavel la médaille d'argent.

RAPPEL DE MÉDAILLE DE BRONZE.

M. BAUDRY, à Paris, Avenue de Saint-Cloud, 10.

Les lits mécaniques de M. Baudry renferment trois lits qui glissent sur coulisseau, et rentrent assez facilement, avec des matelas de petite épaisseur.

Son canapé contient deux lits : c'est un de plus qu'en 1839 ; ce qui le rend un peu haut, quand on veut s'en servir comme siége.

Le jury rappelle à M. Baudry la médaille de bronze, qu'il a obtenue à la précédente exposition.

NOUVELLES MÉDAILLES DE BRONZE.

M. RINGUET-LEPRINCE, à Paris, rue Caumartin, 7.

M. Ringuet-Leprince, ébéniste, menuisier en fauteuils, et plus que tout cela, tapissier fort habile, s'est distingué à l'exposition par des produits variés qui rappellent les trois genres de sa fabrication.

La riche collection de cet exposant se composait :

D'un prie-dieu en bois de rose et palissandre garni de velours et de satin, avec ornementation cuivre doré mat. Cette dorure, très-favorable au bronze, n'est peut-être pas sans inconvénient pour les meubles destinés à un fréquent usage.

D'une table de salon en ébène, style Louis XIV, très-richement ornée de marqueteries en écaille des Indes, argent, cuivre et ivoire gravé.

D'un buffet en chêne bien composé, avec des sculptures attributs de chasse, d'un excellent travail.

D'un grand cabinet bibliothèque et d'un fauteuil style Louis XIV, parfaitement coupé.

Sous le nom de Ringuet père et fils, cette maison avait déjà obtenu une médaille de bronze en 1839. Le jury, appréciant les nouveaux efforts de M. Ringuet-Leprince, son successeur, et l'extension donnée à sa fabrication, ne veut pas se borner à un rappel, et lui décerne avec plaisir une nouvelle médaille de bronze.

M. HOEFER, à Paris, boulevard Beaumarchais, 22.

M. Hoefer a exposé cette année un meuble complet, lit, commode, armoire, en ébène garni de bronze doré. Ce meuble, qui se rapproche du genre Louis XIII, ne manque pas d'éclat, et est fait avec une grande habileté de fabricant.

Pour éviter la triste monotonie des surfaces noires de l'ébène, M. Hoefer, après avoir posé le vernis, applique sur le bord des contours une molette à quadrille, qui imprime une espèce de ruban mat dont la couleur terne contraste avec le brillant du vernis. Cet ornement fait assez bon effet, et l'essai pourrait bien être imité, surtout s'il ne rend pas la réparation du meuble difficile et si l'impression de la molette peut s'appliquer identiquement aux mêmes endroits, après un second vernissage.

M. Hoefer a obtenu en 1839 une médaille de bronze; l'exposition de cette année lui donne un rang distingué dans la fabrication, et le jury se plaît à le reconnaître en lui décernant une nouvelle médaille de bronze.

MÉDAILLES DE BRONZE.

M. LEBLANC, à Paris, rue de la Madeleine, 22.

La mode, si difficile à définir, à gouverner, et surtout à retenir, conseille sans cesse à l'industrie de suivre les caprices qu'elle paye largement. Il ne faut lui parler ni des règles de l'art, ni des exigences du goût, ni des bons modèles à suivre. Il faut obéir quand on veut vendre, et la fabrique esclave suit aveuglément ces ordres, non pas sans savoir qu'elle pourrait faire mieux, mais sans s'inquiéter des maîtres qui lui crient au vandalisme, à la profanation, et qui n'achètent pas.

Nous n'osons pas condamner ce savoir-faire qui calcule et cette sagesse prudente de l'intérêt commercial, et nous avouerons qu'il faut beaucoup de courage et de conviction pour résister à cet entraînement général.

Aussi tout le monde a-t-il remarqué à l'exposition un lit et un petit meuble en ébène, dessiné, ajusté, assemblé avec une pureté toute classique. Ce meuble, de style grec pour les ornements, a été dessiné par M. Leblanc lui-même. Il est enrichi de pilastres cannelés, à chapiteau composite, ainsi que de moulures, de profils et de corniches d'une correction antique. C'est le seul de ce genre à l'exposition. Il est d'ailleurs parfaitement traité comme ébénisterie, car cette pureté de lignes n'admettrait pas un travail médiocre.

Le jury, appréciant tout le mérite du dessin et de l'exécution, décerne à M. Leblanc la médaille de bronze.

M. BOUTUNG, à Paris, rue du Faubourg-Saint-Antoine, 23.

Un ouvrier habile, exact, consciencieux dans son travail, se reconnait au premier examen, et quiconque regardera avec attention les deux armoires en palissandre exposées par M. Boutung, trouvera, dans la proportion du meuble, dans l'arrangement bien ordonné des marqueteries et dans l'ajustement et la netteté des profils, les qualités essentielles de la bonne ébénisterie.

C'est un travail bien conduit et bien terminé, seul mérite que le fabricant ait prétendu donner à son exposition, ne voulant rien faire pour le luxe ou l'ornementation extérieure, aux dépens de la bonne fabrication.

Cette qualité solide et peut-être trop rare, dans ce siècle où l'on sacrifie souvent à l'apparence, a déjà été signalée par le jury, qui accorde à M. Boutung une médaille de bronze.

M. KLEIN, à Paris, rue du Faubourg-Saint-Antoine, 110.

M. Klein a le bon esprit industriel de s'adresser à la nombreuse clientèle des classes moyennes. Il ne recherche pas dans ses produits ce luxe apparent, qui ne paraît pas très-cher au premier achat, mais qui finit par entraîner à des dépenses considérables par les compléments d'ameublement qu'il exige.

M. Klein ne veut que le progrès utile. Il a fait le premier des meubles en bois d'érable. En 1839, il a tenté de faire adopter les lits à rallonges, pouvant varier de quelques pouces sur la longueur; cette année, il a garni ses lits d'une nouvelle ferrure, dont il se promet d'heureux résultats de propreté.

Ses meubles en palissandre sculpté, admis à l'exposition, offrent les mêmes qualités de fabrication. Le secrétaire, à panneau mobile, est ingénieusement composé; il peut donner à un bureau l'aspect d'une commode, sans lui en laisser l'inconvénient quand on veut écrire.

Tous ces essais, quelquefois heureux, annoncent l'intelligence mise au service du travail.

Le jury accorde à M. Klein une médaille de bronze.

M. MARSOUDET, à Paris, rue de Charenton, 85 *bis*.

M. Marsoudet est un ébéniste intelligent, tout à la fois sculpteur et tourneur. Il a exposé un meuble complet en palissandre, avec ornementation en bronze doré à figures. La difficulté principale de fabrication est dans la forme nouvelle, qui présente des lignes courbes en tous sens. Les parties creuses et bombées se trouvant ainsi rapprochées l'une de l'autre, ont dû contrarier les assemblages, et ont exigé un fort placage, en sorte qu'on pourrait croire que les parties saillantes ont été prises dans la masse. Tous ces détails annoncent une grande vigueur d'exécution.

Peut-être ces formes contournées, ce mélange trop complet d'ornements de cuivre et de sculpture, donnent-ils à ce meuble une apparence un peu composée, mais ils sont aussi la preuve incontestable du talent de l'ébéniste qui ne recule devant aucune difficulté et qui sait les vaincre avec succès.

Le jury, tout en faisant ses réserves sur la forme, rend justice à l'exécution, et accorde à M. Marsoudet une médaille de bronze.

MENTIONS HONORABLES.

M. ROLL, à Paris, rue du Faubourg-Saint-Antoine, 42.

Dans l'exécution des meubles qu'il a exposés, M. Roll a pris un parti neuf et original qui sera diversement apprécié.

Ses meubles en palissandre sont à pans coupés et tous les panneaux, même celui de la face du bois de lit, sont remplacés par des glaces avec moulures en cuivre doré.

Un bon ouvrier se plaît à ces essais de fabrication qui annoncent le louable désir de sortir de la production ordinaire, et qui conduisent souvent à de bons résultats.

M. Roll, connu depuis longtemps par son excellente fabrication, ne s'arrêtera pas dans cette voie de progrès, et c'est justice de récompenser ses efforts.

Le jury lui accorde une mention honorable.

M. HÜBEL, à Paris, rue du Faubourg-Saint-Antoine, 64.

L'exposition de M. Hübel appartient plus particulièrement à la fabrication courante, qui n'exclut pas une certaine richesse, sans sortir cependant des prix modestes.

Ses meubles en palissandre, ornés de sculpture, sont bien conçus, sagement exécutés, et d'un bon travail.

Le jury se plaît à récompenser ces qualités, en accordant à M. Hübel une mention honorable.

M. MERCIER, à Paris, rue du Faubourg-Saint-Antoine, 110.

Pour montrer tout ce qu'il peut, cet industriel habile a sans doute voulu vaincre en une seule fois les plus grandes difficultés de la fabrication.

Des meubles cintrés avec des parties creuses et bombées d'un placage très-difficile, des portes et des côtés contre-plaqués en chêne, ce qui donne des panneaux plaqués quatre fois; tout cela exige une main habile et un travail énergique.

Mais ces meubles ainsi contournés sont-ils irréprochables de forme et peut-être aussi de dimensions; la sculpture n'y occupe-t-elle pas beaucoup trop de place?

Cette œuvre n'en est pas moins digne d'attention, et l'ouvrier qui montre cette vigueur d'exécution doit se tirer avec une grande facilité de tous les détails d'un meuble plus simplement coupé.

Le jury accorde à M. Mercier une mention honorable.

MM. RIMLIN frères, à Paris, rue Neuve-Saint-Laurent, 16.

Ces intelligents industriels ont exposé un ameublement complet, lit, commode, armoire, buffet à glace et toilette en palissandre sculpté.

L'exécution en est satisfaisante, et, ce qui n'est pas à dédaigner, d'un prix modéré.

Cet ameublement fait partie de la bonne ébénisterie de commerce, et mérite d'être honorablement distingué.

Le jury accorde à MM. Rimlin frères une mention honorable.

M. HENKEL, à Paris, rue Chapon, 18.

L'exposition de M. Henkel consistait en une armoire dite cabinet, en chêne sculpté, style Louis XIII.

Cette pièce, remarquable par la sculpture et par le travail d'ébénisterie, annonce une bonne fabrication dirigée avec goût.

Le jury lui accorde une mention honorable.

M. MICHNIEWITZ, à Paris, rue du Faubourg-Saint-Antoine, 75.

Ce fabricant est l'inventeur d'un système de tables à rallonges, pour lequel il a pris brevet.

Une de ses tables en acajou, nouveau système à colonne, est supportée par un seul pied formant guéridon. En l'ouvrant, le pied se partage en deux parties adhérentes chacune à l'un des bouts de la table, et laisse à découvert quatre autres pieds engagés dans la colonne du guéridon et qui soutiennent des bandes à charnières sur lesquelles se posent les rallonges.

La deuxième table ronde est soutenue par quatre pieds de console qui peuvent, en s'écartant, donner place à quatre autres pieds placés sous les rallonges.

Ces tables ne sont pas d'un prix plus élevé que les tables ordinaires.

Le jury signale ces efforts intelligents qui lui paraissent suffisants pour mériter une mention honorable.

MM. FRANTZ et ANDRÉ, à Paris, rue Censier, 6.

Au moment où nous parlons avec intérêt de la sculpture en bois employée comme moyen puissant d'ornementation pour les meubles, il est juste de mentionner avec faveur MM. Frantz et André qui ont exposé plusieurs pièces de sculpture obtenues par des procédés mécaniques.

Un moule en fonte de fer, chauffé jusqu'au rouge, est appliqué avec l'aide d'une forte pression sur le bois qu'il brûle et convertit en charbon. La couche carbonisée et friable de deux à trois millimètres d'épaisseur, est facilement détachée par l'action de la brosse, et la sculpture, nette et pure dans sa forme, est ainsi reproduite sans aucune retouche du ciseau. Pour que la couche du charbon n'acquière pas trop d'épaisseur, pour qu'elle soit à l'état de charbon parfait, et que la forme produite conserve toute la netteté de la sculpture, on limite l'action comburante des moules en immergeant le bois à travailler, jusqu'à ce qu'il soit entièrement saturé d'eau.

Cet ingénieux moyen donne des résultats remarquables que le jury a pu apprécier et qu'il signale avec empressement. Il désire que cette invention, née sous notre ciel, puisse prendre tout son développement dans notre pays, et que le privilége du brevet obtenu soit exploité chez nous dans l'intérêt spécial de notre industrie. C'est avec cette pensée que le jury accorde à MM. Frantz et André une mention honorable.

CITATIONS FAVORABLES.

M. PENNEQUIN, à Paris, rue de Lesdiguières, 3.

Le lit et la commode en palissandre, exposés par M. Pennequin, présentent des panneaux à moulures découpés à la mécanique et festonnés à ruban. Ces premiers essais nous ont paru dignes d'une citation favorable.

M. GOCHT, à Paris, rue des Marais, 12.

M. Gocht a exposé une commode et une bibliothèque-cabinet en palissandre, qui nous ont paru bien coupées et d'un assemblage très-correct. Le jury les a jugées dignes d'être favorablement citées.

---

§ 2. MEUBLES D'IMITATION OU DE CURIOSITÉ.

Considérations générales.

Il y a peu d'années, l'imitation des meubles anciens avait pris un grand développement commercial; nous étions en plein genre Louis XV.

On recherchait avec passion les formes bizarres, les figures mal faites et mal posées, les ornements de cuivre disgracieux et lourds, les profils capricieux et contournés sans motifs. On imitait les vieux bois, on arrachait les vieux bronzes pour en tirer les surmoulés, on établissait à grands frais des meubles neufs, pour encadrer les débris d'une vieille commode ou d'un bahut de Hollande, et tout cela paraissait admirable, avec le cachet de l'époque.

Ces ingénieuses curiosités étaient fort laides, mais il est vrai qu'elles coûtaient fort cher.

Nous constatons avec plaisir que cette maladie du bon goût commence à se passer.

Est-ce à la dépense qui ne pouvait convenir qu'à une très-riche clientèle, est-ce à un retour inévitable vers les arts, qu'il faut attribuer cet heureux symptôme? C'est peut-être à ces deux causes réunies.

Quoi qu'il en soit, nous sommes plus calmes à l'endroit de nos reproductions; elles sont mieux entendues, et, à quelques exceptions près, beaucoup plus sages. Les imitateurs commencent à comprendre que, pour les arts comme pour les individus,

C'est par les beaux côtés qu'il leur faut ressembler.

Le jury ne proscrit pas cependant les meubles d'imitation qui contribuent à la richesse des ameublements, mais il pense que l'on doit prendre avec discernement et prudence dans les productions artistiques de nos pères.

Le siècle même de Louis XV peut offrir plus

d'un modèle acceptable par le goût le plus susceptible : mais, comme l'emploi n'en est pas sans danger, nous en recommandons le choix intelligent et l'usage très-modéré aux fabricants qui ne veulent pas pousser la fidélité jusqu'à l'aveuglement.

RAPPEL DE MÉDAILLE D'ARGENT.

M. BELLANGÉ, à Paris, rue des Marais-Saint-Martin, 33.

On distinguait parmi les meubles exposés par M. Bellangé, un guéridon et deux meubles bahuts exécutés avec une grande habileté de dessin et de travail. Le ton général en est bon, les cuivres sont bien ménagés et ces imitations de Boule ne sont pas de celles dont nous n'approuvons pas la reproduction.

Elles nous rappellent les modèles de l'art au siècle de Louis XIV, et remettent en honneur, dans l'industrie, cet ouvrier célèbre qui a laissé son nom à tout un genre de l'ébénisterie d'incrustation.

En imitant avec goût et talent, M. Bellangé n'est pas inférieur à ce maître habile, et c'est à ce titre que le jury lui rappelle la médaille d'argent qu'il a obtenue en 1839.

MÉDAILLES D'ARGENT.

M. WASSMUS jeune, à Paris, rue du Fauconnier, 5.

Cette exposition remarquable d'ébénisterie, style

Louis XVI, rappelle particulièrement ce que l'on appelle aujourd'hui le genre Riesner.

Le meuble de salon, établi avec intelligence, est en bois de rose garni de bronze mat avec plaque de porcelaine et incrustations de bois ombrés.

L'ensemble est d'une grande richesse et d'un très-bel effet. Les cuivres, dont quelques-uns sont surmoulés, ont été bien choisis et bien disposés, et la dorure mate leur donne beaucoup de valeur. Les fleurs d'incrustation sont toutes ombrées au feu, sans gravure ni couleur. Chaque rosace incrustée se compose de vingt-neuf pièces assemblées avec une exactitude parfaite.

Cette œuvre capitale est accompagnée d'un bureau, de deux tables de travail en bois de rose et d'un secrétaire genre Louis XV, bois de rose, incrustations à fleurs et plaque de porcelaine.

Ces produits sont beaux, imités avec goût, exécutés avec un sentiment des arts bien compris.

Le jury les juge dignes de la médaille d'argent qu'il accorde à M. Wassmus jeune.

M. LUND, à Paris, rue Saint-Pierre-Popincourt, 4.

M. Lund paraît apporter dans son travail autant de conscience que d'habileté. Il reproduit avec une fidélité merveilleuse les meubles anciens, en les imitant par l'originalité du dessin, l'arrangement et le choix des bois, et tout ce qui peut donner à son œuvre le cachet de l'époque. Il doit être la providence des amateurs et des antiquaires.

Il utilise les morceaux de vieux bois, ou bien par

des procédés chimiques et du sable chaud il donne au bois neuf la teinte qu'exige le dessin qu'il veut reproduire. C'est ainsi que dans ses restaurations, les parties qu'il ajoute se coufondent avec les parties anciennes qu'il conserve, sans pouvoir être apperçues par l'œil le plus exercé.

Comme œuvre de ce genre, nous avons remarqué un grand bureau en marqueterie représentant la Chasse de Saint-Hubert. Ce sujet ancien a été restauré, agrandi, élargi, entouré d'une bordure en bois de palmier et d'un filet mosaïque, sans qu'il soit possible de distinguer les nombreux raccords faits au sujet même.

Comme imitation, nous signalons un bureau-ministre en bois d'ébène avec des incrustations en fleurs de couleur, encadrées dans des ornements sculptés, et de plus une table de salon, cuivre et écaille genre Boule, d'un prix très-modéré et d'un travail parfait.

A cette exposition remarquable, il faut encore ajouter un bureau Pompadour et deux tables en bois de rose avec médaillons en marqueterie de bois de couleur sur un fonds en bois d'érable teint.

M. Lund prouve, par ces travaux, qu'il peut imiter, avec une habileté prodigieuse, la marqueterie ancienne dans tout ce qu'elle a de plus difficile et de plus varié.

Le jury lui accorde la médaille d'argent.

MÉDAILLES DE BRONZE.

M. VEDDER, à Paris, rue du Pas-de-la-Mule, 1 *bis*.

M. Vedder consacre son talent d'ébéniste et de marqueteur à la confection de meubles d'imitation et d'objets de petite ébénisterie.

A côté de coffrets Boule, de meubles bonheur du jour, en bois de rose, de petites consoles en ébène, il expose une armoire bahut ébène genre Boule avec ornementation dorée, d'un bon travail et d'une grande richesse d'incrustation, dans laquelle il n'a peut-être pas assez ménagé les tons rouges qu'il place derrière l'écaille.

Cet assortiment varié présente toutes les qualités de goût, de dessin et d'incrustation, qu'on recherche dans ces précieuses inutilités.

Le jury accorde à M. Vedder une médaille de bronze.

M. BEFORT, à Paris, rue des Quatre-Fils, 4.

Cet ébéniste antiquaire a exposé deux tables en bois de rose, surmontées d'un coffre. Ces deux meubles, formant pendant, sont garnis de porcelaine tendre d'un joli décor, genre vieux Sèvres, et de bronzes dorés qui sont la reproduction fidèle des ornements de l'époque Louis XV, qui les mit en faveur.

Le travail en est bien traité et mérite à tous égards la médaille de bronze que le jury décerne à M. Befort.

MENTIONS HONORABLES.

M. MASSON, à Versailles (Seine-et-Oise).

Dans cette collection de commodes, de coins, de jardinières, de consoles à formes bombées, à dessins bizarres, M. Masson a dû rencontrer de grandes difficultés d'exécution pour plaquer en bois de rose et enrichir de porcelaines et de marqueterie à fleurs tous ces meubles Pompadour. Il a fait preuve de talent d'ébéniste, et peut-être a-t-il trop fidèlement imité une époque qui n'offre pas toujours d'élégants modèles.

Le jury lui accorde une mention honorable.

M. WINTERNITZ, à Paris, rue Simon-le-Franc, 18.

M. Winternitz fait avec intelligence la petite ébénisterie d'imitation. Il a présenté un fort joli assortiment de console, petite table, corbeille ou coffre en bois de rose avec des garnitures de bronze doré, de porcelaine ou de marqueterie.

Le jury lui décerne une mention honorable.

M. LE GOST fils, à Paris, rue du Faubourg-Saint-Denis, 111.

Le lit en bois de rose, garni de bronze et de porcelaine, style Louis XVI, exposé par M. Le Gost, est un travail très-remarquable.

Comme décoration de porcelaine tendre, c'est l'œuvre d'un artiste très-distingué, et si M. Le Gost avait exposé comme peintre sur porcelaine les médaillons qui enrichissent avec profusion le lit dont nous rendons compte, il occuperait sans doute dans un rapport sur la porcelaine une place plus favorable que celle que nous sommes forcés d'assigner à son œuvre d'ébénisterie.

Le jury accorde à M. Le Gost une mention honorable.

---

§ 3. MEUBLES EN BOIS, CARTON ET TÔLES LAQUÉS, IMITATION DE CHINE ET DU JAPON.

Considérations générales.

Les meubles laqués sont encore une des variantes de l'ébénisterie, dans laquelle le laque et le vernis remplacent le placage.

Contrairement aux Chinois qui préparent ces meubles avec le sapin, on emploie chez nous les bois d'essences diverses, le hêtre, le tilleul, le bouleau, le frêne et même le merisier. Les assemblages se font comme dans l'ébénisterie ordinaire, à plats joints collés pour les tables et les surfaces, à tenon et mortaise pour les siéges.

Lorsque les bois sont sortis des ateliers d'ébénisterie, ils reçoivent une ou plusieurs couches d'une colle préparée. Ils sont ensuite frottés au papier de verre, et disposés pour recevoir les couches de noir et de vernis qui forment les fonds de toutes les décorations de ce genre.

Les difficultés principales consistent à préparer les bois, à faire l'application de l'apprêt et du laque, et surtout à maintenir les adhérences par la division des bois et par des collages qui les empêchent de travailler, malgré la température continue de cinquante degrés à laquelle ils doivent être exposés pendant plusieurs jours après la pose des enduits.

La première qualité de ces produits, c'est de présenter une grande solidité dans les fonds, une grande pureté dans les surfaces et dans le vernis.

Les reliefs se font avec une pâte qui se pose facilement au pinceau; l'or s'applique en feuilles par des procédés analogues à la dorure sur bois.

Ce genre de fabrication s'est très-notablement amélioré depuis quelques années, et nos fabricants ont aujourd'hui la prétention, peut-être fondée, de faire les meubles laqués beaucoup mieux que les Chinois.

MÉDAILLE D'ARGENT.

M. OSMONT, à Paris, boulevard Beaumarchais, 65.

M. Osmont a présenté à l'exposition une riche collection de meubles laqués qui reproduisent avec succès, le genre Chine ou Japon.

Il imite aussi avec beaucoup d'intelligence toutes les variétés d'ornementation et de marqueterie d'incrustation.

Les petits meubles, chaises, prie-dieu, jardinière, coffrets à ouvrage, sont coupés avec un véritable talent d'ébéniste ; les objets de plus grande dimension, tels que lits, paravents et pianos, indiquent l'essor donné par cet habile ouvrier à son importante fabrication.

Enfin il a décoré, avec beaucoup de goût, une porte d'appartement qui offre, à côté d'un panneau laqué, un panneau avec ornementation genre Boule. Ces applications ne sont peut-être pas sans avenir pour les décors d'intérieur.

Ajoutons comme complément important que les prix de ces produits ont beaucoup diminué depuis 1839.

A cette époque, M. Osmont avait obtenu une médaille de bronze, aujourd'hui le jury le croit digne d'une médaille d'argent.

MÉDAILLE DE BRONZE.

M. MAINFROY, à Paris, rue du Faubourg-Saint-Martin, 70.

M. Mainfroy nous paraît avoir apporté des améliorations notables dans ses procédés de fabrication.

Les produits laqués qu'il a exposés, sont sur bois ou sur carton mâché laminé, ce qui lui permet d'obtenir toutes les formes à l'aide de matrices en fonte et de mandrins en bois. Il peut même se servir du balancier ou de la presse hydraulique, suivant les difficultés qu'il lui faut surmonter.

Il applique au découpage, le travail des femmes ou des enfants.

Ce genre de papier mâché est rendu imperméable, et peut être appliqué non-seulement à des meubles de luxe, mais à des panneaux d'appartement et même à des panneaux de voiture, au moyen de certains apprêts qu'il leur donne.

En raison de la variété et de la bonne confection des produits exposés, le jury central croit devoir élever d'un degré la mention honorable accordée précédemment à M. Mainfroy. Il lui accorde une médaille de bronze.

---

§ 4. ÉBÉNISTERIE DE SIÉGES.

Considérations générales.

La menuiserie en fauteuils est une branche importante de l'ébénisterie. Elle a ses ouvriers, ses procédés de fabrication, et ses matières premières.

Les bois débités dans la masse n'ont pas besoin d'être ronceux comme pour le placage. Les assemblages doivent être plus solides et moins délicats; aussi fait-on, à tenon et mortaise pour les siéges, ce que l'on fait toujours d'équerre pour les meubles plaqués. Quelquefois cependant les dossiers du siége s'assemblent à tourillon ou à cheville, dans un trou percé au vilebrequin, mais cette manière expéditive et mauvaise n'est acceptée que pour les meubles à très-bon marché.

Pour établir un siége on en fait d'abord le dessin. Sur le dessin on taille le calibre en bois blanc ou en carton, et quelquefois en zinc, et sur ce calibre on coupe le bois dans la masse, en inclinant les parties cintrées de manière à ménager le déchet. Ensuite, avec des calibres minces, on donne à chaque pièce le galbe et la forme voulue.

Dans la menuiserie de siége, tout est dans la forme et dans le calibre; et même il en est des fauteuils comme de nos vêtements, l'habileté du *coupeur* ne suffit pas, il faut encore le talent du *confectionneur*. Il n'y a qu'un très-habile ouvrier qui puisse donner au siége une grâce et une élégance indépendante du calibre. Cela est si vrai, que douze fauteuils montés par deux bons ouvriers, ne sortent pas de leurs mains, exactement semblables.

C'est peut-être à cause de ces difficultés peu appréciables que la menuiserie de siéges n'a point voulu se placer à l'exposition en concurrence sérieuse avec le meuble. Aussi ne s'y trouvait-elle pas représentée avec la même splendeur, et de manière à justifier son importance commerciale.

Le jury doit cependant des encouragements

aux fabricants intelligents dont il a remarqué les produits.

MÉDAILLES DE BRONZE.

M. SELLIER (Victor), à Paris, rue Rochechouart, 14.

M. Sellier a exposé quelques meubles d'une bonne exécution. Nous le plaçons ici cependant, parce que l'ébénisterie de siéges, est le produit principal de sa fabrication. Ses chaises et fauteuils nous ont paru réunir les qualités que nous recherchons particulièrement : la grâce du dessin, la solidité du travail, et la forme parfaitement appropriée à l'usage.

Le jury a reconnu le double mérite de cet habile fabricant, et l'a jugé digne de recevoir la médaille de bronze qu'il lui décerne.

M. POCHARD, à Paris, rue Amelot, 26.

M. Pochard est dans de bonnes conditions de fabrication; ses fauteuils sont bien coupés et d'un bon galbe; les sculptures sont ménagées avec intelligence. Nous avons remarqué pour le dessin et l'assemblage, une console en palissandre sculpté qui annonce une habileté exercée.

Le jury central accorde à M. Pochard, la médaille de bronze.

M. BALNY jeune, à Paris, rue de Charenton, 32 et 37.

M. Balny a exposé un assortiment très-complet de

bois de chaises, fauteuils et canapés, variés de formes, de sculptures et d'ornements.

Cette fabrication courante s'adresse principalement aux commissionnaires et aux marchands de meubles. Pour multiplier les affaires et le travail, il faut qu'elle soit de bonne qualité et à bon prix. Depuis longtemps, M. Balny satisfait à ces conditions rigoureuses du commerce intermédiaire. Il occupe beaucoup d'ouvriers.

Le jury appréciant des travaux utiles au développement de la richesse publique, accorde à M. Balny la médaille de bronze.

MENTIONS HONORABLES.

M. LUET, à Paris, rue du Faubourg-Saint-Denis, 71.

Il ne faudrait pas juger la fabrication habituelle de M. Luet, par le fauteuil en ébène sculpté qu'il a exposé cette année. Cette œuvre d'exposition, remarquable par le prix autant que par la forme et le travail du ciseau, annonce une grande vigueur d'exécution.

Le fabricant a sans doute voulu prouver qu'il pourrait au besoin, travailler pour la plus riche clientèle, et s'il a un peu dépassé le but, il a du moins donné la mesure de son habileté et de son talent.

Le jury décerne à M. Luet, une mention honorable.

M. SINTZ, à Paris, rue des Tournelles, 47.

M. Sintz recherche avec un soin particulier, le confortable et le bon marché. Nous signalerons ses chaises en bois natté, remplaçant avec avantage le crin ou la paille, ses chaises de cabinet à fond mobile, ses siéges de jardin en bois de charme, se pliant au besoin et se plaçant sous le bras comme un portefeuille.

Nous avons aussi remarqué une chaise prie-dieu avec des compartiments appliqués à divers usages et mis en mouvement par un mécanisme très-simple et très-ingénieux.

Ces produits annoncent les ressources variées d'un bon menuisier en fauteuils; le jury se plaît à le reconnaître, en accordant à M. Sintz une mention honorable.

M. LONGUET, à Paris, rue Amelot, 60.

M. Longuet a présenté plusieurs siéges en bois de palissandre sculpté, qui répondent aux conditions principales d'une bonne exécution.

Le jury, rendant justice à ces produits d'une fabrication distinguée, les a jugés dignes d'une mention honorable.

M. FAURE, à Paris, rue du Faubourg-Saint-Denis, 14.

La collection complète et variée des siéges présentés par M. Faure, annonce une fabrication étendue et une importance commerciale justifiée par des produits de bonne qualité.

Peut-être trouvera-t-on quelque chose à dire aux chaises dont le dossier présente des guirlandes sculptées ou des plaques en porcelaine. L'usage du dossier doit faire exclure les points d'appui en saillie, ou les ornements fragiles.

Le jury décerne à ce fabricant distingué une mention honorable.

M. ALLARD, à Paris, rue du Faubourg-du-Temple, 95.

M. Allard a exposé des bois de palissandre et des bois dorés pour siéges. L'élégance de la forme, la solidité des assemblages et la bonne disposition des ornements, rendent ce fabricant digne de la mention honorable que le jury lui décerne.

M. GAU, à Paris, rue Neuve-Saint-Jean, 11.

Le jury a remarqué parmi les produits de M. Gau, une très-bonne forme de fauteuil, et surtout un fauteuil de voyage qui se démonte avec une facilité merveilleuse, pour être placé dans un sac.

Cet ingénieux procédé, mérite la mention honorable que le jury lui décerne.

---

§ 5. NÉCESSAIRES.

Considérations générales.

A côté des meubles d'appartement viennent souvent se placer des objets de petite ébénisterie destinés à des usages secondaires, et le plus souvent sans usage.

Ce sont les corbeilles de mariage, les jolies boîtes de diverses grandeurs, suivant qu'elles doivent contenir des châles, des gants, des rubans ou des manchettes, les caves à liqueurs, les coffrets à ouvrage et ces articles de fantaisie destinés à l'ornement de la toilette.

Toutes ces inutilités, qu'on nous permette ce rapprochement, se classent sous la dénomination commune de *nécessaires*.

Mais ce qui est inutile n'étant pas toujours ce qui tient le moins de place, il arrive que tous ces riens occupent souvent dans nos appartements des places importantes.

De là le besoin d'en soigner tous les détails avec une attention particulière. C'est encore de l'ébénisterie, mais de l'ébénisterie en miniature, ornée de satin, de velours et de moire, et l'on exige la variété et la perfection dans ces infiniment petits destinés à des mains si délicates et à des yeux si exercés.

Nous pouvons, sur ce point, nous en rapporter à la fabrication parisienne aussi capricieuse que ses acheteurs, et très-habile à donner en ce genre toute satisfaction à sa nombreuse clientèle.

MÉDAILLES DE BRONZE.

MM. BERTHET et PERET, à Paris, rue Montmorency, 13.

En prenant la succession d'affaires d'une bonne fabrique de nécessaires et de maroquineries, MM. Berthet et Peret se sont placés tout d'abord dans d'excellentes conditions de fabrication.

Ils font eux-mêmes la petite orfévrerie et la taille des cristaux destinés à la garniture de leurs boîtes.

Nous avons remarqué des nécessaires de voyage et de toilette, établis avec beaucoup d'élégance et de goût. Les formes sont agréablement variées, et l'ébénisterie délicatement exécutée.

L'ensemble général de cette fabrication est satisfaisant.

Le jury accorde à MM. Berthet et Peret la médaille de bronze.

M. ANNÉE, à Paris, rue Chapon, 18.

M. Année, successeur d'une de nos premières maisons de petite ébénisterie, a exposé une riche collection de nécessaires et de corbeilles, des boîtes de marqueteries diverses, des caves à liqueurs, boîtes à thé, à gants, à odeurs, etc.

Nous signalerons parmi ces produits un nécessaire de voyage et de toilette, avec garniture en argent doré d'un travail d'orfévrerie remarquable.

La forme et le prix des pièces, le travail de ciselure, la disposition ingénieuse des compartiments, la richesse de la boîte, font de cette œuvre capitale un objet de luxe et d'utilité.

Le jury, voulant récompenser les efforts de M. Année, lui accorde une médaille de bronze.

MENTIONS HONORABLES.

MM. LAURENT et FERRY, à Paris, rue Chapon, 5.

L'assortiment complet de maroquinerie et d'ébénisterie en œuvre, présenté par MM. Laurent et Ferry, annonce une fabrication courante, qui doit être une précieuse ressource pour la province et l'étranger.

En maroquinerie, les albums, buvards, portefeuilles nous ont paru traités par des mains habiles, qui entendent parfaitement l'emploi du maroquin et de la reliure.

Les objets d'ébénisterie, cave à liqueurs ou nécessaires, sont bien exécutés. L'ensemble satisfaisant de ces produits rend MM. Laurent et Ferry dignes de la mention honorable.

M. GOEBEL, à Paris, rue Michel-Lecomte, 30.

M. Goebel a exposé plusieurs caves à liqueurs, placées sur des pieds de guéridons, et ayant toute l'apparence extérieure d'un fort joli meuble. Ces caves s'ouvrent en dessus, au milieu du couvercle, et les deux côtés, en se rabattant contre le balustre du guéridon, forment un emplacement destiné à poser les verres à liqueur. Ce système ingénieux est embelli par la riche élégance de la boîte et des cristaux qui la garnissent.

Le jury décerne à M. Goebel une mention honorable.

CITATIONS FAVORABLES.

M. THIRION-GUIDON, à Paris, rue Neuve-Saint-Martin, 31.

Une feuille de cuivre découpée et gravée comme pour les incrustations de Boule, dorée et argentée au besoin, est placée sur un fonds de velours de différentes couleurs, et forme le placage dont M. Thirion-Guidon recouvre tous les objets de fantaisie qu'il a exposés.

Ces produits, bien exécutés comme fabrication, peuvent convenir à l'exportation, et peut-être à quelques amateurs de nouveauté. Le jury a cru devoir les mentionner en accordant à l'auteur une citation favorable.

M. BENGEL, à Paris, rue Chapon, 19.

M. Bengel a présenté une jolie collection de guéridons et de nécessaires, ornés de plaques d'albâtre coloriées avec beaucoup de soin.

Le jury accorde à ces produits une citation favorable.

---

§ 6. MARQUETERIE.

Considérations générales.

Le marqueteur est d'un très-utile secours à l'ébéniste, car c'est souvent lui qui se charge de la principale ornementation de ses meubles.

Aussi voulons-nous les rapprocher dans ce rapport, en raison des services réciproques qu'ils se rendent.

Des lames très-minces de bois précieux, d'ivoire, d'étain, de cuivre, etc., assemblées avec une grande précision, découpées, variées de couleurs et incrustées dans le placage du meuble ou appliquées sur un fonds de menuiserie, constituent la marqueterie.

Quand ces feuilles sont assorties de nuances, soit par la couleur naturelle des bois, ou par la teinture qu'on leur donne, on peut, en les découpant avec art, former des fleurs, des arabesques, des espèces de mosaïques ou de peintures.

Quand, au lieu de bois, on prend des feuilles de cuivre, découpées en filets et ornements de toute espèce, que ces ornements sont incrustés dans un fonds d'écaille ou d'ébène, et gravés dans certaines parties, pour donner au dessin des ombres et des reliefs, c'est ce qu'on appelle la *marqueterie de boule*.

Ordinairement, le sujet de marqueterie qu'on veut reproduire est arrêté sur le papier et dessiné ou lithographié avec soin. On place le dessin sur une feuille mince de bois ou d'ivoire, et l'on découpe à la scie à main avec la plus habile délicatesse. Un second dessin, contre-épreuve du premier, est placé sur le bois qui doit recevoir l'incrustation, et l'or prépare en creux la place réservée au découpage.

Mais on conçoit que, malgré la précision du découpage de la feuille et du creux qui l'attend, la plus légère inégalité dans le trait du dessin, le papier plus ou moins bien tendu, la main plus ou moins sûre, peuvent produire un défaut dans l'assemblage. C'est là ce qui donne un grand prix à la perfection, à la finesse des filets et des contours qui doivent être placés avec le plus grand soin, sans se briser dans leurs plus légers enroulements.

Pour éviter ces inconvénients, quand on veut employer le cuivre en incrustation on découpe d'abord le cuivre, et on le place sur le fonds de bois qu'on doit creuser. C'est alors le cuivre même qui sert de dessin, et la place qu'il se fait étant ainsi reproduite avec les petites imperfections de ses contours, l'incrustation est plus égale dans les assemblages.

Pour l'écaille incrustée en cuivre, on découpe en même temps la feuille d'écaille et la feuille de cuivre superposées, en ayant soin de réserver la contre-partie du découpage, pour former une seconde marqueterie dans laquelle le cuivre prend la place de l'écaille, et réciproquement.

Nous recommandons particulièrement aux ouvriers :

L'originalité et la pureté de l'ornementation, l'entente des couleurs du bois ou du métal qu'on rapproche, ce qui donne au meuble un ton général plus ou moins satisfaisant, l'intelligence de la gravure qui donne du dessous et fait tourner les ornements et les feuilles, l'emploi très-discret des bois teints et des tons rouges qu'on donne quelquefois à l'écaille; enfin, nous repoussons d'une manière absolue les couleurs placées au pinceau sur la marqueterie.

MÉDAILLE D'ARGENT.

M. MARCELIN, à Paris, petite rue de Reuilly, 3.

En 1839, nous avons eu l'occasion de décrire l'invention de MM. J. Petyt et Cie, qui consiste à couper de fil, avec une mécanique, des bois variés de couleur, à les rapprocher et les coller, en les soumettant à une pression extraordinaire, qui ne laisse de colle que dans les pores du bois, et qui donne une précision parfaite aux assemblages; on coupe ensuite à toute épaisseur cette marqueterie, dont le dessin traverse la masse dans toute sa longueur, et les mosaïques faites en masse se trouvent sciées en feuillets.

Ce procédé est exploité aujourd'hui par M. Marcelin, qui lui a donné, avec beaucoup d'intelligence, une infinité d'applications dont l'exposition nous a offert le spécimen.

M. Marcelin a présenté deux portes d'appartement, une armoire à porte pleine mosaïque, une bibliothèque et table mosaïque, un petit meuble de fantaisie, ivoire, ébène et cuivre, et des modèles de parquet.

Ces moyens mécaniques, tout en simplifiant le travail réel, donnent des résultats d'une régularité et d'une supériorité incontestables.

On conçoit d'ailleurs que les nombreux prismes fournis par la machine peuvent se combiner sous divers angles, et donner des dessins d'une complication qu'on peut comparer à un casse-tête chinois.

Le choix des bois, la composition et la décomposition géométrique des dessins, ont fixé l'attention du jury, qui a trouvé beaucoup de goût dans ces combinaisons, qui donnent à l'ensemble un ton général très-harmonieux.

M. Marcelin s'occupe particulièrement d'appliquer cette espèce de marqueterie aux parquets mosaïques. Un parquet supérieur reçoit la mosaïque telle que nous venons de la décrire. Ce parquet supérieur, qu'il fait depuis le prix minimum de 15 fr. le mètre, est placé sur un second plateau en bois de sapin bien sec, composé de petites parties assemblées à rainures et languettes.

Toutes ces applications étendues, ingénieuses et d'un aspect très-agréable, ont paru au jury des titres suffisants pour élever d'un degré la récompense de 1839, et il accorde à M. Marcelin la médaille d'argent.

MÉDAILLES DE BRONZE.

M. BARBIER, à Paris, rue d'Orléans, 13, au Marais.

M. Barbier est dessinateur distingué. Il travaille principalement pour la petite ébénisterie, et c'est à son talent d'artiste qu'on doit s'adresser pour obtenir ces jolies incrustations qui décorent les corbeilles de mariage et les coffrets de toute espèce.

On remarquait à l'exposition deux boîtes avec ivoire, nacre aliotide, incrustés dans l'ébène, à l'imitation des incrustations massives de crosse de fusil du seizième siècle.

Nous avons admiré la délicatesse des contours, la finesse des filets, forme volute et zigzag, et surtout un certain goût d'arrangement qui fait de la marqueterie un art industriel et non pas seulement une œuvre de patience.

Le jury accorde à M. Barbier la médaille de bronze.

M. CREMER, à Paris, rue Lacasse, 7, au Marais.

M. Cremer a exposé sur un meuble fort bien fait, les nombreuses variétés d'incrustations qu'il peut obtenir sur bois.

Cette mosaïque d'incrustations et de marqueteries variées d'ornements et de matière, est assez bien combinée pour ne pas nuire à l'effet général du meuble, et elle donne la mesure du talent de M. Cremer, qui fait ses dessins et ses compositions lui-même.

On doit distinguer, dans ce travail, la précision du découpage, la régularité des incrustations, et la bonne exécution des grands panneaux faits d'une seule pièce, ce qui est une difficulté vaincue.

Le jury récompense M. Cremer, en lui décernant la médaille de bronze.

M. DUTZSCHHOLD, à Paris, rue Saint-Nicolas-Saint-Antoine, 24.

Cet habile découpeur et marqueteur a exposé aussi quelques meubles bien faits qui servent de cadre à ses incrustations et à ses mosaïques. Quoique ces meubles aient été confectionnés dans les ateliers de M. Dutzschhold, c'est cependant comme découpeur qu'il doit être apprécié par le jury, puisque c'est dans cette spécialité que se trouve la partie principale de sa fabrication, qui occupe pendant toute l'année un assez grand nombre d'ouvriers.

Ce maître intelligent s'occupe principalement des marqueteries pour panneaux de meuble. Et l'on reconnaît à la netteté du travail, à l'élégance du dessin, une expérience très-exercée qui justifie l'importance honorable de sa fabrique.

Le jury accorde à M. Dutzschhold une médaille de bronze.

MENTION HONORABLE.

M. PROFILET, à Paris, rue des Tournelles, 47.

La marqueterie en bois de couleur ne donne quelques résultats qu'au moyen de la gravure du bois, mais elle a le grand inconvénient de perdre tous les avantages de la gravure, à la première réparation du meuble qui exige le raclage du bois.

On a déjà voulu remédier à cette difficulté, ou plutôt changer le procédé de ces mosaïques en recouvrant une gravure coloriée d'une feuille de gélatine, mais ce moyen ne peut résister au contact des liquides.

M. Profilet, qui s'occupe avec intelligence du découpage sur bois, a présenté cette année des incrustations découpées à la scie à marqueterie, gravées avant d'être plaquées, et plaquées ensuite par des procédés pour lesquels il va prendre brevet.

Il affirme, et nous le croyons après l'avoir expérimenté, que ces marqueteries supporteront toutes les réparations et pourront être mouillées, frottées et raclées impunément.

Le jury récompense ces essais en accordant à M. Profilet une mention honorable.

CITATIONS FAVORABLES.

M. SEIDEL, à Paris, rue des Gravilliers, 23.

M. Seidel a exposé des panneaux genre Boule en cuivre et écaille de l'Inde. Ce travail fait honneur à son talent de découpeur et nous paraît digne de la citation favorable du jury central.

M. MALLET, à Paris, rue de Berry, 14, au Marais.

M. Mallet a présenté un coffret à marqueterie

d'ivoire et de cuivre. Le cuivre découpé est fixé sur une table en chêne, et les morceaux d'ivoire sont incrustés dans le cuivre. L'ensemble est bien d'arrangement, d'incrustation et de gravure. Ce travail mérite la citation favorable du jury central.

---

§ 7. TABLETTERIE.

Considérations générales.

La tabletterie est le bijou de la poche et le meuble du nécessaire.

Elle comprend les objets de tour, les tabatières de Paris ou de Saint-Claude, les éventails et toutes les petites transformations que l'on fait subir à l'os, à l'ivoire, à l'écaille, à la nacre et aux bois précieux.

La tabletterie est infinie dans la variété de ses produits et tout aussi multiple dans la variété de ses moyens. Elle emploie tous les genres d'assemblage suivant le prix ou l'exigence de l'article. Elle combine de mille manières la colle, le tourillon, le tenon et la mortaise, la cheville, la vis et la queue d'aronde, et elle produit avec une fécondité merveilleuse tous ces objets délicats qui servent à notre parure, à nos jeux et à nos besoins.

Le jury a examiné avec beaucoup d'intérêt la riche exposition de cette industrie qui fournit également à la consommation des villes les plus opulentes et des plus modestes villages.

Elle doit aussi figurer à l'exportation pour un chiffre très-important qu'il nous a été difficile de constater, car le plus souvent ses produits réunis à d'autres plus considérables perdent leur dénomination industrielle, et ne laissent plus de traces à leur sortie de France.

RAPPEL DE MÉDAILLE DE BRONZE.

M. COLLETTA-LEFEBVRE, à Paris, rue Mandar, 9.

M. Colletta-Lefebvre est un excellent ouvrier ; il travaille seul avec son intelligence pour conseil et ses bras pour moteur.

Sa fabrication n'est pas importante, mais ses tabatières n'étant pas dégrossies par des mains peu exercées, doivent présenter dans tous leurs détails, le travail du maître habile. Aussi sont-elles très-bien faites.

M. Colletta emploie avec un égal succès, la corne de buffle ou d'Irlande, le palmier rouge ou noir, l'érable, l'amboine, l'écaille et même les bois pétrifiés.

Le jury vote avec empressement à ce travailleur modeste, le rappel de la médaille de bronze qu'il a déjà obtenue en 1839.

MÉDAILLES DE BRONZE.

M. SIMON, à Paris, rue Bourg-l'Abbé, 22.

M. Simon consacre plus spécialement son talent de tabletier, à la petite partie d'écaille en feuilles, en morceaux ou en poudre. Il a exposé des nécessaires, des souvenirs et des garnitures de bureau, des flacons, des cassolettes et des tabatières en écaille.

Ce choix, très-varié et de bon goût, est d'ailleurs d'un très-bon travail qui doit en multiplier la consommation.

Cette fabrication nous a paru dirigée avec intelligence. Elle est digne d'être récompensée par la médaille de bronze que le jury lui décerne.

M. MOREAU, à Paris, rue du Petit-Lion-Saint-Sauveur, 19.

M. Moreau exécute avec goût toute la tabletterie en ivoire.

Parmi les articles variés qu'il a exposés, nous avons remarqué une pendule gothique en ivoire dont les festons et le guillochage sont faits à la mécanique, par un nouveau procédé pour lequel M. Moreau est breveté.

Il prétend avoir appliqué un des premiers sur l'ivoire, le damasquinage qui s'obtient en gravant des parties réservées, obtenues par un mordant acide et un liquide coloré qui donne les fonds. Une pendule et des plaques de souvenir damasquinées par ce procédé sont d'un bon travail.

Le jury accorde à M. Moreau la médaille de bronze.

M. COMMOY (Augustin), à Saint-Claude (Jura).

Douze tabatières en corne de divers prix et dimensions, sont venues, sous le nom de M. A. Commoy, se placer modestement à l'exposition pour y représenter une industrie qui a pris à Saint-Claude un grand développement, et qui occupe aujourd'hui 3,000 ouvriers dans le département de l'Ain.

Ces produits, destinés aux acheteurs peu riches et très-nombreux, sont établis avec une régularité remarquable et à des prix très-modiques.

Ils sont d'ailleurs accompagnés d'un certificat des notables et fabricants de la ville de Saint-Claude, attestant :

Que le sieur Commoy est inventeur des charnières obtenues par la pression et le ramollissement de l'écaille et qu'on lui doit aussi les tabatières moulées en corne de buffle sans soudures.

Que n'ayant jamais pris de brevet d'invention pour ses procédés, il a enrichi son pays de ses découvertes et est ainsi devenu la cause principale de la très-grande extension de cette fabrication.

Ces titres si intéressants pour le développement de la richesse publique ne pouvaient être oubliés par le jury qui vote avec empressement à M. A. Commoy la médaille de bronze.

MENTIONS HONORABLES.

M. VINCENT aîné, à Paris, rue Guérin-Boisseau, 13.

M. Vincent, tabletier en écaille, garnisseur et

tourneur, dirige un établissement assez important dont les produits annoncent une fabrication courante et étendue.

A cette mise en œuvre de l'écaille, il joint encore la fabrication des cadres pour miniature.

M. Vincent est un des premiers qui ait adapté le volant à percussion aux presses destinées à mouler l'écaille.

Le jury central se plaît à lui décerner une mention honorable.

M. BEAUMONT, à Paris, rue Bourbon-Villeneuve, 56.

On a distingué à l'exposition de M. Beaumont, des pièces en ivoire, très-remarquables par le travail du tour à guillocher. Rien n'est plus délicat que le travail d'ornementation de la pendule et des candelabres qui l'accompagnent; rien n'est plus artistement tourné que les petites corbeilles à jour qui se trouvent à la base et au sommet des colonnes.

Cette œuvre exige une grande précision dans le coup d'œil et dans la main de l'ouvrier.

Le jury se plaît à lui accorder une mention honorable.

M. POISSON, à Paris, rue de Vendôme, 17.

L'assortiment de tabletterie en ivoire présenté par M. Poisson, annonce un travail bien dirigé. Nous avons remarqué un miroir d'une assez grande dimension dont les assemblages sont faits par le moyen ingénieux de la queue d'aronde.

Les travaux de M. Poisson méritent la mention honorable que le jury lui accorde.

M. ALESSANDRI, à Paris, rue Folie-Méricourt, 21.

Les produits d'ivoire de M. Alessandri consistent principalement en touches de piano, palettes, billes de billard, plaques à souvenirs et surtout feuilles à peindre. Par un procédé qui fait tourner la pièce d'ivoire, la scie restant fixe, M. Alessandri peut obtenir des feuilles d'une très-grande longueur sur la largeur entière du morceau d'ivoire. Il a présenté à l'exposition une feuille de 2 mètres sur 67 centimètres. Cette feuille roulée peut se redresser ensuite sans se fendre ni même se gercer.

Le jury décerne avec plaisir une mention honorable à M. Alessandri.

M. GARNOT, à Paris, rue du Temple, 98.

Un assortiment très-varié de pièces en ivoire pour servir à la garniture des nécessaires et des boites à jeu; des objets de tour et de guillochage faits dans ses ateliers, des objets sculptés venant de Dieppe, tels sont les produits exposés par M. Garnot, qui travaille principalement pour l'exportation et le commerce de détail.

Le jury accorde une mention honorable à cette fabrication habilement dirigée.

M. TRUFFAUT, à Paris, rue du Temple, 63.

Des objets de Dieppe bien choisis, des articles de Paris travaillés avec goût et finesse, composaient la jolie collection de M. Truffaut, connu depuis longtemps pour un tabletier intelligent qui entend et qui pratique avec succès le travail de l'ivoire.

Le jury lui décerne une mention honorable.

CITATION FAVORABLE.

M. CHIQUET, à Paris, rue de la Croix, 15.

L'exposition de tabletterie de M. Chiquet, consistait principalement en tabatières d'écaille et quelques tabatières or et argent.

Les incrustations et les filets sont posés avec soin, les charnières sont bien faites, et l'ensemble du travail annonce une fabrication habilement dirigée.

Le jury accorde à M. Chiquet une citation favorable.

---

§ 8. ÉVENTAILS.

Considérations générales.

Depuis le commencement du XVIe siècle, cette industrie a eu chez nous ses phases plus ou moins brillantes. L'éventail fut longtemps en vogue à la cour de France, et il eut le bonheur de former une des parties essentielles de la toilette des dames, jusqu'à la révolution de 89. Rejeté à cette époque, délaissé sous l'empire, il commence à reprendre faveur chez nous, et, ce qui ajoute à l'intérêt que nous lui devons, c'est que ce produit de l'industrie parisienne forme une branche très-importante de l'exportation.

Les colonies de l'Amérique du Sud, l'Espagne, le Portugal et l'Italie, offrent à cet article des débouchés considérables; mais aux Indes orientales nous luttons difficilement pour les prix et pour un genre spécial, avec les éventails chinois qui arrivent sur certains marchés en quantités énormes et qui nous font une redoutable concurrence.

Dans ces pays, l'usage en est communément répandu dans toutes les classes de la société, et l'éventail est indispensable pour les hommes aussi bien que pour les femmes. Aussi en demande-t-on de toutes formes, de toutes dimensions et de tous prix, depuis cinquante centimes la douzaine jusqu'à cinq cents francs la pièce et même au delà, quand on désire orner l'éventail d'incrustations et de pierreries.

Sous les zones tempérées, ce meuble est moins nécessaire, mais il est admis dans les réunions nombreuses, et d'ailleurs il conserve partout le précieux avantage de servir de parure et de maintien.

Quoi qu'il en soit, cette fabrication donne du travail, pour la confection des bois, à deux mille habitants de quelques villages situés entre Méru et Beauvais; elle occupe à Paris plus de six cents ouvriers, et elle représente une exportation de cinq à six millions de francs.

Quoique le nombre des exposants soit peu considérable, le jury a voulu examiner avec attention des produits ainsi recommandés et représentés à l'exposition par des maisons du premier ordre qui font depuis longtemps de très-grandes affaires en ce genre.

MÉDAILLES DE BRONZE.

Madame veuve **DUPRÉ**, à Paris, rue Montmorency, 1.

Cette maison, qui emploie cent cinquante ouvriers, fournit principalement au commerce d'exportation ; elle fabrique bien et beaucoup, depuis l'éventail en papier à 5 ou 6 francs la grosse jusqu'à l'éventail de luxe du prix le plus élevé.

Ses produits à l'exposition n'ont pu donner qu'une idée imparfaite de son genre d'exploitation; mais les éventails riches, les découpures et les peintures des éventails brisés nous ont paru justifier la bonne réputation du metteur en œuvre.

Cette activité commerciale, ces bons résultats de fabrication, ont fixé l'attention du jury, qui accorde à madame veuve Dupré la médaille de bronze.

M. **DUVELLEROY**, à Paris, boulevard Bonne-Nouvelle, 34.

M. Duvelleroy s'est consacré plus spécialement

à la vente particulière et au genre de Paris. Il établit avec beaucoup de goût, les éventails de luxe, destinés à la plus élégante clientèle.

Ses feuilles gravées ou lithographiées, peintes ou coloriées, sont choisies avec soin, ou confiées à des artistes habiles. Les moulures, richement ornées, annoncent une fabrication bien comprise.

Par une idée ingénieuse, M. Duvelleroy applique à la fabrication des éventails l'emporte-pièce, le découpoir et le balancier. Il découpe les branches de l'éventail par un travail mécanique, il remplace par l'impression lithographique le décor qu'on plaçait à la main sur la monture, et par ce double moyen, il obtient économie de temps et d'argent, car il fait pour 25 centimes une monture décorée qui lui coûterait 4 ou 5 francs par les procédés ordinaires.

Ces moyens économiques, appliqués aux articles d'exportation, auront sans doute d'heureux résultats. Le jury, qui les signale avec intérêt, accorde à M. Duvelleroy une médaille de bronze.

MENTION HONORABLE.

MM. CABANES et MARINE-HEIT, à Paris, rue du Faubourg-Saint-Martin, 13.

MM. Cabanes et Marine-Heit ont présenté à l'exposition une jolie collection d'éventails, destinés particulièrement au commerce d'exportation.

Ils établissent principalement les articles demandés pour l'Espagne, la Havane, le Mexique, le Brésil, la Colombie, le Pérou et le Chili.

Nous avons cependant remarqué parmi ces produits quelques éventails de luxe, qui seraient très-bien acceptés par le goût délicat et difficile de Paris.

Le chiffre des affaires de cette maison est une preuve de plus de sa bonne direction commerciale.

Le jury lui accorde une mention honorable.

---

§ 9. BILLARDS.

Considérations générales.

Pour ceux qui ne voient dans un billard qu'une table, ayant en largeur la moitié de sa longueur, et couverte d'un drap vert sur lequel des billes d'ivoire poussées avec plus ou moins d'adresse, doivent se choquer pour aller tomber quelquefois dans une blouse, pour ceux-là le billard est un meuble qui doit être avant tout parfaitement orné, pour compléter l'ameublement du salon auprès duquel il est ordinairement placé.

Mais pour ceux qui étudient dans ce jeu toutes les combinaisons savantes du choc des corps, qui calculent les angles d'incidence et de réflexion, qui savent comment on doit frapper la bille pour l'arrêter, la faire suivre, la faire revenir sur le joueur ou même décrire des arcs de cercle; pour ces joueurs passionnés qui mettent souvent sur un coup, un autre enjeu qu'un succès d'amour-propre, le billard est un instrument de précision qui doit répondre à toutes les règles d'une science aussi savante que compliquée.

Comme les fabricants ne peuvent pas toujours prévoir à quelle espèce d'acheteurs ils auront affaire, ils sont obligés de fabriquer à l'avance dans ce double but, et ils font du billard un meuble et un instrument.

Comme meuble, l'établissement d'un billard rentre dans les conditions ordinaires de l'ébénisterie, et l'exposition de cette année a présenté une exécution très-satisfaisante, sous le rapport de la forme et de l'ornementation. Comme instrument de précision, le billard exige principalement deux choses : une table offrant constamment un plan horizontal, quelles que soient les variations de température, de sécheresse ou d'humidité de l'atmosphère, et de plus des bandes d'un certain degré d'élasticité, répondant à tous les coups du joueur, et donnant tout ce qu'on leur demande.

Les tables se font ordinairement en vieux bois de chêne choisi avec soin et coupé sur maille autant que possible en petits morceaux collés et ajustés à tenon et mortaise, et qu'on assemble entre des coulants et des traverses, de manière à croiser leurs fils pour en former une espèce de compensateur en bois. Malgré tous ces soins, une table bien faite *travaille* sans cesse, et l'on est obligé de la relever souvent, au moyen de la varlope et du niveau.

Les bandes sont faites ordinairement en chêne recouvert de lisières superposées et retenues par une toile. Mais ces bandes ne satisfont pas les joueurs difficiles; elles ne sont pas, dit-on, assez élastiques, elles se détendent et ne *rendent* pas assez. On a essayé sans succès les bandes en caoutchouc trop impressionnables aux changements de température et n'offrant jamais une résistance uniforme. Quelquefois même, en raison de leur trop grande élasticité, elles dérangent toutes les combinaisons des coups par les bandes.

Nous allons voir, en passant en revue les noms des principaux exposants, tous les efforts qu'ils ont faits pour remédier à ces inconvénients.

RAPPEL DE MÉDAILLE DE BRONZE.

M. BOUHARDET, à Paris, rue de Bondy, 66.

M. Bouhardet a exposé deux billards : le premier est en chêne, d'une forme assez légère et d'une ornementation simple. La table en chêne est composée de trois tables superposées, dont le fabricant se promet d'heureux résultats contre les variations de température.

Le second billard est en bois de noyer avec ornements sculptés en acajou, dont l'effet comme meuble laisse peut-être quelque chose à désirer. La table de ce billard est en carton de poupée rapproché sans colle et pressé à la presse hydraulique. Cette matière, d'une dureté remarquable, ne faisant pas de copeaux, doit être très-difficile à planer. L'inventeur assure d'ailleurs qu'elle ne sera point accessible à l'humidité.

Nous laisserons au temps le soin de décider ces deux questions.

Mais le jury n'en reconnaît pas moins les efforts de M. Bouhardet, et lui vote avec empressement le rappel de la médaille de bronze.

MÉDAILLES DE BRONZE.

MM. GUILELOUVETTE et THOMERET, à Paris, rue des Marais-Saint-Martin, 47.

Le billard exposé par MM. Guilelouvette et Thomeret est en bois d'acajou chevillé, avec sculptures prises dans la masse. La forme en est simple et bien coupée. Les bandes sont faites à toutes lisières et à bascules perdues pour les billes.

Ces ouvriers habiles ont fait l'essai d'une table en fonte de fer, composée de huit parties qui se rapprochent d'onglet sans qu'on puisse voir les points de jonction. La table en fonte est ainsi posée sur un parquet en chêne.

Ils prétendent que ce procédé obtient l'assentiment des joueurs le plus exigeants.

Le jury, voulant récompenser ces tentatives industrielles, accorde à MM. Guilelouvette et Thomeret la médaille de bronze.

M. BARTHÉLEMY, à Paris, petite rue Saint-Pierre, 14.

M. Barthélemy a présenté un billard en acajou exécuté par les procédés ordinaires de fabrication.

La table seule, cette pièce capitale de tout billard de mérite, est en ardoise, en trois morceaux de 20 millimètres d'épaisseur. Ces tables, qui offrent plus d'égalité et de justesse sur toute leur surface, sont relevées moins souvent, et n'ont pas comme celles en bois l'inconvénient d'être redressées lorsque le relevage a lieu, car l'ardoise dévie peu de la régularité de son niveau.

Il paraît que de célèbres approbations ont sanctionné l'emploi de ce procédé; mais on objecte encore que dans des conditions d'humidité ou de chaleur concentrée, l'ardoise se couvre d'une vapeur d'eau qui imbibe le tapis. On ajoute que la table manquant d'élasticité, lorsque la bille est *collée* et que le joueur est obligé de donner un fort coup, le tapis, se trouvant pressé entre deux corps durs, se coupe plus facilement près des bandes.

Cependant tous ces efforts méritent une honorable récompense, et le jury accorde à M. Barthélemy une médaille de bronze.

MENTIONS HONORABLES.

M. COSSON, à Paris, rue Grange-aux-Belles, 20 *bis*.

Le petit billard en chêne exposé par M. Cosson est simple comme meuble. La table est en chêne assemblé par les procédés connus, mais les bandes sont à ressorts élastiques, assez ingénieusement disposés et recouverts de lisières.

Ce moyen nous a paru donner aux bandes une grande élasticité, mais il a besoin d'être mis à l'épreuve du joueur pour être définitivement adopté.

Le jury décerne à M. Cosson une mention honorable.

M. MARCHAL, à Paris, rue du Bac, 102.

M. Marchal est resté partisan des tables en vieux bois, construites à panneaux; mais il a porté ses recherches sur le système des bandes, qui exige non pas une élasticité complète, mais un degré d'élasticité convenable.

Le billard en palissandre exposé par ce fabricant offre l'application d'un nouveau procédé pour les bandes. Il consiste en ressorts d'acier, ingénieusement soutenus par le bois, sans perdre cependant leur flexibilité, et recouverts ensuite par les lisières.

Ce procédé, appliqué avec beaucoup d'intelligence, mérite d'obtenir succès.

Le jury accorde à M. Marchal une mention honorable.

M. FOURNERET, à Paris, rue Bourbon-Villeneuve, 49.

Pour M. Fourneret, la table est la pièce capitale du billard.

Pour parvenir à une table parfaitement juste et peu sensible aux variations de température, il a changé le système d'assemblage des bois, il a fait disparaître les traverses, montants, tenons et mortaises, et son parquet, dont le dessin rappelle le point de Hongrie, se divise en six parties rapprochées entre elles, avec une grande précision et beaucoup de solidité.

Le bois du billard exposé est à pans coupés avec incrustations. Il nous a paru d'une bonne forme et d'une exécution qui annonce l'habitude de bien faire.

Le jury accorde à M. Fourneret une mention honorable.

M. LABURTHE, à Paris, rue du Faubourg-Saint-Denis, 14.

Le billard exposé par M. Laburthe est en chêne sculpté. Les bandes sont établies par le procédé ordinaire des lisières. La table est en ardoise anglaise ou pierre de Galles.

Un bon travail d'exécution et des tentatives de progrès sont des titres suffisants pour mériter à M. Laburthe la mention honorable que le jury lui décerne.

M. LACAN, à Orléans (Loiret).

M. Lacan est concessionnaire, pour le département du Loiret, d'un brevet d'invention obtenu par M. Brevet, mécanicien à Pithiviers, pour un billard appelé *billard-table*.

Au moyen d'une manivelle et d'un mécanisme ingénieux, ce billard s'élève et s'abaisse à volonté, tout en conservant son *horizontalité*, au moyen d'un système de calage facile. Quand il sert de table, il est recouvert d'une toile imperméable et de volets.

Enfin, pour compléter toutes les transformations utiles de ce meuble, le mécanicien lui applique un chariot mobile à roulettes, sur lequel le billard vient se charger en se plaçant de lui-même sur champ. Le billard est ainsi transporté dans un autre local, ce qui permet à la même pièce de servir tour à tour de salle de billard, de salle à manger et de salle de danse.

Tous ces avantages, un peu en dehors du problème que la fabrication ordinaire cherche à résoudre, font de ce billard un meuble portatif que nous signalons aux propriétaires pour qui l'espace est quelquefois précieux.

Le jury accorde une mention honorable à M. Lacan.

CITATIONS FAVORABLES.

M. PLÉNEL, à Paris, boulevard Saint-Martin, 8.

M. Plénel a présenté un billard en bois de violette à pans coupés, avec moulures guillochées à la mécanique.

La table et les bandes sont établies par les procédés ordinaires.

Ce billard se fait remarquer par des soins évidents d'ajustage et d'exécution.

Le jury le croit digne d'une citation favorable.

M. GODIN, à Rouen (Seine-Inférieure).

Le billard exposé par M. Godin est en palissandre, à bandes ordinaires. La table est un parquet en chêne, dont les morceaux posés de champ réunis et collés, sont liés par deux boulons à *vis*, placés à moitié bois, et traversant la table dans toute sa longueur. A ces innovations se joignent encore quelques détails ingénieux qui annoncent une fabrication en dehors de la routine.

Mais ces améliorations ont besoin d'être expérimentées avant d'obtenir la sanction du jury central.

M. Godin a d'ailleurs la réputation d'un bon fabricant, qu'il justifie aujourd'hui par ces essais intelligents.

Le jury se plaît à lui voter la citation favorable.

MM. BÉNARD frères, à Tours (Indre-et-Loire).

MM. Bénard frères ont exposé un billard en ébène et bois noirci, incrusté de cuivre, étain, nacre et écaille, d'un beau travail d'ébénisterie.

Ils annoncent un nouveau système de bandes sans caoutchouc. La table est en chêne.

Le jury, ayant reconnu dans l'exécution les procédés d'une bonne fabrication, garantie d'ailleurs par le rapport du jury départemental, accorde à MM. Bénard frères une citation favorable.

M. SAURAUX, à Paris, rue du Faubourg-du-Temple, 21.

Le billard de M. Sauraux est en fonte de fer vernie, avec table en pierre de liais de Tonnerre, d'un seul morceau de 40 millimètres d'épaisseur.

Cette table, dressée par les mêmes moyens que celles destinées à l'étamage des glaces, est montée sur un encadrement en fer, qui en rend le déplacement facile. Cet encadrement, masqué par les bandes, permet d'y fixer le tapis sans aucune difficulté.

M. Sauraux prétend que la pierre de liais absorbera l'humidité au lieu de la maintenir, qu'elle sera solide et d'une justesse invariable, ce qui n'est pas complétement démontré par la pièce de l'exposition.

Nous craignons aussi que les ornements sculptés, dont le modèle est un peu trop chargé, ne gênent un peu par leur saillie la circulation des joueurs.

Le poids de 1100 kilogr., comparé à 700 kilogr. environ pour les billards ordinaires, serait aussi un inconvénient.

Mais ces tentatives, qui attendent la sanction que l'usage seul peut donner, méritent une récompense, et c'est à ce titre que le jury leur accorde la citation favorable.

§ 10. PARQUETS.

Considérations générales.

Comme pour les tables de billard, le *travail* des bois fait toujours le sujet des recherches du parqueteur et du menuisier.

Comment faire, pour empêcher le chêne de travailler, lorsqu'on le pose en feuilles de deux à trois centimètres d'épaisseur, à huit centimètres du sol, presque en contact et quelquefois même en contact immédiat, avec une aire de plâtre, que l'humidité tend à salpêtrer et dont les gros murs entretiennent l'humidité.

Les uns luttent encore avec la difficulté et cherchent des enduits imperméables ou des compensations dans la division et le rapprochement du bois.

Les autres, consentant à souffrir ce qu'ils ne peuvent empêcher, font des parquets mobiles ou d'un remaniement facile et peu dispendieux.

Mais le temps vient souvent déranger les théories les plus ingénieuses ou les combinaisons les plus savantes, et le jury, obligé lui-même de prendre conseil de ce grand maître, retient souvent son jugement et ses récompenses, en attendant cette sanction de l'expérience qui n'a malheureusement pas favorisé jusqu'à présent les tentatives persévérantes de l'industrie des parquets.

MÉDAILLES DE BRONZE.

M. NOYON, à Paris, petite rue Saint-Pierre-Amelot, 16.

M. Noyon a exposé des feuilles de parquet, des portes, des volets, des parties de lambris, et même des tables de billard, qui offrent l'application de son nouveau système d'assemblage des bois.

Son parquet ordinaire se compose de deux feuilles de sapin et d'une feuille de chêne superposées; ces feuilles formées et collées à plats joints, sont coupées à la mécanique de manière à pouvoir s'engager à queue d'aronde, et superposées ensuite par ce moyen, en les plaçant à fil contrarié.

Pour les parquets mosaïques on superpose quatre feuilles, car la mosaïque ne peut compter pour rien comme force d'épaisseur.

Pour rapprocher les feuilles de parquet ainsi formées, ce menuisier emploie avec habileté une ferrure à pointe qui s'engage dans les lambourdes, une double agrafe avec clavette et deux écrous à vis en fer pour rapprocher les feuilles dans tous les sens.

Ce système de ferrure, peut-être un peu compliqué, est cependant très-ingénieux.

Ce procédé d'assemblage des bois paraît pouvoir être appliqué aux portes, aux tables de billard et même aux écoutilles de navire. Les parquets se vendent de 7 à 9 fr. le mètre. Nous désirons que le succès réponde à l'idée.

Le jury accorde à M. Noyon une médaille de bronze.

MM. BERTAUD et LUCQUIN, à Paris, rue Meslay, 57.

Le nouveau parquet de MM. Bertaud et Lucquin se pose par feuilles de petite dimension. Pour neutraliser l'effet du bois, chaque feuille est encadrée par une frise de 5 à 7 centimètres de large sur une épaisseur de 27 millimètres. Cette frise est à rainure des deux côtés. D'un côté elle reçoit le panneau composé de bandes inclinées sous un angle de 45°. Ces bandes sont faites en bois, debout, ce qui peut permettre au besoin de ne pas leur donner l'épaisseur de 27 millimètres comme à la frise.

Les frises ayant peu de largeur n'ont presque pas d'effet. Les bandes coupées sur maille sont bien encadrées, et de plus les feuilles de parquets étant rapprochées à rainure et languette, il s'ensuit que ce parquet, par sa disposition générale, est, ainsi, bien emboîté de toutes parts.

Ce parquet n'est pas cher; le point de Hongrie retourné en tous sens, est vendu 9 fr. 75 c. le mètre, en y comprenant la pose et les lambourdes.

Ce système rationnel, ingénieux, commence, dit-on, à résister à l'épreuve du temps. Le jury lui accorde la médaille de bronze.

M. LINSLER, à Paris, rue Neuve-Chabrol, 17.

Le nouveau système de M. Linsler, breveté, a pour but de remédier aux inconvénients ordinaires du parquet. Il promet pose facile et prompte, solidité remarquable, réparations sans dépose.

Deux longues tiges à coulisseaux reçoivent des bandes de chêne rapprochées sur leurs côtés et glissant par leurs extrémités au moyen d'une double languette engagée dans les deux coulisses des tiges. Comme ces demi-coulisses portent chacune une petite feuillure, leur assemblage forme naturellement une rainure dans laquelle il devient facile d'incruster un filet de bois de couleur, qui peut servir d'ornement. Ces filets ont un autre avantage. Si le travail du bois écartait les joints des coulisses, il suffirait de substituer aux premiers filets dont le volume serait devenu insuffisant, d'autres filets plus larges pour remplir exactement le vide.

On conçoit d'ailleurs que les bandes de chêne, étant seulement rapprochées et pouvant glisser facilement dans les coulisses, peuvent être resserrées sans déposer le parquet. Le prix est de 9 francs le mètre.

Ces procédés méritent le succès. Le jury les récompense en accordant à M. Linsler une médaille de bronze.

MENTION HONORABLE.

M. HAUMONT, à Paris, rue des Tournelles, 49.

M. Haumont a présenté des parquets mobiles habilement combinés. Tout en conservant l'aire de plâtre placée sous le parquet, il ne scelle point les lambourdes afin d'en écarter l'humidité, il les visse sur les solives.

Il établit ensuite une feuille de parquet, composée de quatre parties rapprochées à rainure et languette, et par un système d'attache il laisse le travail du bois possible dans le sens horizontal, et il le retient, un peu faiblement suivant nous, dans le sens vertical. Autour de l'appartement et sous des tringles en bois placées près des plinthes, il établit des châssis à clef formés de ressorts en acier courbés et taraudés au cintre, de manière à faire pression contre le mur et contre l'épaisseur du parquet.

Ce parquet paraît se poser avec facilité, mais peut-être n'est-il pas aussi facile de le resserrer sur de grandes surfaces, et dans les petits appartements coupés par beaucoup de portes, les saillies du pourtour ne seraient pas sans inconvénient.

Il y a cependant de l'habileté dans cette ingénieuse combinaison, à laquelle le jury accorde avec plaisir une mention honorable.

CITATIONS FAVORABLES.

M. ANIEL, à Paris, rue Amelot, 60.

Les parquets en feuilles de M. Aniel se posent sur l'aire de plâtre sans lambourde. Les feuilles se joignent entre elles à rainure et languette en fer. Le bois est isolé par un intermédiaire en mastic. Nous désirons que l'expérience réponde aux essais de M. Aniel; mais nous n'approuvons jamais sans réserve les parquets mis en contact avec le plâtre.

Le jury accorde à M. Aniel une citation favorable.

M. MAZEROLLE, à Paris, rue Neuve-Saint-Denis, 21.

Les parquets mosaïques de M. Mazerolle sont placés sur l'aire sans isolement. Quand il ne les pose pas sur le plâtre, il les pose sur tasseaux. C'est le même inconvénient que nous venons de signaler.

Le jury décerne à M. Mazerolle une citation favorable.

Menuiserie appliquée à la construction.

Le jury n'ayant pas trouvé, dans les produits de menuiserie appliqués à la construction, des éléments d'appréciation et d'expérimentation bien constatés, se borne à encourager les essais ou les projets intelligents qui lui ont été présentés en accordant une *citation favorable* aux exposants dont les noms suivent :

M. MARTEL, à Paris, rue Thiroux, 3,

Pour ses jalousies mécaniques.

M. VOLFF, à Paris, rue du Bac, 79,

Pour ses jalousies mécaniques.

M. LEROY (Louis), aux Andelys (Eure),

Pour une croisée avec nouveau système de volets.

M. DELALANDE, à Angers (Maine-et-Loire),

Pour ses escaliers suspendus.

§ 11. CADRES, MOULURES, DÉCOUPAGE, SCIAGE DES BOIS.

Considérations générales.

Tout procédé qui simplifie le travail, qui perfectionne les produits, est un élément de richesse publique, car en diminuant la main-d'œuvre, il augmente la consommation.

C'est à ce titre qu'il est intéressant pour le jury d'examiner les procédés mécaniques appliqués aux moulures sur bois, au découpage pour l'ébénisterie, au système du sciage des bois.

L'exposition de cette année, peu nombreuse en ce genre, nous a présenté cependant quelques perfectionnements dans l'invention ou dans l'emploi des procédés.

MÉDAILLE D'ARGENT.

MM. LAURENT (François) et Cie, à Paris, rue Ménilmontant, 86.

Une machine à vapeur de 6 chevaux met en mouvement dans cette fabrique, tous les moyens ingénieux appliqués au découpage ou au sciage du bois. Des procédés mécaniques très-simples et très-variés, débitent le bois avec une régularité remarquable.

Les moulures rondes, ovales, les oves répétées et

continues, les guillochages, les filets de bois exotiques, les rainures pour l'incrustation, les onglets pour les cadres, tout se fait avec une précision parfaite, quelle que soit la dureté du bois et sans aucune limite pour les grandeurs d'axes ou pour les dimensions des profils.

Les cadres en sapin à filet, les baguettes dorées en tous genres, se font avec une merveilleuse facilité, et peuvent alimenter la consommation des miroitiers et des marchands de tableaux. Les ateliers de sciage, d'incrustation, de dorure et d'établissement des cadres sont réunis dans cette fabrique importante qui produit avec ces procédés mécaniques, 227,000 à 260,000 mètres de baguettes dorées et 20 à 25 mille cadres par année.

A côté de cette exploitation des moulures, MM. Laurent ont appliqué leur système au découpage du bois, en parties carrées et triangulaires avec lesquelles on compose des dessins dans des châssis ajustés. Ce parquet mosaïque est l'application du procédé de MM. Mazeron et Cie, dont cette maison exploite le brevet. Nous en avons déjà parlé en 1839. Ces produits ont pour eux la sanction de l'expérience; ils sont employés depuis quelques années à l'Hôtel-de-Ville et dans quelques maisons opulentes; et le parquet que nous avons vu à l'exposition est la reproduction de celui qui existe à l'hôtel de M. Hope.

Tous ces résultats de l'activité et de l'intelligence sont dignes d'être récompensés par le jury qui leur accorde la médaille d'argent.

MÉDAILLE DE BRONZE.

M. MORISOT, à Paris, boulevard Beaumarchais, 2.

En 1839, M. Morisot recevait du jury une mention honorable pour ses moulures en bois obtenues par l'emploi d'une scie mue par une manivelle.

Cet habile ouvrier a perfectionné avec beaucoup d'intelligence la nature et l'application de ses produits.

Les moulures en bois exotique, employées dans les tentures d'appartements par les tapissiers et les décorateurs, les bâtons pour rideaux de lit et les galeries de croisées, étaient à un prix trop élevé pour que l'usage en fût très-multiplié.

Pour faire des moulures en imitation de bois exotiques, M. Morisot a du chercher un bois indigène à bas prix, facile à travailler et conservant toujours intacte la couleur d'imitation qu'on lui aurait donnée. Éclairé par de nombreux essais, il a choisi le sapin, après avoir habilement surmonté la difficulté de donner à ce bois un poli propre à recevoir le vernis, difficulté que présente la veine tendre et la veine dure du sapin. C'est ainsi qu'en donnant à ses moulures des tons de bois qu'il vernit ensuite, en choisissant dans le sapin non couvert la veine qui se rapproche le plus du bois qu'il veut imiter, M. Morisot est parvenu à livrer au commerce des moulures en sapin coloré qui sont des imitations parfaites d'acajou, de palissandre, d'acajou moucheté, etc.

Le jury qui a vu l'application pratique de ces

ingénieux procédés, accorde à M. Morisot la médaille de bronze.

MENTIONS HONORABLES.

M. LEGROS, à Paris, rue de Charonne, 4.

M. Legros applique avec habileté au découpage du bois le moyen de la scie perpendiculaire mise en mouvement par une machine à vapeur qui lui imprime un mouvement invariable.

Cette scie coupe les bois en massif de toute épaisseur.

Pour les dessins de console ou de gros meubles destinés à dégrossir en l'abrégeant le travail de la sculpture, il peut découper jusqu'à 15 centimètres d'épaisseur.

Pour les dessins plus délicats, tels qu'ornements de buffet ou d'étagère, on ne peut scier que jusqu'à 5 centimètres; quant aux épaisseurs courantes de 5 à 10 millimètres, elles s'obtiennent en rapprochant et en clouant ensemble un certain nombre de feuilles que l'on découpe et qu'on sépare ensuite.

Ce travail peut s'appliquer au zinc et au cuivre dans des épaisseurs moindres.

Le jury accorde à M. Legros une mention honorable.

MM. BOHIN père et fils, à L'Aigle (Orne).

MM. Bohin père et fils, layetiers et presque ébénistes, ont présenté un grand nombre de boites en bois blanc d'un bon travail et d'un prix excessivement modique.

Trois feuilles très-minces et d'une longueur de 60 mètres environ sur 20 centimètres, indiquent par la régularité parfaite des copeaux, un système de sciage très-ingénieux.

Le jury accorde à MM. Bohin père et fils une mention honorable.

CITATIONS FAVORABLES.

M. SAVARY, à Paris, rue Mazarine, 40.

Les cadres en bois vernis, palissandre et ébène de M. Savary offrent un bon emploi des moulures unies et guillochées. Ces produits méritent la citation favorable que le jury leur accorde.

M. DIEU aîné, à Paris, rue du Faubourg-Saint-Antoine, 52.

M. Dieu est le premier qui ait fait les cadres en sapin Les cadres qu'il a exposés sont variés de bois et d'un très-bon travail d'assemblage.

Le jury le cite favorablement.

M. JUNOD, à Paris, rue Lesdiguières, 7.

Les moulures diverses pour cadres, meubles et pianos, exposées par M. Junod, sont le produit de machines à découper et à guillocher. Elles ont toute la régularité et la précision d'un travail mécanique bien dirigé.

Le jury leur accorde une citation favorable.

M. MINTEN, à Paris, rue des Tournelles, 18.

M. Minten fournit aux ébénistes des moulures guillochées d'un travail satisfaisant. Son exposition en offrait une collection très-remarquable.

Le jury lui accorde la citation favorable.

M. CORMIER, à Paris, rue Saint-Bernard, 18.

En 1839, nous avons parlé du procédé de M. Picot, de Châlons-sur-Marne, qui était parvenu à couper et non pas à scier le bois, en adaptant un tranchant à une machine à mouvement de va-et-vient. Ce procédé, qui fait une économie de moitié sur les scieries ordinaires, est appliqué avec intelligence par M. Cormier, au découpage du bois des îles.

Le jury lui décerne une citation favorable.

MM. HANIER et Cie, à Paris, rue du Faubourg-Saint-Antoine, 49.

MM. Hanier et Cie appliquent aussi avec succès le procédé Picot au découpage du bois des îles, et méritent au même titre que M. Cormier, la citation favorable.

---

§ 12. MIROITERIE.

CITATIONS FAVORABLES.

M. WEILER, à Paris, rue Michel-Lecomte, 14.

M. Weiler a exposé une collection très-variée de miroirs, psychés, toilettes à tiroirs, miroirs de voyage. Nous avons remarqué le système des deux miroirs de toilette qui se placent devant et derrière la tête.

Le jury décerne à M. Weiler la citation favorable.

M. MARINET, à Paris, rue des Francs-Bourgeois, 4, au Marais.

M. Marinet a exposé quatre glaces renaissance biseautées, avec ornements en cristal ingénieusement rapprochés et retenus sur la glace par des agrafes. Le jury les juge dignes d'une citation favorable.

SECTION IV.

BIJOUTERIE, STUCS, PIERRES FACTICES, MARBRES SCULPTÉS, MOSAÏQUES, ETC., ETC.

M. le vicomte Héricart de Thury, rapporteur.

§ 1. BIJOUTERIE, JOAILLERIE ET INDUSTRIES QUI S'Y RAPPORTENT.

I. *Bijouterie de diamants, Pierres fines, Perles, Platine, Or, Argent, etc.*

Considérations générales.

« La bijouterie française, disait le jury de l'exposition de 1839, est entrée dans une voie nouvelle qui rappelle les chefs-d'œuvre des XIVe, XVe et XVIe siècles. Les riches et admirables produits qu'elle a exposés peuvent être comparés aux plus brillantes compositions des grands maîtres de ces temps. »

Pour pouvoir suivre cette voie nouvelle dans laquelle nos joailliers venaient de s'engager, et la suivre avec succès, ils ont senti la nécessité de voir et d'étudier les œuvres de ces siècles brillants, et qu'ils devaient se pénétrer du génie qui avait tant et si bien inspiré Michel-Ange, Finiguerra, Lorenzo Ghiuberti, Albert Durer, Benvenuto Cellini, Bernard de Palissy, etc. Ils ont consulté les tableaux, les gravures, les musées, les collections : et par les nombreux, les riches et magnifiques ouvrages sortis de leurs ateliers, ils ont prouvé qu'ils suivraient avec honneur et distinction cette voie nouvelle, et que leurs travaux étaient vraiment dignes de figurer à côté de ceux des grands maîtres qu'ils avaient pris pour guides.

De tels progrès assurent de plus en plus la juste célébrité de notre bijouterie, recherchée également partout, pour le bon goût, le charme de ses gracieux dessins, le fini de sa ciselure, le beau choix de ses pierres précieuses et la manière intelligente avec laquelle elles sont montées pour les mettre en harmonie avec les demandes exigeantes, si peu réfléchies des modes, et souvent aussi capricieuses qu'elles sont volages et éphémères.

Notre bijouterie, d'après sa supériorité et les divers genres qu'elle a embrassés, ne se borne plus à fournir les principaux États de l'Europe. Après avoir satisfait aux demandes de l'Angleterre, de la Russie, de l'Espagne, de l'Italie, de la Turquie, de l'Egypte, de nos colonies, etc., elle s'est étendue partout au delà des mers. Nos voyageurs l'on fait connaître au Mexique, au Brésil, au Chili, au Pérou. dans les Indes-Orientales et dans toutes les îles du grand Océan, où elle a obtenu un succès extraordinaire, du moment que nos bijoutiers ont reconnu que le premier élément du succès était de s'astreindre et de se conformer aux goûts, aux modes et aux usages civils, militaires et religieux des peuples de ces divers pays.

De là ces formes souvent si bizarres, si extraordinaires, si disproportionnées pour nous, de quelques fournitures de joyaux et bijoux exécutés sur des commandes expresses et d'après des esquisses que nos bijoutiers étaient forcés de suivre, mais que, d'après leurs études et le génie inventif de nos dessinateurs qu'ils appelaient à leur aide, ils ont su enrichir et embellir d'ornements souvent fantasques et chimériques, il est vrai, mais dictés par le caractère, les mœurs et le culte des souverains et des nations auprès desquels le succès de ces bijoux a été tellement complet, qu'il a fait faire successivement trois, quatre, cinq, six fois, des commandes du même genre, dont quelques-unes, de dimensions exagérées, présentaient de très-grandes difficultés d'ornementation et d'exécution, tels que ces riches joyaux, ces magnifiques couronnes de la reine de Madagascar, dont la dernière n'avait pas moins d'un mètre de hauteur.

Ainsi, et bien loin de vouloir imposer nos modes aux autres nations, c'est en cherchant à répondre à leurs demandes, en se conformant à leurs mœurs ou à leurs usages, qu'est dû partout, en Europe et au delà des mers, l'immense succès de notre bijouterie.

Quant aux admirables et magnifiques compositions exposées cette année, que beaucoup ont considérées à tort comme des tours de force et de défi entre artistes, et qui devaient, disait-on leur rester, leur rapide enlèvement doit prouver à nos bijoutiers qu'en prenant pour guides les grands maîtres des XIVe, XVe et XVIe siècles, ainsi qu'ils l'ont fait, ils marcheront à pas sûrs, et de succès en succès, dans la voie nouvelle que, dans notre rapport de l'exposition de 1839, nous les félicitions d'avoir adoptée.

RAPPEL DE MÉDAILLE D'OR.

M. RUDOLPHI, à Paris, rue du Mail, 11.

Elève et successeur de M. Wagner-Mention qui avait marqué à l'exposition de 1839 ses derniers travaux d'une manière si brillante, en ouvrant à l'art de la bijouterie une voie nouvelle, M. Rudolphi, se montre à tous égards, digne de soutenir avec distinction la haute réputation de la maison de M. Wagner. Comme lui, il a étudié tous les chefs-d'œuvre de la bijouterie et de la joaillerie de tous les âges, et en les modifiant suivant les goûts et les besoins du jour, il a imprimé à sa joaillerie et à sa bijouterie un cachet de vieux temps qui les fait rechercher par les amateurs de collection. Généralement riches et très-riches, la plupart de ses compositions ont souvent un caractère tellement prononcé qu'on les prendrait pour des copies de chefs-d'œuvre d'anciens bijoutiers allemands, saxons ou suédois; mais M. Rudolphi, par la variété des dessins des bijoux, des joyaux, des coffrets, des nécessaires, des porte-montre, des pendules, des écritoires, des sabres, des poignards et de tous les ornements de son invention, a prouvé que ce sont tous, des produits de ses ateliers, organisés pour tout faire et tout exécuter au gré des demandeurs de tous les pays, et suivant le caractère de nationalité de chacun. De là ces originalités si remarquables de quelques-unes de ces compositions, obligées par les commandes et souvent nécessitées par la valeur et la rareté des matières précieuses qu'il a su mettre en œuvre, en les conservant intacles, difficultés qu'il a également su vaincre avec autant de talent que de perfection.

Dans sa nombreuse et riche exposition de joaillerie, on a généralement admiré : 1° une corbeille argent ciselé, représentant les attributs du mariage;

2° Un vase byzantin alliage de platine et argent émaillé;

3° Un vase argent repoussé, sujet l'Ondine (légende allemande);

4° Une pendule en lapis, représentant le jour et la nuit;

5° Un encrier de lapis servant aussi de pendule, surmonté d'un groupe représentant l'enlèvement de Déjanire;

6° Un coffre argent émaillé, avec groupes en perles et pierres fines.

7° Divers coffrets-pendules avec groupes de personnages en perles;

8° Un vase en argent ciselé et repoussé, exécuté pour M. le duc de Luynes;

9° Une pendule-coffre montée en perles, à madame la princesse de Buttera;

10° Un brûle-parfums ciselé et une paire de flambeaux montés en perles, appartenant à M. le duc de Montpensier.

11° Un coffre représentant David terrassant Goliath, personnages montés en perles, et plusieurs coupes garnies de pierres fines pour le roi de Hollande;

12° Une pendule en platine allié, incrustée de pierres fines et plusieurs sabres riches pour le prince Charles de Berlin;

13° Une épée en or ciselé pour le général Juan José Flores, etc., etc.

Les brillantes et admirables compositions de M. Rudolphi, comme celles de Wagner, sont recherchées en Allemagne, en Prusse, en Russie, en Angleterre, en Turquie, en Égypte, en Amérique et jusque dans les Indes.

Nouvellement établi, cet habile joaillier-bijoutier s'annonce pour dépasser son maître, en soutenant dignement le nom de Wagner-Mention qui avait obtenu la médaille d'or en 1839; le jury s'empresse de la rappeler cette année au nom de M. Rudolphi.

NOUVELLE MÉDAILLE D'OR.

MM. CHRISTOFLE (Charles-Henri) et Cie, à Paris, rue de Bondy, 52.

Leur établissement, fondé en 1810, obtint une médaille d'or en 1839; dirigé, de 1825 à 1831, par M. Christofle comme intéressé, et de 1831 à 1844 comme chef d'établissement. Il emploie soixante-seize ouvriers à l'intérieur et cinquante au dehors : son établissement se compose de sept feux, trois forges, deux laminoirs, quatre grandes lampes à souder et soixante petites. Le chiffre d'affaires est de plus de 1,500,000 francs pour l'exportation, et 500,000 francs dans l'intérieur.

Cet établissement fut fondé en 1810 par M. Calmette pour la fabrication du petit bijou de province. En 1821, M. Christofle entra en qualité d'apprenti chez M. Calmette; intéressé dans la maison en 1825, il pensa que l'exportation présentait un grand avenir, et s'appliqua principalement à la fabrication des différents articles qui pouvaient convenir aux pays Américains.

La maison Calmette faisait de 100 à 150,000 fr. d'affaires; M. Christofle est arrivé rapidement à faire près de 2,000,000 de francs. Il a exposé : 1° en bijouterie, une guirlande en or de couleur, des parures de divers genres, des bracelets tant en filigrane qu'en or ciselé, un grand nombre de boucles d'oreilles et des fleurs pour la tête avec ornements en pierres de couleur, papillons et oiseaux. Tous ces articles sont exécutés partie en filigrane, partie en or de couleur ciselé, et sont la représentation exacte des articles qui sortent journellement de ses ateliers.

2° En joaillerie, une parure complète toute en brillants, des colliers de diamants, des broches, des pendants d'oreilles, des bouquets de diamants; divers ornements pour la tête, en brillants et pierres fines de couleur, etc., etc. Tous ces objets en diamants, destinés à l'exportation, sont montés en petits brillants arrangés de manière à produire, suivant le texte des commandes, beaucoup d'apparence, beaucoup d'effet, et à coûter peu d'argent. Ces bijoux sont tous fabriqués dans des conditions rigoureuses du titre voulu par la loi, et avec une scrupuleuse exactitude dans l'énoncé du poids des pierres fines contenues dans les montures.

Depuis la dernière exposition, M. Christofle a expédié six grandes couronnes d'or pour Madagascar, et de nombreux assortiments de bijoux pour les mers du Sud. Quelques jours avant l'exposition, le public a pu voir chez lui une commande de 65,000 francs, destinée à la maison Puymorel et Pommeran de Valparaiso, et plusieurs épées d'honneur pour le Mexique, Buénos-Ayres, le Pérou, la république de Venezuela, etc.

Tout en s'occupant de sa fabrication, M. Christofle s'est également occupé de l'avenir de l'industrie de la bijouterie. Ainsi les lois de l'an VIII, qui régissaient notre commerce, n'étaient plus en harmonie avec les besoins. Tous les fabricants le sentaient, tous s'en plaignaient, mais personne n'avait encore rien proposé en échange de ce qui existait.

En 1835, M. Christofle a adressé à l'administration, sous le titre d'*Observations sur les lois qui régissent le commerce et la fabrication de la bijouterie*, des réflexions qui ont amené une modification depuis longtemps désirée.

M. Christofle a déclaré au jury : 1° que depuis 1840, pour s'acquitter envers M. Léon Rouvenat, son neveu, en raison du zèle et de l'activité déployés par lui, il l'avait associé à sa maison ; et 2° qu'il signalait comme ayant particulièrement contribué à la marche prospère de son établissement, M. Castellani, son chef d'atelier, qui est avec lui depuis qu'il est établi ; bon dessinateur, homme actif, intelligent et dévoué, M. Castèllani, dit M. Christofle, est un de ces hommes rares dans les grands établissements.

La commission des arts chimiques fera connaître de son côté les nouveaux travaux de M. Christofle, qui, étant réunis à ceux que nous venons de signaler, lui méritent une nouvelle médaille d'or que le jury lui décerne, ne pouvant lui en décerner une pour chaque genre d'industrie.

MÉDAILLES D'OR.

M. FROMENT-MEURICE, à Paris, rue Lobau, 2.

Toute la vie de M. Froment Meurice n'a été qu'une étude spéciale, une application constante de son art : aussi s'est-il placé en première ligne, parmi nos orfévres bijoutiers, ou comme le disait le siècle de la Renaissance, s'est-il fait par excellence *maître argentier* du premier rang.

Destiné dès l'enfance à succéder à son père, dans un établissement dont la formation remonte à la fin du siècle dernier, M. Froment-Meurice suivit jeune des leçons de dessin et de sculpture ; il étudia les grands maîtres du temps de Michel-Ange, de Giuberti, de Benvenuto Cellini, etc., et compléta ses travaux par un long apprentissage de ciselure.

Il s'habitua ainsi de bonne heure à concevoir, et à exécuter. Wagner fut son modèle et son émule. Comme lui, il s'inspira des œuvres des XIVe, XVe et XVIe siècles, et comme lui, il puisa ses idées dans les riches et précieuses collections du musée Charles X, de la bibliothèque royale, de M. du Sommerard, de M. de Bruges, etc., sources fécondes, où le talent original et personnel de l'artiste s'agrandit et se retrempe.

Les styles Louis XIV et Louis XV qui se prêtent si merveilleusement aux coquetteries et aux légères gracieusetés des bijoux, fixèrent particulièrement les soins et l'attention de M. Froment-Meurice, dans la fabrication de la haute bijouterie, pour laquelle il s'est particulièrement signalé.

En 1839, une médaille d'argent récompensa en lui le bon dessinateur et le fabricant habile (voir le rapport du jury central de 1839); mais depuis cette exposition, M. Froment-Meurice a marché de progrès en progrès, et secondé par nos premiers sculpteurs, ciseleurs et architectes, tout en continuant à faire lui-même une partie de ses dessins et de ses modèles, il a poursuivi et atteint le double but: 1° de rappeler, dans des œuvres importantes et capitales, le talent et la manière des anciens maîtres; et 2° de mettre du style dans les bijouteries usuelles de toute valeur, de manière à rendre l'art et ses beautés à la portée de tous, en les popularisant, suivant les moyens de chacun.

Dans l'exposition si variée, si belle et si riche de M. Froment-Meurice, nous citerons particulièrement en les classant, suivant le style des temps.

1° Dans le style gothique allemand, la coupe des vendanges. La monture de cette coupe est formée par un cep de vigne, dont les feuilles sont en or émaillé et d'où pendent des raisins en perles fines. Dans les branches de cette vigne se groupent différentes figures ciselées, avec la plus grande perfection, par M. Weck notre premier ciseleur, sur les dessins de M. Froment-Meurice, auquel appartient entièrement la composition de cette admirable pièce.

2° Dans le style du XV° siècle, un riche coffret en fer damasquiné en or, reconstruit sur les fragments mutilés d'un coffret semblable dont l'origine remonte à l'époque de Charles le Téméraire.

3° Dans le style de la renaissance, des patères, des coupes, des tasses en agate avec figurines et ornements en niellés; composition, sculpture, ciselure de M. Froment-Meurice.

4° Dans le style Louis XIV, deux parures complètes en diamants et briolettes, bouquet de lys d'après les dessins de Cardillac.

Et, 5° dans le style Louis XV, plusieurs pièces de haute bijouterie, telles que flacons, vases, fibulines, bonbonnières, et notamment des tabatières en or et de charmants cadres pour les peintures de Meissonnier.

Ces diverses pièces, qui ont été exécutées les unes pour S. A. R. madame la duchesse d'Orléans, les autres pour la ville de Paris et pour plusieurs grands personnages, protecteurs éclairés de l'art et de la ciselure, forment ensemble, comme on le voit, l'histoire de l'orfévrerie et de la joaillerie à leurs plus belles époques et dans leurs plus heureux styles.

Parmi les ciselures, joyaux et bijoux que M. Froment-Meurice, malgré la beauté et le fini de leur travail, est parvenu à mettre, suivant leurs moyens, à la portée de tous, nous mentionnerons :

1° Sa belle collection de bracelets, de broches et de châtelaines de styles et de temps divers, parmi lesquels on distinguait le bracelet renaissance avec figurines et tresses à jour, le bracelet lis, le bracelet Jeanne d'Arc, les broches François Ier et Médicis, les châtelaines gothiques et de Louis XV, etc., etc.

2° Sa collection de statuettes et figurines pour épingles, telles que la Esméralda, la Vérité, la Jeanne d'Arc, le saint Michel, etc., etc.

3° En bagues : les Nayades de Pradier, l'Ange-Gardien, la Tortue, la bague de la colonie de Mettray, etc., etc.

4° En pommes de cannes et de cravaches : les Singes, le Don Quichotte, le Casque moyen âge, la Chevauchée, etc., etc.

Quelques-uns de ces motifs sont dus au talent de nos sculpteurs et ciseleurs les plus renommés, tels que Jean Feuchères, Cavelier, etc., mais la majeure partie est due au talent de M. Froment-Meurice.

En présence de tant de travaux, de succès justement mérités, de la haute importance d'une maison qui occupe constamment plus de quatre-vingts ouvriers, en présence enfin des progrès que M. Froment-Meurice a fait faire, depuis la dernière exposition, à l'orfévrerie et à la haute bijouterie, le jury central reconnaît que cet habile *argentier de la ville de Paris*, s'est placé au premier rang dans son art, et lui décerne en conséquence la médaille d'or pour l'ensemble des deux industries de la bijouterie et de l'orfévrerie, dans lesquelles il s'est également distingué.

MM. MOREL et Cie, à Paris, rue Neuve-Saint-Augustin, 39.

M. Morel, ainsi qu'il le dit dans la notice qu'il vient de publier, n'a formé son établissement qu'il y a deux ans seulement; mais déjà cet établissement est un de nos premiers et de nos plus importants pour la haute bijouterie, la joaillerie et l'orfévrerie.

M. Morel emploie plus de soixante ouvriers dans ses ateliers intérieurs pour ses commandes seulement, et un bien plus grand nombre au dehors.

Pour répondre à la question commerciale, en s'occupant de formes nouvelles, variées de style, suivant le goût des demandeurs, il a cherché, par la grâce, l'élégance et les contours combinés des formes, à faire valoir les reflets du métal, plutôt que de trop emprunter au sculpteur et au ciseleur, l'orfévrerie du commerce ne devant pas, dit-il, être coulée comme le bronze, mais rétreinte au marteau et la ciselure en partie repoussée.

En partant de ce principe, M. Morel s'est attaché à prouver que, nullement inférieure à l'orfévrerie anglaise, l'orfévrerie entre ses mains pourrait aussi bien traiter les plus grandes et les plus belles pièces, en combinant les formes et les montures les plus difficiles, et, ce qu'il est essentiel de remarquer, c'est que, pour prouver qu'il est réellement parvenu à faire de l'orfévrerie au moins égale, si même elle n'est supérieure à celle des premiers orfévres anglais, M. Morel n'a pas fait de ces pièces extraordinaires d'exposition, qui ne sont véritablement que des tours de force dispendieux et souvent ruineux pour ceux qui les entreprennent, mais s'est borné à exposer les produits ordinaires et quotidiens de sa fabrique, et tous autant de chefs-d'œuvre de richesse et de bon goût qui lui avaient été demandés avant l'exposition.

Chef d'atelier de M. Fossier, M. Morel avait marqué ses débuts par la poignée de l'épée de S. A. R. Mgr. le comte de Paris, exécutée en acier de forge, taillée sur pièce et sur laquelle il a rapporté des figures en ronde bosse repoussées, au lieu d'être coulées, travail qu'on ne pratiquait plus depuis le seizième siècle, et qu'il a reproduit dans cette pièce.

Parmi les belles pièces d'orfévrerie qu'il a exécutées, on citera toujours celle du cabinet de M. le baron de Cambacérès, celles de M. le duc de Luynes, de M. le comte de Demidoff, etc. Dans la joaillerie, M. Morel a également pris place dans les premiers rangs par ses belles et riches montures des pierres fines, des agates, des jaspes, du cristal de roche, du lazuli, du labrador. Ainsi sa magnifique coupe de lapis-lazuli, due à M. Théret, notre premier artiste en lithoglyptique, a excité l'admiration générale par l'élégance et la richesse de sa monture.

Enfin, M. Morel est cité au chapitre des mosaïques en pierres fines pour la beauté, le fini, et la supériorité de celles qu'il exécute.

D'après ces motifs, et en le félicitant sur les progrès d'un établissement qui ne date que depuis deux ans et qui déjà s'est placé dans les premiers rangs par ses brillants succès dans les divers genres qu'il a embrassés, le jury central décerne à M. Morel une médaille d'or d'ensemble.

MÉDAILLES D'ARGENT.

M. DAFRIQUE, à Paris, rue Saint-Martin, 103.

L'un de nos premiers et de nos plus habiles bijoutiers, M. Dafrique, dessinateur distingué, a fait son apprentissage chez MM. Papegay-Lorrain, Vandrimer et Couilli, auxquels il a rendu d'importants services par les inventions qu'il leur a proposées, qu'ils ont adoptées et qui sont bientôt devenues les modèles de ces chaînes si riches qui ont remplacé les chaînes jaserons, les seules que la bijouterie exécutait avant lui.

Après avoir terminé son apprentissage chez ces différents maîtres, M. Dafrique, avec et d'après les conseils de M. Gay-Lussac, s'est livré au travail de l'émaillure, partie essentielle de l'ornement.

Praticien consommé, M. Dafrique s'est établi, encore jeune, en maître habile et éclairé, avec des modèles à lui, par lui dessinés, qui ont été promptement suivis et adoptés par ses confrères, ainsi que l'ont souvent constaté MM. Gay-Lussac, Busche et Marchand, chefs du contrôle, reconnaissant dans les bijoux qu'on leur apportait les dessins et modèles de M. Dafrique, auquel ils s'empressèrent de rendre la justice qui lui était due.

M. Dafrique occupe aujourd'hui dans ses ateliers soixante-dix ouvriers; il emploie de 2 à 300,000 fr. d'or et d'argent, et fabrique de 450 à 500,000 fr. de bijoux, dont environ 300,000 pour l'exportation.

Sobre d'ornementation de pierreries, qu'il fait cependant suivant les demandes, M. Dafrique s'est particulièrement attaché à la bijouterie d'or, aux chaînes de toute espèce, aux bracelets, aux colliers, etc., etc.

C'est à lui que sont dues ces deux branches nouvelles de bijouterie, désignées, la première sous le nom de *passementerie d'or*, qui ne s'était jamais faite avant lui, et qu'il exécute avec une admirable perfection en l'enrichissant d'émaux qui complètent l'illusion des broderies de la passementerie de soie; la seconde, sous le nom de *dentelle d'or*, de dessins unis ou variés et à festons, aussi simples que la dentelle de fil, et dont il a exposé comme échantillon, au milieu de tous ses riches bijoux, une magnifique *Berthe*, qui a fait l'admiration générale.

M. Dafrique avait obtenu, en 1839, la médaille de bronze; le jury lui décerne une médaille d'argent.

MM. PAUL et frères, à Paris, boulevard Bonne-Nouvelle, 10.

MM. Paul et frères, joailliers-bijoutiers, excellent particulièrement dans l'art de monter les pierres précieuses. Leurs bijoux sont dessinés avec goût et exécutés avec une rare perfection. Ils occupent plus de quatre-vingts ouvriers, ils emploient de 400 à 450,000 francs d'or et de pierres précieuses pour fabriquer près de 1,200,000 francs de bijoux, dont plus d'un tiers pour l'exportation.

Le magnifique corsage de brillants et le coffre en or ciselé qu'ils ont exposés prouvent que MM. Paul tiennent un des premiers rangs parmi nos plus habiles bijoutiers. Le jury leur décerne une médaille d'argent.

M. PÂRIS, à Paris, rue du Temple, 40.

M. Pâris se distingue parmi nos joailliers-bijoutiers, autant par la variété que par la nouveauté et la beauté des produits de ses ateliers. Il se livre à la bijouterie d'or enrichie de brillants et de pierres fines, qu'il monte avec une rare perfection. Il a exposé un riche assortiment de parures, bracelets, colliers, chaînes, corsages, etc., parmi lesquels on remarquait un très-beau bracelet gothique du treizième siècle, avec émaillure en pierres fines. Ce bracelet à secret pouvait à volonté se tourner sur lui-même pour recevoir un portrait et des cheveux. M. Pâris emploie annuellement de 100 à 130,000 fr. d'or et pierres fines, et fabrique de 150 à 180,000 fr. de bijoux, dont moitié pour l'exportation.

Le jury décerne à M. Pâris une médaille d'argent.

MM. PAYEN jeune et Cie, à Paris, rue Molay, 10.

M. Payen jeune est établi depuis cinq ans seulement, mais sa belle bijouterie lui a fait une réputation en France et à l'étranger, qui l'a promptement classé dans les premiers rangs. Il emploie annuellement quatre cents kilogrammes d'or, et fait plus de 200,000 fr. de produits, dont la majeure partie pour la Havane, le Mexique, le Chili, la république Argentine, l'Uraguay, nos colonies, le Sénégal, Cayenne, etc., en s'attachant à faire le genre qui convient particulièrement à chaque pays, ainsi qu'on a pu en juger par les diverses parures qu'il a exposées.

Le jury décerne à M. Payen jeune une médaille d'argent.

RAPPEL DE MÉDAILLE DE BRONZE.

M. BERNAUDA, à Paris, quai des Orfévres, 32.

M. Bernauda continue à faire avec succès la bijouterie de platine et le damasquinage de l'or sur platine.

Depuis la dernière exposition, il a fait des appareils de platine pour les essais de chimie et de docimasie.

Il a suivi le mouvement pour la joaillerie et la bijouterie : il a fait des progrès ; ses chaines, ses boites, ses cassolettes présentent des perfectionnements importants.

Le jury décerne à M. Bernauda, le seul bijoutier qui fait la joaillerie de platine, et qui la fait avec une perfection remarquable, un rappel de médaille de bronze.

MÉDAILLE DE BRONZE.

M. BOCQUET, à Paris, rue Notre-Dame-des-Victoires, 24.

Après avoir successivement travaillé pour MM. Bapst, Fossin, Janisset, Mellerio-Meller, Gloria-Marlet, Paul et frères, etc., M. Bocquet s'est établi, et dès ses débuts s'est fait connaître pour la belle qualité, le bon goût et le précieux fini de sa joaillerie d'or, de pierres fines, de brillants, de perles et d'émail.

Parmi les objets exposés par M. Bocquet on a distingué :

1° Un riche corsage d'or à feuillage émaillé enrichi d'opales et de perles ;

2° Un bracelet catalan avec brillants et émail ;

3° Des bracelets en damas, or et pierreries ;

4° Une belle broche avec figurine de guerrier qui terrasse un dragon, en acier damasquiné en or.

Le jury, en félicitant M. Bocquet sur la pureté d'exécution de ses bijoux, dont les formes sont dessinées par lui, lui décerne une médaille de bronze.

MENTION HONORABLE.

M. CHARLOT, à Paris, rue Montmorency, 1.

M. Charlot, bijoutier-émailleur, a exposé un grand nombre de pièces émaillées sur or fin et argent d'une grande beauté, et parmi lesquelles on remarquait :

1° Plusieurs belles peintures émaillées, une vierge, saint Jean, Esther et Assuérus, etc. ;

2° Deux encriers très-riches ;

3° Des lampes et des flambeaux ;

4° Un service, des couteaux, des flacons.

La fabrication de M. Charlot, qui est d'une

haute supériorité, s'élève annuellement à plus de 80,000 fr.

Le jury lui décerne une mention honorable.

CITATION FAVORABLE.

M. LOIRE, à Paris, rue Saint-Martin, 253.

M. Loire a remplacé l'émaillure de la bijouterie par un vernis qui imite parfaitement l'émail, qui a l'avantage d'avoir une sorte d'élasticité et de flexibilité, et qui n'a pas l'inconvénient de s'écailler.

Le vernis employé par M. Loire peut être bon; mais il faut attendre que l'expérience ait prononcé. Le jury croit devoir se borner à le citer favorablement.

II. *Bijouterie dorée.*

Considérations générales.

La bijouterie dorée ne s'est pas moins signalée par ses progrès que la bijouterie fine et diamantaire. Elle l'a suivie de près dans la nouvelle voie que celle-ci a adoptée. Comme elle, elle s'est attachée à perfectionner ses moyens, elle a fait d'heureuses applications des nouveaux procédés chimiques et mécaniques. Elle a apporté dans ses travaux tout le charme, tout le fini de la ciselure de la haute bijouterie. Les produits en tout genre qu'elle a exposées prouvent qu'elle n'a rien négligé pour soutenir dignement la réputation de supériorité dont elle jouit partout, à raison de sa belle exécution.

MÉDAILLES D'ARGENT.

M. MOUREY, à Paris, rue du Temple, 63.

L'un de nos plus habiles fabricants en bijouterie dorée à l'imitation de la haute bijouterie, M. Mourey, a apporté dans sa fabrication plusieurs perfectionnements et procédés importants, ainsi : 1° la ciselure du genre repoussé, que personne n'avait encore employée, et au moyen duquel il obtient dans la bijouterie dorée une beauté et une finesse d'exécution telle, que ses produits ont été pris pour de la bijouterie d'or du plus parfait travail, et ont fait considérer M. Mourey comme le premier fabricant de bijouterie dorée.

2° Le petit bronze, style de renaissance et de Louis XV, en feuillages de bronze doré et fleurs de porcelaine, qu'il a porté au plus haut degré de perfection, genre qu'il a indiqué et qui a promptement été exploité par plusieurs de ses confrères, sur lesquels il conserve également la supériorité, à raison de ses procédés et moyens d'exécution.

3° Son argenture électro-chimique, et le moyen de l'empêcher de jaunir et de noircir au contact de l'air, comme l'argent et l'argenterie, moyen qu'il a soumis au jugement de l'Académie des sciences, et pour lequel elle lui a accordé son approbation, sur le rapport fait par M. Becquerel au nom d'une commission spéciale; et pour lequel la société d'encouragement, sur le rapport de M. D'Arcet, lui a décerné une médaille de platine.

Le jury, considérant que M. Mourey, tout en exploitant avec la même perfection ses trois branches d'industrie, n'en a fait aucune réserve et qu'il les a livrées aux fabricants de bijouterie dorée, et que tous les produits qu'il a exposés, en bijouterie genre renaissance et Louis XV, ses petits bronzes et ses coupes argentées, sont du plus beau travail et d'une parfaite exécution, décerne à M. Mourey une médaille d'argent d'ensemble, en regrettant de ne pouvoir lui en donner une pour chaque branche de son industrie.

M. CHARLES, à Paris, rue Montmorency, 25.

Au jugement unanime de tous ses confrères, M. Charles est le premier de tous, pour les moyens comme pour les innovations et la belle, la parfaite exécution. En s'attachant à faire aussi bien que la bijouterie fine, il est parvenu, sur plus d'un point, à la surpasser : son bracelet lézard en est une preuve irrécusable. Il a été reproduit et répété en or par tous les bijoutiers, mais aucun n'a pu l'exécuter avec la perfection de celui de M. Charles. Créateur de ses modèles, il n'est pas obligé d'avoir recours aux estampeurs : il fait tout, il exécute tout lui-même. Sa dorure est parfaite et nullement sujette à changer au contact de l'air. Ses émaux ont le même degré de supériorité et sont incomparablement mieux que tous les autres pour leur belle qualité et la vivacité de leurs feux.

En le félicitant sur la justice que lui rendent ses confrères, en le mettant au premier rang de la bijouterie dorée, le jury décerne à M. Charles une médaille d'argent.

M. LELONG, à Paris, rue du Temple, 49.

M. Lelong, fabricant de bijoux dorés, s'est particulièrement livré à la confection des chaînes, et i est parvenu, par des procédés de son invention, à faire la chaîne mieux qu'aucun bijoutier. Tous reconnaissent, à cet égard, la supériorité de M. Lelong. Avec ses balanciers, avec ses laminoirs, ses découpoirs de toutes dimensions et sa belle dorure, M. Lelong a résolu le problème de la parfaite imitation de la bijouterie fine à bon marché, au point de livrer au commerce
sa chaîne dorée n° 1 à. . . . . 12 fr. la douzaine,
la chaîne id. n° 2 à. . . . . 36 fr. la douzaine,
et les chaînes non marquées, de 14 à 28 fr. la pièce, en première qualité.

M. Lelong a fait les mêmes progrès dans la fabrication des bijoux dorés et des bijoux émaillés, qui ont obtenu le plus grand succès.

Le jury décerne à M. Lelong une médaille d'argent.

MÉDAILLES DE BRONZE.

M. GAUSSANT, à Paris, rue du Temple, 57.

La fabrique de chaînes dorées de M. Gaussant est une des plus importantes. Par des moyens mécaniques de son invention, il découpe de 150 à 200,000 mailles de chaîne par jour. Ses chaînes sont très-belles et très-solides. Ses procédés d'emmaillage, reconnus supérieurs à ceux dont se servent ordinairement les bijoutiers, ont été adoptés par un grand nombre d'entre eux.

L'assortiment de bijoux dorés exposé par M. Gaussant était de la plus grande beauté et d'un prix très-modéré, puisqu'il livre au commerce, pour la province et l'étranger, des chaînes sur cinquante ou soixante modèles nouveaux, depuis 50 c. jusqu'à 6 fr. la pièce, avec escompte de dix pour cent.

Le jury décerne à M. Gaussant une médaille de bronze.

M. BUREAU, à Paris, rue Chapon, 23.

La bijouterie dorée de M. Bureau se distingue par la beauté de ses émaux et sa parfaite exécution. Sa dorure est très belle. Il a exposé un bel assortiment de bijoux variés, à l'imitation de la haute bijouterie fine. Ses bracelets mécaniques, ses broches et ses chaînes prouvent une grande supériorité de moyens.

Le jury décerne à M. Bureau une médaille de bronze.

MENTIONS HONORABLES.

M. MOJON, à Paris, boulevard Saint-Martin, 33.

M. Mojon a établi une grande fabrique de bijouterie dorée, de grosse bijouterie et bouclerie, dans laquelle il occupe plus de 100 ouvriers et de nombreuses mécaniques.

L'assortiment de bijoux dorés qu'il a exposé annonçait une bonne fabrication et à un prix très-modéré.

Le jury lui décerne une mention honorable.

M. MORA, à Paris, rue Bourg-l'Abbé, 9.

M. Mora est un fabricant intelligent qui fait le petit bronze de la bijouterie dorée avec succès. Il se livre particulièrement à l'estampage et a fait faire des progrès à cette branche d'industrie.

Les différents objets exposés par M. Mora étaient d'une très-bonne exécution.

Le jury lui décerne une mention honorable.

M. GUYON aîné, à Paris, rue Sainte-Apolline, 4.

M. Guyon aîné est un des fabricants de bijouterie dorée qui ont le mieux compris la fabrication du bijou d'imitation pour l'étranger, en lui donnant beaucoup d'apparence, beaucoup d'éclat, et le maintenant cependant à un prix très-modéré.

Le jury décerne à M. Guyon aîné une mention honorable.

III. *Bijouterie dorée, d'ornementation, d'armures, Bronzes, Costumes, Objets de culte, Livres, Théâtres, etc.*

MÉDAILLES D'ARGENT.

M. GRANGER, à Paris, rue de Bondy, 70.

En 1839, M. Granger, tout occupé qu'il était de commissions importantes pour l'étranger, n'eut pas le temps de faire les démarches nécessaires pour appeler l'attention du jury sur sa fabrique. Le petit nombre des objets qu'il avait exposés ne donnait qu'une faible idée de ce qu'il avait entrepris et de tout ce qu'il faisait Un rapport fait à la société d'encouragement le 12 août 1840, a depuis démontré de quelle utilité est pour le pays le genre d'industrie qu'il a créé, industrie qui date de bientôt vingt années, et qu'il exploite aujourd'hui avec le plus grand succès.

Cette industrie consiste dans la fabrication :

1° De la bijouterie en doré pour l'exportation;

2° De la bijouterie en doré pour le théâtre;

3° Des bronzes de fantaisies, dits *articles de Paris*;

4° Des armures anciennes et chevaleresques en fer et acier damasquiné;

5° Et de tous les articles de ces différents genres que ne fait aucune autre maison de Paris.

Loin de chercher et de vouloir imposer nos modes et notre goût aux nations encore primitives, pour lesquelles il se trouvait à même de pouvoir travailler, M. Granger a pensé qu'en se procurant des modèles originaux, il serait mieux d'exécuter les bijoux, les objets de fantaisie et de culte de ces nations; assez heureux pour ne s'être pas trompé dans ses prévisions, depuis cinq ans que ses produits ont été expédiés pour la première fois, il a vu s'accroître chaque année le chiffre de ses exportations, et cela à un tel point qu'il a fait l'an dernier, avec une seule maison, plus de 50,000 francs d'affaires.

Pour la fabrication de la bijouterie de théâtre, sa maison est la seule qui existe : en consultant les meilleurs ouvrages, les plus anciennes gravures et les miniatures, il est parvenu, avec les conseils de nos premiers peintres, à acquérir les connaissances nécessaires dans une partie qui se rattache toute à l'histoire, et par suite à fournir tous les grands théâtres de France et de l'Europe, pour lesquels il exécute en fer toutes les armures des temps passés en remplacement des armures de carton des théâtres. Ainsi, par exemple, après de grands et laborieux essais, à l'occasion de l'opéra de *la Juive*, il a doté le théâtre d'un perfectionnement qui a l'avantage de compléter l'illusion, tout en offrant une grande économie aux directeurs; aussi l'usage en est-il devenu général : partout où il y a des théâtres, M. Granger fournit de ses armures. Enfin l'étranger est tributaire de son industrie pour tout ce qui se rapporte à l'art théatral ou scénique.

S'étant occupé d'une industrie qui touche de si près au domaine des arts, il a été conduit tout naturellement à imiter ces chefs-d'œuvre si recherchés de nos jours, ces belles armures allemandes, espagnoles, italiennes et françaises, ou qui étaient perdues, ou qui faisaient considérer ces ouvrages comme des merveilles qu'on ne pouvait plus reproduire.

Le jury a particulièrement remarqué, entre autres objets sortis des ateliers de M. Granger :

1° Des cuirasses-gilets à l'épreuve de la balle, pour mettre sous les vêtements et pouvant obéir à tous les mouvements du corps; il en fait également à l'épreuve du poignard. Ces articles sont expédiés dans les colonies espagnoles, au Brésil et au cap de Bonne-Espérance.

2° De magnifiques trophées d'armures des temps anciens, actuellement fort à la mode. Ces objets ne devant être aperçus que d'un point de vue déterminé, ses armes n'ont qu'une face, et c'est la tôle de fer employée avec intelligence, découpée, gravée, repoussée en bosse ou en creux, qui en forme l'élément principal.

3° Des fleurs et ornements métalliques en ronde-bosse, exécutés par des matrices et outils à découper; par ce moyen la monotonie d'une plaque estampée disparaît, et, grâce à la dorure *électro-chimique*, toutes les parties les plus délicates et les plus creuses viennent d'une parfaite égalité de ton.

La fabrication de M. Granger s'étend chaque jour davantage dans tous les genres. Les pompes funèbres ont remplacé les aiguillettes et épaulettes en passementerie, d'un entretien si coûteux, par les mêmes objets exécutés en métal argenté, sur modèle qu'il a proposé et exécuté avec le plus grand succès. L'ornementation entière des églises a pareillement fait, par les soins de ce fabricant, de très-grands progrès.

En s'inspirant du genre byzantin, il fait un genre en bronze et émail avec ou sans pierreries et perles, suivant les demandes, les coutumes et les pays, et pour pouvoir livrer ces bronzes à des prix modérés, il prépare ses plaques à émail avec des matrices, cylindres et outils de précision, qui le dispensent de tous les frais de gravures.

Le jury, considérant qu'élève de l'école royale des arts de Châlons, où il a puisé des notions de mathématiques, de mécanique et de dessin dans tous les genres, et où il a appris le travail des métaux et du bois, M. Granger est parvenu à créer une industrie toute nouvelle, qu'il est en mesure d'entreprendre toute espèce de travaux, qu'il a commencé son établissement avec ses économies et sans appui, enfin qu'il doit sa position à son activité et à son intelligence, lui décerne une médaille d'argent.

M. HOUDAILLE, à Paris, rue Saint-Martin, 171.

M. Houdaille est peut-être le fabricant duquel la bijouterie dorée a reçu la plus grande impulsion par tous les développements qu'il a donnés à sa fabrication, et qui lui ont valu, en 1827, la seule mention honorable accordée, et en 1839 la médaille de bronze.

M. Houdaille a entrepris successivement la bijouterie de deuil et de jais, la belle bijouterie imitation d'or, et, depuis, la fabrication des fermoirs et onglets de livres à l'usage des relieurs, industrie qu'il a portée à un très-haut degré de perfection, en se basant sur ces trois conditions de succès : beau, solide et bon marché, conditions qu'il remplit avec une exactitude vraiment remarquable, qui a fait le succès flatteur accordé à ses produits en France et à l'étranger.

Le jury décerne à M. Houdaille une médaille d'argent.

MÉDAILLES DE BRONZE.

M. MILLET, à Paris, rue Croix-des-Petits-Champs, 20.

M. Millet, fabricant de décorations d'ordres de tous les pays, en considérant le haut prix des décorations qu'on ne pouvait exécuter qu'en or ou en argent, par la raison qu'on ne pouvait identifier l'émail avec le cuivre, s'est attaché à faire des essais et à vaincre la difficulté. Ses travaux ont été couronnés d'un succès complet, et il est parvenu à intervertir l'état des choses, au point que si nous ne pouvions soutenir la concurrence pour cette branche d'industrie avec l'Allemagne, dont nous étions tributaires, c'est aujourd'hui nous qui la lui fournissons à 80 et 90 °/。 au-dessous des prix allemands, au moyen des procédés de M. Millet, dont les décorations ont le plus grand succès en Russie, en Prusse, en Espagne, etc.

Le jury décerne à M. Millet une médaille de bronze.

M. SAVARD, à Paris, rue Montmorency, 1.

M. Savard a établi une grande fabrication de hausse-cols et de cuivre doré pour les uniformes militaires. Par ses procédés mécaniques il exécute bien, rapidement et à des prix très-modérés. Ses ateliers occupent soixante-dix ouvriers. Il emploie 2,500 kilogr. d'or, d'argent et de chrysocal. Sa fabrication est de 500,000 francs environ par an. Ses produits sont très-beaux et très-recherchés.

Le jury lui décerne une médaille de bronze.

MENTIONS HONORABLES.

M. ROSSELET, à Paris, rue du faubourg Saint-Honoré, 26.

M. Rosselet a des procédés de dorure d'une grande beauté pour la bijouterie d'imitation, comme pour les bronzes d'ornement, d'ameublement et d'églises. Sa fabrication est très-belle et mérite d'être mentionnée honorablement.

M. HUSSON, à Paris, rue des Fontaines-du-Temple, 18.

M. Husson, fabricant de perles dorées, argentées, bronzées et d'aciers, a d'abord établi sa fabrication dans la maison centrale de détention de Melun, mais il l'a récemment établie rue de Ménilmontant, 86.

Les perles de M. Husson sont d'une très-grande beauté. Il les vend avec la garantie de la quantité d'or employée par kilogramme de cuivre, quantité constatée conforme à son tarif.

Le jury décerne une mention honorable à M. Husson.

CITATION FAVORABLE.

M. PEGHAIRE, à Paris, rue Molay, 4.

M. Peghaire, fabricant de bijouterie dorée et d'imitation, et de bronze doré d'une bonne exécution et d'un prix modéré, a été distingué à l'exposition pour les nombreux assortiments des produits de sa fabrique, que le jury juge digne d'une citation favorable.

IV. *Bijouterie de strass adamantoïde.*

Considérations générales.

La société d'encouragement, en 1819, ouvrit un concours par lequel elle promit un grand prix à celui qui lui présenterait le meilleur procédé pour faire un strass adamantoïde supérieur ou au moins égal au plus beau strass d'Allemagne, et qui imiterait le mieux les pierres colorées que les fabriques de ce pays nous fournissaient, aucune fabrique française n'ayant pu jusqu'alors rivaliser avec elles.

Le prix fut décerné à M. Douault Wieland, et une grande médaille d'or de 500 fr. à M. Lançon, habile praticien qui faisait depuis longtemps un strass de belle qualité au moins égal, si même il n'était supérieur, à celui d'Allemagne.

Depuis cette époque, notre fabrication de strass

a fait des progrès rapides. Elle est arrivée au plus haut degré de perfection. Nous n'avons plus rien à envier aux fabriques d'Allemagne. Il est impossible de voir de plus belles pierres colorées et de plus beaux diamants de strass, que ceux que quelques-uns de nos fabricants ont présentés à l'exposition.

RAPPELS DE MÉDAILLES D'ARGENT.

M. L. A. BON, à Paris, rue Vaucanson, 4.

M. Bon, notre premier joaillier en imitation de brillants et de pierres précieuses, continue à se tenir en tête de tous les fabricants. Ses succès ont exigé qu'il étendît ses ateliers et qu'il leur donnât plus de développements. Indépendamment de sa fabrique de strass, il a trois maisons de détail en pleine activité, qui souvent suffisent à peine aux demandes de l'Angleterre, de l'Allemagne, de la Russie, des deux Amériques et des Grandes-Indes, ainsi qu'il est constaté par le bureau de garantie.

Le jury, en félicitant M. Bon sur ses succès, qui le placent en tête de tous nos fabricants de l'industrie adamantoïde, lui accorde un rappel de médaille d'argent.

M. MARION-BOURGUIGNON, à Paris, passage de l'Opéra, galerie de l'Horloge, 19.

M. Marion-Bourguignon soutient la réputation

de sa fabrique de strass diamantaire. Ses parures sont de la plus grande beauté. Il se maintient au pair avec la joaillerie en brillants et pierres fines.

Le jury juge qu'il a droit au rappel de la médaille d'argent, obtenue en 1839, et dont il se rend de plus en plus digne par ses travaux et ses brillants succès.

MÉDAILLE D'ARGENT.

MM. BON et PIRLOT, à Paris, rue Vaucanson, 4.

La fabrique de strass adamantoïde de MM. Bon et Pirlot, est incontestablement supérieure à toutes les autres. Il est impossible de voir de plus belles matières que celles qui sont exposées par ces habiles fabricants. Leur succès est tel qu'ils fournissent des masses considérables à l'étranger. Ainsi ils viennent de recevoir une demande de 500 kilogr. d'émeraudes, et ils seraient en mesure d'en fournir de plus grandes quantités encore dans tous les genres, ainsi en saphirs, en rubis, en topazes, en grenats, etc., etc., dans la qualité des plus belles pierres fines orientales.

Le jury décerne à MM. Bon et Pirlot une médaille d'argent.

NOUVELLE MÉDAILLE DE BRONZE.

M. MARÉCHAL, à Paris, rue de la Tâcherie, 6.

M. Maréchal est à la fois mécanicien et lapidaire,

fabricant de strass et d'imitations de pierres de couleur. Il est auteur de plusieurs machines très-ingénieuses pour tailler et polir les pierres, et d'un outillage qui donne une grande économie de temps.

Les parures exposées par M. Maréchal sont très-belles et très-remarquables. Il n'est pas moins recommandable par les diverses machines que lui doit la joaillerie.

Le jury lui accorde une nouvelle médaille de bronze.

MENTIONS HONORABLES.

M. BOURGUIGNON fils, à Paris, rue de la Paix, 106.

Nouvellement établi, M. Bourguignon fils s'annonce pour soutenir la réputation de son père. Les bouquets, les parures, les bracelets, les couronnes qu'il a exposés en imitations de pierres fines, sont de la plus grande beauté et parfaitement montés.

Le jury décerne à M. Bourguignon fils une mention honorable.

M. MASSON, à Paris, galerie de Valois, 7, Palais-Royal.

M. Masson a exposé un bel assortiment de différentes pièces de joaillerie en imitations de diamants et de pierres fines, montées avec un goût parfait, et qu'il serait difficile de distinguer des véritables parures de brillants et de pierres précieuses.

Le jury juge M. Masson digne d'être mentionné honorablement.

V. *Fabrication des Perles fausses ou artificielles.*

Considérations générales.

La fabrication des perles artificielles est une industrie déjà ancienne. D'après la haute valeur des perles orientales, on a dû en effet chercher, il y a déjà longtemps, les meilleurs moyens de les imiter.

On peut juger par la quantité des perles qu'on voit dans certains tableaux et portraits des XIVe et XVe siècles, qu'il aurait été bien difficile que les personnages représentés dans ces tableaux eussent pu réunir autant et d'aussi belles perles, si l'art n'était venu au secours des perlières naturelles d'Europe, d'Asie et de Judée, qui n'auraient jamais pu suffire à de telles exigences.

On trouve dans quelques collections et cabinets d'objets et de curiosités du moyen âge, des bijoux et ornements de fausses perles faites en nacre orientale; mais il y a si loin de ces imitations avec les véritables perles, que les imitateurs durent renoncer à l'emploi de la nacre et rechercher d'autres moyens et d'autres matières pour faire des perles artificielles, et c'est aux travaux et aux recherches des verriers et émailleurs des XIVe et XVe siècles, qu'est due l'industrie des imitateurs de perles, industrie aujourd'hui portée en France au même degré de supériorité que celle des strass adamantoïdes.

Les premières perles artificielles furent faites en verre blanc nacré, soufflé et rempli de gomme arabique ou de cire vierge, mais la légèreté, la fragilité, ou plutôt l'extrême friabilité et le défaut d'*orient* ou d'irisation nacrée, obligèrent les fabricants à faire des essais de diverses matières propres à donner à leurs perles les caractères et propriétés qui leur manquaient et qui étaient généralement réclamés par les bijoutiers.

Aujourd'hui nos fabricants, par leur composition de verre et de matière, sont arrivés à faire des perles artificielles tellement parfaites, que mélangées dans les parures du plus grand prix avec des perles vraies, il est très-difficile et souvent impossible à l'œil le plus exercé de les distinguer, surtout depuis que l'un de nos fabricants, sans cependant nuire à leur demi-transparence, a trouvé le moyen de donner à ses perles la pesanteur qui leur manquait.

Les perles de Paris sont aujourd'hui si belles et si parfaites, elles présentent la translucidité opaline et l'irisation orientale de véritables perles à un tel degré, que les fabriques de Rome et de Venise ont renoncé à soutenir leur ancienne concurrence, et que nos perles sont préférées partout, en Russie, en Angleterre, en Espagne, en Amérique, enfin aux Indes, qui nous renvoient des perles naturelles en échange des parures de nos perles de Paris.

NOUVELLE MÉDAILLE D'ARGENT.

MM. CONSTANT-VALÈS et LELONG, à Paris, rue Saint-Martin, 161.

C'est à M. Constant-Valès, à ses travaux, à sa persévérance, qu'est particulièrement due la réputation des perles françaises, qui ont obtenu et qui obtiennent tant de succès en Russie, en Allemagne, en Angleterre, en Italie, où elles ont fait tomber les perles de Rome; enfin, jusqu'en Amérique et dans les Indes, où les parures de perles de M. Constant-Valès sont très-recherchées.

Habiles fabricants, après avoir apporté de notables améliorations dans la composition de la matière première et dans celle de remplissage, à laquelle ils devaient conserver sa translucidité en lui donnant la pesanteur qui jusqu'alors manquait aux fausses perles, MM. Constant-Valès et Lelong ont cherché la substance la plus convenable pour leur donner la dureté qui leur manquait également, et, après bien des essais, ils sont en effet parvenus à remplir les trois conditions essentielles de pesanteur, de demi-transparence ou translucidité et de dureté.

A l'aide du moyen mécanique de leur invention, qu'ils ont fait connaître au rapporteur de la commission, MM. Constant-Valès et Lelong remplissent promptement les perles, de leur composition.

Enfin, et d'après les conseils de MM. Dumas et Brongniart, ils sont parvenus à trouver le moyen de leur donner l'irisation, quatrième et dernier élément de leurs perles, et en ont assuré le succès par le caractère de perles orientales que leur donne ce moyen.

Le jury, en félicitant MM. Constant-Valès et Lelong sur leurs succès, leur décerne une nouvelle médaille d'argent.

MÉDAILLE D'ARGENT.

M. TRUCHY, à Paris, rue du Petit-Lion-Saint-Sauveur, 18.

M. Truchy a beaucoup travaillé pour arriver à la qualité de verre la plus convenable, à la préparation de l'ablette et de celle de remplissage des perles artificielles, qu'il fait par un moyen mécanique de son invention.

M. Truchy, par ses procédés, imite très-bien les perles d'Orient, celles de Panama et celles d'Écosse avec la teinte, la demi-transparence et l'aspect opalin et nacré de chacune d'elles.

Le jury, en considérant les travaux et les recherches de M. Truchy pour arriver aux perfectionnements qu'il a faits aux moyens de fabrication des perles artificielles, lui décerne une médaille d'argent.

MÉDAILLE DE BRONZE.

Mme GRÉER, à Paris, rue Saint-Martin, 193.

Les perles exposées par madame Gréer réunissent à un très-haut degré les caractères extérieurs, l'aspect, l'éclat, la transparence opaline des véritables perles.

Le jury décerne à madame Gréer une médaille de bronze.

MENTION HONORABLE.

M. HALLBERG, à Paris, rue Neuve-Bourg-l'Abbé, 8.

M. Hallberg a exposé un bel assortiment de perles, d'un ton opalin nacré oriental très-remarquable, pour la vérité de l'éclat de la perle.

Le jury juge que M. Hallberg mérite une mention honorable.

VI. *Bijouterie d'acier.*

Considérations générales.

L'origine de la fabrication des aciers polis appartient à l'Angleterre. Primitivement, les perles d'acier se faisaient à la main une à une. Il en était de même pour leurs facettes, aussi ces perles étaient-elles, d'un prix très-élevé et d'une très-petite consommation.

Cette fabrication fut introduite à Paris il y a déjà un certain nombre d'années. Elle fit d'abord peu de progrès. Elle dut les développements qu'elle a reçus à M. Frichot, qui présenta aux expositions de 1827 et 1834, des assortiments d'ameublement et de bijouterie d'acier poli de la plus grande beauté.

M. Husson a établi dans la maison centrale de détention de Melun la fabrication des perles d'acier. Elle s'y fait avec le plus grand succès, et, malgré la concurrence, cette industrie a reçu à Paris de nouveaux développements par les soins, les travaux et la persévérance de MM. Vautier et Voizot.

RAPPEL DE MÉDAILLE DE BRONZE.

M. VAUTIER, à Paris, rue du Temple, 57.

M. Vautier a donné de nouveaux développements à sa fabrique d'acier poli. Il a établi une machine à vapeur de la force de six chevaux, qui met en mouvement les découpoirs, les balanciers, les tours à polir et tout le mécanisme.

Ses aciers polis, sa bijouterie, ses perles, et généralement tous ses produits, sont d'une très-grande beauté, et peuvent soutenir la concurrence avec les aciers anglais.

Le jury juge que M. Vautier est de plus en plus digne de la médaille de bronze qui lui a été décernée en 1839.

MÉDAILLE DE BRONZE.

M. VOIZOT, à Paris, rue Bourg-l'Abbé, 34.

M. Voizot a établi à Paris une fabrique de perles d'acier à l'instar de celles d'Angleterre. Le mouvement est communiqué dans les ateliers par une machine à vapeur de la force de deux chevaux, à l'aide de laquelle M. Voizot dit qu'il fournit aujourd'hui les perles et bijoux d'acier à l'Angleterre. Sa fabrication est de 20,000 relasses de perles d'acier et d'autant de perles dorées par mois, les meules de la taille des facettes faisant 2,600 à 2,700 tours par minute.

Le jury décerne à M. Voizot une médaille de bronze.

VII. *Bijouterie de deuil.*

Considérations générales.

Anciennement faite avec le jais ou jaïet, auquel on a renoncé à cause de son peu de dureté et de sa friabilité, la bijouterie de deuil se fait aujourd'hui en verre noir, en émail noir, en fonte, en acier, fil de fer, etc. On compte dans Paris plus de quarante fabriques qui font cette bijouterie et qui occupent ensemble plus de quatre cents ouvriers intérieurement et au moins autant en dehors des ateliers. Ces fabriques, qui font bien et très-bien les différentes parties de la bijouterie de deuil, nous ont affranchis de celle de Berlin, et travaillent au contraire aujourd'hui pour l'exportation, les produits de plusieurs de nos fabriques étant très-recherches en pays étrangers.

NOUVELLE MÉDAILLE DE BRONZE.

M. RICHARD, à Paris, rue Saint-Martin, 139.

Doyen des fabricants de la bijouterie de deuil, M. Richard est celui qui la fait et l'exécute le mieux. Il a formé un grand nombre d'élèves qui se sont successivement établis.

M. Richard fait toutes les parties de cette industrie, ainsi : les cristaux, les pierres, les perles noires, les agates de deuil, les bouquets, les broches, les pendants d'oreille, les peignes, les boucles, etc., enfin, et généralement, toute la passementerie de deuil. Tous ces bijoux sont parfaitement exécutés, de bon goût et d'un prix modéré.

Le jury décerne à M. Richard une nouvelle médaille de bronze.

MÉDAILLE DE BRONZE.

M. VIENNOT, à Paris, rue Neuve-Bourg-l'Abbé, 2.

La fabrique M. Viennot est une des mieux organisées. Elle fait le bijou de deuil en verre noir appliqué sur tôle par un mastic de sa composition. L'application se fait par la chaleur de l'esprit-de-vin. Ses bijoux, qui sont remarquables par l'élégance et le bon goût des dessins, ont obtenu un très-grand succès, et sont très-recherchés en France et à l'étranger à raison de la modicité de leurs prix. M. Viennot imite avec une grande perfection toutes les formes de la bijouterie. Il en a présenté à l'exposition un choix très-varié et d'une très-belle exécution.

Le jury juge que la bijouterie de deuil de M. Viennot mérite la médaille de bronze.

MENTION HONORABLE.

M. POTEL, à Paris, rue Beaubourg, 50.

M. Potel fabrique les différentes parties de la bijouterie de deuil avec un succès remarquable que le jury croit mériter une mention honorable.

VIII. *Bijouterie et mise en œuvre du corail.*

Considérations générales.

L'industrie de la taille et de la mise en œuvre du corail est très-ancienne à Marseille. On ignore à qu'elle époque elle s'y est établie. Les actes de la compagnie des concessions en Afrique, la font remonter au XVe siècle et l'évaluent à cinq millions de francs par an. Déjà elle rivalisait avec les fabriques de Naples, qui jouissaient d'une haute réputation.

La pèche du corail occupait autrefois plus de 1500 pècheurs des ports de Marseille et Cassis. Elle est aujourd'hui abandonnée aux Italiens, qui portent le produit de leur pèche à Marseille.

Cette industrie, qui était entièrement tombée pendant la révolution de 1793, s'est relevée sous le gouvernement impérial. Elle est aujourd'hui exploitée avec succès par trois maisons, qui, suivant les relevés des douanes de 1843, ont reçu 6,654 kilogrammes de coraux bruts, réduits en coraux ouvrés à . . . . . . 2,352 kil.

Dont pour le commerce intérieur environ. 500

Et pour l'exportation environ. . 1,852

Les 2,352 kilogrammes de corail ouvré peuvent être évalués à. . . . . 1,470,000 fr.

Dont pour l'intérieur. 570,000

Et pour l'étranger. 900,000

La bijouterie de corail se bornait autrefois à la façon des graines rondes et des olivettes, aujourd'hui les fabriques de Marseille font une foule d'objets de toute espèce, depuis le corail perlé et le corail à facettes, les camées, les sujets de ciselure les plus variés, etc.

Les trois fabriques de Marseille emploient environ 350 ouvriers, dont 225 à Marseille, 90 à Cassis et 35 à Aix.

Le travail et la mise en œuvre du corail se font aujourd'hui à Marseille avec une telle perfection, que ces fabriques n'ont rien à redouter de la concurrence de celles de Naples, Sicile, Gênes et Livourne. Elles se bornent à demander que le gouvernement du roi fasse pour la pêche du corail, qui occupe près de 300 bateaux, montés d'environ 3,000 marins, ce qu'il fait pour la pêche de la baleine.

NOUVELLE MÉDAILLE D'ARGENT.

M. BARBAROUX DE MÉGY, à Marseille (Bouches-du-Rhône).

M. Barbaroux de Mégy, qui obtint à la dernière exposition une médaille d'argent pour la belle bijouterie de coraux qu'il avait exposée, encouragé par cette distinction, a donné de très-grands développements à son industrie. Il a augmenté ses ateliers et le nombre de ses ouvriers, qui est de 200 à 250, et même de 300 dans les moments de grande activité. Il emploie de 3 à 4,000 kilogrammes de corail, de la valeur de 150 à 180,000 fr., pour fabriquer de 7 à 800,000 fr. de corail ouvré de toute espèce, dont 450 à 500,000 fr. pour l'exportation, et particulièrement pour le Sénégal, la Gambie, l'Amérique du Sud, les Indes occidentales, etc.

Les nouveaux procédés mécaniques que M. Barbaroux a subtitués aux anciens ont tellement simplifié le travail et réduit les façons, qu'il fait au commerce une faveur de 10 pour 100, indépendamment de celle de 30 pour 100 qu'il avait déjà accordée en 1839.

Dans le grand nombre d'objets exposés par M. Barbaroux de Mégy, on a particulièrement distingué : 1° une belle pendule en argent mat, dont toutes les moulures, tous les bandeaux, les frises et la plinthe étaient en corail; 2° plusieurs rochers de corail, dont chaque branche présentait autant de statuettes et figurines d'un travail parfait et admirables de ciselure; 3° plusieurs sujets religieux des scènes de la Passion de Jésus-Christ et de l'Ancien et du Nouveau Testament; 4° un grand nombre de figures pour manches de cachets, de binocles, d'ombrelles, de couteaux; 5° une collection très-variée de têtes et médaillons, d'après les plus beaux camées antiques; 6° plusieurs boites de corail d'un très-beau travail.

M. Barbaroux de Mégy, pour faire voir la nature du corail et son origine, avait ajouté à sa collection : 1° un beau rocher de corail brut avec son écorce, tel qu'il était sorti de la mer; 2° le même rocher plongé dans l'alcool, afin de faire voir les zoophites ou animalcules marins qui, saisis par l'esprit-de-vin, étaient restés à la surface du corail; et 3° un semblable rocher travaillé et richement ciselé.

Enfin, et pour compléter son exposition du produit de ses ateliers de Marseille, d'Aix et de Cassis, dirigé par l'habile contre-maître M. Bentoux, qu'il a signalé comme l'auteur d'une partie des nouveaux procédés mis en usage avec tant de succès dans ses ateliers, M. Barbaroux de Mégy avait joint les nouveaux produits de sa fabrique de camées de coquilles, qu'il a établie à l'instar de ceux des caméistes italiens, avec lesquels il soutient dignement la concurrence.

Le jury, considérant tous les développements donnés par M. Barbaroux de Mégy à sa fabrique, et la nouvelle industrie qu'il y a introduite, lui accorde une nouvelle médaille d'argent.

MÉDAILLE D'ARGENT.

MM. J. B. BOEUF et M. GARAUDY, à Marseille (Bouches-du-Rhône).

L'établissement de MM. Bœuf et Garaudy, fondé en 1823 par M. Garaudy, occupe 185 ouvriers, savoir : 110 à Marseille, 50 à Cassis, et 25 à Aix, où sont la plupart des graveurs et sculpteurs. Il a reçu en 1843, en corail brut, 1050 kilogrammes, de la valeur de 135,000 fr., qui ont produit 800 kilogrammes de corail ouvré, savoir

pour l'intérieur.	150 kil.
et pour l'extérieur.	650
Total égal. . .	800

de la valeur de 500,000 fr.

Savoir pour l'intérieur.	170,000 fr.
Et pour l'extérieur.	330,000
Total égal. . .	500,000

Les relations de MM. Bœuf et Garaudy embrassent toutes les parties du monde. Ils ont un dépôt central de Paris, chez M. Arsène Gourdin (1), dont la valeur est de plus de 100,000 fr. Ils en ont également à Bordeaux, à Lyon, au Havre, à Nantes, etc., et dans toutes les grandes villes des pays étrangers. La beauté des produits des ateliers de MM. Bœuf et Garaudy, le fini de leur ciselure et de la gravure de tous leurs sujets et leur prix modéré, assurent pour toujours à Marseille le privilége de fournir toute la belle bijouterie, et les objets de luxe et de fantaisie de corail. Les fabriques d'Italie ne peuvent en effet lutter avec celles de Marseille pour le goût, le travail, etc. Le prix de Marseille n'a plus rien à redouter de la concurrence italienne, tant que les fabricants persisteront dans les efforts qu'ils ont faits pour obtenir la supériorité qui distingue leurs produits; mais il faut que le gouvernement, ainsi que le demandent les fabricants, ainsi que le vœu en a été émis par le conseil général des Bouches-du-Rhône, fasse pour la pêche du corail ce qu'il fait pour la pêche de la baleine. Nos corailleurs occupent plus de 300 bateaux montés de plus de 3000 marins; quelques encouragements, une prime quelque peu importante qu'elle soit, disent nos corailleurs, pourraient doubler ce nombre et créer pour la guerre une pépinière de marins habitués aux fatigues et aux dangers.

Les principaux débouchés des produits de MM. Bœuf et Garaudy sont la Russie, la Turquie,

(1) Rue Bourg-l'Abbé, 31.

le Maroc, Madagascar, la Gambie, le Sénégal, la Guinée, le Brésil, etc.

MM. Bœuf et Garaudy, comme M. Barbaroux de Mégy, par suite de leurs nouveaux procédés, ont baissé les prix de 10 pour 100 sur ceux de 1839, tout en conservant leur supériorité sous le rapport de la beauté du travail.

Au-dessus de la belle et nombreuse exposition de colliers, de médaillons, de bustes, de figurines, de manches, etc., etc., on distinguait une belle pendule, forme d'église gothique, composée de plus de trente mille pièces de corail, avec de charmantes statuettes, figurines et ornements divers d'architecture. C'est à MM. Bœuf et Garaudy que sont dues les incrustations aussi remarquables par la délicatesse que par la grâce du dessin, qui ornent un des pianos exposés par MM. Boisselot et fils.

Le jury accorde à MM. Bœuf et Garaudy une médaille d'argent.

IX. *Bijouterie et travail ou mise en œuvre des matières à faire les camées.*

Travail et mise en œuvre des coquilles marines ou gravure de camées.

Considérations générales.

Les anciens, dont les chefs-d'œuvre en tous genres prouvent avec quelle perfection ils exerçaient et cultivaient la statuaire et la sculpture, nous ont laissé en agates, sardoines, onyx, jaspes, nicolos et autres pierres précieuses, des témoignages irrécusables de la haute supériorité à laquelle, dans les temps les plus reculés, était parvenue la lithoglyptique, l'art de graver les pierres dures en creux ou en relief, pour en faire ces précieux camées, dans lesquels l'habileté des artistes savait profiter des accidents et des couleurs des pierres, pour produire ces délicieux et charmants effets, qui donnent une si haute valeur aux sujets, têtes, figures ou groupes représentés sur ces pierres, dont on voit de riches collections dans les musées de Rome, de Naples, de Paris, de Vienne, etc., etc.

Le prix élevé des camées, la rareté des agates onyx ou rubanées, leur dureté, la difficulté de répondre aux demandes des amateurs et des joailliers-bijoutiers, ont fait chercher, il y a déjà longtemps, les moyens d'imiter artificiellement les camées, et après bien des tentatives, on a reconnu que la coquille marine le *grand Casque des Indes orientales*, dont le test présente des couches blanches, roses, jaunes, brunes, etc., était la matière la plus favorable pour la confection des camées artificiels, cette belle substance étant par sa nature assez dure pour résister au frottement.

Cette industrie a longtemps été exploitée avec succès à Rome, qui semblait même se l'être assurée et qui en fournissait les collections d'amateurs et tous les joailliers de France, d'Angleterre et d'Allemagne.

D'après le succès des camées de Rome, quelques essais ont été tentés en France. Les plus remarquables furent ceux des concours ouverts par l'Académie des beaux-arts de l'Institut, et on se rappelle qu'à la suite de l'un de ces concours, l'Académie mit sous les yeux de Napoléon, un grand camée de sardoine onyx le représentant en costume impérial, et qu'il en fut si satisfait, qu'il ordonna que l'artiste fût dignement récompensé et mis en état de former une école de glyptique dans laquelle de jeunes sourds-muets apprendraient la gravure en creux et en relief sur pierres dures.

Les guerres dans lesquelles Napoléon s'engagea, les désastres qui les suivirent, ne lui permirent malheureusement point de donner suite à ses bienveillantes et généreuses intentions. De son côté, l'Académie ayant cessé ses concours, les essais de nos artistes furent abandonnés, et les ateliers de Rome, de Florence, de Venise et de Naples, continuèrent seuls à prospérer et à répandre partout leurs camées. Dans ces dernières années cependant, à la demande de quelques-uns de nos premiers joailliers et bijoutiers. plusieurs jeunes graveurs ont tenté de nouveaux essais, en prenant pour modèles les plus beaux camées antiques, et les succès de quelques-uns d'entre eux, ayant outrepassé leurs espérances, ils ont formé des ateliers de lithoglyptique; ainsi, et grâce aux efforts de MM. Michellini, Weiss-Muller, Lalondre, Salmsonn, etc., etc., nous pouvons nous flatter de voir bientôt l'art de la gravure en pierres fines et pierres dures se relever parmi nous; mais nous regrettons, à cet égard, que ces quatre maîtres, qui déjà jouissent d'une réputation justement méritée, ne se soient pas présentés à cette exposition, où ils auraient été distingués.

Quant à la gravure des camées de coquilles, elle est aujourd'hui exercée en France avec le plus grand succès, et nous dirons même avec autant de talent et de perfection qu'en Italie. Ainsi les camées de MM. Albita-Titus, Reynaud, Lamant, Blanchet, de Grégory, Bentoux de Marseille, etc., etc., soutiennent la comparaison avec ceux des plus habiles graveurs de Rome. Deux caméistes seulement se sont présentés à l'exposition, M. Blanchet de Paris, et M. Bentoux de Marseille, directeur des ateliers de corail de M. Barbaroux de Mégy, sous le nom duquel il a exposé ses camées.

NOUVELLE MÉDAILLE D'ARGENT.

M. BARBAROUX DE MÉGY, à Marseille (Bouches-du-Rhône).

M. Barbaroux de Mégy, au milieu des ateliers de bijouterie de corail de sa fabrique, par les soins et sous la direction de M. Bentoux, habile graveur, a établi des ateliers de glyptique dans lesquels il fait faire les camées de coquilles avec le grand casque oriental, à l'instar et à l'imitation des camées d'Italie.

La beauté des matières employées, le fini du travail, le bon choix des sujets antiques et modernes, enfin la modicité du prix, ont assuré le succès de la nouvelle entreprise de M. Barbaroux de Mégy. Les camées Bentoux sont placés dans les collections à côté de ceux de Rome, dont il est difficile de les distinguer.

M. Barbaroux de Mégy a obtenu une nouvelle médaille d'argent pour l'ensemble de ses deux industries.

MÉDAILLE D'ARGENT.

M. BLANCHET, à Paris, rue Chapon, 13.

Dans les camées de coquilles qu'il a présentés à l'exposition, M. Blanchet s'est montré en maitre, et en maitre qui ne redoutait aucunement les premiers caméistes de l'Italie. En effet, ces camées ne le cèdent sous aucun rapport à ceux de Rome et de Naples. Ils sont aussi beaux, même plus beaux et sensiblement moins chers. La modicité de leurs prix tient à ce que M. Blanchet les ébauche jusqu'à un point très-avancé, à l'aide du tour à portrait, ainsi que le prouvent les divers casques orientaux, sur lesquels on a vu des camées non détachés auxquels il ne restait que le dernier fini à donner.

Si le succès de M. Blanchet, qui ne peut manquer de s'accroître rapidement, à cause de la supériorité de ses camées, du beau choix de ses objets, copies des chefs-d'œuvre anciens et modernes, et le prix peu élevé de ses plus belles et gracieuses compositions, font espérer que bientôt nous serons entièrement maîtres de cette industrie, et affranchis du tribut que si longtemps nous avons payé à l'étranger, nous pourrons aussi nous flatter que cet habile artiste, d'après les essais auxquels il se livre, contribuera à relever chez nous la gravure en pierres fines, et que nous verrons la lithoglyptique nous présenter à la prochaine exposition des sujets et des compositions dignes de rivaliser avec les plus beaux camées antiques de nos collections.

Dans le grand nombre de camées exposés par M. Blanchet, nous croyons ne pouvoir nous dispenser de citer :

1° La Vierge jardinière, de Raphaël, acheté par S. M. la Reine, du plus admirable travail, et digne à tous égards du tableau de ce grand maître;

2° L'Ange gardien des enfants d'Orléans, choisi par S. A. R. madame la princesse royale, duchesse d'Orléans;

3° Le combat de Romulus et de Tatius, d'après David, le plus grand camée qu'on puisse exécuter sur coquille;

4° La Sainte Cécile, de Paul Delaroche;
5° La Sainte Cécile, de Leloir;
6° Le Saint Michel, de Raphaël;
7° La Descente de Croix, de Rubens;
8° Le roi Jean à la bataille de Poitiers;
9° Édouard en Écosse;
10° Le portrait de Rubens;
11° Celui de Van-Dick, etc., etc.

Le jury, considérant que M. Blanchet, dès son début, s'est à la fois montré artiste, maître et industriel, lui décerne une médaille d'argent.

Travail et mise en œuvre des coquilles marines en vases, tasses, soucoupes.

MENTION HONORABLE.

MM. DEVIE père et fils, à la Rochelle (Charente-Inférieure).

MM. Devie ont formé à la Rochelle un établissement pour la mise en œuvre des coquilles de mer, dont ils font des vases, des tasses, des soucoupes et divers objets, artistement travaillés. Le succès qu'ils ont obtenu près des nombreux baigneurs qui fréquentent les bains de mer, les ont engagés à exploiter avec soin cette industrie, qui, si elle n'a pas un avenir de très-grande extension, n'en est cependant pas moins très-remarquable, par la manière dont MM. Devie sont parvenus à surmonter les difficultés que présentaient le travail et la mise en œuvre de ces coquilles, dans l'assemblage de leurs différentes pièces montées en argent, pour en faire des services complets de déjeuner, de verres d'eau, avec leurs plateaux; et, sous ce rapport, le jury central accorde à MM. Devie père et fils une mention honorable.

---

§ 2. MATÉRIAUX DE CONSTRUCTION. CRISTAUX ET VERRES.

1. *Plastique de pierres factices et Ciments divers.*

MÉDAILLE DE BRONZE.

M. TEXIER, rue Sainte-Marie-Blanche, à Montmartre (Seine).

M. Texier a entrepris il y a plus de vingt-cinq ans la plastique en pierre factice ciment de porcelaine, dont il a fait un grand nombre de statues, qui depuis ce temps sont restées exposées à l'air sans avoir éprouvé aucune altération. Leur dureté égale celle du liais le plus dur. Dans le principe, M. Texier ne pouvait mouler ses statues qu'en plusieurs pièces qu'il assemblait, grave inconvénient qu'il est parvenu à surmonter. Aujourd'hui ses statues sont d'un seul bloc, comme on a pu s'en convaincre par la Vénus de Canova, son beau groupe de Céphale et Procris, le Gladiateur et le symbole de l'Innocence qu'il a exposés.

D'après les progrès qu'a faits M. Texier, le jury lui accorde la médaille de bronze.

MENTION HONORABLE.

M. SOLON, à Paris, rue de Paradis-Poissonnière, 4.

M. Solon fait la plastique en ciment romain et carton pierre avec un très-grand succès, ainsi que le prouvent les diverses statues qu'il a exposées, et pour lesquelles le jury lui accorde une mention honorable.

CITATION FAVORABLE.

M. CARRIÈRE, à Saint-Martin-le-Vinoux (Isère).

M. Carrière emploie la chaux hydraulique de la porte de France de Grenoble, pour le moulage et la plastique. Les sphinx et médaillons qu'il a exposés prouvent que cette chaux convient éminemment pour le moulage des ornements.

Le jury lui accorde une citation favorable.

II. *Plâtre aluné, Ciment anglais et ses applications.*

MÉDAILLES DE BRONZE.

M. SAVOYE, route Neuve-de-Paris, 3, à Alfort (Seine), et à Paris, rue d'Angoulême-Saint-Honoré, 11.

La plastique, le stucage et l'architecture doivent à M. Savoye l'emploi du ciment anglais, plâtre aluné de MM. Greenwood et Savoye, sur lequel il a été fait à la Société d'encouragement, le 30 juin 1841, par

M. A. Chevallier, un rapport dont les conclusions sont : que le plâtre aluné peut être mis en usage par le premier maçon venu, qu'il fait des enduits qui acquièrent une grande dureté, et qui résistent parfaitement à l'air et aux alternatives de sécheresse et d'humidité, qu'on peut l'employer avec succès pour faire des stucs d'une grande beauté, plus durs que les stucs faits avec le plâtre ordinaire, et qu'il convient parfaitement pour tous les moulages d'objets d'art.

D'après l'emploi qui en a été fait en grand dans plusieurs monuments avec un succès complet, et notamment au ministère de l'intérieur, succès attesté par divers architectes du gouvernement, le jury a pensé que M. Savoye, qui a donné la recette de son plâtre anglais et des moyens de l'employer, mériterait une médaille d'argent, si le temps et l'expérience avaient prononcé, et en attendant lui décerne la médaille de bronze.

MM. BIDREMAN père et fils, à Lyon (Rhône), et à Charrecey, près Châlons (Saône-et-Loire).

Le ciment-marbre de MM. Bidreman est une s plus belles applications qui aient été faites du plâtre aluné de M. Savoye, qu'ils préparent eux-mêmes pour leurs opérations d'après ses procédés.

MM. Bidreman disent que leur fabrication ne date que de 1843, mais qu'ils ont déjà employé plus de 50,000 kilogrammes de plâtre aluné avec le plus grand succès, en autels, chapelles, dallages, enduits, moulages, etc.

M. le président de l'Académie d'architecture de

Lyon a certifié que les architectes qui ont suivi les opérations de MM. Bidreman en avaient hautement témoigné leur satisfaction dans un rapport soumis à l'approbation de l'Académie.

MM. Bidreman ont employé le plâtre aluné pour faire des stucs et des marbres factices, qui ont obtenu un très-grand succès. L'architecte du palais de Justice de Lyon certifie qu'il n'a qu'à se louer de la bonne confection et du résultat satisfaisant du revêtement des colonnes de la salle des assises.

Les essais auxquels la commission du jury central a soumis les marbres factices de plâtre aluné de MM. Bidreman en ont fait reconnaître la bonne confection.

MM. Bidreman ont établi dans leurs ateliers un cours de pratique, dans lequel plus de soixante maîtres ont reçu des leçons de stucage au plâtre aluné, qu'ils font aujourd'hui dans toutes les villes du midi.

En considération de tous ces motifs, le jury accorde à MM. Bidreman père et fils une médaille de bronze.

MM. VILCOQ frères, à Paris, rue Basse-du-Rempart, 10.

MM. Vilcoq frères ont établi une grande fabrique de marbres factices en plâtre aluné. Ils font également, et d'une manière remarquable, la plastique ou le moulage et la marbrerie de tout genre. Leurs imitations de marbre sont de la plus grande vérité et d'une si belle exécution, que beaucoup de personnes les ont prises pour de véritables marbres.

Le jury décerne à MM. Vilcoq frères une médaille de bronze.

III. *Stucs et Marbres factices.*

MÉDAILLES DE BRONZE.

Madame veuve BEX et fils, à Paris, rue Basse-du-Rempart, 20, 24 et 26.

La maison Bex et fils fait depuis longtemps les stucs et les marbres artificiels avec le plus grand succès. Ils ont fait des stucs de la plus grande beauté aux Tuileries, au Louvre, au Musée Égyptien, au Palais-Royal, à Versailles, à Neuilly, à Fontainebleau, à Randan, etc., etc., et partout ils ont reçu les témoignages les plus flatteurs des propriétaires et de leurs architectes. Habitués à se servir du plâtre français, ils ont fait l'essai du plâtre aluné, mais le stuc n'ayant pas répondu à leur attente, ils ont continué à suivre leur ancien procédé de stucage, dont ils avaient toujours été satisfaits et dont ils citent de très-grands et très-beaux exemples dans Paris et dans les environs.

La maison Bex et fils avait exposé comme spécimen de ses stucs, cinq cheminées marbre artificiel de différentes couleurs et de très-beaux modèles, que le jury a vues avec intérêt et pour lesquelles il accorde à Madame veuve Bex et fils la médaille de bronze.

M. LAHAYE, à Paris, rue du Dragon, 30.

M. Lahaye est un habile stucateur qui a fait de

très-grands travaux pour lesquels il a généralement reçu des témoignages de satisfaction.

Les pièces de stuc qu'il a exposées, sa collection de stucs de différentes couleurs, ses piédestaux, ses colonnes cannelées sont d'une grande beauté.

Le jury accorde une médaille de bronze à M. Lahaye.

MENTIONS HONORABLES.

MM. BERTHOMMÉ et SARRAZIN, aux Thernes (Seine), rue de Villiers, 17.

L'établissement de MM. Berthommé et Sarrazin est encore tout récent (janvier 1844), mais il s'annonce déjà d'une manière qui en fait concevoir tout le succès. Leurs imitations de marbre sont d'une grande vérité. Ils ont présenté des cheminées de différentes périodes, des vases, des guéridons, des colonnes, etc., d'une très-belle exécution.

Le jury décerne à MM. Berthommé et Sarrazin une mention honorable.

M. GARNIER, à Batignolles-Monceaux (Seine), rue Truffaut, 37.

Les marbres factices de M. Garnier sont remarquables par leur finesse, leurs couleurs et leur travail. Il a exposé : 1° une grande mosaïque; 2° une table de soixante-dix échantillons de marbres différents; 3° des cadres, etc.

Le jury accorde à M. Garnier une mention honorable.

CITATION FAVORABLE.

MM. GAUTIER et MOREL, à Paris, rue de la Roquette, 46 *bis*.

Les imitations de marbre factice en pierres réfractaires, de MM. Gautier et Morel sont de la plus grande beauté pour les couleurs et le travail, comme on a pu en juger par les garnitures de grandes cheminées qu'ils ont exposées, et pour lesquelles le jury leur accorde une citation favorable.

IV. *Assainissement des habitations.*

MÉDAILLE DE BRONZE.

M. DUVAL, à Paris, boulevard Beaumarchais, 57.

M. Duval est inventeur de dalles hydrofuges, pour l'assainissement des localités humides et salpêtrées. Il a soumis ses dalles à l'approbation de la Société d'encouragement, qui lui a accordé une médaille d'argent, et depuis, deux prix, l'un de théorie, l'autre de pratique.

Depuis l'approbation accordée par la Société d'encouragement, M. Duval a ajouté un perfectionnement important à ses dalles hydrofuges, et qui les rend tout à fait convenables pour leur objet. Au lieu de placer, comme il avait fait primitivement, des tenons ou mamelons de même matière que les dalles, il les fait en verre commun ou en terre vernissée comme la faïence, de manière à empêcher toute communication de l'humidité avec les dalles.

Le procédé de M. Duval est très-bon, il est fondé sur de bonnes observations de théorie et de pratique. Il promet des avantages réels pour l'assainissement des habitations humides et malsaines, que l'expérience confirmera incontestablement ; en attendant, le jury décerne à M. Duval une médaille de bronze.

V. *Laves artificielles.*

MENTION HONORABLE.

MM. MOISSON et POLONCEAU, avenue des Peupliers, 5, à Auteuil (Seine).

L'emploi des laitiers des hauts-fourneaux a été essayé dans diverses fonderies avec plus ou moins de succès, et il y a lieu d'espérer que l'industrie pourra un jour en tirer un parti avantageux.

Les carreaux de laves artificielles provenant des essais faits par MM. Moisson et Polonceau avec des laitiers de hauts-fourneaux, ont fixé l'attention du jury, qui juge qu'il y a lieu de leur accorder une mention honorable.

VI. *Carreaux et Tuyaux de plâtre.*

NOUVELLE MENTION HONORABLE.

M. MOTHEREAU, à Paris, rue Rochechouart, 64 *bis*.

M. Mothereau fabrique des carreaux de plâtre

creux pour les cloisons légères des bâtiments, à l'effet d'assourdir le bruit ou les voix des appartements voisins. Il fait également des tuyaux de cheminées de plâtre, qui se placent au fur et à mesure dans l'épaisseur du mur qu'on élève. Il a présenté un modèle de four pour la cuisson du plâtre.

Le jury juge que M. Mothereau mérite une nouvelle mention honorable.

MENTION HONORABLE.

M. THIERRY, à Paris, faubourg Saint-Antoine, 130.

M. Thierry exécute en plâtre les mêmes carreaux et tuyaux que M. Gourlier et ses successeurs font en terre cuite.

Ainsi il fait : 1° pour les cloisons, des carreaux pleins ou creux; et, 2° pour les tuyaux de cheminées, des tuyaux simples ou doubles, de forme ovale ou circulaire, pour les murs de refend et les angles des bâtiments.

Ces tuyaux sont parfaitement faits; ils sont adoptés dans les constructions, qu'ils contribuent à assainir.

Le jury accorde une mention honorable à M. Thierry.

VII. *Taille et mise en œuvre des cristaux.*

MÉDAILLE D'ARGENT.

M. JACQUEL, à Paris, rue Richelieu, 77.

Successeur de M. Martin, metteur en œuvre des cristaux de nos premières fabriques, M. Jacquel soutient la réputation que M. Martin s'était faite pour la belle taille de ses cristaux, ainsi qu'on a pu en juger dans les magasins de M. Jacquel par les magnifiques services de cristal de Saint-Louis qu'il a exécutés pour madame la duchesse de Montmorency, pour madame la princesse de Beaufremont, pour M. le comte de Talleyrand, et plus particulièrement encore par celui qu'il exécute en ce moment pour M. le comte de Bourqueney, ambassadeur à Constantinople.

M. Jacquel a présenté à l'exposition un assortiment remarquable de vases et de cristaux de Saint-Louis, de Baccarat, de Lyon et de Clichy, ouvrés et gravés dans ses ateliers, avec un talent, une perfection et un goût qui classent ses produits en première ligne et les mettent à même de soutenir avec avantage la comparaison avec les plus beaux cristaux de l'étranger.

Le jury décerne à M. Jacquel une médaille d'argent.

MÉDAILLES DE BRONZE.

M. CHAPELLE-MAILLARD, à Paris, boulevard des Italiens, 19.

M. Chapelle-Maillard s'était distingué à l'exposition de 1839 pour la beauté et l'ornement des cristaux et des porcelaines pour lesquels il a obtenu le rappel de la mention honorable qui lui avait été accordée en 1834.

Depuis cette époque, M. Chapelle-Maillard a fait des progrès dans l'ornementation de ses cristaux et de ses porcelaines.

Le jury lui accorde une médaille de bronze.

M. BERGER-WALTER, à Paris, rue de Paradis-Poissonnière, 27.

M. Berger-Walter emploie et met en œuvre les cristaux des verreries et cristalleries de Meysenthal et Goetzembruck. C'est à lui qu'on doit les boutons de cristal employés dans l'ameublement qu'il fait annuellement au nombre de plus de cent mille, avec les cristaux de Saint-Louis.

Le jury accorde à M. Berger-Walter une médaille de bronze.

M. BONVOISIN, à Paris, rue Phélippeaux, 18.

M. Bonvoisin a présenté un bel assortiment de cristaux émaillés et coloriés. Il est un de ceux qui entendent le mieux le travail de la cristallerie et de l'émaillure.

Le jury lui décerne une médaille de bronze.

MENTION HONORABLE.

M. CORDERANT, à Paris, rue Sainte-Avoye, 12.

M. Corderant, cristallier, fait et met en œuvre

les cristaux pour l'ornementation de l'ameublement, ses cristaux sont beaux et bien travaillés.

Le jury lui accorde une mention honorable.

VIII. *Emploi du verre et vitrerie.*

MÉDAILLE DE BRONZE.

M. ROCHE, à Nevers (Nièvre).

M. Roche a présenté un nouveau système de vitrerie pour les serres, les châssis de bâches et les couches des jardiniers.

Le jury accorde à M. Roche une médaille de bronze.

CITATIONS FAVORABLES.

M. ANDRÉ, à Paris, rue des Blancs-Manteaux, 15.

Les divers objets en verre filé et maillons de verre exposés par M. André ont paru au jury devoir être cités favorablement.

M. GÉRARD, à Paris, rue Saint-Paul, 27.

M. Gérard a présenté des coffrets en verre de différentes formes et de diverses grandeurs, que le jury juge dignes d'être cités favorablement.

§ 3. SCULPTURE ET GRAVURE DES MARBRES A LA MÉCANIQUE.

Considérations générales.

Depuis la dernière exposition, les différents procédés de sculpture à la mécanique qui y avaient été présentés, ont fait des progrès remarquables. Ce qui, en 1839, pouvait encore être mis en question, ce qui demandait la confirmation de l'expérience, a été complétement résolu, et l'a été de la manière la plus brillante comme la plus admirable.

En effet, les procédés de sculpture mécanique ont éprouvé des perfectionnements et des améliorations qui en ont rendu l'application plus facile dans la pratique, et cela avec une telle puissance et une telle supériorité dans les moyens d'exécution, qu'il n'y a plus de sujets, quelque délicats, quelque minutieux qu'ils soient, que la sculpture mécanique ne puisse rendre avec la vérité, avec le fini de l'original, comme avec ses défauts, si pour éviter ceux-ci, nos habiles artistes n'étaient pas parvenus à maîtriser, à suspendre et arrêter même subitement, à leur volonté, la marche et le mouvement de leurs instruments.

NOUVELLE MÉDAILLE D'ARGENT.

M. COLLAS (Achille), à Paris, boulevard Poissonnière, 30, et rue Notre-Dame-des-Champs, 25 *bis*.

M. Collas, par les heureuses modifications qu'il a faites à la barre du tour à portrait, et par la transmission de son mouvement horizontal trop rapide, à des organes accessoires plus légers, est parvenu à surmonter les dernières difficultés qu'éprouvait la sculpture mécanique, et à donner à son tour la faculté de copier les modèles en les changeant à volonté de dimension. Ainsi il fait aujourd'hui, il copie, il réduit, il reproduit en marbre, en pierre, en ivoire, en plâtre, en bronze et en bois, les statues, les groupes, les bustes, les bas-reliefs, les rondes bosses, les ornements, enfin tous les sujets, tous les motifs qui lui sont demandés, et le tout, avec une fidélité scrupuleuse et l'exactitude la plus sévère.

Par son admirable réduction de la Vénus de Milo, M. Collas avait annoncé tout ce dont il était capable, tout ce que ses appareils allaient produire. Il a promptement fait et exécuté tout ce qu'on attendait de lui, tout ce qu'il annonçait et semblait promettre. Ses nombreuses réductions des plus belles statues antiques et modernes, ont prouvé que pour lui, il n'y avait plus aucune limite, et que bientôt, grâce à ses procédés, nos collections posséderaient toutes les richesses de l'antiquité et des musées étrangers.

En 1839, M. Collas avait obtenu la médaille d'argent. Depuis, il a beaucoup fait, beaucoup exécuté, ses produits forment une riche collection de chefs-d'œuvres, le jury lui décerne une nouvelle médaille d'argent.

MÉDAILLES D'ARGENT.

M. SEGUIN, à Paris, rue d'Assas, 12.

M. Seguin a adopté, dans sa marbrerie, les procédés mécaniques que M. Moreau avait présentés à l'exposition de 1839, mais en y faisant les modifications, les additions et les améliorations que sa longue expérience et sa pratique éclairée lui avaient fait juger nécessaires.

Par suite de ces améliorations, M. Seguin travaille aujourd'hui également le granit, le porphyre, les syénites, le marbre, la pierre, le bois, etc., et il exécute avec le plus grand succès : 1° les bas-reliefs, les rondes bosses, les médaillons, les portraits, les consoles, les ornements gothiques, de renaissance, de rocaille, en parties droites, courbes, concaves et convexes de toutes grandeurs et saillies.

2° Les colonnes droites et torses, les chapiteaux, les frises, les moulures de toute espèce.

3° La sculpture de bijouterie, les pendules, les candélabres.

4° Tous les ornements d'architecture civile et religieuse, les autels, tabernacles, bénitiers, monuments funéraires, etc.;

Et 5°, la gravure des inscriptions sur pierre, sur marbre, sur les roches les plus dures.

Les belles cheminées de marbre blanc et de couleurs sculptées à la mécanique, les cariatides, les consoles, les ornements, les médaillons, les bas-reliefs, les rondes bosses exposés par M. Seguin sont de la plus belle exécution, et ont été généralement admirés; mais ce que cet habile industriel a fait de plus extraordinaire et de plus remarquable, est la grande inscription du monument funéraire de l'oratoire de Picpus, composée de près de quinze cents lignes gravées par ses procédés, sur soixante et quatre tables de marbre blanc d'un mètre carré chacune, en beaux caractères, de un et deux centimètres, des plus belles proportions.

Le jury central, en 1839, décerna une médaille d'argent pour les procédés de la sculpture à la mécanique, et réserva une récompense plus élevée, en attendant que l'expérience et les résultats eussent prouvé les avantages de ces procédés.

Les produits de la marbrerie de M. Seguin, présentant aujourd'hui les conditions exigées en 1839, de la sculpture à la mécanique, qui est même parvenue par ses procédés à produire un résultat qu'on ne pouvait prévoir, la gravure des grandes inscriptions monumentales, ainsi que le prouve l'inscription funéraire de l'oratoire de Picpus, la commission est d'avis de décerner la récompense réservée.

Le jury central décerne à M. Seguin une médaille d'argent pour ses trois industries.

M. CONTZEN (Alexandre), à Paris, rue des Trois-Bornes, 11.

M. Dutel avait présenté, en 1839, des sculptures mécaniques obtenues par des fraises animées d'une grande vitesse, et soumises dans leur translation, à un système de parallélogrammes mobiles, mis en rapport, à main d'hommes, avec le modèle, par une touche mousse comme dans le tour à portrait. Le modèle et la copie obéissent simultanément à un mouvement de rotation lent, qui présente succesivement à l'appareil tous les points de leurs surfaces. Les résultats trop récents obtenus par ce procédé ne permettant pas alorsau jury de se prononcer sur son mérite qui lui paraissait cependant incontestable, il le signala en décernant à l'auteur une médaille de bronze.

Successeur de M. Dutel, M. Alexandre Contzen a fait plusieurs perfectionnements importants à ses appareils qui sont mis en mouvement par une machine à vapeur de la force de six chevaux.

L'exactitude, la précision de ses appareils sont réellement remarquables, c'est le modèle lui-même, qui par ses formes et son développement, imprime à l'outil qui travaille, les mouvements d'action sur l'objet à exécuter, en conservant cependant la faculté et la facilité de soutenir et changer de forme selon le désir de création du statuaire, et d'avancer plus ou moins, en raison du plus ou moins de temps que l'artiste veut passer à ce même travail pour le terminer; ils réduisent ou augmentent à volonté, dans toutes les proportions, les sujets avec le même degré de justesse, en évitant les pertes de temps que les moyens ordinaires du praticien entraînent par la complication des mesures à prendre et à vérifier sans cesse, comme par les points à placer. Enfin, les procédés de M. Contzen ont encore l'avantage d'offrir à l'art un moyen de reproduction beaucoup moins dispendieux que ceux connus, et employés jusqu'à présent, partant d'augmenter les moyens de travail de l'artiste et de venir en aide au praticien qu'il ne déplace pas, puis qu'au contraire il ajoute une force de plus à sa profession, celle que donne la promptitude et l'économie.

Le jury, qui, parmi les diverses sculptures présentées par M. Contzen, a particulièrement distingué les bustes du général Foy, celui de l'empereur, le Milon de Crotone, la Madeleine de Canova, etc., décerne à cet habile artiste une médaille d'argent.

MÉDAILLE DE BRONZE.

M. SAUVAGE (Frédéric), à Paris, rue Neuve-Ménilmontant, 6.

M. Frédéric Sauvage, l'un de nos plus habiles mécaniciens, a présenté à l'exposition une belle collection de statuettes en bronze, marbre et plâtre, réduites ou augmentées dans les dimensions qui lui sont demandées par les artistes, les bronziers, les horlogers, etc.

M. Sauvage se sert à cet effet d'un pantographe auquel il a fait plusieurs additions qui le mettent à même d'exécuter avec une fidélité rigoureuse les plus grandes statues dans les plus petites réductions. C'est ainsi qu'il a réduit au dixième la grande statue du roi (par Gechter) qui est à la chambre des pairs.

2° Celle de son altesse le prince royal, par Barre, au huitième;

3° Celles de Charles Ier et d'Emmanuel Philibert, par Marochetti, de moitié;

4° Celle de Broussais du Val-de-Grâce, par Bra, au sixième;

5° Celle de Fanny Esler, par Barre, au tiers, etc.

Le jury décerne à M. Sauvage une médaille de bronze.

MENTION HONORABLE.

MM. FÉNÉON (Adolphe) et CHEVOLOT, à Dijon (Côte-d'Or).

MM. Fénéon et Chevolot ont créé en 1844 un établissement qui est sans doute destiné à prendre de l'extension, mais qui n'a jusqu'ici produit que des essais qui ont donné d'heureux résultats, ainsi qu'on peut en juger par les grandes rosaces en pierre, les colonnettes, les chambranles et corniches exposés par MM. Fénéon et Chevolot.

Le jury d'admission de la Côte-d'Or n'a pas fait connaître les procédés mécaniques de ces exposants. Il se borne à dire qu'ils présentent une très notable économie de temps et de main-d'œuvre, en témoignant le regret que les prix qu'ils ont indiqués et qui sont peu élevés, n'aient pas été basés sur l'hypothèse d'un travail continu et organisé sur une vaste échelle.

D'après la netteté vraiment remarquable des détails des rosaces, des moulures, corniches et encadrements courbes et rectilignes exécutés à la mécanique par MM. Fénéon et Chevolot, le jury leur décerne une mention honorable, leur réservant une plus haute distinction lorsque leur procédé sera devenu manufacturier et mis en pratique dans les grandes constructions auxquelles il doit présenter des avantages précieux pour tous les détails de sculpture architecturale.

§ 4. INDUSTRIE DES MOSAÏQUES.

Considérations générales.

L'industrie de la mosaïque remonte aux temps les plus reculés de l'antiquité. Rome l'a reçue de la Grèce, qui l'avait elle-même reçue de l'Asie, ainsi que l'attestent les ruines des plus anciens monuments. Les Romains l'apportèrent avec eux dans les Gaules, et nos villes de Lyon, Vienne, Valence, Arles, Nîmes, etc., etc., nous en offrent des exemples remarquables, dont quelques-uns sont restés intacts et bien conservés sous les décombres et les ruines des temples et des édifices que ces mosaïques décoraient.

Après les irruptions des Barbares et la chute de l'empire romain, l'industrie de la mosaïque se perdit comme tous les autres arts, et ce ne fut qu'au XIVe siècle que l'Italie la vit renaître, rapportée par des artistes grecs qui l'exerçaient encore.

Les souverains de Toscane, qui avaient apprécié l'importance de cette belle industrie, à laquelle sont dues les magnifiques et inaltérables copies des tableaux des plus grands maîtres, s'empressèrent d'attirer chez eux ces artistes, qui fondèrent à Florence une école célèbre d'où sont sortis les mosaïstes qui ont décoré de leurs travaux les principaux palais et monuments de Florence, de Rome, de Pise, de Milan, de Venise, etc., chefs-d'œuvre qui prouvent que les mosaïques modernes pourraient être comparées à toutes celles que les anciens nous avaient laissé de plus parfaites.

Le succès de cette belle industrie en fit bientôt naître une autre non moins remarquable : les mosaïques florentines, en marqueterie et en relief, des XVe et XVIe siècles, qui diffèrent essentiellement des mosaïques antiques ou romaines.

En effet, celles-ci se font avec des petits dés ou cubes de pierres naturelles ou de compositions de diverses couleurs, fixées dans un ciment et polies, pour en faire valoir les nuances et les teintes, tandis que les mosaïques florentines de marqueterie se composent de plaques ou panneaux de marbres ou de pierres dures de diverses couleurs découpées suivant les dessins qu'on veut produire, et que les mosaïques en relief se font avec des agates, des jaspes et toutes pierres dures de diverses couleurs, taillées et polies pour représenter des oiseaux, des fleurs, des fruits, des feuillages, appliqués sur des tables de marbre blanc, noir, jaune, vert, etc.

Par les puissants encouragements des grands-ducs de Toscane, ces deux belles industries n'ont pas cessé d'être exercées et de prospérer à Florence; en vain divers mosaïstes ont essayé de l'établir en France et en Allemagne, ils n'ont pu se soutenir.

Napoléon, qui saisissait toutes les occasions d'établir ou d'encourager de nouvelles branches d'industrie, voulut établir une école de mosaïque à Paris. Il en confia la direction à M. Belloni, dont nous voyons de belles compositions dans le musée du Louvre. M. Belloni forma plusieurs élèves distingués; mais les circonstances arrêtèrent l'élan que semblait prendre cette industrie, qui aurait même totalement disparu de chez nous, sans les efforts, les sacrifices et la persévérance de quelques mosaïstes, tels que Philippe, Périnot, Théret, Ciuli, Quinet, etc., qui ont exécuté des pièces remarquables dans les divers genres de mosaïque antique et florentine.

A l'exposition de 1834, M. Quinet, élève de l'école de M. Belloni, présenta quelques gracieuses compositions, pour lesquelles il obtint une médaille de bronze. Il est à regretter que cet artiste, qui continue à se perfectionner dans cet art, ne se soit pas représenté en son nom à cette exposition, et que ses belles mosaïques en relief aient été admises sur des meubles dont le véritable fabricant ne s'est pas non plus présenté.

Un dernier genre de mosaïque, essayé depuis quelques années à Paris, fait espérer les plus heureux résultats, c'est celui de la mosaïque fine de la joaillerie ou de la bijouterie, exploitée avec tant de succès à Rome, d'où l'on nous apportait ces charmants sujets d'épingles, de plaques de colliers, de broches, de boîtes, de tabatières et de tableaux. C'est à M. Philippe, artiste mosaïste, élève de l'école de M. Belloni, que nous en sommes redevables. Elle est aujourd'hui exploitée avec un succès vraiment remarquable, par M. Morel, qui, depuis 1839, a fait faire tant de progrès à la bijouterie.

Ainsi, telle qu'elle est aujourd'hui pratiquée et exploitée en France, cette belle industrie comprend : 1° *la mosaïque du style antique* ou *romain.*

2° *La mosaïque florentine de marqueterie des XVe et XVIe siècles.*

3° *La mosaïque florentine en relief du XVe siècle.*

Et, 4° *la mosaïque de bijouterie en pierres dures et en pierres précieuses pour la joaillerie.*

I. *Mosaïque antique ou romaine.*

MÉDAILLE D'ARGENT.

M. SEGUIN, à Paris, rue d'Assas, 12.

Signalé pour la beauté de ses médaillons, bas-reliefs et cheminées sculptées à la mécanique, et pour sa grande inscription monumentale de 1,500 lignes, gravées sur marbre par le même procédé, M. Seguin a exposé : 1° un guéridon mosaïque de marbre blanc, présentant une riche collection de tous les marbres connus, et 2° des dessus de consoles en marbre blanc, avec dessins et arabesques en marbres de divers couleurs, d'un travail parfait.

Le jury décerne à M. Séguin une médaille d'argent pour l'ensemble de ses travaux.

MÉDAILLES DE BRONZE.

M. CIULI, à Paris, rue des Beaux-arts, 3 *bis*.

M. Ciuli s'est particulièrement attaché à la mosaïque antique à figures et ornements de tous genres en marbre, en pâte ou composition et en pierres dures.

Il a exécuté un grand nombre de sujets de la plus grande beauté, et dont les plus remarquables sont : 1° le pavé mosaïque du maître-autel de l'église de Saint-Denis;

2° Une tête de vestale en pierre dure, de grandeur naturelle, placée dans le cabinet de M. Becker.

3° Une table ronde, mosaïque exécutée pour M. Schikler;

4° La restauration d'une grande mosaïque antique pour M. le comte de Chastellux;

Et 5° plusieurs restaurations de mosaïques antiques provenant des ruines de Carthage.

M. Ciuli a présenté à l'exposition un chien de grandeur naturelle, exécuté en partie avec des cailloux de la Seine.

Le jury central, appréciant les travaux de M. Ciuli, lui décerne une médaille de bronze, et émet le vœu que la mosaïque de cailloux de la Seine qu'il a exposée, soit achetée par le gouvernement, pour être placée dans un des musées français.

M. GALINIER, à Montpellier (Hérault),

A envoyé à l'exposition deux tables rondes, l'une de marbre vert, l'autre de marbre blanc, avec des incrustations mosaïques de marbres de toutes couleurs, dans le style antique, d'une très-belle exécution.

Le jury a décerné une médaille de bronze à M. Galinier pour ses ouvrages en marbre et en mosaïque.

II. *Mosaïque florentine ou de marqueterie.*

MÉDAILLE D'ARGENT D'ENSEMBLE.

M. THÉRET, à Paris, rue des Saints-Pères, 38.

Malgré le peu de succès des essais tentés en France, l'un de nos plus habiles praticiens, M. Théret, qui toute sa vie s'est livré à l'étude et au travail des pierres précieuses que personne ne connait mieux que lui, a formé à Paris un établissement dans lequel il fait avec le plus grand succès les mosaïques en pierres dures et pierres précieuses de marqueterie et de relief, du style florentin des XVe et XVIe siècles.

A cet effet, et après avoir organisé ses ateliers suivant les travaux à faire dans chacun d'eux, il a lui-même formé ses ouvriers de jeunes gens de la campagne jusqu'alors étrangers à cette industrie, il les a appliqués à chaque division du travail, de manière à suivre dans la marche de ses opérations l'ordre et la régularité qui seuls peuvent assurer, par l'économie du temps, des forces et des moyens, le succès d'une entreprise de ce genre.

Les mosaïques de marqueterie de M. Théret, exécutées en tables ou panneaux découpés d'agate, de jaspes, de cornaline, de lapis lazuli, d'aventurine, etc., etc., sont de la plus grande beauté, et peuvent être comparées aux plus belles mosaïques de marqueterie de Florence.

Dans le grand nombre de sujets exposés par M. Théret, on distinguait: 1° ses meubles d'ébène et panneaux de mosaïques, 2° ses consoles, 3° ses cheminées à mosaïques, 4° ses tableaux de mosaïques de marqueterie, 5° sa coupe de lapis lazuli, 6° une collection d'agates, de jaspes, de sardoines, de cornaline, de lapis lazuli, de malachite, d'aventurine et de toutes les pierres précieuses employées dans la joaillerie.

III. *Mosaïque en relief du XVIe siècle.*

MÉDAILLE D'ARGENT.

M. THÉRET, à Paris, rue des Saints-Pères, 38.

Les mosaïques en relief exposées par M. Théret sont encore plus remarquables par leur belle exécution que ses mosaïques de marqueterie. Ses pierres sont travaillées admirablement et bien assemblées sur les panneaux de fond de ses tableaux, dont les sujets sont bien dessinés, et composés de manière à faire valoir la beauté des agates, des jaspes, des cornalines et de toutes les pierres précieuses qui les composent.

Le jury, en félicitant M. Théret sur ses succès dans ces deux genres d'industrie de mosaïque florentine qu'il exécute avec tant de perfection, lui décerne une médaille d'argent.

IV. *Mosaïque de bijouterie.*

MÉDAILLE D'OR D'ENSEMBLE.

MM. MOREL et Cie, à Paris, rue Neuve-Saint-Augustin, 39.

Au milieu des riches, admirables et nombreux produits de ses ateliers, M. Morel a exposé : 1° une plaque de labrador avec mosaïque d'agates blanches, de purpurine, de malachite et d'obsidienne avec filets d'or, et 2° une montre avec fond de mosaïque de lapis-lazuli, d'aventurine, de purpurine, de jaspe oriental et d'agates blanches avec filets d'or.

---

§ 5. PLASTIQUE PAR MOULAGE A LA GÉLATINE.

Considérations générales.

Le moulage des statues, bustes, bas-reliefs, etc., fait anciennement en plâtre par pièces détachées, avait le grave inconvénient de laisser sur les moules et les sujets, des coutures ou rebarbes qui exigeaient des réparations et retouches toujours défavorables à la pureté et à la vérité de l'original.

Trouver une matière qui pût, par suite de son élasticité, se prêter au moulage de tous les mouvements de la surface des corps à mouler, quelque contournés, quelque profonds qu'ils fussent, et acquérir, en se consolidant, assez de force pour pouvoir devenir un bon moule, a été longtemps le but des recherches et des travaux des artistes, sculpteurs et modeleurs, qui désespéraient de pouvoir jamais trouver cette substance et vaincre la difficulté, lorsque l'essai de l'application de la gélatine est venu subitement faire révolution dans les vieux procédés de la plastique, et donner à cet art un moyen tellement exact, tellement fidèle, enfin tellement vrai, qu'il a été parfaitement dénommé le *moulage daguerréotypé*, par le savant Robisson, secrétaire de l'académie d'Édimbourg.

MÉDAILLE D'ARGENT.

M. VINCENT (Hippolyte), à Paris, rue Neuve-Saint-François, 14, au Marais.

M. Vincent ayant entendu parler des avantages que la gélatine pourrait offrir pour les moulages de la plastique, s'est empressé d'en faire l'essai. Ses premiers travaux qui remontent à l'époque de l'exposition de 1834, ayant obtenu des résultats satisfaisants, M. Vincent a continué ses essais avec une louable persévérance. Les succès qu'il a obtenus ayant surpassé son attente, il a renoncé au moulage au plâtre en bon creux, jusqu'alors pratiqué par tous les modeleurs, et s'est livré avec un succès toujours croissant au moulage de la plastique par la gélatine, au moyen de laquelle il a reproduit un grand nombre de sujets et médaillons qui sont autant de chefs-d'œuvre plus remarquables les uns que les autres.

Les avantages du procédé de M. Vincent, sont : 1° de donner des moules sans coutures, avantage immense pour la plastique, les anciens moules de plâtre à bon creux étant sillonnés dans tous les sens de rebarbes et souvent de graves défectuosités qu'il était difficile de réparer;

2° D'éviter la perte du modèle qui se dégradait, et même le plus souvent se détériorait entièrement après plusieurs moulages;

3° D'éviter à l'artiste toutes les réparations de

coutures dont la multiplicité lui fait perdre un temps précieux, et cause souvent de fâcheux résultats pour le modèle.

4° De rendre avec la plus rigoureuse fidélité, les détails les plus minutieux des sujets avec tous les caractères particuliers ou spécifiques, ainsi les épreuves dans des moules faits sur ivoire, présentent les caractères de l'ivoire; les moules faits sur cuivre, ceux du cuivre; quant au bois, l'illusion est tellement complète qu'il faut briser l'épreuve pour se convaincre de la vérité;

5° De donner les moyens de faire tous les moulages des pièces anatomiques avec une fidélité que n'avait jusqu'alors présentée aucun moyen, rien n'échappant au moulage à la gélatine : ainsi la peau ou l'épiderme avec tous les caractères de sa surface, les muscles, les nerfs, les veines, les artères, et généralement tous les plus petits détails du système anatomique que M. Vincent reproduit de grandeur naturelle, avec une vérité qui rend ses moulages de la plus haute importance pour les études et les cours d'anatomie comme le prouvent les admirables pièces d'étude exposées sous le n° 3356, par MM. Carteaux et Chaillou, pièces vraiment remarquables par leur identité avec la nature sur laquelle elles ont été moulées et dont elles conservent tous les caractères.

6° De donner le meilleur moyen de mouler ou de faire avec le plâtre aluné ou ciment marbre de M. Savoye, une plastique aussi belle et aussi dure que le marbre lorsqu'elle a été trempée dans l'acide stéarique;

7° De se faire avec une grande économie de temps et de moyens, avec une promptitude vraiment extraordinaire; puisque ce moulage se fait soixante fois plus vite que celui de l'ancien procédé, sans en avoir les inconvénients;

8° Enfin, de donner les moyens de conserver les modèles et matières des belles et précieuses compositions, sans aucune dégradation, ou d'en reproduire à volonté les parties qui auraient été endommagées par accident, avantage immense, vivement apprécié par les artistes et fabricants, à raison de l'économie importante qu'il leur présente.

La galvano-plastique et beaucoup d'autres industries recueilleront d'importants services du procédé de M. Vincent, au moyen de simples clichages, ainsi que le font déjà diverses fabriques avec le plus grand succès.

Dans le grand nombre de chefs-d'œuvre reproduits par M. Vincent au moyen de sa plastique, et qui font l'ornement de nos plus belles collections, il est impossible de ne pas signaler 1° les figures de monseigneur le duc d'Orléans, 2° celles du service de M. le baron de Rotschild, 3° l'épée de S. A. R. monseigneur le comte de Paris, 4° le livre d'heures de monseigneur le duc d'Orléans, 5° les vases de M. le duc de Luynes, exécutés par M. Durand, d'après les dessins de Klacmann, 6° l'admirable bouclier de M. Froment-Meurice, 7° le Charles-Martel de Justin, etc., etc.

Le jury, considérant la haute importance du service rendu à la plastique par M. Vincent (Hippolyte), lui décerne une médaille d'argent.

MENTION HONORABLE.

M. SOHN (Jules), à Paris, place de la Madeleine, 2.

M. Sohn est inventeur d'une plastique qui, d'après une *notice qu'il a publiée en tête d'un catalogue d'objets d'art*, serait composée de terre calcaire qui en serait la base et qui recevrait son caractère principal de l'addition, avant et après le moulage, de plusieurs substances participant, dit-il, des qualités des véritables écumes de mer; mais dans l'*aperçu succinct de son invention*, *nouvellement imprimé*, et qu'il a adressé au jury, M. Sohn dit que sa composition consiste *dans une matière fondamentale alumineuse et liquéfiable par la chaleur*, et qu'en la mettant en contact avec les sujets en plâtre et en albâtre, ils acquièrent, par le *concours de différents degrés de chaleur et d'agents chimiques, une dureté considérable, diverses colorations*, selon l'exigence des sujets, et un beau poli sans peinture ni brunissage, enfin que les sujets ainsi imprégnés acquièrent tout naturellement des qualités que ni le temps, ni aucune cause ne peuvent altérer.

Le jury a cru devoir demander à M. Sohn des explications sur ses procédés et sur les moyens qu'il emploie pour mettre ses moulages à l'abri des influences de l'humidité de l'air. Ces moyens, a-t-il dit, consistent : 1° dans plusieurs immersions successives de ses plâtres dans un bain de stéarine ou de stéarine colorée suivant les couleurs qu'on lui demande; et, 2° dans leur dessiccation dans une étuve.

Le jury reconnaissant qu'en effet la pénétration

de la stéarine peut mettre les moulages en plâtre à l'abri des influences de l'humidité de l'air, mais qu'elle ne peut cependant leur donner la dureté que M. Sohn dit qu'ils acquièrent, estime qu'en attendant que ses procédés présentent réellement les conditions de dureté qu'il annonce, ils méritent une mention honorable.

---

§ 6. PAPIER DE CARTON-PATE POUR L'APPRÊT.

MÉDAILLE DE BRONZE.

M. LONGUET, à Paris, rue des Amandiers-Popincourt, 16.

M. Longuet a fondé à Paris une grande fabrique de carton pâte de papier, pour l'apprêt des tissus en pièces sans pli et pour l'apprêt des châles.

Sa fabrication emploie soixante-dix ouvriers, une machine à faire la carte, une machine pour blanchir le carton-pâte, six cuves à carton, trois laminoirs, deux cylindres sécheurs, six presses hydrauliques, etc.

Elle fabrique annuellement 900,000 kilogrammes de papier carton, et 100,000 kilogrammes de papier en rouleaux.

Le jury décerne à M. Longuet une médaille de bronze.

CITATIONS FAVORABLES.

M. BURETTE, à Paris, rue Albouy, 6.

M. Burette fabrique des cartons-pâte dans lesquels il fait entrer des agents chimiques qui donnent à ses compositions une imperméabilité telle, que les vases faits avec ses cartons peuvent contenir de l'eau, sans la laisser s'infiltrer dans la pâte, comme on l'a vu à l'exposition.

Les procédés de M. Burette n'étant pas encore exercés et mis en usage par l'industrie manufacturière, le jury croit devoir se borner à une citation favorable, en attendant que l'expérience ait prononcé.

SECTION V.

GRAVURE, CARACTÈRES, IMPRIMERIE, LIBRAIRIE, RELIURE.

M. Ambroise-Firmin-Didot, rapporteur.

§ 1. GRAVURE ET FONDERIE DE CARACTÈRES D'IMPRIMERIE.

Considérations générales.

Gravure.

Après le judicieux rapport de M. Léon de Laborde sur la partie de l'exposition dernière qui concerne la typographie, il reste à ses successeurs peu de choses à dire.

Le jury, laissant de côté cette foule innombrable de caractères dont les formes plus ou moins bizarres ne sauraient être dépassées par les fantaisies les plus excentriques de l'imagination, les livre aux caprices si changeants de la mode, mais il croit devoir recommander aux graveurs d'apporter la plus grande attention pour donner aux pleins et aux déliés les proportions convenables, selon la grosseur différente de l'œil des caractères destinés à l'impression des textes.

Depuis ces dernières années, la forme que les Anglais ont donnée à leurs types paraît devoir s'introduire, mais ces formes ne doivent point être copiées servilement. Le type de Garamond, qui a servi aux éditions des Estienne et des Elzevirs, doit être étudié avec soin par nos graveurs; ce type, légèrement modifié et rapproché des formes plus élégantes données par les Didot et les Bodoni, conviendrait le mieux aux besoins incessants de la lecture qui par cela même qu'ils s'accroissent de jour en jour, exigent qu'on vienne de plus en plus au secours de la vue. Il faut maintenant que l'élégance fasse des concessions à l'utilité.

La gravure des vignettes a fait de nouveaux progrès; d'heureuses combinaisons permettent de multiplier à l'infini ces légers ornements qui plaisent à l'œil lorsqu'ils sont employés avec goût.

Fonte des caractères.

Jusqu'à présent les essais pour fondre un grand nombre de lettres à la fois n'ont pas apporté de notables changements dans cette industrie, et n'ont point diminué le prix des caractères. Le moule polyamatype de M. Henri Didot est le seul qui depuis longtemps exécute avec succès un grand nombre de lettres d'un seul coup, mais son procédé est limité à un assortiment restreint de caractères. Quoique le brevet pour ce procédé soit tombé dans le domaine public, M. Legrand est le seul qui en continue l'emploi. Le moule ordinaire, qui a reçu en Amérique des améliorations assez importantes, commence à être employé en France. Ce moule dit *américain* offre en effet quelques avantages à l'ouvrier qui n'est plus obligé comme autrefois de déchausser la matrice et de l'assujétir ensuite avec un archet chaque fois qu'il fondait une lettre.

Il est probable que ce nouveau système apportera des modifications importantes à la fonderie. Il peut en effet s'appliquer plus facilement que tout autre à une mécanique fondant rapidement un grand nombre de lettres, au moyen d'une pompe ou d'un piston. Les essais qui ont été faits de cette machine par MM. Biesta et Laboulaye donnent de grandes espérances.

Les procédés de clichage ou stéréotypage sont

en voie de progrès, cependant les tentatives diverses qui ont été faites pour remplacer le plâtre des moules par d'autres substances telles que la pâte de papier et divers mastics n'ont pas réussi complétement. Le moule en plâtre est encore celui qui donne les résultats les plus satisfaisants pour polytyper les caractères d'imprimerie.

Excepté les caractères chinois gravés et fondus par M. Legrand avec un dévouement qu'on ne saurait trop louer, et quelques caractères arabes, on voit avec peine combien les livres d'épreuves des fondeurs français sont dépourvus de caractères orientaux et étrangers, comparativement au grand nombre de ces caractères qui abondent sur les livres d'épreuves des fondeurs de Londres. Cela tient à ce qu'en Angleterre il n'existe pas d'imprimerie royale où se concentrent comme en France tant de richesses en ce genre. Tout ce qui concerne l'imprimerie est livré à l'industrie particulière qui acquiert par la libre concurrence un plus grand développement.

RAPPEL DE MÉDAILLE D'OR.

MM. BIESTA, LABOULAYE et Cie, à Paris, rue de Madame, 22.

Ce vaste établissement formé des fonderies réunies, 1° de Firmin Didot, 2° de Tarbé, 3° de

Crosnier et d'Éverat, 4e de Laboulaye frères, est le plus considérable qui existe en Europe. La variété des caractères qu'il a exposés est telle, qu'elle peut suffire à tous les besoins du commerce et même aux fantaisies de la mode. Lorsqu'on parcourt l'énorme volume qui présente l'ensemble de tant de types, on n'éprouve d'autre embarras que celui du choix. Le mérite des poinçons, résultat des travaux de tant d'artistes de talent, recommande cet établissement dans toute l'Europe et dans les pays les plus éloignés.

L'introduction d'un nouveau moule, dit *américain*, promet d'heureux résultats pour la fonte des caractères. Ce système a servi de base à une nouvelle invention mécanique pour fondre les lettres avec une grande rapidité. Les essais soumis au jury par MM. Biesta et Laboulaye sont très-satisfaisants et promettent d'heureux résultats.

La perfection des moyens de fondre les caractères et les vignettes est telle, qu'il ne serait pas impossible que les monnaies les plus courantes fussent désormais fondues plutôt que frappées. Déjà M. de Puymaurin avait fait d'heureuses tentatives en ce genre, elles viennent d'être continuées par M. Laboulaye qui a soumis à l'hôtel des monnaies de nouveaux essais satisfaisants.

Le bel établissement de la fonderie générale des caractères est dirigé avec autant de zèle que de capacité par MM. Biesta et Laboulaye. La médaille d'or lui avait été accordée en 1839. Le jury regarde comme un acte de justice d'accorder le rappel de la médaille d'or à MM. Biesta, Laboulaye et Cie.

MÉDAILLE D'OR.

MM. LEGRAND (Marcellin) et Cie, à Paris, rue du Cherche-Midi, 99.

M. Legrand, parent et successeur de M. Henri Didot, à qui la médaille d'or décernée en 1819 a été rappelée en 1823 et 1827, a obtenu lui-même à l'exposition de 1839 la médaille d'argent.

M. Legrand est renommé par son talent comme graveur de caractères; c'est de plus un habile fondeur et mécanicien. La fonderie polyamatype inventée par M. Henri Didot, a été perfectionnée par les soins de M. Legrand, qui lui a donné un plus grand développement. Plus de soixante-dix mille kilog. de caractères, d'une valeur de 300,000 fr., sont fabriqués annuellement par ce procédé.

Tous les caractères qui composent cette fonderie ont été gravés par ses mains; il a de plus gravé pour l'imprimerie royale, sous la direction de MM. Sylvestre de Sacy et de M. Burnouf, un caractère tamoul, trois caractères hébreux, un caractère guzaratti, un caractère pehlvi, un caractère thibétain et un caractère javanais. Mais ce qu'on ne saurait trop louer, c'est d'avoir eu le courage d'entreprendre pour son compte la gravure d'un caractère chinois qui devra former plus de cinquante mille poinçons. Déjà vingt-huit mille sont exécutés, après sept ans de travaux, et cet assortiment est assez complet pour pouvoir imprimer les textes classiques religieux et autres ouvrages concernant les arts. La Bible ne contient que trois mille huit cents caractères différents. Ces caractères dont M. Legrand a vendu une frappe à l'académie de Berlin et une en Amérique, sont même déjà parvenus en Chine, où M. Calléry, interprète du gouvernement français à Canton, les emploie à l'impression d'un journal et d'un grand dictionnaire qui formera 25 volumes in-4°

Il est honorable pour la France que ce soit elle qui reporte en Chine les moyens d'imprimer les livres chinois avec les procédés perfectionnés par la civilisation européenne. C'est à M. Legrand qu'on en est redevable.

Mais il ne suffisait pas de graver et de fondre ces caractères, il fallait encore trouver un moyen qui permît aux ouvriers compositeurs de les distinguer parmi cette foule de signes dont les figures offrent tant de ressemblance. Ce grand inconvénient n'existe plus. M. Legrand, pour éviter toute confusion, a trouvé un procédé par lequel chaque caractère, en sortant du moule, porte sur la tige un chiffre indiquant la série à laquelle il appartient, en sorte qu'il suffit maintenant d'indiquer sur les manuscrits les numéros correspondants aux signes, pour que tout ouvrier compositeur puisse imprimer très-correctement le chinois et sans la moindre difficulté.

Déjà plusieurs ouvrages ont été imprimés à Paris avec les caractères chinois de M. Legrand, et c'est avec ces caractères que les missionnaires d'Amérique impriment la Bible et des traités religieux. On ne saurait évaluer à moins de 400,000 francs la dépense qu'occasionnera la gravure de ces types, la frappe et justification des matrices et la fonte. Tout est exécuté par les mains de M. Legrand ou sous ses yeux; il n'est aucun poinçon qui ne soit terminé par lui, la gravure en est aussi pure que correcte.

M. Legrand a réussi à graver et fondre des groupes de lettres ou syllabes que l'ouvrier compositeur saisit aussi facilement dans sa casse qu'une lettre simple; ce qui serait une économie de temps. L'expérience prouvera si ce moyen tenté déjà plusieurs fois réussira. Ce qu'il y a de certain, c'est que la gravure et la fonte de ces groupes ou syllabes sont tellement parfaites, que l'œil ne peut distinguer à l'impression la moindre différence entre les caractères fondus par groupes ou par unités. Plusieurs imprimeurs font emploi de la casse combinée d'après ce système; elle n'est pas beaucoup plus compliquée que celle dont on se sert ordinairement.

M. Legrand a exposé en outre des tableaux de notes de musique qui sont employés à l'institution royale des aveugles de Paris et à l'institution des aveugles de Madrid. Divers ouvrages élémentaires ont été imprimés avec ces caractères en relief que les aveugles peuvent facilement composer eux-mêmes. Il est encore quelques autres inventions telle que les numéros fondus par groupes mobiles pour les timbres, qui sont aussi utiles qu'ingénieuses. Le jury récompense le mérite et la persévérance des travaux de M. Legrand en lui décernant la médaille d'or.

RAPPELS DE MÉDAILLES D'ARGENT.

MM. LAURENT et DE BERNY, à Paris, rue des Marais-Saint-Germain, 17.

Leur fonderie prend chaque année un plus grand accroissement, et mérite de plus en plus la considération dont elle jouit. Elle a exposé cette année de nouveaux caractères qui enrichissent leur série déjà si importante où les imprimeurs trouvent tout ce qu'ils peuvent désirer, surtout en caractères dits de *fantaisie*. C'est la fonderie la plus complète qui existe en ce genre. Un caractère très-petit, appelé *diamant*, se fait remarquer parmi le grand nombre des autres caractères. Le jury, appréciant l'importance de cet établissement sous le rapport du commerce et de l'art, lui rappelle la médaille d'argent qu'il lui a décernée en 1839.

M. AUBANEL (Laurent), à Avignon (Vaucluse).

Secondé par ses fils, il a donné encore plus d'extension à son établissement déjà très-considérable et qui fournit de caractères d'imprimerie une grande partie du Midi. A l'exposition de 1839, on a remarqué une nouvelle manière de fondre les lettres d'affiche supportées par des cloisons en métal, ce qui leur donne de la légèreté sans ôter de leur force.

Cette année, il a exposé des grandes capitales italiques fondues sur un moule penché, qui rend l'approche des lettres plus correct.

Le jury rappelle à M. Aubanel la médaille d'argent qu'il a obtenue en 1839.

MÉDAILLE D'ARGENT.

MM. TANTENSTEIN et CORDEL, à Paris, rue de la Harpe, 90.

Populariser la musique, c'est adoucir et améliorer les mœurs. La typographie a donc rendu de véritables services depuis dix ans, en mettant à bas prix les livres élémentaires de musique, dont la cherté était un grand obstacle à leur propagation. On ne saurait trop encourager les efforts heureux de M. Duverger et de MM. Tantenstein et Cordel ses élèves; ils ont prouvé, par les progrès qu'ils ont fait faire à l'art d'imprimer la musique typographique, qu'ils peuvent encore en apporter de nouveaux.

MM. Tantenstein et Cordel, suivant une autre voie que celle de M. Duverger, ont perfectionné les anciens procédés d'Olivier et de Breitkopf, par lesquels on compose les notes de musique ayant leurs portées adhérentes. Ce procédé est plus simple, sous quelques rapports, que celui de M. Duverger, mais aussi il a l'inconvénient de laisser apercevoir des solutions de continuité aux endroits où les portées se rejoignent. Ce défaut devient de plus en plus sensible à mesure que les caractères fondus sont plus usés. Il est vrai de dire que MM. Tantenstein et Cordel, lorsqu'ils clichent leur composition, peuvent retoucher dans les moules en plâtre ces petites imperfections. Leur casse se compose de près de deux cents combinaisons, et le nombre de sortes crénées est assez grand pour pouvoir imiter le plus complétement possible toutes les combinaisons de la musique.

Malgré quelques inconvénients inhérents aux procédés de MM. Tantenstein et Cordel, ils impriment avec succès, et d'une manière très-satisfaisante, un très-grand nombre d'ouvrages remarquables par le bon marché auquel ils peuvent les établir. Le jury apprécie les efforts de MM. Tantenstein et Cordel, et l'importance de leur établissement, qui fournit même aux pays étrangers des pages et des ouvrages tout composés. MM. Tantenstein et Cordel avaient obtenu la médaille de bronze en 1839, ils méritent cette année la médaille d'argent que le jury leur accorde.

RAPPELS DE MÉDAILLES DE BRONZE.

M. LŒULLIET, à Paris, rue Poupée, 7.

La nouvelle série de caractères gravés par M. Lœulliet pour compléter ceux qu'il avait exposés en 1834 et 1839, et qui lui avaient mérité la médaille de bronze. Ses caractères se recommandent par beaucoup d'élégance et de pureté. Aussi, les frappes en sont recherchées par tous les fondeurs de France et même de l'étranger, où M. Lœulliet en envoie un grand nombre. Parmi les nouveaux caractères exposés par cet artiste nous avons remarqué un caractère javanais. M. Lœulliet est toujours digne de la médaille de bronze que le jury lui confirme.

M. RIGNOUX, à Paris, rue Monsieur-le-Prince, 29 *bis*.

M. Rignoux a exposé de nouveaux caractères de sa fonderie, qui sont bien gravés et bien fondus. Ils méritent à M. Rignoux le rappel de la médaille de bronze que ses travaux typographiques fort distingués lui ont obtenus à l'exposition de 1834.

NOUVELLE MÉDAILLE DE BRONZE.

M. DERRIEY, à Paris, rue Notre-Dame-des-Champs, 8.

M. Derriey est un graveur très-habile. Les vignettes qu'il a exposées sont artistement combinées, ses caractères sont très-bien gravés. Après avoir fait la part de l'artiste, parlons du mécanicien. M. Derriey a inventé une machine pour justifier les matrices qui servent à la fonte des caractères. Cette machine fonctionne avec une précision remarquable. L'économie de temps n'est pas le seul avantage qu'elle présente, et cependant il est grand, puisqu'on peut faire au moins le double de travail, tout en permettant de mieux justifier les matrices.

M. Derriey a perfectionné et appliqué à l'usage de la fonte des vignettes le système du moule à refouloir; il espère l'approprier à la fonte des petits caractères.

Parmi les belles vignettes exécutées par M. Derriey les n°s 439 et 436 sont surtout remarquables en ce que M. Derriey les a gravées sur la matière ordinaire des caractères d'imprimerie, c'est-à-dire sur un alliage de plomb et d'antimoine, puis au moyen de la galvano-plastie il a obtenu une matrice en cuivre dans laquelle ont été fondues les vignettes imprimées sous les n°s 439 et 436. Ce procédé ouvre une nouvelle voie à la gravure des vignettes, surtout lorsqu'elles sont d'une grande dimension. Il faut heureusement beaucoup d'habileté pour pouvoir obtenir en cuivre par la galvanoplastie la matrice des types que les contrefacteurs seraient tentés de reproduire.

Le jury apprécie les travaux de M. Derriey, et lui accorde une nouvelle médaille de bronze.

MÉDAILLES DE BRONZE.

M. PETIBON, à Paris, rue de la Bourbe, 12.

M. Petibon est le premier qui ait gravé et fondu les vignettes dites *métriques*, c'est-à-dire dont les combinaisons peuvent varier les dessins d'une manière infinie. Cette idée heureuse a été exécutée par lui avec talent et succès ; elle a eu depuis des imitateurs nombreux. M. Petibon a réussi à fondre, pour l'usage des relieurs, des ornements en cuivre et des lettres capitales d'une exécution fort nette. Un grand nombre de caractères de formes variées, plus ou moins heureuses, ont été gravés par lui avec talent. Tous les objets qu'il a exposés ne l'avaient point encore été, et ont paru aux yeux du jury mériter à M. Petibon la médaille de bronze qu'il lui décerne.

MM. DUHAULT, RENAULT et CONSTANCE, à Paris, rue de Vaugirard, 59.

MM. Duhault et Renault, secondés de M. Constance, inventeur d'un système simple et très-avantageux pour remplacer les anciens blocs fondus plein en métal par des blocs très-légers, mais fort solides, ont rendu un véritable service à l'imprimerie. Au moyen d'un certain nombre de combinaisons ces blocs peuvent être disposés de manière à supporter toute espèce de clichés, quelles qu'en soient les dimensions. Par là on évite de fondre perpétuellement des blocs pour chaque dimension de clichés; il suffit d'avoir un assortiment de ces nouveaux blocs dont le noyau en bois blanc desséché est recouvert de plomb. L'expérience a prouvé que ces blocs ne se déjettent ni à l'humidité ni à la sécheresse.

Les mêmes fondeurs exécutent des garnitures perfectionnées pour encadrer les pages. Leurs filets en cuivre dits systématiques pourront par leur bas prix remplacer avec avantage les anciens filets.

Le jury décerne à MM. Duhault, Renault et Constance une médaille de bronze.

MM. THOREY et VIREY, à Paris, rue de Vaugirard, 90.

Leur fonderie s'accroît en importance. Les caractères gravés par MM. Thorey et Virey sont fort estimés des imprimeurs et méritent de l'être; ils ne sont ni trop lourds ni trop maigres; un caractère n° 7 est d'une exécution parfaite.

Le jury accorde une médaille de bronze à MM. Thorey et Virey.

M. MICHEL, à Paris, rue Saint-Benoît-Saint-Germain, 32.

Jusqu'à présent, pour obtenir un cliché d'une gravure en bois, on enfonçait le bois dans du plomb au moment où, mis en fusion, il est près de se figer, et dans cette matrice, ainsi obtenue, on retirait un cliché d'un métal composé de plomb et d'antimoine.

Plusieurs inconvénients sont attachés à ce procédé. En effet pour obtenir la matrice il faut une grande habileté, afin de saisir juste le moment où le plomb se fige pour y enfoncer le bois gravé; car s'il est trop chaud il brûle ou fait fendre le bois, s'il est trop froid il l'endommage ou même il l'écrase. Puis, pour obtenir le cliché, si la matière est trop chaude, elle fond la matrice en plomb, et si cette matière est trop froide elle endommage la matrice.

M. Michel évite tous ces inconvénients au moyen de ses *clichés bitumineux*. La reproduction du bois est parfaite, et pour l'obtenir il n'endommage en rien les originaux. La dureté de la composition bitumineuse qui compose ces clichés est telle qu'on peut les imprimer à un nombre presque indéterminé, puisque jusqu'à présent on n'a pas eu occasion d'user ceux que M. Michel a exécutés, et qui cependant ont tiré des nombres considérables.

Le seul inconvénient qu'on reprochait aux clichés de M. Michel, il y a quelques années, c'était d'éprouver quelquefois des fissures; cet inconvénient n'existe plus.

Le jury décerne à M. Michel une médaille de bronze pour cette heureuse invention.

M. LUNDY, à Paris, rue de Thorigny, 12.

M. Lundy a exposé des dessins et gravures qui, par leur perfection, appartiennent plutôt à l'exposition des beaux arts qu'à celle de l'industrie. Cependant comme ses travaux calligraphiques servent à l'ornement des livres, et sont une parfaite imitation des manuscrits, le jury accorde une médaille de bronze à M. Lundy pour les beaux dessins et la belle exécution des planches, qui ont servi soit à des titres de la collection orientale publiée par l'imprimerie royale, soit à des imitations de manuscrits reproduits dans le bel ouvrage de la Paléographie, publié par M. Sylvestre.

RAPPELS DE MENTIONS HONORABLES.

M. CONSTANTIN aîné, à Nancy (Meurthe),

A exposé les produits de sa fonderie, qui est fort estimable. En 1823 et 1834 elle a été honorablement mentionnée. Elle mérite encore cette année la mention honorable que le jury lui renouvelle.

M. LOMBARDAT, à Paris, rue du Four-Saint-Jacques, 8.

Les travaux de M. Lombardat ont été mentionnés honorablement en 1834 et 1839. Cette année il a exposé de nouveaux caractères, qu'il a gravés avec soin, et plusieurs ornements fondus en cuivre sur des proportions régulières en sorte que les relieurs peuvent composer dans des boites, des dos et des plats qu'ils disposent au moyen de *cadrats*, et par un seul coup de balancier ils obtiennent des impressions en or avec une grande économie de temps. Les relieurs et doreurs ont attesté l'avantage qu'ils retirent du procédé de M. Lombardat; les nouveaux produits exposés par M. Lombardat lui méritent la même distinction qu'il avait déjà obtenue à l'exposition précédente.

M. COLSON, à Clermont-Ferrand (Puy-de-Dôme),

A exposé un nouveau système pour fondre plusieurs lettres gravées en un seul groupe, et composant des syllabes, afin d'épargner à l'ouvrier compositeur une perte de temps, puisqu'au lieu de plusieurs lettres, il lève en une seule fois un groupe de lettres. Ce moyen a été tenté plusieurs fois, mais on a reconnu que les inconvénients étaient plus grands que l'avantage que ce procédé peut offrir.

M. Colson a exposé, en 1839, des fontes de caractères exécutées avec un alliage extrêmement dur, et il a obtenu une mention honorable. Il a exposé cette année de nouvelles fontes de ce même métal, mais sans donner aucune indication qui puisse éclairer l'opinion du jury.

Le jury confirme à M. Colson la mention honorable qu'il a obtenue en 1839.

MENTIONS HONORABLES.

M. ROBINET, à Vaugirard (Seine), rue Mademoiselle, 21,

Est un de nos meilleurs graveurs; son burin est élégant, mais M. Robinet sacrifie trop au désir de donner à ses déliés une grande finesse; les caractères ainsi gravés sont d'un usage moins durable et sont moins favorables à la lecture. L'entente du rapport entre les déliés et les pleins qui doit être proportionnée aux diverses grosseurs d'œil des caractères, est une partie de l'art de la gravure qu'on ne saurait trop recommander aux réflexions des graveurs de lettres. Une page en arabe, imprimée avec les caractères que M. Robinet a gravés, est fort remarquable, le caractère est suffisamment nourri et représente parfaitement l'écriture des beaux manuscrits arabes.

Le jury, appréciant le mérite de M. Robinet, accorde une mention honorable à ses travaux.

MM. BARA et GÉRARD, à Paris, rue des Poitevins, 7,

Ont exposé une série de gravures sur bois qui sont remarquables par leur belle exécution; les têtes des personnages, ce qui est le plus difficile à bien rendre par la gravure en bois, sont en général très-habilement touchées, et méritent la mention honorable que leur accorde le jury.

MM. DUPREY-DUVORSENT frères, à Paris, rue Saint-Jacques, 59,

Ont exposé des caractères d'imprimerie fort bien exécutés; leur fonderie a succédé à celle de M. Dumont, et ils ont acquis le fond de vignettes de M. Thompson. Les caractères qu'ils ont exposés sont d'une forme agréable; le jury décerne à MM. Duprey-Duvorsent frères une mention honorable.

M. CURMER (Alphonse-Alexandre), à Paris, rue Saint-Germain-des-Prés, 10 *bis*.

M. Curmer a exposé des clichés fort bien exécutés, d'après le procédé ordinaire, qui consiste à mouler en plâtre. Les essais pour stéréotyper, avec des moules exécutés en papier superposé sur une pâte de la composition de M. Curmer, paraissent devoir présenter de bons résultats. C'est ce qu'une plus longue expérience décidera; jusqu'à présent, ce procédé, malgré les avantages qu'il présente, n'a pu généralement prévaloir. Si d'après les essais très-satisfaisants que M. Curmer a présentés, il parvient à surmonter les difficultés qui empêchent les lettres de conserver sur le cliché une hauteur toujours égale, il aura rendu un grand service à la typographie.

Le jury décerne à M. Curmer une mention honorable.

CITATIONS FAVORABLES.

MM. GALLAY et GRIGNON, à Paris, rue Poupée, 7,

Ont exposé un cadre d'imprimerie composé de vingt-six mille pièces, ce qui prouve la justesse avec laquelle ces vignettes ont été fondues. L'établissement de MM. Gallay et Grignon date de 1834, et acquiert de l'importance. Le jury décerne à leurs produits la citation favorable.

M. DEUPÈS, à Paris, rue des Fossés-Saint-Germain-l'Auxerrois, 43.

Par un procédé qui lui est particulier, M. Deupès trace sur le papier des modèles d'écriture qui guident les écoliers et ceux qui veulent perfectionner leur écriture. Il suffit de suivre avec la plume les points qui indiquent les contours des lettres. Par son procédé, il livre ses modèles à des prix inférieurs à ceux que la lithographie peut fournir.

La méthode de M. Deupès, approuvée par le ministre de l'instruction publique, mérite d'être citée favorablement par le jury.

§ 2. IMPRIMERIE.

Considérations générales.

Pendant deux siècles et demi l'imprimerie était restée stationnaire ; les progrès inhérents aux principes créés par les inventeurs de cet art avaient été lents et faibles jusqu'au moment où les belles éditions dites du *Louvre*, exécutées d'après ces anciens principes, mais portés au plus haut degré de perfection, furent proclamées à l'exposition de l'an IX, les plus belles productions de tous les pays et de tous les âges.

C'est à ce moment qu'une révolution complète s'opère, et que chaque année l'art typographique voit les changements remplacés par de nouveaux essais qui se succèdent sans relâche. Tout se renouvelle, et dès lors s'expliquent tant de récriminations et tant d'éloges adressés à l'imprimerie selon le point de vue où chacun se place.

Le stéréotypage immobilise les textes, rend les réimpressions plus correctes et moins coûteuses, et les multiplie incessamment.

Les anciennes presses en bois sont remplacées par des presses en fonte qui successivement disparaissent devant les machines à cylindre que la vapeur met en mouvement.

L'ancien système de fabrication du papier à la

main avec des pâtes battues lentement par des maillets en bois, est remplacé par les admirables machines à papier continu dont la pâte est broyée par des cylindres tournant avec une étonnante rapidité.

Aujourd'hui, de nouvelles machines apparaissent qui voudraient exécuter ce qui semblait devoir rester à jamais le partage de l'homme instruit et habile, la composition des lettres.

Une foule d'autres modifications telles que les rouleaux d'imprimerie en gélatine et mélasse, remplaçant les anciens tampons en peau, les encres modifiées tantôt en bien, tantôt en mal; les caractères fondus par des moules multiples, le clichage des gravures en bois et en cuivre, enfin d'autres procédés ont apporté leurs avantages et leurs inconvénients; mais ce qui est bon finit toujours par l'emporter, et c'est le temps, ce meilleur des juges, qui décide sans appel; c'est lui qui nous signale les améliorations réelles, et fait souvent disparaître ce qui avait paru d'abord excellent. Mais enfin, après quarante ans de tentatives approuvées ou condamnées par l'expérience, les progrès de la typographie approchent du terme où toute industrie doit s'arrêter.

Il ne faut donc point s'étonner si les livres créés pendant les époques de transition ont éprouvé les effets inhérents à ces nouveaux systèmes, et si l'action du temps, cet élément qu'on ne saurait toujours faire entrer dans les calculs humains, a trompé les prévisions. Lorsqu'on employait ces beaux papiers si supérieurs en blancheur et en égalité aux anciens papiers, on ne soupçonnait pas que, par l'effet de procédés auxquels on a remédié, ils allaient jaunir, se tacher et tomber en poussière. Ces encres dans lesquelles on faisait entrer de nouveaux principes, étaient pures et brillantes, mais le temps devait les décomposer. Ces mécaniques, dont la prodigieuse célérité est, relativement à celle des presses à bras, non moins étonnante que l'était la célérité de celles-ci, par rapport à l'écriture, nous étaient imposées par ce besoin impérieux de reproduire et de multiplier la pensée aussi rapidement qu'elle est conçue. Mais combien leur travail fut longtemps inférieur à celui des presses à bras les plus médiocres, il en fut de même de toutes les autres inventions qui concourent à la fabrication des livres.

Le public, qui profite à la longue de tous ces essais tentés à grands frais par l'industrie, pour produire mieux. et surtout à meilleur marché, eut sans doute raison de se plaindre, puisque ce sont ces plaintes qui forcent à chercher de nouveaux moyens de mieux faire, mais cependant il doit tenir compte à ceux qui, pour ne pas rester stationnaires, ont si souvent compromis leur fortune, des efforts qu'ils ont faits et qui, en définitive, tournent à l'avantage de la société.

Depuis quelques années, les livres sont à l'abri des inconvénients qui leur étaient reprochés; on peut même affirmer que la perfection qui n'était autrefois le partage que d'un petit nombre d'imprimeries, est maintenant tombée dans le domaine public; car il est facile à quiconque le veut de bien imprimer, du moins sous le rapport matériel. C'est là sans doute un grand progrès; mais ce qui distingue toujours certaines imprimeries, c'est le soin constant apporté à la correction, c'est un certain goût qui n'est pas toujours le fruit de l'étude, et qui veut qu'une simplicité élégante soit proportionnée à chaque genre d'ouvrages. Enfin, c'est le grand talent de savoir concilier les exigences du bon marché avec la qualité des produits. Sous ce rapport on ne saurait trop recommander l'emploi d'encres de bonne qualité et qui ne maculent pas. L'exposition prochaine nous apprendra si les nouveaux essais tentés dans ces derniers temps produiront les améliorations qu'ils donnent lieu d'espérer.

Mais par quelle fatalité cette belle et noble profession a-t-elle toujours été si malheureuse? est-ce que son union avec les belles-lettres était une nécessité pour elle d'en partager le sort? Cette profession exige de l'instruction, des capitaux ; ceux qui l'exercent ont de la probité et une incessante activité. Peu de carrières sont aussi laborieuses que celles d'un imprimeur, et cependant combien de catastrophes ont frappé aussi bien ceux qui étaient à la tête de l'imprimerie par leur instruction et l'importance de leur établissement, que ceux qui exerçaient humblement et péniblement cette ingrate carrière ? Tandis qu'autrefois les imprimeries se perpétuaient dans les familles, nous voyons successivement le nom des titulaires changer avec une étonnante rapidité, et ce qui n'est pas moins déplorable, c'est que la presque totalité de ces mutations ne s'opère à Paris que par les ventes à l'encan, faute de pouvoir transmettre une imprimerie de gré à gré.

Cependant, l'imprimerie qui est à la fois une institution littéraire, commerciale et même politique, puisque le nombre des brevets est limité, devrait, par cela même qu'elle est dans une position exceptionnelle, voir ses brevets, qu'elle a acquis à titres onéreux, croître de valeur, comme toutes les autres commissions concédées par le gouvernement ; cependant il n'en est rien, mais il ne convient pas ici de traiter cette question d'économie politique.

On doit donc savoir gré à ceux qui exercent cette profession des efforts qu'ils font pour en soutenir l'honneur. Le jury est heureux de pouvoir signaler les importants progrès obtenus depuis la précédente exposition dans les diverses branches qui constituent l'imprimerie, tant à Paris que dans les provinces qui ne sont point restées en arrière de ce grand mouvement.

MÉDAILLE D'OR.

M. DUVERGER, à Paris, rue de Verneuil, 4.

A l'exposition de 1834, dont M. Charles Dupin fut rapporteur, il s'exprimait ainsi : « Lorsque les travaux de M. Duverger auront produit tous leurs effets, il aura droit à la récompense du premier ordre : dès à present, il est très-digne de la médaille d'argent. » Elle lui fut alors décernée pour ses premiers essais de composition et d'impression de la musique par le moyen de la typographie, et à l'aide de procédés fort ingénieux de son invention.

Depuis 1834, ce qui n'était encore qu'à l'état d'essai est tellement passé à l'état pratique, que les élèves et ouvriers de M. Duverger ont pu, en combinant une partie de ses procédés avec les anciens, établir une concurrence qui tourne au profit du public.

Les procédés de M. Duverger sont excellents, et il s'occupe toujours à les perfectionner. Depuis 1834, cet habile typographe a produit un grand nombre d'ouvrages de musique qui ont eu plusieurs réimpressions, entre autres le *Solfége de Rodolphe*, qui est aujourd'hui à sa neuvième édition, l'*Enseignement élémentaire de Wilhem*, etc., etc. Indépendamment des ouvrages que publie pour son propre compte M. Duverger, ou qu'il imprime pour les éditeurs, c'est chez lui ordinairement que les imprimeurs de Paris et des départements s'adressent lorsqu'ils ont des passages de musique à intercaler dans les ouvrages qu'ils publient.

Si M. Duverger s'était borné là, il aurait sans doute le droit de revendiquer les promesses qui lui ont été faites et qu'il a si bien réalisées; mais M. Duverger a voulu rendre un service non moins grand à l'étude de la géographie. Par un procédé très-simple et très-ingénieux, il incruste dans des tables de plomb des filets très-minces en cuivre, au moyen desquels il dessine avec beaucoup de précision les contours des rivages et des fleuves, puis partout où il est nécessaire, il applique les noms des villes et des pays, qu'il cliche et découpe, en les ployant de manière à ce que ces mots ne tiennent pas plus de place que sur les cartes gravées en taille douce. Ces mots sont soudés ensuite sur la table de plomb, en sorte que ces cartes, très-claires et très-lisibles, peuvent s'imprimer à la presse mécanique et économiser ainsi les trois quarts des frais qu'exige l'impression en taille douce. On est donc assuré d'avoir désormais, dans les écoles, des cartes géographiques à un très-bas prix; elles seront d'autant plus utiles pour l'étude, qu'on peut se procurer séparément : 1° les cartes avec le contour seul des mers et des rivières; 2° les mêmes avec les positions des villes; 3° les mêmes avec les noms de villes.

Ces cartes ne sauraient sans doute rivaliser, sous le rapport de la belle exécution, avec celles que M. Firmin Didot père exposa en 1829, et qui, par des procédés plus compliqués, et par conséquent plus dispendieux, offraient les grands avantages qui ont été signalés dans le rapport qu'en a fait alors M. Héricart de Thury, mais les résultats que M. Duverger a obtenus par des procédés différents, plus simples et plus économiques, n'en placent pas moins cet habile typographe dans une position exceptionnelle.

Comme imprimeur, il a publié un ouvrage d'un grand intérêt pour la typographie, et dont il a lui-même rédigé le texte. C'est l'Histoire de l'invention de l'imprimerie par les monuments, 1 vol. in-4°, offrant les fac-simile des premières impressions dès l'origine de l'imprimerie, qu'il a reproduites avec des caractères absolument identiques aux éditions *princeps* si rares et si recherchées des amateurs; ainsi on voit dans ce bel ouvrage le fac-simile, imprimé à s'y méprendre, de pages entières des deux Bibles publiées à Mayence par Guttemberg, avec des caractères différents. Ces caractères ont été gravés et fondus exprès, ce qui a occasionné de très-grandes dépenses à M. Duverger; mais il a pensé qu'on ne pouvait mieux célébrer la fête de l'inauguration de la statue de Guttemberg en 1840, que par la reproduction des œuvres attribuées à cet inventeur et fondateur de l'imprimerie typographique.

Nous rappellerons de plus que, lors de la révolution de juillet, M. Duverger prit la direction de l'imprimerie Royale, dès le 29 juillet. De pareils titres sont de justes droits à la médaille d'or que le jury lui décerne comme récompense des services qu'il a rendus à l'art typographique.

RAPPELS DE MÉDAILLES D'ARGENT.

MM. LACRAMPE et Cie, à Paris, rue Damiette, 2.

MM. Lacrampe et Cie ont obtenu, en 1839, la médaille d'argent que leur a méritée le soin constant qu'ils apportent à leurs impressions typographiques. Personne ne saurait les surpasser, par l'art avec lequel ils savent donner aux vignettes gravées sur bois tout l'effet qu'on en peut obtenir. C'est chez eux qu'a été imprimée la gravure sur bois exécutée par MM. Best et Leloir, d'après un dessin au lavis.

Le voyage en *Zig-Zag*, le livre de *Silvio Pellico*, les *Chansons de Béranger*, sont des chefs-d'œuvre typographiques.

L'édition de Racine, publiée par M. Lefèvre, prouve que MM. Lacrampe et Cie savent aussi bien imprimer les textes que les vignettes.

Rien de plus parfait que l'ouvrage intitulé : *Giselle*, où toutes les difficultés de la typographie sont réunies. Les tirages en couleur font de ce livre un œuvre hors de ligne quant à la beauté de l'impression.

Le jury apprécie les efforts que font MM. Lacrampe pour porter au plus haut degré de perfection leur imprimerie, qui a pris un grand accroissement depuis la précédente exposition. Elle occupe maintenant trente presses à bras et deux mécaniques, dont l'une imprime le journal *l'Illustration*. Le jury rappelle à MM. Lacrampe et Cie la médaille d'argent que leurs travaux leur ont si justement acquise.

M. PAUL DUPONT, à Paris, rue de Grenelle-Saint-Honoré, 55.

L'imprimerie et la librairie de M. Paul Dupont ont rendu de très-grands services à l'administration. La librairie spéciale qu'il a fondée est considérable et justement appréciée. Ses journaux, ses ouvrages et ses modèles ont puissamment contribué à donner aux maires et aux employés les moyens de simplifier leurs services administratifs, et de leur en rendre l'exécution plus facile.

L'imprimerie de M. P. Dupont est considérable : une machine à vapeur y met en mouvement six presses mécaniques; elle a de plus vingt presses à bras et treize presses lithographiques qui impriment quinze mille rames de papier.

Dans le rapport fait à la précédente exposition par un juge qui réunit le savoir de l'artiste à celui de l'érudit, sont établis les titres de chacun aux prétentions apportées à la typolithographie ou reports sur pierre des caractères d'imprimerie; jusqu'à présent ces procédés n'ont présenté dans les applications ni la perfection ni l'avantage qu'on en pouvait espérer. Cependant plusieurs ouvrages ont pu être complétés par les soins de M. Dupont, et plusieurs anciennes gravures sont reproduites avec succès. Les nouveaux procédés employés par son frère, M. Auguste Dupont, à Périgueux, sont appréciés à l'article *Lithographie*.

Les travaux constants de M. P. Dupont, les services qu'il rend à l'administration et l'importance de son établissement, sont de justes titres pour mériter le rappel de la médaille d'argent que le jury lui a décernée en 1839.

M. DESROSIERS, à Moulins (Allier).

M. Desrosiers s'est distingué parmi ceux qui, les premiers, ont donné dans les départements l'exemple du dévoûment à leur art, et n'ont pas craint d'entreprendre des ouvrages qui rivalisent avec ce que la capitale a produit de plus parfait; aussi a-t-il mérité que le jury récompensât ses travaux par la médaille d'argent qui lui fut décernée en 1834 et confirmée en 1839. M. Desrosiers mettant à contribution tous les talents des dessinateurs les plus célèbres, entreprend un ouvrage qui surpassera en importance et en mérite l'*Ancien Bourbonnais*, dont l'édition est maintenant épuisée. Cette entreprise a coûté 160,000 fr., et il est honorable pour la province, dont elle retrace l'histoire, d'avoir ainsi encouragé le zèle et le talent de l'éditeur.

Le nouvel ouvrage, dont M. Desrosiers a exposé les huit premières livraisons composant le premier tome de la description de l'*Ancienne Auvergne*, formera trois volumes, plus un atlas de 160 planches. L'expérience que M. Desrosiers a acquise par les travaux précédents s'est manifestée dans cette belle publication par de nouveaux progrès qu'il a appliqués également à d'autres ouvrages importants sortis de ses presses, tels que l'essai sur les *Églises romanes et romano-byzantines du Puy-de-Dôme*, etc.

Le jury apprécie les travaux et la persévérance de M. Desrosiers, qui sont dignes des plus grands éloges, et lui rappelle pour la troisième fois, avec distinction, la médaille d'argent qu'il a si bien méritée.

MÉDAILLES D'ARGENT.

MM. BÉTHUNE et PLON, à Paris, rue de Vaugirard, 36.

Leur établissement occupe un des premiers rangs parmi les imprimeries les plus distinguées de Paris. L'exécution typographique des nombreux ouvrages qui sortent de leurs presses est en général très-soignée. On peut juger de l'importance des produits de cette imprimerie, puisqu'elle a six presses mécaniques et vingt presses à bras. M. Plon, qui dirige plus particulièrement les travaux typographiques, a été dès l'enfance initié à toutes les parties de son art, en sorte que la pratique ne lui est pas moins familière que la théorie.

C'est chez MM. Béthune et Plon que M. Charpentier a fait exécuter presque toute sa collection d'ouvrages d'un format portatif contenant beaucoup de matières tout en étant agréable à lire; cette collection, connue sous le nom de *Bibliothèque Char-*

pentier, a lutté avec avantage contre les contrefaçons belges. On ne saurait rien voir de plus parfait en ce genre que le volume des poésies d'André Chénier imprimé à la mécanique, au prix de 7 fr. la rame.

Parmi le grand nombre d'ouvrages ornés de gravures en bois, imprimés par M. Plon, on remarque les *Faits mémorables de l'Histoire de France* avec des gravures en bois dessinées par V. Adam, une édition de *Roland Furieux*, l'*Iliade* et l'*Odyssée d'Homère*, etc.

L'ouvrage de Silvio Pellico, intitulé *Mes Prisons*, est d'une exécution fort remarquable.

Tout en louant la belle impression typographique du *Petit Carême* de Massillon, grand in-4°, on doit blâmer l'idée bizarre d'avoir songé à illustrer un tel ouvrage d'ornements en bois où sont représentés des objets qui n'ont et ne peuvent en effet avoir aucune analogie avec la gravité du texte.

Le jury récompense les travaux de MM. Béthune et Plon en leur accordant une médaille d'argent.

M. SILBERMANN, à Strasbourg (Bas-Rhin).

M. Silbermann, dont l'établissement date du siècle précédent, a acquis une grande importance et s'est toujours distingué par un zèle exemplaire pour l'art créé par Guttemberg, cette gloire de Strasbourg. M. Silbermann, lors de la fête célébrée en 1840 pour l'inauguration de la statue de l'inventeur de l'imprimerie, a cru de son devoir de publier à ses frais un album typographique présentant l'ensemble des progrès de l'art depuis quatre cents ans.

Les premières pages sont consacrées à un aperçu historique sur l'imprimerie et sur l'art de la gravure en bois depuis le xve siècle jusqu'au xviiie. M. Heitz, imprimeur à Strasbourg, pour enrichir cet album, a prêté les planches originales gravées sur bois qui datent du xve siècle. Par une série de gravures des diverses époques, on suit les progrès de cet art jusqu'à nos jours, où il est porté si loin par le burin des Brevière et de Best et Leloir, qui ont fourni à cet album plusieurs sujets parmi lesquels on remarque des planches d'insectes et d'animaux gravées en relief sur cuivre; le fini et la précision du burin n'y laissent rien à désirer. On y voit aussi une grande planche exécutée par le procédé nouveau de M. Tissier et stéréotypée par M. Bedeau; les armoiries concédées aux imprimeurs par l'empereur Frédéric III en 1470, qui sont imprimées typographiquement en diverses couleurs; la statue de Guttemberg, exécutée par plusieurs planches imitant les peintures en camaïeu; une page de musique d'une admirable perfection, exécutée par le procédé typographique de M. Duverger; les vignettes métriques de Petibon; celles de Deschamps, imprimées en couleur; les caractères chinois gravés et fondus par MM. Legrand; le caractère microscopique, gravé par M. Henri Didot pour l'inimitable édition d'Horace; un caractère simulant à s'y méprendre l'écriture allemande gravé par Lœulliet; les caractères fondus sur le moule polyamatype de H. Didot; enfin tout ce qui concerne le stéréotypage et le clichage se trouve réuni dans ce recueil, qui est terminé par un choix des plus beaux types orientaux de l'Imprimerie Royale. Le titre de l'ouvrage, exécuté par plusieurs planches, apportant chacune leur couleur, est parfait de goût et d'exécution ; il a été dessiné par M. Clerget, et les planches ont été gravées sur bois par M. Brevière.

Dans un autre genre, l'ouvrage intitulé *Code historique de la ville de Strasbourg*, ne laisse rien à désirer au goût le plus sévère. M. Silbermann a donné à cet ouvrage des soins tout particuliers, et portés jusqu'à un tel scrupule, que dans ce gros volume in-4°, il n'est aucun mot qui soit coupé en deux à la fin des lignes, difficulté typographique qui rendrait ce livre remarquable s'il ne l'était à tous autres égards.

M. Silbermann a donné une telle importance et une si grande perfection aux impressions typographiques en couleurs, qui font une spécialité remarquable de son établissement, que maintenant il exécute pour les pays étrangers des produits en ce genre qui étaient, il y a quelques années, fabriqués exclusivement par l'Allemagne et l'Angleterre.

Le jury appréciant les travaux de M. Silbermann lui décerne la médaille d'argent.

MM. DELCAMBRE et YUNG, à Paris, rue du Faubourg-Poissonnière, 5.

Les tentatives faites depuis longtemps en Amérique et en Angleterre pour remplacer par des claviers mécaniques le travail de l'ouvrier compositeur en lettres ont échoué jusqu'à présent. Un de nos plus savants imprimeurs, maintenant membre de l'Académie française, M. Ballanche, réitéra cette tentative à Lyon, il y a vingt ans; mais ses efforts ne purent vaincre les difficultés presque insurmontables que présente cette opération, où l'intelligence ne saurait être complétement remplacée par les systèmes mécaniques, quelque ingénieux qu'ils soient. Sans doute on parvient au moyen des touches d'un clavier, faisant mouvoir des tiges qui ouvrent une soupape, à faire tomber successivement les séries de lettres rangées au-dessus de chaque soupape. Puis, par des rainures creusées sur un plan incliné, ces lettres, à mesure qu'elles s'échappent, glissent et vont se rendre par des canaux divers dans un réservoir commun, où un petit taquoir mécanique les pousse dans un grand composteur en cuivre. C'est ce qu'on voit faire avec une grande satisfaction par la machine extrêmement ingénieuse de MM. Delcambre et Yung.

C'est déjà beaucoup d'avoir obtenu ce résultat; aussi ne saurait-on trop admirer cette charmante machine, qui remplit presque toutes les conditions désirables en ce qui concerne une des parties de la composition, qui consiste à lever la lettre. Cependant, malgré l'art avec lequel MM. Delcambre et Yung ont su combiner la longueur des canaux avec le temps plus ou moins long que met chaque lettre à les parcourir en raison de la pesanteur diverse des lettres, qui tantôt plus minces et tantôt plus épaisses, glissent plus ou moins rapidement, il arrive souvent que ces canaux s'engorgent par le concours de plusieurs lettres qui s'y rencontrent. Cet accident est occasionné soit par l'effet d'un mouvement un peu trop précipité de la personne qui exécute sur le clavier les mots qu'elle lit, soit par l'effet de quelque corps étranger attaché à la lettre, ce qui entrave sa marche, soit lorsqu'une lettre toute neuve glisse plus vite que celles qui sont moins lisses.

Pour obvier en partie à cet inconvénient, MM. Delcambre et Yung ont pratiqué à divers endroits sur un des côtés des canaux une ouverture assez grande pour que, lorsque deux lettres viennent à s'y rencontrer l'une d'elles puisse tomber par cette ouverture et laisse ainsi le passage libre à l'autre lettre qui continue sa course. Dans ce cas, il n'en résulte qu'une faute dans la composition provenant du manque de la lettre tombée, accident qui est réparé par la personne chargée de justifier les lignes à mesure que les caractères se rangent sur le grand composteur. Comme cette personne est obligée de relire la ligne, c'est alors qu'elle remplace la lettre manquante dans la composition. Mais ce qu'il y a de fâcheux, c'est que malgré cette ouverture ménagée pour éviter l'engorgement des canaux, cet accident se reproduit de temps en temps.

Malgré cet inconvénient, la machine de MM. Delcambre et Yung lève 3,500 lettres par heure, soit pour une journée de dix heures 35,000 lettres; la personne qui touche le clavier pourrait même faire descendre un plus grand nombre de lettres, mais elle est obligée de s'arrêter de temps en temps pour attendre que la personne qui justifie les lignes et fait les corrections puisse suivre la rapidité de son exécution.

Un ouvrier compositeur travaillant à sa casse peut lever dans sa journée (dix heures de travail) 10,000 lettres. Les ouvriers qui composent les journaux sont tenus de lever 1,500 lettres à l'heure; mais indépendamment de l'opération de lever la lettre, l'ouvrier, à mesure qu'il compose, justifie ses lignes, corrige les fautes qu'il commet, puis il distribue les caractères dans les casses pour pouvoir continuer son travail avec les matériaux qu'il range au fur et à mesure de ses besoins.

Pour les 10,000 lettres qu'il compose dans sa journée l'ouvrier reçoit . . . . 5 fr.

Ainsi, par la méthode ordinaire, 35,000 lettres coûteraient. . . . 17 fr. 50 c. (1)

---

(1) Pour obtenir les mêmes résultats par la machine à composer de MM. Delcambre et Yung, si on employait des ouvriers, il faudrait :

1° Un ouvrier touchant le clavier. . . . . 5 fr.
2° Un ouvrier justifiant les lignes. 5
3° Un ouvrier pour corriger les fautes commises par l'ouvrier qui touche le clavier, et réparer le trouble apporté par l'engorgement des lettres dans les canaux. 5
4° Un ouvrier pour distribuer les lettres dans les casses. 5
5° Un ouvrier pour placer sur des longs composteurs en bois les lettres distribuées dans les casses. 5
6° Un enfant pour saisir avec des pinces les caractères placés sur les composteurs en bois, et les insérer dans les rainures affectées à chaque lettre qui sont placées au-dessous des touches. 2

Total. 27

Il faut, en outre, compter le temps qu'exige la composition,

Au moyen de la machine de MM. Delcambre et Yung, et en remplaçant par des femmes et des enfants le travail des ouvriers compositeurs, on obtiendrait une réduction de 4 à 5 fr. sur ce prix de 17 fr. 50 c.; mais cet avantage sera-t-il assez grand pour décider les imprimeurs, surtout en province où le prix payé aux compositeurs est moindre qu'à Paris, à adopter ces mécaniques ingénieuses? Le temps nous l'apprendra.

Peut-être MM. Delcambre et Yung, qui, avec tant de persévérance et de talent, ont déjà vaincu de grandes difficultés, pourront parvenir à éviter les engorgements des caractères dans les canaux et trouver quelques moyens économiques pour la distribution des caractères. Déjà peu de jours avant la clôture de l'Exposition, M. Chaix a présenté une machine au moyen de laquelle l'ouvrier distribuerait les caractères d'après le procédé ordinaire, mais dans des casses à trémie d'où les lettres en retombant iraient d'elles-mêmes se ranger sur un composteur, ce qui supprimerait une des opérations exigées par le système de MM. Delcambre et Yung. D'autres systèmes sont annoncés et même sont en

---

par les procédés ordinaires, des mots en petites capitales, des signes mathématiques, etc., qui ne peuvent trouver place dans cette machine.

Mais comme par ce procédé une partie du travail est moins pénible que celui de la composition par la méthode ordinaire, on peut le faire exécuter par des femmes, et diminuer par conséquent le prix de moitié; c'est ce que font MM. Delcambre et Yung. Dans l'imprimerie de M. Lévi, où travaille une de leurs machines, ce sont des femmes qui font toutes les opérations, et il en résulte une diminution considérable.

voie d'exécution ; on peut donc espérer qu'à l'exposition prochaine cette importante question pourra peut-être se voir résolue. En attendant, le jury apprécie le mérite de la machine de MM. Delcambre et Yung, auxquels il accorde comme récompense la médaille d'argent.

RAPPEL DE MÉDAILLE DE BRONZE.

MM. BEAULÉS frères, à Paris, rue Saint-Julien-le-Pauvre, 4.

Les certificats des imprimeurs les plus en renom de Paris, attestent que les diverses qualités d'encre fabriquées par MM. Beaulés frères, sont de très-bonne qualité. MM. Beaulés frères sont en effet avantageusement connus par le soin qu'ils apportent à leurs produits qui sont recherchés même à l'étranger. Un nouveau procédé adopté récemment donne l'espoir que les encres, même d'un prix très-modique, ne jauniront plus, et en effet, on a remarqué déjà une grande amélioration à cet égard; mais elle doit être confirmée par un plus long usage pour que le jury puisse proclamer la complète réussite de ce procédé.

MM. Beaulés frères méritent à tous égards le rappel de la médaille de bronze que le jury leur décerne.

MÉDAILLES DE BRONZE.

MM. SCHNEIDER et LANGRAND, à Paris, rue d'Erfurth, 1.

Leur imprimerie se recommande par son importance et par les belles éditions qui sont sorties de ses presses. Nous citerons, entre autres, l'ouvrage intitulé : le *Jardin des Plantes*, publié par M. Dubochet. MM. Schneider et Langrand ont exposé un tableau représentant divers sujets tels que l'intérieur de Saint-Étienne-du-Mont, qui semble être colorié à la main, mais qui est le résultat de l'impression de vingt-huit planches gravées sur bois, qui chacune apporte sa couleur. C'est pour la première fois que MM. Schneider et Langrand exposaient, et le jury se plaît à proclamer que leur imprimerie se place déjà parmi les plus renommées. Une médaille de bronze est accordée à leurs travaux à titre de récompense.

M. MIGNÉ, à Châteauroux (Indre).

M. Migné, imprimeur à Châteauroux, exposait pour la première fois, et vient prendre avec honneur son rang parmi les typographes distingués. Le livre qu'il publie, intitulé : *Esquisses pittoresques du département de l'Indre*, est très-bien conçu et très-bien exécuté. M. Migné a eu l'heureuse idée d'encadrer son texte d'ornements composés de tout ce que son département offre de plus intéressant; ici il emprunte une frise, là une armoirie, un costume, un dolmen, des ornements gothiques, des chapiteaux et détails d'architectures, des bas-reliefs, des sceaux, des monnaies, des boiseries, etc. Des vues plus complètes sont placées au haut et au bas des pages, d'autres sont publiées séparément par lithographie, en sorte que dans ce département, il n'est rien qui ne soit reproduit dans cet ouvrage.

Pour obtenir ce résultat, M. Migné a fait parcourir tout le département par des dessinateurs, et il a introduit la lithographie à Châteauroux, où elle n'existait pas. Par la réunion de ces arts divers, M. Migné a fait un fort beau livre qui mérite nos éloges.

Le jury proclame le mérite de M. Migné, et lui décerne une médaille de bronze.

M. CRÉTÉ, à Corbeil (Seine-et-Oise),

A exposé plusieurs ouvrages qui recommandent cette imprimerie établie en 1829, et qui occupe maintenant dix presses et deux mécaniques. Ses livres d'église avec ornements gravés en bois, et quelques autres impressions rehaussées d'or, prouvent que cet établissement peut rivaliser avec ceux de Paris.

Dans les impressions exécutées en couleurs diverses, M. Crété a prouvé qu'il pouvait exécuter les choses les plus difficiles.

Le jury lui décerne une médaille de bronze.

MM. ARDANT frères, à Limoges (Haute-Vienne).

L'établissement de MM. Ardant frères, à Limoges,

rend de grands services à l'instruction par la modicité des prix auxquels il publie les livres qui s'y fabriquent. L'exécution en est satisfaisante et ne dépasse pas le but auquel ils sont destinés.

Neuf presses et deux doubles mécaniques, mues par une machine hydraulique de la force de six chevaux, produisent une fabrication qui s'élève à 500,000 francs, ce qui suppose qu'un nombre au moins aussi considérable de volumes de piété et d'éducation, sont imprimés dans cet établissement. Le jury accorde à MM. Ardant frères une médaille de bronze.

MM. BARBOU frères, à Limoges (Haute-Vienne).

Depuis 1568, la famille des Barbou s'est distinguée dans la typographie; les éditions qu'ils exécutent à Limoges, sont remarquables par la modicité des prix. Chaque année, il sort de leurs ateliers un million de volumes grands ou petits dont la valeur est de 370,000 francs environ. Cent quinze ouvriers sont employés à leur imprimerie typographique, à leur imprimerie en taille douce et à leur fonderie de caractères ainsi qu'à leurs ateliers de reliure. Leur établissement occupe trois presses mécaniques, sept presses à bras, deux presses en taille douce, et deux fourneaux pour leur fonderie stéréotype. Il s'y consomme dix-sept mille rames de papier.

Le jury décerne à MM. Barbou frères une médaille de bronze.

M. CHARDON jeune, à Paris, rue Racine, 3.

M. Chardon jeune a monté un établissement très-important pour l'impression des planches gravées en taille douce. Chez lui, une machine à vapeur est employée pour broyer le noir et lui donner le brillant qu'on remarque dans les gravures anglaises. Ses presses en fer sont d'une parfaite exécution. L'emploi des fourneaux, pour chauffer les planches gravées, a été remplacé par des tuyaux chauffés à la vapeur.

Les impressions exposées par M. Chardon jeune, particulièrement celles qui sont dites à la *manière noire*, sont très-remarquables et ne craignent point la comparaison avec ce qui a été fait de mieux en Angleterre, qui longtemps a excellé pour ce genre d'impression. Personne n'a surpassé M. Chardon jeune pour l'impression en couleur des planches en taille douce. Le jury lui décerne une médaille de bronze.

Madame veuve BOUCHARD-HUZARD, à Paris, rue de l'Éperon, 7.

L'imprimerie et la librairie de madame veuve Bouchard-Huzard, sont connues depuis longtemps par les ouvrages destinés principalement à l'agriculture et à l'administration. Elle a exposé cette année un exemplaire du Panorama d'Egypte, qui est fort bien exécuté, et qui prouve que l'établissement de madame veuve Bouchard-Huzard est toujours en voie de progrès.

A l'exposition précédente, le jury avait accordé à madame veuve Bouchard-Huzard une mention honorable. Il lui accorde maintenant la médaille de bronze.

MENTIONS HONORABLES.

M. ARISTIDE, à Paris, rue Coquillière, 20.

M. Aristide est le premier qui ait apporté des soins tout particuliers à l'impression des gravures sur bois, et il a contribué par son exemple aux progrès que l'art typographique a faits en ce genre. Parmi les belles impressions qu'il a exposées, il est une gravure sur bois représentant la colonie agricole de Mettray, qui a tiré cent cinquante mille exemplaires. Les beaux tirages de M. Aristide sont exécutés par la presse mécanique de M. Dutartre.

Le jury accorde une mention honorable aux travaux de M. Aristide.

M. CHAIX, à Paris, rue de Grenelle-Saint-Honoré, 55.

M. Chaix a exposé un appareil pour laver les formes de caractères qui ont servi à l'impression. Il en sera rendu compte à l'article des machines. L'appareil qu'il nomme *distributeur mécanique*, n'a paru que peu de jours avant la clôture de l'exposition. C'est une tentative ingénieuse pour abréger une opération exigée par la machine à composer de MM. Delcambre et Yung. En effet dans celle-ci, pour pouvoir replacer les lettres dans les réservoirs placés au-dessus des touches du clavier, on est obligé de les ranger auparavant sur un long composteur en bois. La machine à distribuer qu'a exposée M. Chaix pourra obvier à cet inconvénient, puisque l'ouvrier compositeur n'a qu'à placer dans chaque godet la lettre qu'il est destiné à recevoir, pour que cette lettre aille se ranger d'elle-même dans des rainures d'où un ouvrier peut les prendre avec une pince et les reporter dans le réservoir placé au-dessus des touches du clavier. Reste à savoir combien de temps exigera à l'ouvrier le placement soigneusement fait et toujours dans le même sens, de chaque lettre, opération à laquelle ne sont pas astreints les compositeurs qui, par la méthode ordinaire, distribuent la lettre dans leur casse avec rapidité. L'usage fera connaître si ce procédé offre un avantage réel.

M. Chaix annonce une machine de son invention au moyen de laquelle un seul ouvrier pourra composer, justifier, corriger et surveiller la réunion des lettres. En attendant que le temps constate l'utilité des machines exposées ou annoncées par M. Chaix, le jury leur accorde une mention honorable.

M. MEYER, à Paris, rue Saint-Benoît, 7.

L'impression typographique en couleur a fait des progrès à Paris et dans plusieurs villes des départements. Ainsi, à Strasbourg, M. Silbermann a exécuté avec succès par ce procédé des imitations de vitraux. Il y a dix ans, c'était en Allemagne et même en Angleterre, que les négociants français faisaient imprimer en couleur les étiquettes, adresses et enveloppes, etc., destinées aux objets de commerce. Maintenant quelques imprimeurs se sont livrés à ce genre de travaux qu'ils exécutent avec succès, et ils ont naturalisé chez nous cette branche d'industrie.

Les procédés ingénieux dits à *la congrève*, employés avec succès en Angleterre, n'ont point réussi en France, où on se borne à imprimer à plusieurs reprises avec des planches dont chacune apporte sa couleur; par ce moyen plus simple, mais plus dispendieux, des résultats très-satisfaisants ont été obtenus.

M. Meyer a exposé un grand assortiment de vignettes, titres, couvertures, adresses, imprimés en couleur avec beaucoup de succès. On remarquait l'impression des armes d'Angleterre et de la maison d'Orléans, exécutées au moyen de plusieurs planches en bois gravées par Brevière, en couleurs très-vives. Parmi les armes, devaient figurer celles que l'empereur Frédéric III octroya aux imprimeurs en 1470 et qu'il leur dessina lui-même (1). On sait que les empereurs d'Allemagne faisaient partie d'une des corporations des arts et métiers, et que l'empereur Frédéric III, admirant l'invention toute récente de l'imprimerie, voulut faire partie de cette naissante corporation (2).

Le jury apprécie les impressions en couleur de M. Meyer, et lui décerne une mention honorable.

MM. DORÉ et Cie, à Paris, rue du Faubourg-Poissonnière, 113.

MM. Doré et Cie ont créé, en 1840, pour la fa-

---

(1) On peut dire que l'imprimerie fut traitée d'une manière royale et princière par cet empereur, qui avait une imprimerie dans son palais. Le casque qui domine les armes des imprimeurs est, en blason, un attribut dont les seules armes royales et princières peuvent être surmontées.

(2) La maison de Brandebourg adopta cet usage des empereurs d'Allemagne de se faire inscrire parmi les membres d'une des corporations industrielles. On sait que Frédéric le Grand appartenait à la classe des tourneurs.

brication des encres, un établissement fort bien conçu et qui prend tous les jours un plus grand accroissement. Une machine à vapeur met en mouvement dix machines à broyer l'encre. Au moyen d'un vernis dans lequel ils introduisent de la térébenthine de Venise, et d'un filtre pour épurer le noir qu'ils calcinent, et dans lequel ils introduisent du bleu par un moyen chimique, ils obtiennent de très-belle encre dont les prix varient depuis 20 fr. jusqu'à 12 fr. 50 cent. le kilogramme. Plusieurs chefs d'imprimeries importantes attestent le mérite des encres de MM. Doré et Cie auxquelles le jury accorde une mention honorable.

CITATIONS FAVORABLES.

M. LAMBERT, à Paris, rue Basse-du-Rempart, 26.

Les impressions de M. Lambert méritent d'être citées par la pureté de leur exécution. Tout ce que M. Lambert a exposé est imprimé sous la presse mécanique de M. Dutartre. Le jury croit devoir recommander les travaux de M. Lambert en les citant favorablement.

M. ANNER, à Brest (Finistère),

A exposé en un volume in-4° les tables de Logarithmes de Mendoza. Il eût été à désirer que M. Anner, au lieu de chiffres dits *anglais*, eût préféré, pour des pages aussi chargées de chiffres, l'emploi des chiffres ordinaires. Il est reconnu que la lecture des chiffres anglais est plus difficile en raison de leur uniformité de grandeur. C'est en quelque sorte comme si on imprimait un livre tout en lettres capitales, au lieu d'employer le caractère ordinaire, dit *bas de casse*.

Le jury pense devoir accorder à M. Anner la citation favorable.

M. SUWERINCK, à Bordeaux (Gironde).

M. Suwerinck, imprimeur à Bordeaux, a exposé un tableau synoptique présentant *le résumé général de l'Histoire des peuples, des cultes, et de la civilisation* qui offrait des difficultés d'exécution, et qui mérite d'être cité favorablement.

MM. TRÉNEL et CAYON-LIÉBAUD, à Saint-Nicolas, près Nancy (Meurthe),

Ont établi une imprimerie à Saint-Nicolas, près Nancy. Lorsque, au XVe siècle, l'imprimerie fut introduite en Lorraine, ce fut à Saint-Nicolas que les premières presses travaillèrent. Depuis le XVIIe siècle, il n'existait plus d'imprimerie en cet endroit. MM. Trénel et Cayon-Liébaud viennent de l'y rétablir. Parmi les ouvrages qu'ils ont envoyés à l'exposition, figurait une édition qu'ils ont faite de la Chronique de Richer, format in-4° qui mérite la citation favorable que le jury accorde à cette imprimerie naissante.

MM. BALIVET et FABRE, à Nîmes (Gard),

Ont à Nîmes une imprimerie qui mérite d'être citée favorablement.

M. VERRONNAIS, à Metz (Moselle).

M. Verronais, qui a succédé à son père, a augmenté l'importance de son établissement en joignant à son imprimerie la lithographie et la librairie. Ses publications sont consacrées particulièrement à l'histoire du pays Messin, et méritent d'être citées favorablement par le jury.

MM. ROYOL et DEPIERRIS, à Paris, rue des Quatre-Vents, 6,

Ont exposé de nouveaux rouleaux typographiques qui paraissent offrir quelque avantage sur ceux qui ont été employés jusqu'à présent. Les rouleaux qui depuis quinze ans ont remplacé les anciens tampons en peau de chien, n'ont pas encore atteint le dernier degré de perfection désirable : la mélasse et la gélatine dont ces rouleaux sont formés les rend extrêmement hygrométriques, et les inconvénients qui en résultent sont trop fâcheux pour qu'on ne cherche pas avec persévérance à les améliorer. Les essais de MM. Royol et Depierris ont produit de bons effets depuis quelques mois qu'on en a fait l'essai dans quelques imprimeries. MM. Lacrampe et Cie ont déclaré s'en servir avec succès depuis cinq mois.

§ GRAVURE SUR BOIS, SUR CUIVRE, EN RELIEF ET EN CREUX; SUR ÉTAIN ET SUR ZINC; GRAVURE DE CYLINDRES.

Considérations générales.

Il est à remarquer que la gravure sur bois ne commence à prendre de l'importance en Angleterre que du moment où la machine à papier y est mise en activité; c'est-à-dire quinze ans avant que la paix générale nous restituât cette invention française. Lorsque le papier mécanique commence à se répandre chez nous, la gravure sur bois y prospère aussi et s'accroît proportionnellement aux progrès de la fabrication du papier continu. En effet, ces deux arts sont liés ensemble; sans doute très-anciennement on gravait sur bois, mais on peut juger par les planches que nous ont laissées les anciens graveurs, combien ceux-ci, pour faire concorder leur travail avec la fabrication imparfaite du papier, étaient obligés de recourir à des tailles fortes et larges qui ne permettaient de reproduire aucun de ces effets qui rivalisent quelquefois avec la taille-douce; pour les obtenir, il fallait cette égalité infaillible du papier continu et cette science dans la combinaison des pâtes qui empêche le papier d'être ni transparent ni revêche à l'impression; il fallait aussi des presses en fer d'une régularité parfaite et des encres perfectionnées.

La gravure sur cuivre en relief imitant la gravure sur bois avec une grande perfection, a fait, à cette exposition, de nouveaux progrès. L'avantage de préparer sur le cuivre avec des acides les tailles les plus fines du dessin que le burin du graveur creuse ensuite au degré nécessaire pour l'impression typographique, permet d'obtenir par ce genre de gravures des résultats plus délicats qu'on ne le pourrait par la gravure sur bois. Celle-ci se trouverait même gravement menacée par la gravure en relief sur cuivre qui est à l'abri des accidents auxquels les bois sont exposés lorsqu'on veut les multiplier par le clichage, si heureusement un procédé tout nouveau, inventé par M. Michel, pour obtenir en matière bitumineuse la reproduction des gravures sur bois, ne les eût préservées contre les dangers du polytypage.

Nos graveurs exécutent maintenant un grand nombre de planches, soit en bois soit en cuivre, pour les pays étrangers et même pour l'Angleterre, d'où nous venaient celles qui ont servi longtemps à nos publications dites *illustrées*. La Russie, l'Allemagne, l'Espagne, l'Italie et le Mexique s'approvisionnent de clichés de ces gravures qui ornent nos ingénieuses publications, dont les traductions sont partout multipliées.

Les bénéfices résultant de ces ventes de clichés à l'étranger permettent à nos éditeurs de consacrer des sommes de plus en plus considérables à ce genre de gravures, et il en résulte une perfection toujours croissante. Les dépenses pour un seul volume dépassent quelquefois cent mille francs, mais la vente est considérable, tant est devenu impérieux dans un siècle aussi impatient et aussi économe du temps, le besoin de voir d'un coup d'œil tout ce que la lecture ne nous expliquerait que plus longuement et en exigeant plus de peine.

Beaucoup de procédés nouveaux de gravures en relief ont été tentés. Quelques-uns ont produit des résultats satisfaisants, mais le temps ne les a pas encore sanctionnés.

MÉDAILLE D'OR.

MM. BEST, LELOIR et Cie, à Paris, rue Poupée-Saint-André-des-Arts, 7,

Ont résolu le problème fort difficile de maintenir la perfection de l'art, tout en l'appliquant à l'industrie en grand. Le nombre immense de gravures que MM. Best, Leloir et Cie ont exécutées, et dont ils ont exposé une partie, est extrêmement remarquable par la pureté du burin et l'heureux effet de l'ensemble. Ces habiles artistes savent conserver aux figures leur caractère, ainsi qu'on en peut juger par la représentation du tableau de *la Mort de la fille du Tintoret*, etc. Jamais avant eux l'architecture n'avait été aussi correctement reproduite par le moyen du bois; la perfection des détails ne nuit point à l'effet de l'ensemble. On en doit dire autant des paysages; enfin les animaux et les détails anatomiques sont reproduits avec une rare perfection. Or, pour pouvoir suffire aux besoins qui chaque année s'accroissent avec une rapidité telle, que ce seul établissement produit cinq cents gravures par mois, il était à craindre que l'influence de la *fabrique* ne prédominât sur *l'art*. Heureusement il n'en est rien, et bien que les exigences du commerce ne leur permettent pas de finir tout avec le même soin, cependant le sentiment de l'art n'est jamais sacrifié.

MM. Best et Leloir sont les premiers qui, renonçant à s'astreindre à couper sur le bois les tailles indiquées par le dessinateur et à n'être en quelque sorte qu'un instrument habile, mais servile, ont gravé des planches importantes sur bois d'après des dessins faits au lavis, ce qui, par conséquent, laisse au graveur tout à deviner pour rendre l'effet avec son burin; cette difficulté n'en a pas été une pour eux. Par là ces habiles artistes se sont placés dans une position exceptionnelle.

Comme objet d'art, le jury mentionne les gravures dites *en camaïeu*, exécutées par MM. Best et Leloir pour l'inauguration de la statue de Guttemberg. Au moyen de plusieurs planches, ils ont obtenu des effets très-satisfaisants.

Leurs gravures en relief sur cuivre sont d'un fini et d'une précision tels, que très-souvent la taille douce ne saurait les surpasser ; et comme ce genre de gravure peut se reproduire éternellement par le polytypage, et qu'il est spécialement consacré aux objets d'histoire naturelle et d'anatomie, il en est résulté que les Manuels enrichis de ces gravures sur cuivre ou sur bois sont devenus beaucoup plus complets et plus instructifs sans que le prix en soit augmenté. C'est un véritable service que la gravure en relief a rendu aux études.

MM. Best et Leloir ne gravent pas seulement pour Paris et les départements ; leurs produits sont tellement recherchés, que même en Angleterre, où l'art de la gravure sur bois a été porté si loin, chaque mois ils envoient un grand nombre de gravures, qui, loin de redouter la comparaison, sont au moins égales et souvent supérieures à ce qu'on fait de mieux maintenant à Londres.

MM. Best et Leloir, qui, en 1834, ont obtenu la médaille de bronze, et celle d'argent en 1839, méritent à cette exposition une médaille d'or que le jury leur décerne.

RAPPEL DE MÉDAILLE D'ARGENT.

MM. FELDTRAPPE frères, à Paris, rue du Faubourg Saint-Denis, 152,

Ont obtenu en 1839 une médaille d'argent pour la perfection avec laquelle ils gravent à la molette leurs cylindres pour l'impression des étoffes. Leurs moirés surtout sont très-remarquables. MM. Feldtrappe frères ont gravé sur un cylindre l'empreinte d'un billet de banque (celui de la banque Laffitte). Une feuille de papier continu venant s'imprimer sur ce cylindre à mesure qu'elle se fabrique, est recouverte par une autre feuille de papier blanc qui se superpose sur cette feuille imprimée, en sorte que l'impression du billet de banque se trouve intercalée entre ces deux feuilles.

MM. Feldtrappe frères ont exposé en outre un grand nombre d'objets fort remarquables, qui leur méritent de plus en plus le rappel de la médaille d'argent qu'ils ont si bien méritée.

MÉDAILLES D'ARGENT.

M. BARRE, à Paris, hôtel des Monnaies, quai Conti, 11.

M. Barre, graveur général des monnaies, a exposé trois billets de banque exécutés en acier pour la banque de France et la banque de Rouen. M. Barre, connu comme très-habile graveur de médailles, s'est adonné également à la gravure en relief destinée à l'impression des billets de banque. Dans ces nouveaux billets, il s'est efforcé de déjouer, par des combinaisons artistiques, tous les efforts qu'on pourrait tenter pour les contrefaire, et le meilleur moyen, celui qui l'emporte sur tous, c'est la perfection.

De tous les procédés employés jusqu'à présent, la gravure en relief appliquée à la typographie est celle qui offre le plus de sécurité. En effet la rigidité d'aspect produite par la gravure sur acier, et les effets du foulage lors de l'impression, sont impossibles à rendre par le dessin à la plume, la taille douce, l'eau forte ou la lithographie; la gravure sur bois ne donnerait point non plus une reproduction identique des planches d'acier gravées et imprimées typographiquement.

Depuis quelques années, on trouve le moyen de transporter toutes les impressions typographiques sur la pierre, et par conséquent de les reproduire; mais les procédés connus n'ont donné que des résultats assez grossiers; la finesse des tailles n'y peut être reproduite; sur la pierre lithographique elles sont écrasées et s'élargissent.

M. Barre, après de sérieuses réflexions, a adopté les meilleurs procédés; et en accumulant les difficultés capables de décourager les faussaires, il a couvert ses dessins de travaux tantôt forts et serrés, tantôt très-légers, et pour ainsi dire fugitifs. Le talent qu'il a apporté à ces travaux longs et minutieux est de toutes les garanties la plus efficace. Le jury le reconnait, et décerne à M. Barre une médaille d'argent.

M. BUIGNIER, à Paris, rue des Vertus, 20.

En 1836, M. Buignier mit à exécution un procédé qui lui est particulier, par lequel il reproduit en fonte avec une grande perfection les objets de bijouterie et même d'art, dont on lui remet soit l'original (par exemple un insecte, un scarabée, un lézard, etc.), soit des modèles en plâtre ou en cire. Il les moule avec une rare perfection, puis il fait durcir la fonte qu'il en retire, de telle manière qu'elle peut être enfoncée dans des coins ou matrices en acier à de très-grandes profondeurs. Ces coins ou matrices en acier servent ensuite de moule pour reproduire en un autre métal, tel qu'argent, cuivre ou plomb, les objets qu'on peut ainsi multiplier à l'infini, et dont M. Buignier donne une reproduction identique.

Le prix de revient de ces matrices, alors même que le modèle est très-ouvragé (car M. Buignier exécute aussi bien les plus riches comme les plus simples modèles), est de 10 fr. le kilogramme, y compris l'acier forgé.

Depuis le 1er janvier 1841, M. Buignier exécute *gratuitement* ces matrices pour le commerce de la bijouterie, ne se réservant pour les estampages que la préférence à prix égal sur ses confrères estampeurs à façon. Comme c'est à M. Buignier que l'on s'adresse généralement, et qu'on apporte des modèles à exécuter, la collection de matrices qu'il a obtenues par son procédé s'élève déjà à plus de 500 pièces. Elle doit former par la suite un ensemble très-curieux et fort utile.

En 1839, le jury a décerné à M. Buignier une médaille de bronze. Il a depuis simplifié et perfectionné ses moyens d'exécution, et leur a donné une plus grande extension. Le jury de 1844 lui décerne une médaille d'argent.

RAPPELS DE MÉDAILLES DE BRONZE.

M. CHERRIER, à Paris, rue Christine, 3.

M. Cherrier est un graveur de talent. En 1839, il a obtenu la médaille de bronze qu'il continue à mériter, et que le jury lui rappelle pour les belles gravures sur bois qu'il a exposées.

M. LACOSTE aîné, à Paris, rue des Marais-Saint-Germain, 20.

M. Lacoste aîné a exposé un grand nombre de vignettes qu'il grave sur bois, et dont il vend les clichés à toutes les imprimeries de France et de l'étranger. Le jury, appréciant les constants efforts de M. Lacoste aîné, lui rappelle la médaille de bronze qu'il a obtenue en 1834, et qui lui a été rappelée déjà en 1839.

Madame veuve LEBLANC, à Paris, rue du Faubourg-Saint-Martin, 41.

Madame veuve Le Blanc a exposé plusieurs cadres contenant des gravures de dessins industriels et de machines fort exactement reproduits, et dont la belle exécution mérite à madame veuve Le Blanc le rappel de la médaille de bronze qu'elle a obtenue à l'exposition de 1839.

M. CLICQUOT, à Paris, rue Beaubourg, 50.

Pour exécuter les gravures qu'il a exposées il faut une grande habileté et un outillage considérable.

Au moyen de molettes qu'il grave avec beaucoup de soin, les plaques de métaux se couvrent en relief de dessins variés, qu'on pourrait difficilement obtenir par l'estampage. Il faudrait souvent recourir à la fonte pour obtenir une foule d'objets que M. Clicquot exécute beaucoup plus vite et plus économiquement au moyen de ses molettes qui sont d'une grande dimension.

Le jury récompense les travaux remarquables de M. Clicquot en lui accordant le rappel de la médaille de bronze qu'il a obtenue en 1839.

MÉDAILLES DE BRONZE.

M. BRUGNOT, à Paris, rue Saint-Germain-des-Prés, 11.

Les gravures sur bois exposées par M. Brugnot, sont très-remarquables. Elles le placent au rang de nos plus habiles artistes en ce genre. Les figures des personnages y conservent leur caractère, ce qui est fort difficile. Rarement les graveurs sur bois évitent cet écueil.

Le jury accorde à M. Brugnot une médaille de bronze.

M. DESHAYES, à Paris, rue du Foin-Saint-Jacques, 8,

A exposé des répétitions de gravures en taille-douce qu'il obtient par un procédé qui lui est particulier. M. Deshayes a successivement perfectionné sa découverte, et a soumis au jury des résultats qui méritent d'être signalés.

Après douze années de recherches, M. Deshayes est parvenu sans le secours des procédés de l'électrotypie ou du daguerréotype, à obtenir une répétition d'une gravure en taille-douce sur cuivre. En sorte que par ce moyen, on pourrait reproduire indéfiniment une planche gravée en taille-douce sur cuivre. Il suffirait de la conserver comme *étalon*, pour servir à en reproduire de nouvelles, soit en cuivre, soit même en acier, à mesure que le tirage aurait usé une de ces reproductions.

M. Deshayes a présenté des fac-simile de plusieurs planches gravées *sur cuivre* dont il a obtenu des répétitions soit en cuivre, soit en acier. Or, on sait qu'une gravure en taille-douce sur acier peut tirer 30,000 exemplaires, sans subir de notables altérations.

En comparant les originaux et les reproductions ainsi que les impressions sur papier qui en résultent, l'examen a été favorable à cette nouvelle découverte, que M. Deshayes espère perfectionner encore.

Malheureusement M. Deshayes ne peut jusqu'à présent multiplier par son procédé que des planches dont la grandeur ne dépasse pas celle d'un décimètre.

M. Deshayes emploie particulièrement son procédé pour reproduire sur les couverts d'argent, et sur la vaisselle, les armoiries ou cachets qu'on était obligé auparavant de faire ciseler.

Cette découverte peut s'appliquer aux besoins du

commerce pour talons de lettres de change, etc., et pourrait peut être trouver une application pour les billets de banque. Si M. Deshayes parvient à reproduire parfaitement toute gravure en taille-douce, son procédé aurait le plus grand résultat. Le temps décidera à l'exposition prochaine du degré d'importance de cette découverte. Le jury apprécie les travaux de M. Deshayes, et lui accorde une médaille de bronze.

M. TISSIER, à Paris, quai Napoléon, 27,

S'occupe depuis longtemps de perfectionner la gravure en relief sur pierre, pour pouvoir lutter avec les gravures sur bois. Il est en effet parvenu par son procédé, qui a beaucoup d'analogie avec celui que Senefelder a indiqué, et que MM. Duplat et Girardet ont mis à exécution avant lui, à obtenir des résultats satisfaisants, mais qui ont besoin encore d'être plus répandus pour savoir jusqu'à quel point ce mode de gravure sur pierre, peut l'emporter sur celle sur bois. Parmi plusieurs gravures exposées par M. Tissier, il en est deux représentant des paysages qui ont servi au Voyage en *zigzag*, publié par M. Dubochet. Elles ont un véritable mérite, et peuvent être comparées aux autres belles gravures sur bois qui ornent ces ouvrages. Elles ont même l'avantage d'offrir un genre d'effet par le croisement des tailles, qu'il serait difficile et souvent impossible d'obtenir sur bois. A la prochaine exposition on pourra mieux juger de l'avantage qu'offre ce procédé, qui est en voie de progrès, mais qui n'a pas encore tenu tout ce qu'il promet.

M. Tissier a fait des applications de ce procédé à des gravures qu'il peut multiplier à l'infini par les polytypages, même dit-il au moyen de l'électrotypie. La commission instituée par M. le ministre des finances, pour l'exécution des papiers de sûreté, appréciera la valeur de ces essais ingénieux.

Le jury accorde une médaille de bronze à M. Tissier.

M. KRAFFT, à Paris, rue du Faubourg-Saint-Denis, 82.

M. Krafft a présenté plusieurs cylindres gravés à la molette avec beaucoup de talent, et qui sont le résultat d'une grande habileté. Ces cylindres gravés à une et plusieurs couleurs, sont combinés avec art, de manière à obtenir une intensité de couleur qui est remarquable. Il s'occupe aussi de faire des gauffrages sur toile pour couvertures de livres, à l'imitation de ces toiles gauffrées, qui en Angleterre sont d'un si grand usage pour la couverture de presque tous les livres.

Le jury accorde une médaille de bronze à M. Krafft.

M. BOUVET, à Paris, rue Castiglione, 12.

Le jury a remarqué la finesse d'exécution des cachets gravés par M. Bouvet; cet habile artiste a exposé aussi des médailles gravées par lui avec un talent assez remarquable pour qu'on ne s'étonne plus de voir les cachets exécutés avec autant de perfection; leur prix est très-minime; aussi M. Bouvet exécute-t-il un grand nombre d'objets de ce genre pour les étrangers. Le jury décerne à M. Bouvet une médaille de bronze.

MM. BONAFOUX et GAILLARD-SAINT-ANGE, à Paris, rue du Faubourg-Saint-Denis, 120.

L'impression des étoffes reçoit une grande partie de son mérite de la perfection avec laquelle sont gravés les cylindres qui servent à imprimer les étoffes. Ceux de MM. Bonafoux et Gaillard-Saint-Ange sont d'une très-belle exécution. Chaque année ils en exécutent plus de deux cents gravés, soit à la molette, soit au guillochage, soit même à l'eau forte.

MM. Bonafoux et Gaillard-Saint-Ange ont aussi exposé des papiers marbrés qu'ils obtiennent par un procédé particulier, et par l'emploi des couleurs à base métallique; il sera rendu compte de ce procédé à l'article des papiers de fantaisie (*Voy.* le *Rapport de M. Schlumberger*, sur les *industries diverses.*)

Le jury récompense les travaux de MM. Bonafoux et Gaillard-Saint-Ange, en leur accordant la médaille de bronze.

M. VOISIN, à Paris, rue des Quatre-Fils, 18.

M. Voisin est parvenu à graver des dessins sur les divers métaux au moyen des acides qu'il compose et mitige de manière à ce que les fonds qu'ils ont mordus conservent une surface parfaitement plane. Par ce moyen simple, les orfèvres et les émailleurs obtiennent des résultats parfaits, et qui autrefois auraient coûté des sommes considérables. MM. Froment-Meurice, Veyrat, Balaine, Frey,

Fers, ont déclaré que plusieurs des objets remarquables qu'ils ont exposés, ont été, pour ce qui concerne la gravure en creux, exécutés par M. Voisin d'après son procédé.

Un service pour le thé, offert par les armateurs baleiniers du Havre à M. le capitaine Lavaux, offre des résultats très-remarquables obtenus par ce genre de travail. Le plateau représentant une chasse d'animaux, et une autre pièce sur laquelle est gravé un navire baleinier, reproduit par le moyen du daguerréotype, sont d'une exécution parfaite.

Le jury décerne à M. Voisin une médaille de bronze.

MENTIONS HONORABLES.

M. RÉMOND, à Paris, rue Royale-Saint-Antoine, 16.

Par un procédé qui lui est particulier, les dessins exécutés à la mine de plomb sur des plaques de cuivre, se trouvent gravés, soit en relief, soit en creux. Ainsi le dessinateur voit son dessin à la mine de plomb reproduit exactement sans que M. Rémond soit obligé de retoucher, avec un pinceau enduit d'un corps gras, les traits du dessin original. Ce procédé, qui offre déjà d'heureux résultats, peut avoir beaucoup d'importance; mais ils ont besoin d'être confirmés par le temps.

Dans l'attente des progrès que les travaux de M. Rémond font espérer, le jury croit devoir les mentionner honorablement.

M. GIRAULT, à Paris, Galerie Vivienne, 31.

Les gravures calligraphiques de M. Girault sont bien exécutées; l'écriture est très-bien et très-élégamment rendue. Le titre de la Paléographie publiée par M. Sylvestre, donne un spécimen de tous les genres d'écriture qui pourraient être offerts comme un parfait modèle, s'ils n'étaient pas trop surchargés d'ornements. Le jury décerne à M. Girault une mention honorable.

M. VIALON, à Paris, rue de la Bourse, 1,

Est un graveur dont le talent facile exécute avec rapidité, sur étain, toute espèce de gravure. Lui-même compose des dessins dont on ne saurait trop louer la variété. Ses prix sont très-modérés. Le jury apprécie son talent et son activité, et mentionne honorablement ses travaux.

M. VILLEREY, à Paris, rue Saint-Jacques, 41,

A exposé un cadre contenant des épreuves des planches qu'il a gravées pour plusieurs maisons de banque. Au moyen de sa machine à graver, et de combinaisons produites par le hasard, il obtint des dessins dont il lui serait impossible de retrouver les combinaisons. Ce genre d'impression peut être appliqué avec avantage aux papiers de banque. Chaque planche étant gravée sur acier peut imprimer de cinquante à soixante mille exemplaires.

Le jury, appréciant l'utilité que peut avoir le procédé de M. Villerey, lui accorde une mention honorable.

M. LAVERDIN, à Rouen (Seine-Inférieure).

Les cylindres qu'il a exposés sont très-bien gravés et annoncent le talent d'un véritable artiste. Ses prix sont modérés. Le jury apprécie les soins que M. Laverdin apporte à ses travaux, et lui décerne une mention honorable.

M. BONNET, à Clamart (Seine).

M. Bonnet est un vieux soldat de l'empire, estropié de la main droite, et cependant il a su graver avec habileté, et avec une persévérance de douze années, le plus beau plan de Paris qui a jajamais existé, et qui est supérieur à celui qu'on doit à Verniquet.

Ce plan, dressé par M. Jacoubet, avec une précision remarquable, puisque tous les détails les plus minutieux des monuments publics et de toutes les administrations y sont reproduits, indique la superficie qu'occupe chaque maison, et la disposition exacte de chaque construction élevée sur la rue. Il forme un ensemble de cinquante-quatre grandes feuilles. Le même plan a été réduit au quart.

Le jury décerne à M. Bonnet une mention honorable.

CITATIONS FAVORABLES.

M. LEMAITRE, à Paris, rue Monsieur-le-Prince, 8,

A exposé des planches gravées avec précision et intelligence, et qui peuvent servir de modèle pour le genre de gravure destiné aux représentations de mécaniques. Ces plans font partie de l'ouvrage de M. Rollet sur la meunerie et la boulangerie, publié par le ministre de la marine. Le jury cite favorablement les travaux de M. Lemaître.

M. ROBINET, à Paris, quai Valmy, 81.

Les dessins gravés à l'aqua-tinta, que M. Robinet, dessinateur des machines de l'école de Châlons, a exposés, sont très-bien exécutés, et prouvent que l'emploi qui lui est confié ne saurait mieux l'être qu'à ses soins. Le dessin d'une machine à vapeur est surtout remarquable. Le jury cite favorablement les travaux de M. Robinet destinés à servir à l'enseignement des élèves des beaux arts et des arts industriels, et à ceux des écoles spéciales du gouvernement.

M. PETIT-COLIN, à Paris, rue de Lille, 47,

A gravé en taille douce avec talent des planches pour plusieurs ouvrages, où les machines sont fort bien représentées, nous avons particulièrement remarqué celles de l'ouvrage de M. Péclet sur la chaleur. Le jury cite favorablement les travaux de M. Petit-Colin.

M. DUJARRIER, à Paris, rue du Faubourg-Saint-Martin, 11,

A exposé des plaques gravées sur métaux, pour enseignes. Les lettres sont émaillées en noir par un nouveau procédé qui peut supporter jusqu'à cent degrés de chaleur sans s'altérer, ce qui n'a pas lieu quand on emploie la cire noire à cacheter qui se dessèche et s'écaille par l'effet seul des variations prolongées de la température. Le noir employé par M. Dujarrier est toujours luisant, le métal et l'émail sont ensuite recouverts d'un vernis transparent très-blanc, et tellement solide, qu'il faut pour l'user frotter plus d'une heure avec la pierre ponce. Le temps décidera de l'avantage qu'offre ce procédé auquel le jury accorde une citation favorable.

M. BRASSEUR, à Paris, passage Sainte-Marie, 7.

M. Brasseur a exposé un cadre contenant des reproductions d'anciens manuscrits très-satisfaisantes, et que le jury cite favorablement.

M. CAMPAN, à Paris, rue de Choiseul, 6.

M. Campan a présenté des dessins d'armoiries fort bien exécutés pour servir de panneaux ; le prix en est peu élevé. Le jury accorde une citation favorable aux produits de M. Campan.

---

§ 3. LIBRAIRIE.

Considérations générales.

La librairie qui a exposé cette année peut se diviser en deux parties : l'une est la librairie de luxe qui fait concourir plusieurs arts à la confection des livres ; c'est elle qui produit ces éditions dites *illustrées* qui emploient les dessinateurs, les graveurs en taille-douce, les lithographes et les colorieurs, etc. Dans cette librairie, en général, le texte est compté pour peu de chose, alors même qu'on réimprime nos anciens chefs-d'œuvre.

L'autre librairie, celle d'utilité, a envoyé peu de produits, et cependant ce sont les librairies d'éducation, de médecine, de jurisprudence, de mathématiques qui ont une grande importance commerciale. Les nombreux ouvrages qu'elle produit exercent une grande influence sur la civilisation et même sur les progrès de l'industrie.

A l'exposition précédente, le rapport du jury signalait les malheurs et la position difficile qu'éprouvait alors la librairie. Depuis cette époque, sa situation commerciale s'est beaucoup améliorée, et tout fait espérer que, rentrée dans une meilleure voie, elle n'éprouvera plus les sinistres qu'occasionnait la longueur des crédits. La librairie sortie enfin de la position exceptionnelle où, sous ce rapport, elle s'était placée, éprouve chaque jour les heureux effets de la marche nouvelle qu'elle commence à suivre, et qui est conforme aux vrais principes du commerce.

Pour lutter avec les contrefacteurs belges, la librairie a fait un appel à l'imprimerie, et par des efforts communs, une foule de livres très-bien imprimés ont, par leur bas prix, lutté avec avantage contre la contrefaçon étrangère. Les auteurs eux-mêmes ont compris qu'il était de leur intérêt de s'associer à ces efforts et de s'entendre avec leurs éditeurs pour rendre possible l'exportation des éditions françaises. Les sages mesures adoptées par le gouvernement à la demande des commissions instituées auprès du ministère de l'instruction publique, ont rassuré les auteurs contre la crainte qu'ils pouvaient avoir qu'on ne réimportât en France les livres sur lesquels ils auraient consenti à réduire leur droit d'auteur, pour faciliter l'exportation des produits nationaux. Maintenant, en vertu de la loi qui a limité le nombre des bureaux d'introduction des livres aux frontières, aucun ouvrage sorti de France ne peut être réimporté, même par unité, sans l'autorisation expresse donnée par écrit au ministère de l'intérieur, soit par l'auteur, soit par l'éditeur cessionnaire des droits de l'auteur.

Il est à désirer que la Belgique cesse de contrefaire les ouvrages français, d'autant plus que chaque jour cette industrie, généralement réprouvée, devient de moins en moins profitable aux contrefacteurs belges, par l'effet même d'une concurrence sans frein à laquelle ils se livrent entre eux. On a lieu d'espérer que très-prochainement la reconnaissance de la propriété littéraire fera partie du droit des gens. Le traité de la France avec la Sardaigne est un précédent qui aura d'importantes conséquences. La Hollande, la Prusse, l'Angleterre et d'autres États ont déjà proclamé le principe posé pour la première fois par le Danemark en 1760, de reconnaître la propriété littéraire pour tout État qui agirait de réciprocité.

Ce principe, que la France doit également adopter, fermera aux Belges le marché de ces pays. Du moment où nous pourrons combattre à armes égales, nos exportations reprendront une nouvelle activité.

RAPPELS DE MÉDAILLES D'ARGENT.

M. GAVARD, à Paris, rue du Marché-St-Honoré, 4.

Un des principaux résultats du diagraphe de M. Gavard est la publication du musée de Versailles, dont les plafonds et une grande partie des tableaux ont été dessinés au moyen de cet ingénieux procédé.

La grande publication du Musée de Versailles a été achevée avec une rapidité inconnue jusqu'alors, pour d'aussi vastes entreprises. Si cette précipitation n'a pas permis d'exécuter chaque gravure avec les soins et la perfection apportés aux belles planches des musées Robillard et Laurent, l'ensemble est satisfaisant, et remplit parfaitement le but qu'on s'était proposé.

En voyant une telle quantité de belles gravures exécutées si rapidement, on reconnaît avec satisfaction que la France est le seul pays où se trouve un nombre d'artistes de talent, qui puisse produire de tels résultats, sans entraver tant d'autres grandes entreprises exécutées simultanément.

Nous en dirons autant du musée Aguado, exécuté aussi par les soins de M. Gavard, qui conduit ces grandes opérations avec beaucoup d'habileté; plusieurs planches exécutées par nos plus habiles artistes sont parfaites, et reproduisent avec quelques procédés nouveaux la coloration si énergique des tableaux de l'école espagnole.

Le jury apprécie les travaux de M. Gavard, et lui rappelle la médaille d'argent qu'il a obtenue en 1834 et 1839.

M. DUBOCHET, à Paris, rue de Seine, 33.

Tous les ouvrages que M. Dubochet a publiés ont mérité leur succès. Perfectionnant l'idée d'un journal enrichi de belles gravures, il a osé exécuter en France ce qui avait réussi en Angleterre, et ce qui semblait impossible à cause des dépenses qu'exigeait une telle entreprise qui dès la première année a coûté plus de 300,000 fr. Ce journal, intitulé *l'Illustration*, qui par le charme des gravures a fixé l'attention volage du public, en lui représentant tout ce que l'univers offre chaque jour de plus remarquable, occupe une foule d'artistes, de littérateurs, de savants et d'ouvriers, et se répand chaque jour de plus en plus en France, et dans les pays les plus éloignés.

D'autres entreprises plus sérieusement littéraires, telles que la collection des classiques latins, accompagnés de la traduction française, dirigée par M. Nisard, ont obtenu un succès d'un tout autre genre. Les hommes instruits auxquels elle s'adresse, peuvent comparer l'exactitude et le mérite de la traduction par le texte latin placé au bas. Cette grande entreprise littéraire sera terminée cette année en 25 volumes grand in-8°, renfermant la matière de plus de 250 volumes. Elle aura coûté près de 500,000 fr.

Parmi les nouvelles publications dites illustrées, faisant suite à celle de *Gil Blas*, de *Don Quichotte*, de *Molière*, etc., qui ont paru à l'exposition précédente, on remarque l'*Histoire de Napoléon*, ornée de 500 dessins par H. Vernet; les *chefs-d'œuvre de Florian*, illustrés par Grandville, le *Molière* en un volume, édition supérieure à la précédente en deux volumes; le *Voyage en zigzag*, par MM. Topfer et Calame; enfin, le beau volume intitulé *le Jardin des Plantes*, qui rivalise avec un ouvrage semblable publié par M. Curmer avec non moins de succès. Dans l'édition de M. Dubochet, toutes les gravures, sauf une seule, ont été exécutées à Paris. On remarque surtout dans cette édition, la perfection avec laquelle la représentation des animaux a été exécutée sur des planches en cuivre, gravées en relief par MM. Best et Leloir.

D'autres publications d'un autre genre sont dues à M. Dubochet: tels sont le volume intitulé *Un million de faits*, et un autre ouvrage connu sous le nom d'*Enseignement élémentaire*. Les jolies gravures sur bois qui accompagnent le texte, aident à l'intelligence des faits, et intéressent les jeunes lecteurs auxquels ces ouvrages s'adressent particulièrement.

Indépendamment de l'importance commerciale de la librairie de M. Dubochet, la vente seule des clichés de ses belles publications s'élève à la somme de 183,000 fr.

Le jury considérant les services que rend M. Dubochet au développement de l'une de nos plus belles industries, lui rappelle avec distinction la médaille d'argent, qui lui a été décernée en 1839.

M. CURMER, à Paris, rue Richelieu, 49.

Homme de goût et éditeur courageux, M. Curmer a ouvert la voie aux éditions dites *illustrées*, en publiant le plus parfait de tous *Paul et Virginie*, pour lequel il a su mettre à contribution tous les arts typographiques dans ce que chacun d'eux a de plus parfait.

M. Curmer a eu le mérite de publier en 1836 ce chef-d'œuvre qui n'a point été dépassé. Le *Jardin des Plantes* qu'il a exposé cette année est un très-beau livre, mais qui ne l'emporte en rien sur le précédent, nous en dirons autant des autres ouvrages, tels que *les Saints-Évangiles. Les Français peints par eux-mêmes*, ouvrage curieux et artistement exécuté, est la plus grande opération qui ait été faite en ce genre; elle a coûté 560,000 fr., dont pour la rédaction 60,000 fr., pour le dessin 70,000 fr., pour la gravure sur bois 100,000 fr., pour l'impression 150,000 fr., pour le papier 180,000 fr. M. Curmer publia aussi un traité complet d'histoire naturelle en deux volumes, contenant plus de mille figures d'animaux parfaitement exécutés.

Tous ces beaux ouvrages se recommandent par leur belle exécution. Mais M. Curmer, ainsi que tous ses concurrents, ne poussent-ils pas trop loin le désir d'*illustrer* indistinctement tous les ouvrages. Plusieurs de nos chefs-d'œuvre n'y gagnent rien; ainsi par exemple, le discours sur l'*Histoire universelle* de Bossuet en vaut-il mieux pour être entouré de grands et larges encadrements qui se répètent presque à chaque page, et qui n'ayant pas même l'attrait de la nouveauté, gênent le lecteur en attirant l'œil sur une monotone répétition?

On pourrait peut-être faire le même reproche à l'*Imitation de Jésus-Christ*, quoique le système adopté par M. Curmer, d'intervertir les mêmes vignettes en les découpant, rende les répétitions moins apparentes. Les encadrements de cet ouvrage sont d'un ton plus léger que ceux de l'*Histoire universelle* de Bossuet; toutefois, ils ont encore trop d'importance pour ne pas troubler la lecture.

C'est avec plaisir qu'on voit la typographie s'efforcer d'imiter les anciens manuscrits dont les riches ornements sont un objet d'étonnement, lorsqu'on considère la perfection de leur exécution et le temps qu'elle exigeait. Par la variété des couleurs et par la variété des dessins, ces livres étaient en effet dignes des rois et des souverains. La typographie, qui a rendu de si éminents services aux hommes, en mettant à la portée de tous, et pour les prix les plus modiques, les textes des chefs-d'œuvre littéraires que Pétrarque et Boccace étaient obligés de copier de leur main, pourra bientôt, par une suite de prodiges, permettre aux fortunes même médiocres, de posséder des livres qui ne le céderont en rien aux plus somptueux manuscrits. M. Curmer s'aidant de la lithochromie dont il nous offre de très-beaux résultats, dans la reproduction des *fresques de Fiésole*, nous donne une idée de ce qu'on peut faire en ce genre. La lithochromie par ses variétés de couleur, ses ornements en or et en argent, doit bientôt remplacer le luxe un peu indigent des entourages en noir, et nous espérons du zèle, de l'activité et de l'intelligence pleine de goût de M. Curmer, quelques chefs-d'œuvre en ce genre, à la prochaine exposition.

La variété des produits remarquables exposés par M. Curmer, papiers, impressions typographiques, gravures en relief sur bois, et sur cuivre, clichés au papier, exécutés par son frère, ou en bitume par le procédé de M. Michel, les belles gravures en taille douce sur acier, qui ornent la plupart des beaux livres qu'il publie, et particulièrement le livre de l'Imitation de Jésus-Christ; enfin, les impressions en lithographie et chromolithographie, le luxe et le goût des fermoirs et des reliures en bois d'un style gothique; tout ce concours des arts qui contribuent à l'exécution des beaux livres, rend l'exposition de M. Curmer très-remarquable, et lui mérite le rappel de la médaille d'argent que le jury lui a décernée en 1839.

MÉDAILLE DE BRONZE

M. MATHIAS, à Paris, quai Malaquais, 15.

Parmi les ouvrages exposés par les éditeurs de Paris devaient figurer ceux d'une librairie, spécialement consacrée aux sciences appliquées aux arts et à l'industrie. M. Mathias, guidé par les conseils d'ingénieurs renommés, donne chaque année plus d'importance à sa librairie. Les ouvrages qu'elle publie sont imprimés d'une manière convenable, les planches qui les accompagnent sont fort bien gravées. Les tableaux peints qu'il a exposés pour l'enseignement des sciences appliquées en facilitent l'étude. Le jury, appréciant l'importance de la librairie de M. Mathias et son utilité pratique, lui accorde une médaille de bronze.

MENTION HONORABLE.

M. BOURDIN, à Paris, rue de Seine-Saint-Germain, 51.

M. Bourdin a eu le mérite de publier à un prix très-modique des ouvrages ornés de gravures sur bois fort bien exécutées. Si quelquefois on rencontre quelques gravures un peu faibles, telles par exemple que le portrait du Poussin, qui fait partie du beau volume de *la Normandie*, rédigée par M. J. Janin, on doit lui savoir gré du mérite qu'offre l'ensemble, et d'avoir rendu plus abordable aux classes moins riches des livres fort bien exécutés; tels sont, par exemple, *les Mille et une Nuits*,

Napoléon en Égypte, le *Mémorial de Sainte-Hélène*, qui ont eu un très-grand succès. Ce qui prouve le mérite des publications de M. Bourdin, c'est qu'il vend dans les pays étrangers les clichés de ses gravures.

M. Bourdin a publié le *Voyage en Russie du prince Démidoff*; ce volume grand in-4° est fort bien exécuté.

Le jury décerne à M. Bourdin une mention honorable.

CITATIONS FAVORABLES.

M. LAVIGNE, à Paris, rue du Paon-Saint-André, 1.

M. Lavigne a exposé des ouvrages dont le texte est entremêlé de gravures sur bois. Quoique imprimés avec soin, les livres qu'il publie se font remarquer par la modicité de leur prix. Tels sont : la *traduction d'Homère*, le *Robinson Suisse*, etc., etc. Ces ouvrages méritent d'être favorablement cités par le jury.

M. DESESSERTS, à Paris, passage des Panoramas, 38, et galerie Feydeau, 12,

A appliqué avec intelligence la lithochromie pour enrichir de vignettes coloriées les livres qu'il destine à la jeunesse. Les publications de M. Desesserts ont paru au jury avoir un degré d'utilité commerciale assez grand pour mériter d'être citées favorablement.

M. GUILBERT, à Paris, quai Voltaire, 21 *bis*,

A exposé plusieurs fac-simile d'anciens livres d'heures. Les dessins qui accompagnent les textes sont imprimés au trait et coloriés ensuite à la main avec un grand soin. Le caractère des vignettes des anciens manuscrits est parfaitement conservé : aussi les objets exposés par M. Guilbert sont-ils plutôt des objets d'art que d'industrie. Le jury leur accorde une citation favorable.

M. D'ORBIGNY, à Paris, rue de Seine, 47,

S'est chargé de la direction des gravures du *Dictionnaire d'Histoire naturelle*, dirigée par son frère M. Charles d'Orbigny, savant voyageur. L'exécution des planches confiées à nos meilleurs graveurs ne laisse rien à désirer; le coloriage représente parfaitement la nature. Le soin et l'habileté avec lesquels M. d'Orbigny conduit si bien cette belle entreprise méritent d'être cités favorablement par le jury.

M. SCHÖNENBERGER, à Paris, boulevard Poissonnière, 28.

Schönenberger, l'un de nos principaux éditeurs de musique, occupe vingt-six imprimeurs en taille-douce et dix-sept graveurs sur étain et sur zinc. Il a fait exécuter typographiquement par M. Tantenstein plusieurs ouvrages élémentaires. Les œuvres musicales exposées par M. Schönenberger méritent d'être citées favorablement par le jury, qui reconnaît l'importance de cet établissement.

---

§ 4. RELIURE.

Considérations générales.

La plupart des reliures exposées cette année sont d'une telle richesse et d'un travail si précieux, qu'on doit plutôt les regarder comme des exceptions, puisque l'élévation de leur prix les destine uniquement aux bibliophiles passionnés pour de tels chefs-d'œuvre.

Ce qu'il y a de plus remarquable et de plus parfait en ce genre, ce sont les imitations des anciennes reliures des riches bibliothèques de De Thou, de Grollier de Servières, etc., et de tant de riches amateurs qui, pour la plupart, entretenaient autrefois dans leurs hôtels d'habiles relieurs dont ils dirigeaient le goût.

Le désir de faire du nouveau a porté cette année quelques relieurs à peindre sur les tranches des livres de petits tableaux qui devront nécessairement s'effacer si jamais on prend la fantaisie de se servir de livres auxquels un pareil ornement empêche de toucher, ce qui indique qu'ils ne sont qu'une riche inutilité. D'autres relieurs ont peint sur le dos ou le plat de leurs reliures des sujets historiés. Il est enfin des relieurs qui ont voulu reproduire sur le plat des volumes le portrait de l'auteur du livre au moyen de filets d'or poussés à la molette; toutes ces bizarreries sont étrangères à l'art de la reliure. Un livre, quelque riche qu'en soit la dorure, doit conserver avec une noble simplicité le caractère qui lui convient. Chaque art ne doit point s'écarter de ses principes. Quelques reliures modestes, mais bien exécutées, se cachent derrière ces riches objets d'étalage; ce sont cependant celles-là que le jury apprécie le plus, et il voit avec plaisir qu'en général le peu qui a été exposé est bien exécuté; seulement il serait à désirer que le prix des reliures ordinaires fût encore moins élevé. Nos relieurs ne parviendront à cet important résultat que lorsque, devenus d'habiles administrateurs, ils organiseront parfaitement la division du travail dans leurs ateliers. C'est ainsi qu'en Angleterre il existe de très-importants établissements de reliure qui font bien et à meilleur marché que chez nous, quoique tout y soit plus cher, et surtout la main-d'œuvre.

Il eût été à désirer que nos relieurs se fussent occupés plus sérieusement d'une branche importante de leur industrie, et qui a pris une importance telle en Angleterre que les produits surpassent, quant au chiffre, la somme à laquelle s'élèvent les reliures en peau. On sait qu'à Londres il n'est pas vendu un seul livre broché ; tout est cartonné ; aussi a-t-on porté à un haut degré de perfection la fabrication des toiles et des cartons propres à ce genre de reliure ; le goût et l'habileté du petit nombre de relieurs qui commencent à s'occuper de cette branche importante de l'industrie, doivent également la faire prospérer en France. A l'exposition prochaine, on peut l'espérer, le jury aura sans doute l'occasion de récompenser plus particulièrement ce genre de produits.

RAPPELS DE MÉDAILLES D'ARGENT.

M. SIMIER, à Paris, rue Saint-Honoré, 152.

Les riches reliures de M. Simier sont tellement connues qu'il suffit de prononcer son nom pour dire que l'exposition de 1839 offre des produits remarquables qu'il serait inutile d'énumérer et qui méritent à M. Simier un nouveau rappel de la médaille d'argent qui lui a été décernée en 1823, et qui lui a été rappelée en 1827, en 1834, et en 1839.

M. KŒHLER, à Paris, rue de Grenelle-Saint-Germain, 59.

M. Kœhler est un habile relieur et un artiste plein de goût : reconnaissant qu'on ne saurait rien faire de mieux que d'imiter les belles reliures anciennes, il a exposé un magnifique volume, le *Verger d'honneur*, relié pour la riche bibliothèque de M. A. B. Rien de plus parfait que cette imitation d'une des plus belles reliures de l'admirable bibliothèque de Grollier de Servières, ce riche financier dont tous les livres portaient inscrite sur le plat cette épigraphe : *Grollerii et amicorum.*

Le roman de *Fier à Bras*, relié en maroquin rouge, d'après un autre modèle de Grollier de Servières, et le *Violier des histoires romaines*, imitation du célèbre relieur Padeloup, sont des chefs-d'œuvre supérieurs encore aux modèles.

Le jury rappelle à M. Kœhler la médaille d'argent qu'il a obtenue en 1834 et 1839.

MÉDAILLE D'ARGENT.

M. NIEDRÉE, à Paris, passage Dauphine, escalier E.

Toutes les qualités qui ont rendu célèbres les noms des anciens relieurs, Gascon, Duseuil, Ruette, Boyet, Padeloup, Derome, sont réunies chez M. Niedrée, digne successeur de Thouvenin. Aidé des conseils des bibliophiles les plus distingués par leur goût, il exécute des reliures dans le style de la renaissance et du siècle de Louis XIV avec une telle rectitude de dessin et une si grande délicatesse de dorure, que les cinq ou six chefs-d'œuvre qu'il a exposés surpassent les plus riches reliures des superbes bibliothèques de Henri II, du cardinal Farnèse, de Henri III, de Grollier, de De Thou, de Dupuis, du chancelier Séguier, etc.

Nous citerons parmi les livres les plus remarquables qu'il a exposés, l'*Épinette du jeune conquérant*, in-4°, fond jaune, avec dessin de maroquin noir incrusté : c'est un fac-simile d'une reliure du cabinet de Grollier de Servière, le prix de cette reliure est de 350 fr. Les *Dits des Philosophes*, superbe manuscrit appartenant à M. Mottely, est relié en maroquin rouge avec des dessins très-fins en or dans le goût de Le Gascon. L'exécution en est si parfaite, que le prix de 500 fr. que coûte la reliure de ce volume in-4° n'a rien d'exagéré. Le *Speculum vitæ humanæ* de 1488, fond bleu avec ornements en or dans le goût de Boyet, se fait remarquer par la solidité et la perfection du travail.

Le jury, reconnaissant le mérite remarquable de M. Niedrée, lui accorde une médaille d'argent.

RAPPEL DE MÉDAILLE DE BRONZE.

M. LARDIÈRE, à Paris, rue Louis-le-Grand, 30.

M. Lardière a exposé des reliures simples et d'un prix modéré; ses travaux consciencieux lui ont mérité la médaille de bronze en 1839, et le jury, qui apprécie la constante égalité des produits de M. Lardière et leur utilité, lui rappelle avec plaisir la médaille qu'il a si justement obtenue.

MÉDAILLES DE BRONZE.

M. OTTMANN-DUPLANIL, à Paris, rue du Four-Saint-Germain, 67,

Est un relieur qui a de l'avenir. Les reliures qu'il a exposées sont très-remarquables. Rien de plus riche et de plus élégant que sa belle reliure en maroquin de l'unique exemplaire des *Mémoires de Commines*, imprimé à Lyon en 1569 par Jean de Tournes. Le prix est de 250 fr. Les dessins qui ornent le dos sont un peu trop serrés par rapport à l'ensemble des dessins plus larges qui ornent les plats. La vie des Pères du Désert, imprimée par Vérard en 1495, est d'une noble simplicité et d'une solidité remarquable. Ces deux ouvrages appartiennent à la Bibliothèque royale. Dans un autre genre, le *petit Horace* de M. H. Didot, du prix de 50 fr., est d'une exécution tellement parfaite, qu'on peut ranger ce livre dans la classe des bijoux.

Mais ce que le jury apprécie encore plus, ce sont les simples et parfaites reliures de M. Ottmann-Duplanil, du prix de 4 et 5 fr. le volume. Il serait à désirer cependant qu'on pût exécuter des reliures solides et simples à des prix encore plus modiques. Le jury invite M. Ottmann à persévérer dans cette voie.

Le jury décerne à M. Ottmann-Duplanil la médaille de bronze.

M. LEBRUN, à Paris, rue de Grenelle-Saint-Germain, 126,

Est un relieur plein de zèle et de talent, et je

jury a remarqué avec intérêt les progrès qu'il a faits depuis la dernière exposition. Parmi les belles reliures qu'il a exposées, on remarque une très-belle imitation d'une reliure du temps de François Ier. Un ouvrage du XVe siècle, sans date, intitulé : *Jason*, est parfaitement relié d'après le dessin d'un des ouvrages de la bibliothèque de Grollier de Servières. Un petit volume, les Pensées de Larochefoucauld, édition dite microscopique, est relié avec un art et une *préciosité* digne de cette charmante édition. L'exécution d'un pareil chef-d'œuvre atteste un artiste consommé et zélé pour la perfection de son art. Enfin, il suffit de dire que les beaux livres des bibliothèques de MM. Armand Bertin, Jules Janin, le baron Taylor, etc., sont confiés à M. Lebrun, pour signaler son mérite.

Toutefois, pour qu'un peu de critique se mêle à ces éloges, on doit blâmer l'idée qu'a eue M. Lebrun de reproduire avec des filets d'or, sur le plat des volumes, les portraits des auteurs du livre. Cela est d'un goût bizarre et qui n'a d'autre mérite que de prouver l'adresse du relieur à manier le *petit fer*.

Le jury avait cité favorablement les reliures de M. Lebrun à l'exposition de 1839; il lui accorde cette année une médaille de bronze.

MENTIONS HONORABLES.

M. GRUEL, à Paris, rue Royale-Saint-Honoré, 8.

M. Gruel, qui a exposé pour la première fois, s'est placé au rang de nos meilleurs relieurs. Parmi les livres qu'il a exposés, un des plus remarquables est une imitation de J. C., dont les dessins en rouge et vert ont été peints par un procédé particulier et vernis à l'esprit-de-vin. La couleur est appliquée immédiatement sur la peau sans l'intermédiaire des préparatifs à la colle, en sorte que le grain du maroquin paraît intact, et qu'on croirait voir une incrustation faite en maroquin. Par ce procédé, on peut obtenir des mosaïques à meilleur marché que lorsqu'on a recours aux incrustations. Le temps fera connaître si ce procédé a toute la solidité désirable.

La couverture d'un grand Missel, relié par M. Gruel, est une véritable merveille. Cette couverture est en bois sculpté; l'exécution en est admirable, mais on regrette de voir tant de temps et de talent employé à un objet qui, s'il venait à tomber, serait nécessairement brisé et gravement endommagé. Cette gravure en bois a été exécutée par M. Chabrot qui y a consacré une année entière, et ne peut être estimée à moins de 3,000 francs. Une descente de croix, qui orne un des côtés, a été dessinée par M. Rossigneux. Rien de plus élégant que les ornements imitant des fleurs, les rinceaux, etc.

Le jury accorde aux travaux de M. Gruel une mention honorable.

M. ANDRIEUX, à Paris, rue Sainte-Anne, 11.

M. Andrieux a exposé pour la première fois, et s'est placé au rang de nos bons relieurs. Un exemplaire de l'ouvrage *les Beaux Arts*, publié par

M. Curmer, dont la reliure avec des nervures à filets sur les plats est d'un bon goût et fort élégant, a pourtant l'inconvénient de ne pouvoir se placer qu'à plat; rangé dans une bibliothèque, il serait endommagé. Une autre reliure fond vert avec filets en or, argent et noir, est d'un charmant effet. Le grand ouvrage de la Paléographie, par M. Sylvestre, 4 volumes grand in-fol., dont toutes les planches sont montées sur onglet, offrait des difficultés. La reliure en est à la fois solide, élégante et riche.

Le jury accorde une mention honorable à M. Andrieux.

CITATIONS FAVORABLES.

M. BLAISE, à Paris, rue du Bac, 68,

A exposé des demi-reliures à 1 fr. 50 c. qu'il fabrique pour la librairie usuelle. Ce genre de demi-reliure n'est pas à dédaigner; aussi le jury croit devoir appeler l'attention des relieurs sur les moyens d'exécuter bien et à bas prix cette façon de cartonnages pouvant servir de reliure, et qui sont à la fois élégants, solides et à bon marché. Les essais qui ont été faits dans ces derniers temps, commencent à devenir plus satisfaisants, mais le prix de ces cartonnages en est encore trop élevé. Le jury accorde une citation favorable à M. Blaise.

M. BAILLY, à Paris, rue Saint-Jean-de-Beauvais, 11,

A exposé des peintures exécutées sur la tranche

des livres, ce qui est un complément de luxe qui sera recherché des riches amateurs. C'est un nouvel ornement pour ces beaux livres, que le luxe de la reliure peut faire comparer à des bijoux, mais qu'on ne doit toucher qu'avec les plus grandes précautions. Le travail exécuté par M. Bailly ressort donc plutôt de l'art du dessin que de l'industrie; mais le procédé de dorure qu'il emploie, et sa manière de gaufrer, par un pointillé fait à la main, les mots et les ornements qui rehaussent les tranches dorées, donnent un prix tout particulier aux ouvrages enrichis par des soins aussi grands.

Le jury décerne à M. Bailly une citation favorable.

SECTION VI.

PAPIERS PEINTS.

M. Chevreul, rapporteur.

Considérations générales.

La France est incontestablement le pays où la fabrication des papiers peints a été poussée le plus loin; les établissements dont les produits se font le plus remarquer par le choix des dessins, l'harmonie des couleurs, et une belle exécution, sont, à une exception près, concentrés à Paris. Pour peu qu'on y réfléchisse, on en voit la raison; car les papiers peints, à cause de leur peu de durée et de la facilité avec laquelle le consommateur peut les renouveler, se prêtent bien mieux aux changements de la mode que les tentures d'étoffes d'un prix plus ou moins élevé, et à plus forte raison que les décors peints sur mur; obligés de subir l'influence de la mode, les fabricants de papiers peints doivent être continuellement occupés de la consulter, de l'étudier, afin de la rendre la plus profitable possible à leur travail, et sans doute Paris où elle règne en souveraine et de la manière la moins contestable, est le lieu qui convient le mieux à l'industrie dont nous parlons; aussi, depuis une cinquantaine d'années environ, la fabrication des papiers peints y a-t-elle établi son siége principal, et doit-elle à cette circonstance la réputation dont elle est aujourd'hui en possession.

S'il existe à Rixheim, dans le département du Haut-Rhin, une fabrique que l'excellence de ses produits a depuis longtemps placée au premier rang, c'est que son habile fondateur, M. Zuber, a trouvé dans la ville de Mulhouse des ressources analogues à celles que Paris lui aurait offertes; car Mulhouse n'a pu acquérir la célébrité dont il jouit pour la fabrication des toiles peintes les plus chères, qu'en fixant chez lui des dessinateurs, des mécaniciens, des chimistes, et en entretenant les relations les plus intimes et les plus fréquentes avec Paris; sans ces circonstances, l'établissement de M. Zuber, à Rixheim, serait une anomalie.

Le jury doit tendre à conserver à la France la supériorité dont elle est en possession pour la fabrication des papiers peints; et un des moyens d'atteindre ce but, est de récompenser surtout les grands établissements qui ne livrent à la consommation que des produits soignés; car l'exécution de ceux-ci exigeant le plus d'attention de la part du fabricant, pour le choix du papier et des couleurs, pour le goût des dessins et la bonne exécution des planches; tant que ces grands établissements travailleront, ils maintiendront la supériorité de la France sur les marchés étrangers, en même temps que, présentant de bons modèles à nos petites fabriques, ils tendront à en perfectionner les produits. Si les fabriques de papiers peints soignés cessaient d'exister, ou, ce qui revient au même, si elles confectionnaient des produits de qualité inférieure, notre exportation se trouverait tôt ou tard compromise; car il ne faut jamais perdre de vue que tous les objets qui ne sont point essentiels à la vie, mais dont l'aisance aime à se parer, ne s'exportent d'un pays qu'autant que leur supériorité en rend l'imitation hors de ce pays, sinon impossible, du moins très-difficile, et c'est à cette condition que nous exportons nos beaux papiers et que ceux-ci contribuent à en faire exporter de communs; au lieu de cela, qu'arriverait-il, si nos exportations se bornaient à ces derniers papiers? c'est que bientôt nous succomberions sur les marchés étrangers à cause de la facilité de la fabrication; pour nous imiter, il ne faudrait plus se procurer les meilleures matières premières, payer des dessinateurs et des graveurs distingués, épier ce que le goût du consommateur peut désirer, afin de le satisfaire; enfin, l'influence que Paris exerce sur la mode serait perdue au grand détriment de l'industrie française.

S'il n'y a point à signaler de découvertes importantes dans la fabrication des papiers peints de tenture, on ne peut méconnaître cependant les efforts tentés pour la perfectionner depuis la dernière exposition. Ceux qui obtinrent alors les récompenses les plus élevées n'ont pas déchu du rang où ils s'étaient placés; des exposants moins heureux à ce concours, offrent aujourd'hui des produits supérieurs à ceux qu'ils présentèrent en 1839. Enfin, de nouveaux exposants ont droit à des médailles ou à des mentions honorables. En définitive, l'examen des papiers peints fabriqués en France dans ces dernières années est très-satisfaisant, et sans doute la réputation de ces produits de notre industrie ne peut que s'accroître chez nous aussi bien qu'à l'étranger.

RAPPEL DE MÉDAILLE D'OR.

MM. ZUBER (Jean) et Cie, à Rixheim (Haut-Rhin).

M. Zuber a exposé un grand nombre de papiers variés d'une exécution soignée tout à fait digne de celui qui, le premier, imprima au rouleau sur papier, comme on imprime sur calicot. Parmi les impressions de ce genre il en est de deux couleurs faites avec deux rouleaux; il y en a d'autres qui sont destinées à la fabrication des cartes à jouer et à la mise en carte des étoffes.

M. Zuber a exposé un grand décor représentant une boiserie sculptée dans le goût arabe servant de cadre à des fleurs variées de formes et de couleurs qui sont au premier plan, à des arbres placés sur les derniers plans, et enfin à un ciel sans nuage. L'ensemble du décor plaît par l'harmonie des couleurs et des formes; mais peut-être trouvera-t-on les couleurs des objets les plus éloignés trop sacrifiées à celles des objets qui sont le plus rapprochés du spectateur.

M. Zuber est toujours digne de la médaille d'or qu'il obtint en 1834, et qui lui fut rappelée en 1839.

MÉDAILLE D'OR.

M. DÉLICOURT (Étienne), à Paris, rue de Charenton, 125 *ter*.

M. É. Délicourt, qui reçut en 1839, la première fois qu'il exposait, une médaille d'argent, n'a point trompé les espérances que le jury de cette année avait conçues de sa fabrication et exprimées dans son rapport.

Il fabrique des papiers de tenture depuis 1 franc 50 centimes jusqu'à 30 francs le rouleau; des devants de cheminée et des dessus de porte depuis 1 franc jusqu'à 6 francs. Tous ses produits se distinguent par le soin de l'exécution, la qualité des matières premières et le choix des dessins, quelque soit d'ailleurs le style ou le goût de la composition que lui impose le consommateur. S'il arrive que la mode, s'éloignant de ce qui est simple, beau, élégant, l'oblige de sacrifier à son exigence, il le fait avec discernement et toute la réserve possible sans jamais tomber dans l'exagération. En passant en revue les principaux décors qu'il a mis dans le commerce depuis 1839, on est frappé de leur belle exécution, et, par leur nombre et leurs variétés, ils témoignent que le commerce les a recherchés.

M. Délicourt a exposé entre autres produits remarquables :

1° Cinq figures allégoriques représentant les cinq sens : elles sont accompagnées de fleurs d'une belle exécution;

2° Un grand décor fond bleu, avec encadrement

en bois sculpté et doré, d'une exécution très-soignée, particulièrement celle d'une frise. L'effet en est grave, et pour l'apprécier à sa juste valeur il faut que les yeux restent quelque temps fixés sur le décor, afin d'en juger à la fois les détails et l'ensemble.

L'essor que cette fabrique a pris depuis 1835, époque de sa fondation, le soin apporté à l'exécution de tous les produits qui en sortent, rendent la maison Délicourt digne de la médaille d'or.

NOUVELLE MÉDAILLE D'ARGENT.

MM. MADER frères, à Paris, rue de Montreuil, 1, faubourg Saint-Antoine.

La maison fondée par feu Mader, dessinateur renommé dans l'histoire du papier peint, continuée sous le nom de Mme veuve Mader et fils aîné, se présente aujourd'hui sous celui de Mader frères.

MM. Mader frères fabriquent des papiers depuis 1 franc le rouleau jusqu'aux prix les plus élevés. Ils sont du très-petit nombre des fabricants qui prennent la figure humaine pour sujet principal d'un décor. Si les papiers de ce genre ne sont pas recherchés pour tenture des salons les plus élégants, s'il est impossible par la superposition des planches qui servent à les imprimer de fondre les teintes des carnations à l'instar de la peinture, et si sous ce double rapport on ne peut les considérer comme l'expression la plus élevée de l'industrie à laquelle ils se rapportent, cependant les papiers de ce genre, au point où MM. Mader en ont porté la confection dans le décor représentant les Muses, attestent une très-bonne fabrication, et, en y réfléchissant, il devient clair qu'on ne peut les confectionner avec succès que dans les meilleures fabriques.

MM. Mader frères ont exposé deux décors fond vert et un décor fond blanc d'un bon effet de dessin et de couleur.

Mme veuve Mader et fils aîné obtinrent en 1839 une médaille d'argent; l'exposition de cette année rend MM. Mader frères dignes d'en recevoir une nouvelle.

MÉDAILLE D'ARGENT.

MM. LAPEYRE et Cie, à Paris, rue Beauveau, 10, faubourg Saint-Antoine.

M. Lapeyre fabrique des papiers de toutes sortes, depuis le plus commun à 27 centimes le rouleau, et 70 centimes lorsqu'il est satiné, jusqu'au plus cher. Cette maison a été successivement sous les noms de Dufour, de Dufour et Leroy.

Les papiers à dessins d'étoffes de M. Lapeyre sont d'une bonne qualité, comme on peut en juger d'après ceux qu'il a exposés. En outre, son décor dit *genre Louis XV*, offre une preuve de la bonne exécution qu'il est capable d'apporter à la confection des papiers de luxe. Sans traiter ici les questions du dessin, de l'harmonie des couleurs, du goût ou du style de la composition de ce décor, nous ferons quelques observations relatives à la destination dont il est susceptible. Les décors exposés par M. Délicourt, par MM. Mader frères et par M. Brière dont il va être question, sont de véritables papiers de tenture, par la raison qu'ils peuvent être employés à la décoration des appartements. Il n'en est pas de même du décor de M. Lapeyre, exécuté pour l'exposition; car s'il fallait s'en servir ce ne serait que comme une décoration de théâtre représentant le fond d'un salon, ou plutôt une de ses quatre parois, percée de trois baies, dont une laisse voir le ciel, tandis que les deux autres sont fermées par des rideaux *violets* garnis de lambrequins *rouges*. Évidemment il ne peut servir de papier de tenture, car toute pièce dans laquelle on le mettrait aurait des fenêtres garnies de rideaux d'étoffe, et celles-ci seraient certainement en désaccord avec les baies du papier qui ont des rideaux sans croisées. Quelque mérite qu'on accorde au décor de M. Lapeyre, on ne peut le considérer comme un papier de tenture.

MM. Lapeyre et Cie obtinrent en 1839 une médaille de bronze. Les efforts qu'ils ont faits depuis cette époque les rendent dignes de recevoir une médaille d'argent.

MÉDAILLES DE BRONZE.

M. BRIÈRE, à Paris, rue Saint-Bernard-Saint-Antoine, 26.

M. Dhauptain passe généralement pour l'homme qui a le plus contribué aux progrès de la fabrication des papiers peints; M. Brière, un de ses successeurs, a donc trouvé dans l'établissement qu'il dirige aujourd'hui les meilleures traditions et d'excellents exemples à imiter.

M. Brière se livre principalement à la fabrication des papiers de tenture à dessins d'étoffes ; cependant il peut exécuter avec succès des papiers plus compliqués, ainsi qu'on peut s'en assurer en jetant les yeux sur un décor fond blanc d'un bon goût et d'un bon dessin, qu'il a exposé.

M. Brière nous a remis un certificat signé de douze marchands de papiers peints, au nombre desquels on trouve M. Raimbault, de Paris, renommé par son goût pour la décoration des appartements, constatant que depuis deux ans M. Brière leur livre des papiers dont le fond blanc n'a pas l'inconvénient de devenir jaune, comme le deviennent si souvent les papiers dont le fond a été préparé avec l'alun et la chaux.

M. Brière est digne de recevoir une médaille de bronze.

M. GENOUX, à Paris, rue des Vignes-Saint-Marcel, 8.

M. Genoux ne fabrique que des papiers de tenture à dessins d'étoffes, depuis 1 fr. 25 cent. jusqu'à 11 fr. le rouleau. Une préparation qu'il leur applique les rend susceptibles d'être lavés avec l'eau, en même temps qu'elle contribue à la conservation des couleurs : il est remarquable que cette préparation, loin d'augmenter le prix du papier, contribue à le diminuer, à cause de l'influence exercée par la préparation pour rehausser le ton des couleurs.

Depuis un an environ il fait usage d'un blanc qui ne change pas.

La maison de M. Genoux existe depuis cinquante ans dans le faubourg Saint-Marceau; elle compte soixante ouvriers.

M. Genoux est digne de recevoir une médaille de bronze.

MM. SEVESTRE fils et Cie, à Paris, rue de Montreuil, 69.

MM. Sevestre fils et Cie font, à la planche, des papiers à dessins d'étoffes, etc., du prix de 1 fr. 25 à 1 fr. 50 c.; ils impriment en outre, au rouleau, de petits dessins à la manière de M. Zuber, sur lesquels on peut ensuite en imprimer à la planche de plus grands.

Les produits de cette maison sont exécutés d'une manière satisfaisante et avec intelligence.

Le jury décerne à MM. Sevestre fils et Cie une médaille de bronze.

MM. PIGNET jeune fils et PALIARD, à Saint-Genis-Laval (Rhône).

Une des fabriques de papiers peints les plus considérables qui existent hors de Paris, est celle de MM. Pignet jeune fils et Paliard: car elle occupe, d'après les documents du jury du Rhône, deux cents ouvriers. Si ces produits ne peuvent lutter sous le rapport du bon goût et de la bonne exécution avec ceux qui sortent des premières fabriques de Paris, cette maison a eu le mérite de déterminer un abaissement du prix des papiers communs, par le bon marché de ceux qu'elle confectionne.

Le jury décerne à MM. Pignet et Paliard une médaille de bronze.

M. MARGUERIE, à Paris, rue Ménilmontant, 79.

La fabrique de M. Marguerie date de 1832; mais avant 1841, on n'y faisait que des bordures représentant de la passementerie.

Aujourd'hui M. Marguerie imprime de petits dessins au rouleau sur papier pour tenture; puis, au moyen de planches il imprime des dessins *perses* à l'instar de ceux que MM. Japuis, de Claye, font avec tant de supériorité sur les toiles de coton.

Le jury décerne une médaille de bronze à M. Marguerie

MENTIONS HONORABLES.

MM. ÉBERT et BUFFARD, à Paris, rue du Faubourg Saint-Antoine, 297.

MM. Ébert et Buffard se livrent particulièrement à la fabrication des papiers peints pour tenture représentant des dessins d'étoffes.

MM. Ébert et Buffard sont dignes d'une mention honorable.

M. DURAND (Nicolas), à Paris, rue de Charenton, 111 *bis*.

Depuis dix ans M. Durand fait exécuter à la main par des ouvriers qu'il a exercés à cet art, des dessins représentant des marbres ou des bois; les couleurs sont broyées à l'huile et peuvent conséquemment, après leur application, être lavées à l'eau.

Le jury accorde à M. Durand une mention honorable.

M. DÉJARDIN, à Paris, rue des Mathurins-Saint-Jacques, 1.

M. Déjardin commence à se livrer à la fabrication des papiers colorés destinés à la reliure des livres; il nous paraît avoir les qualités nécessaires aux succès d'une industrie qui n'est pas aussi avancée en France qu'elle l'est en Allemagne.

Les premiers efforts de M. Déjardin doivent être récompensés, et le jury lui accorde une mention honorable.

CITATIONS FAVORABLES.

M. DAUDRIEU, à Paris, rue du Bac, 102.

M. Daudrieu fabrique des papiers peints à dessins de marbre, exécutés à la main; ils peuvent être lavés; ils coûtent 3 fr. le rouleau.

M. Daudrieu mérite, à cette exposition, une citation favorable, comme en 1839.

M. BOUQUET, à Paris, rue de Charenton, 188.

M. Bouquet fait des papiers rayés par un moyen mécanique qui, s'il n'a pas la précision du rouleau, a du moins l'avantage de donner des produits moins chers que ceux qui sont exécutés à la planche.

Il se livre aussi à l'impression des fleurs par un procédé dont les résultats ne sont pas irréprochables.

Le jury lui donne une citation favorable, à cause du bas prix de ses papiers rayés.

Application de l'impression en couleur à la planche sur papier pour figures de machines et appareils destinés à l'enseignement public.

MÉDAILLE D'ARGENT.

MM. RUPP, RUBIE et Cie, à Paris, rue Beauveau, 4, faubourg Saint-Antoine.

Cette maison se livre avec succès à la fabrication des papiers peints à dessins d'étoffes; mais elle se recommande au jury par la confection de papiers peints représentant les machines, les appareils les plus employés, en un mot, ceux dont il importe le plus de répandre la connaissance. Ils sont principalement utiles aux cours publics de physique, de chimie, etc. MM. Thénard, Élie de Beaumont et Piobert, chargés par l'Académie de les examiner en ont rendu un compte très-favorable, et les ont recommandés aux professeurs que ces machines et que ces appareils intéressent. Jusqu'ici MM. Rupp, Rubie et Cie ont livré au commerce :

1° Machine à vapeur de Watt;

2° Diverses machines à élever l'eau; pompes, vis d'Archimède, bélier hydraulique;

3° Presse hydraulique avec sa pompe et tous ses accessoires;

4° Moteurs hydrauliques, roues en dessus, en dessous, etc.;

5° Suite du moteur, turbine;

6° Chaudière à vapeur avec tous les bons systèmes de sûreté employés aujourd'hui;

7° Locomotives de chemin de fer, détails complets (2 tableaux);

8° Grand appareil de distillation (système de Blumenthal amélioré);

9° Appareil à évaporer dans le vide.

Les dessins des machines et des appareils ont été faits par M. Knab, ingénieur civil.

MM. Rupp, Rubie et Cie sont dignes de recevoir une médaille d'argent.

SECTION VII.

LITHOGRAPHIE, MANNEQUINS, BROSSES ET PINCEAUX POUR PEINTRES, TAXIDERMIE, ETC., ETC.

M. Picot, rapporteur.

§ 1. LITHOGRAPHIE.

Considérations générales.

Les applications variées dont la lithographie est susceptible, assurent à son auteur la reconnaissance des artistes et des industriels de tous les siècles. Senefelder n'a pas eu seulement la première idée de cette belle découverte, il a prévu et tenté presque toutes les applications qu'on lui a données depuis son invention.

La lithographie a toujours progressé, et l'imprimerie lithographique est arrivée maintenant à un degré de perfection que le jury de 1844 est heureux de signaler.

Parmi ces diverses applications de la lithographie, il en est plusieurs qui, sans être entièrement neuves, se sont tellement améliorées, qu'elles placent l'exposition de 1844 bien au-dessus des expositions précédentes.

Les transports d'ouvrages typographiques et topographiques, et ceux de la gravure en taille-douce, sont supérieurs cette année à ce qu'ils ont été jusqu'ici, et leur perfection est telle qu'il est quelquefois difficile de reconnaître l'épreuve originale, de celle qui a été obtenue de la pierre lithographique sur laquelle elle a été transportée.

Le jury regrette que ce procédé si ingénieux et dont les résultats sont devenus si satisfaisants, soit d'un emploi si rare pour la gravure en taille-douce. Ne serait-il pas à désirer que ces belles gravures dont les planches n'existent plus et dont les épreuves sont devenues si rares, fussent ainsi reproduites au profit des arts? Le prix modéré auquel elles pourraient être données, les mettrait à la portée des jeunes artistes qui pourraient ainsi posséder et étudier les chefs-d'œuvre des grands maîtres de toutes les écoles et de toutes les époques.

La lithochromie est dans une voie de progrès très-remarquable. Ces progrès ne sont pourtant dus qu'à l'habileté de l'imprimeur, car aucun procédé nouveau ne signale cette industrie à l'exposition de 1844. Ses résultats n'en sont pas moins d'une grande perfection.

Mais parmi les divers genres de lithographie, le lavis sur pierre est sans contredit celui qui mérite le plus les éloges du jury. A peine abordé avant cette exposition, il est déjà très-près de la perfection.

Enfin, quoique le jury n'ait aucune invention réelle à signaler en 1844, puisque le lavis sur pierre avait déjà produit des résultats en 1830, il est pourtant heureux de donner des louanges méritées à cette industrie, pour les améliorations importantes et la parfaite exécution de ses produits.

MÉDAILLE D'OR.

M. LEMERCIER, à Paris, rue de Seine, 55.

M. Lemercier joint à une grande intelligence une persévérance et une volonté de succès qui l'ont conduit à des perfectionnements remarquables dans l'art de l'imprimerie lithographique. Il n'existe pas un établissement aussi important que le sien dans ce genre d'industrie, et pas un n'est aussi bien dirigé.

Déjà, en 1839, cette maison, dont la supériorité était bien reconnue, recevait du jury la médaille d'argent.

La réputation de M. Lemercier est véritablement européenne, puisque journellement des pierres dessinées lui sont adressées de l'étranger pour recevoir de lui la préparation nécessaire pour le tirage.

Cet important établissement, qui possède toutes les ressources de la lithographie en tous genres, occupe journellement dans ses ateliers 30 presses et plus de 100 ouvriers; et une émission de produits évalués à plus de 400,000 fr. a lieu chaque année sans que le nombre nuise à la perfection. Le lavis lithographique et à l'estompe sont venus cette année joindre de nouveaux titres à tous ceux que M. Lemercier avait déjà aux récompenses du jury.

Dès 1830, M. Lemercier avait fait des tentatives de lavis sur pierre en collaboration de M. Motte, et, sans être terminés, ces essais promettaient déjà des résultats heureux. Cette fois les efforts de M. Lemercier ont été couronnés de succès, et ses épreuves de lavis lithographique sont d'une parfaite exécution.

La réputation bien acquise et bien méritée de l'établissement de M. Lemercier, l'émission importante de ses produits et la perfection qu'il apporte à leur exécution, méritent à cet habile industriel tous les éloges du jury, qui lui décerne la médaille d'or.

RAPPELS DE MÉDAILLES D'ARGENT.

M. DUPONT (Auguste), à Périgueux (Dordogne).

L'exposition de M. Dupont se compose de clichés lithographiques et de travaux très-bien exécutés sur ces clichés.

Mais où M. Dupont est surtout recommandable, c'est dans ses reports de vieilles gravures et principalement dans ceux d'anciens manuscrits qu'il reproduit d'une manière très-satisfaisante. Déjà, à l'exposition dernière, le jury central avait reconnu chez M. Dupont une grande habileté dans l'application du procédé de reports, et lui avait décerné une médaille d'argent, que le jury de 1844 se plaît à lui rappeler.

M. CATTIER, à Paris, rue de Lancry, 12.

M. Cattier, qui est le successeur de M. Motte, dont la réputation bien établie lui avait mérité des médailles d'argent aux expositions précédentes, a bien soutenu cette réputation. Ses produits sont d'une parfaite exécution et d'une grande finesse de teinte. Une lithographie à la plume d'après la Sainte-Famille d'Edling, dessinée par MM. Collet et Sanson avec une grande perfection, à part le mérite des dessinateurs, est imprimée à merveille.

M. Cattier a exposé aussi des lithographies à

trois planches imitant assez bien le lavis, quoique ce ne soit pas positivement un lavis lithographique, et des épreuves de lithochromie très-belles.

En résumé, les produits de M. Cattier et l'importance de son établissement lui méritent le rappel de la médaille d'argent.

MM. THIERRY frères, à Paris, Cité Bergère, 1.

Une grande variété de produits d'une très-bonne exécution, 25 presses, pour près de 200,000 fr. d'affaires annuellement, tels sont les titres qui méritent à MM. Thierry le rappel de la médaille d'argent qu'ils ont obtenue en 1839.

M. SIMON fils (Emile), à Strasbourg (Bas-Rhin).

M. Simon a obtenu, en 1839, une médaille d'argent; depuis cette époque son zèle ne s'est point ralenti et il a produit plusieurs ouvrages remarquables. Son recueil de lithographies sur l'histoire naturelle et surtout sa vue de la cathédrale de Strasbourg sont d'une exécution parfaite.

Les ressources nécessaires à une bonne exécution sont moins à la portée des industriels qui n'habitent point la capitale, et les heureux résultats de M. Simon n'en sont que plus louables.

Le jury se plaît à rappeler la médaille d'argent qu'il a obtenue en 1839.

NOUVELLE MÉDAILLE D'ARGENT.

MM. ENGELMANN et GRAF, à Paris, Cité Bergère, 1.

Les impressions en couleur dont l'invention est due à cet établissement, et qui lui ont mérité une médaille d'argent à la dernière exposition, sont arrivées à un point d'exécution bien supérieure.

MM. Engelmann et Graf sont parvenus, par des moyens très-ingénieux, à repérer avec une telle exactitude les diverses pierres qui se succèdent dans l'exécution d'une lithographie en couleurs, qu'elle semble imprimée par une seule et même pierre.

Le jury décerne une nouvelle médaille d'argent à MM. Engelmann et Graf.

MÉDAILLES D'ARGENT.

Mademoiselle FORMENTIN, à Paris, rue des Saints-Pères, 10.

Mademoiselle Formentin, qui avait obtenu une médaille à l'exposition de 1827, n'avait point paru aux dernières expositions.

Mademoiselle Formentin n'abandonnait pas pour cela l'industrie dans laquelle elle avait débuté avec succès; elle s'occupait de la recherche et des applications de nouveaux procédés qui pussent la mettre en évidence parmi ses concurrents, et elle s'est présentée à l'exposition de cette année avec des produits vraiment remarquables.

Mademoiselle Formentin, qui a exposé des lithographies de tous genres et toutes parfaitement exécutées, est surtout remarquable dans les lavis lithographiques et les lithographies à l'estompe qu'elle a amenés à une grande perfection.

Le procédé est tel que les épreuves, même après un tirage considérable, sont à peine inférieures aux premières.

Mademoiselle Formentin a d'ailleurs un établissement important et occupe journellement une trentaine d'ouvriers. Elle fait pour plus de 100,000 fr. d'émission de ses produits chaque année.

Le jury décerne une médaille d'argent à Mademoiselle Formentin.

M. BARBAT (Thomas), à Châlons (Marne).

Un livre exposé par M. Barbat, intitulé : *Évangile ou fêtes et dimanches*, est un véritable chef-d'œuvre typographique et pour le goût et pour l'exécution.

C'est de lui-même et de son fils que M. Barbat tire toutes ses ressources. Les dessins de ses vignettes, qui sont composées par eux, sont charmants.

Ces beaux résultats sont d'ailleurs les produits de reports fort difficiles à opérer à cause de la finesse des ornements, et ils ne laissent rien à désirer.

M. Barbat est de plus un des premiers qui aient livré au commerce des impressions typolithographiques en or, argent et couleur.

M. Barbat mérite tous les éloges du jury pour la rare perfection de l'impression chromo-lithographique, et il lui est décerné une médaille d'argent.

M. KŒPPELIN, à Paris, rue du Croissant, 20, et quai Voltaire, 15.

L'établissement de M. Kœppelin, l'un des plus importants de la capitale, jouit d'une réputation méritée. Il occupe un grand nombre d'ouvriers, et imprime presque tous les genres de lithographie avec une égale habileté.

Mais ce qui distingue M. Kœppelin, ce sont les reports de toute espèce.

Ceux de la carte de France sont surtout remarquables. La reproduction des planches gravées par Albert Durer, et qui compose une livraison de ce qu'il appelle son album rétrospectif du xve siècle, pourra être d'une grande utilité si cet ouvrage se continue.

M. Kœppelin a aussi transporté la gravure de l'entrée de Henri IV, d'après Gérard, gravée par Dupont, et celle du Spasimo, d'après Raphaël. Ces transports, sans donner une reproduction absolument identique des originaux, sont pourtant fort remarquables et donnent l'espoir qu'il arrivera à un résultat complet.

Le jury décerne une médaille d'argent à M. Kœppelin.

RAPPELS DE MÉDAILLES DE BRONZE.

M. MARTENOT, à Paris, rue d'Antin, 6.

L'établissement de M. Martenot produit principalement des plans topographiques, et de la lithotypographie.

Il a exposé, entre autres produits, une carte du département de la Seine-inférieure, très-remarquable. Cette carte est composée de cinq planches gravées sur acier, représentant chacune un arrondissement, et transportées sur la pierre avec une telle perfection, que cette carte semble gravée en entier sur cette même pierre.

Le jury rappelle à M. Martenot la médaille de bronze, qui lui a été décernée en 1839.

M. DELARUE, à Paris, rue Notre-Dame-des-Victoires, 16.

L'imprimerie lithographique de M. Delarue ne reproduit ni figures, ni paysages. Il se borne à l'impression de couvre-lampes et cartes de visites. Il a exposé aussi des essais d'un nouveau genre d'impression en couleur et en relief, et divers autres essais.

12 presses sont dans les ateliers de M. Delarue, et il fait un grand débit de ses produits en France et à l'étranger.

Le jury rappelle pour la seconde fois la médaille de bronze qu'il a obtenue en 1834 et 1839.

MÉDAILLES DE BRONZE.

M. BRY, à Paris, rue Favart, 8, et rue du Bac, 134.

M. Bry a, comme deux autres exposants, produit à cette exposition des lithographies à l'estompe et au lavis. Ces deux procédés sont appliqués par lui avec succès au paysage, comme à la figure.

M. Bry a d'ailleurs un établissement assez important, puisqu'il possède jusqu'à 12 presses dans ses ateliers, et qu'il fait pour 50 à 60,000 francs d'affaires, année commune.

Le jury lui décerne une médaille de bronze.

MM. CHARPENTIER père et fils, à Nantes (Loire-Inférieure).

Ceux des industriels de nos départements dont les produits sont remarquables par leur bonne exécution, et dont la partie artistique est aussi digne d'éloges, méritent à tous égards l'intérêt du jury central, car ils sont privés en grande partie des ressources que donne la capitale pour ce genre d'industrie.

MM. Charpentier père et fils, dont l'établissement est situé à Nantes, ont envoyé à l'exposition de cette année, des produits fort remarquables, et d'une grande variété.

Un ouvrage par livraisons, représentant les costumes et les mœurs de la Bretagne, dont ils sont éditeurs et imprimeurs.

Un autre qu'ils impriment et éditent aussi, et

dont les sujets sont tirés d'un de nos romans en vogue, et les dessins faits par un artiste attaché à leur établissement.

Un plan de Jérusalem avec des figures.

Des estampilles en cuivre pour équipement militaire.

Des gravures de lettres de change sur acier.

Des cartes de visites, etc.

Tels sont les produits variés et très-bien exécutés, qui méritent à MM. Charpentier père et fils, les éloges du jury.

MM. Charpentier ont dans leurs ateliers 40 ouvriers et 21 presses, et font pour 100 à 150 mille francs d'affaires par an.

Le jury décerne à MM. Charpentier père et fils, une médaille de bronze.

MENTIONS HONORABLES.

M. SALOMON, à Paris, rue Montmartre, 39.

M. Salomon applique avec succès, par une machine fort simple, le report de l'impression typographique sur la pierre lithographique. Son procédé est spécialement destiné à l'impression des registres. La lithographie exécute fort bien et plus économiquement que la typographie, les filets et les accolades; mais on sait que tout ce qui doit être dessiné en caractères romains sur la pierre lithographique, réussit toujours assez mal.

L'invention de M. Salomon sera surtout utile dans les départements, où souvent on manque d'écrivains lithographes. Au moyen de quelques alphabets de caractères, on peut transporter d'abord sur un papier et ensuite sur la pierre, des mots, et même des pages entières. Pour des ouvrages qui doivent être tirés à grand nombre, on peut en multipliant les reports éviter les frais de plusieurs compositions.

M. Salomon a fait graver, entre autres choses, des poinçons à fond noir, des vignettes qui transportés sur la pierre, sont ensuite *grisés* au moyen d'une sorte de tire-ligne. Ce genre d'impression produit de jolis effets.

Le jury, pour récompenser les travaux de M. Salomon, lui accorde une mention honorable.

M. BERTAUTS, à Paris, rue Saint-Marc, 14.

Le jury central accorde à M. Bertauts, en raison de la bonne exécution de ses produits, une mention honorable.

CITATIONS FAVORABLES.

M. D'AIGUEBELLE, à Paris, rue des Bourguignons, 12.

M. D'Aiguebelle avait obtenu en 1834 une médaille d'argent, pour les succès qu'il avait eus dans le transport des gravures en taille-douce et en typographie. M. D'Aiguebelle, non content de poursuivre une carrière qui lui avait mérité les éloges et les récompenses du jury, s'est occupé de la solution d'un autre problème, celui de tanner dans un temps très-court, les cuirs qui par les procédés ordinaires, demandent un long travail de préparation.

Aussi M. D'Aiguebelle qui ne s'est occupé que secondairement du transport des gravures, ne lui a-t-il fait faire que peu de progrès.

Cependant le nom de M. D'Aiguebelle ne peut manquer d'être cité comme celui d'un homme d'une grande intelligence et d'un esprit inventif.

M. JACOTIER, à Paris, rue Buffon, 13.

Les reports qu'il fait d'anciennes épreuves, à l'aide de la lithographie, laissent encore à désirer; il en est de même du report qu'il fait par la lithographie des textes imprimés. Cependant le jury lui accorde une citation favorable.

---

§ 2. MANNEQUINS POUR PEINTRES.

MÉDAILLE DE BRONZE.

M. FAURE, à Paris, rue Neuve-Coquenard, 5.

M. Faure, qui s'est occupé de peinture avant de se livrer à l'industrie, a su donner à ses mannequins une vérité et une élégance de forme qui les rendent très-précieux pour les artistes. Ils sont d'ailleurs de beaucoup supérieurs pour l'armature à tout ce qui a été fait jusqu'ici.

Sans s'être assujetti à une minutieuse imitation du squelette humain (ce qui eût rendu le mécanisme très-coûteux et de peu de solidité), M. Faure s'en est pourtant rapproché autant que possible.

Ses mannequins sont de nature à se déformer difficilement en ce que M. Faure a reproduit par des corps durs tels que bois, fer et cuivre, toutes les parties osseuses du corps humain, non-seulement à l'intérieur, mais encore pour les os qui, comme ceux du bassin, se font sentir à l'extérieur.

Les parties musculaires sont soutenues dans plusieurs endroits sur des ressorts élastiques qui leur permettent de reprendre leur première forme après la flexion des membres.

Du reste, les prix des mannequins de M. Faure sont à peu près les mêmes que ceux de ses concurrents, c'est-à-dire de 500 à 650 fr.; et de beaucoup au-dessous du prix de ceux qui se faisaient il y a vingt ans, et qui, avec moins de perfection, coûtaient 1000 à 1200 fr.

M. Faure a déjà obtenu une mention honorable en 1839.

Le jury, en raison des améliorations de ses produits, lui accorde une médaille de bronze.

CITATIONS FAVORABLES.

Madame MAUDUIT, à Paris, rue Neuve-Saint-Nicolas, 32, faubourg Saint-Martin.

Les mannequins de madame Mauduit sont très-bien confectionnés et peuvent exécuter tous les mouvements naturels. Quant à l'armature, elle diffère peu de celles que l'on fait depuis longtemps. Ses prix ont été abaissés comme ceux de ses concurrents; c'est-à-dire qu'ils sont aussi de 500 à 650 francs. Elle fait aussi des mannequins de un quart de grandeur naturelle, qu'elle peut donner au prix de 175 et de 200 francs.

C'est surtout pour la vérité des formes et la bonne exécution de ses produits, que le jury se plaît à citer le nom de madame Mauduit.

M. GAGNERY, à Paris, quai des Augustins, 59.

Les mannequins de M. Gagnery sont d'une bonne exécution. Il en fait une exportation assez considérable à des prix très-modérés, et occupe un assez grand nombre d'ouvriers.

Peinture à la cire.

MÉDAILLES DE BRONZE.

M. DUSSAUCE, à Paris, rue des Petits-Augustins, 28.

La peinture à la cire est de toute antiquité, et la belle conservation de ce qui en est parvenu jusqu'à nous, témoigne de son inaltérabilité. Elle sera bientôt, nous l'espérons, employée plus généralement pour la décoration de nos églises et de nos palais.

L'Allemagne et la Prusse ont pris l'initiative, et

la France en a déjà fait une heureuse application dans plusieurs édifices publics. Depuis 1830, 2,000,000 fr. environ ont été employés à ce genre de peinture, et quatre ou 500,000 fr. vont être dépensés pour des peintures à la cire dans l'église Saint-Vincent-de-Paule.

L'Angleterre vient aussi d'établir des concours pour la décoration d'un nouveau bâtiment construit à Westminster. Des spécimens ont été demandés aux concurrents, et ces essais doivent être exécutés, soit à fresque, soit à la cire. Nous pensons que dans notre climat, et surtout en Angleterre, ce dernier procédé est de beaucoup supérieur à la fresque, qui ne parvient jamais à une dessiccation assez complète dans des pays humides pour arriver à l'éclat dont elle est susceptible et qu'elle acquiert si bien en Italie.

La peinture à l'huile ne nous semble nullement propre à la décoration des monuments, la teinte noire qu'elle prend après un nombre d'années assez peu considérable, et surtout son aspect luisant qui l'empêche d'être vue de tous points, sont deux inconvénients bien graves pour la peinture décorative.

La peinture à la cire n'a ni l'un ni l'autre de ces inconvénients. Comme la fresque, elle a cet aspect légèrement mat et doux qui convient si bien aux peintures murales; comme elle, elle conserve son éclat et ne jaunit pas comme la peinture à l'huile; mais elle a surtout sur la fresque un grand avantage. C'est que l'exécution en est plus facile, qu'elle permet au peintre de revenir sur son travail autant qu'il le croit nécessaire, et d'arriver ainsi à toute la perfection que son talent peut atteindre.

Les hommes qui s'occupent avec zèle et intelligence de rendre ce procédé facile et ses résultats durables, nous paraissent mériter l'intérêt du jury.

M. Dussauce, peintre de talent, chargé par l'administration de la ville de grands travaux de ce genre, auxquels il emploie un assez grand nombre d'ouvriers, travaille avec succès depuis plusieurs années à la régénération de cette peinture.

Aidé de ses propres connaissances en chimie, et de l'ouvrage de M. de Montabert, qui a traité avec tant de talent et d'érudition tous les procédés de peinture ancienne et moderne, M. Dussauce nous semble avoir atteint le double but de durée et de facilité d'exécution si désirables pour la peinture monumentale.

Le jury décerne à M. Dussauce une médaille de bronze.

Peinture en feuille appliquée sur pierre.

MENTION HONORABLE.

M. HUSSENOT, à Metz (Moselle).

M. Hussenot, dont la réputation comme peintre est bien établie à Metz, a trouvé un procédé fort ingénieux qui consiste à appliquer sur les murailles, tant à l'extérieur qu'à l'intérieur des monuments ou des maisons particulières, toute peinture décorative qui aurait été, à cet effet, exécutée dans l'atelier de l'artiste.

L'avantage de ce procédé est très-grand dans certaines circonstances, où le temps donné pour l'achèvement d'un monument, d'une salle de spectacle, d'un café, ne permet pas d'en faire les peintures sur place.

Ces peintures, exécutées dans l'atelier de l'artiste, sur une pulpe fort mince que M. Hussenot a trouvé le moyen d'enlever de la toile qui lui a servi de soutien pendant leur confection, sont appliquées sur les parois du bâtiment, et suivant M. Hussenot y adhèrent d'une manière aussi complète, que si elles avaient été faites sur le mur même. Ainsi, indépendamment de l'économie de temps que présente ce procédé, se trouve encore l'avantage de terminer la décoration d'une salle qui doit être livrée immédiatement à sa destination, sans qu'on soit incommodé de l'odeur malsaine des peintures nouvellement faites.

Des expériences de six années certifiées par le jury départemental de la Moselle, semblent donner au procédé de M. Hussenot de grandes garanties de solidité.

Le jury se plaît, en conséquence, à mentionner honorablement le procédé de M. Hussenot.

Restauration de gravures et fixatif pour les dessins et pastels.

MENTION HONORABLE.

M. TROUILLON, à Paris, rue Neuve-Saint-Eustache, 29.

Depuis longtemps on avait cherché en vain le moyen de fixer d'une manière complète, et sans en altérer l'éclat, la peinture au pastel; on était pourtant parvenu à atteindre presque ce but, et M. le marquis de Varennes, amateur distingué, s'en était approché plus que ses devanciers. Il fit connaître son procédé à l'Académie des beaux-arts, qui l'en félicita par l'organe de son secrétaire perpétuel, et M. de Varennes voulant être utile aux beaux-arts qu'il aime et qu'il cultive, publia généreusement ce procédé dans le journal des Débats, en 1841.

M. Trouillon est allé plus loin encore que M. de Varennes, quoiqu'à peu près dans la même voie. Son procédé consiste aussi à faire passer au travers du papier et du côté opposé à la peinture, et même du carton sur lequel elle est exécutée, une liqueur qui la fixe parfaitement, et ne lui fait presque rien perdre de son éclat.

Si ce procédé eût été connu, nous n'aurions pas à déplorer la perte de tant de belles peintures au pastel de Latour et autres, et ce genre n'eut pas été abandonné comme on l'a fait à cause de son peu de fixité.

Cette amélioration dans la manière de fixer toute espèce de dessin, même ceux faits au fusain, mérite à M. Trouillon une mention honorable que lui accorde le jury.

Tableaux diaphanes en relief.

CITATION FAVORABLE.

M. FERRY, à Paris, rue de Beaune, 31.

M. Ferry a exposé des tableaux diaphanes en relief.

Ces tableaux sont employés principalement à des

couvre-lampes, à des veilleuses, et peuvent remplacer des vitraux de petite dimension.

Ce moyen de représenter en transparent les tableaux et les gravures, n'est pas nouveau. Depuis longtemps ces tableaux diaphanes en relief sont dans le commerce, et pour le même emploi.

Seulement M. Ferry a substitué au verre et à la porcelaine, dont les premiers étaient faits, une matière beaucoup moins coûteuse, et moins friable.

M. Ferry vend plus de 500 tableaux en France chaque année, et en exporte une bien plus grande quantité.

---

§ 3. MODÈLES ANATOMIQUES, TAXIDERMIE.

RAPPEL DE MÉDAILLE D'OR.

M. AUZOUX, à Paris, rue des Saints-Pères, 13.

Le jury a examiné avec un vif intérêt les belles préparations dites *clastiques* d'anatomie humaine et comparée, présentées par le docteur Auzoux. Ce n'est qu'après bien des recherches, de nombreux essais, et par d'infatigables travaux, que M. Auzoux est parvenu à reproduire par couches superposées, jusqu'aux parties les plus minutieuses de l'organisation animale, depuis l'homme jusqu'aux zoophytes, et avec une exactitude et une solidité dont rien jusqu'alors n'avait donné l'idée.

M. Auzoux a rendu palpable pour tout le monde des détails qui, jusqu'alors, n'étaient saisissables que pour quelques intelligences privilégiées. Il a en outre rendu ses procédés de fabrication tellement simples, que ses préparations sont exécutées par des mains que l'on aurait pu en croire incapables.

Indépendamment du modèle d'homme exécuté de quatre grandeurs différentes, M. Auzoux a soumis à notre examen une série de préparations destinées à faire voir comment s'opèrent la digestion, la respiration, la circulation, l'audition, la vision, la reproduction dans l'homme et jusqu'aux mollusques et aux zoophytes.

Comme modèle d'un gros mammifère, et dans le but d'être utile à l'art vétérinaire, M. Auzoux a exécuté, avec une rare perfection, un cheval, sur lequel, par des coupes ingénieuses, on peut étudier la forme, les dispositions, les rapports de tous les organes.

Parmi les représentations diverses de M. Auzoux, un hanneton d'une grande dimension peut être regardé comme un chef-d'œuvre de l'art clastique.

Certainement, si les belles préparations du docteur Auzoux n'étaient pas d'un prix assez coûteux, elles se verraient déjà dans tous les hôpitaux, les écoles de médecine et de peinture, les bibliothèques publiques et les cabinets des praticiens. Grâce aux améliorations que M. Auzoux apporte à ses procédés, et à l'intelligence de M. Taurin (Victor), son contre-maître, nous verrons sans doute ces produits utiles pénétrer dans tous les lieux où ils peuvent venir en aide aux études anatomiques.

Ce qui n'empêche pas que chaque semaine il ne sorte déjà des ateliers du docteur Auzoux, au moins un modèle complet de l'anatomie humaine.

Le prix de ces modèles varie de 250 à 3,000 fr, et la moitié au moins de ces produits sont achetés pour l'étranger.

Déjà la société d'encouragement a décerné des médailles à deux contre-maitres de cet établissement, dont l'intelligence et l'instruction sont remarquables.

M. le docteur Auzoux a reçu toutes les récompenses que le jury a pu donner à ses talents, et qu'il se plaît à lui rappeler avec de nouveaux éloges.

NOUVELLE MÉDAILLE D'ARGENT.

M. THIBERT, à Paris, rue du Mont-Parnasse, 8.

M. le docteur Thibert a présenté à cette exposition des produits qui constituent un genre tout nouveau d'industrie, et qui ne sont pas moins intéressants sous le point de vue scientifique que sous le rapport industriel.

C'est un musée pathologique et anatomique composé de pièces en relief, et coloriées avec un grand talent d'imitation, représentant tous les cas de maladies humaines.

Cette collection ne se compose, quant à présent, que de six cents pièces, qui donnent plus de douze cents maladies avec leurs caractères anatomiques. La collection complète sera du prix de 30,000 francs.

Déjà un grand nombre de ces représentations sont dans des écoles de France et de l'étranger, et des commandes nombreuses de ces collections sont faites à M. Thibert.

Le mérite de ce beau travail a été l'objet des récompenses de l'Institut, qui a décerné à M. Thibert un prix de 4,000 fr. fondé par M. de Monthyon.

La belle et savante exécution de ces représentations pathologiques, l'utilité incontestable dont elles sont pour les progrès de l'étude, la réputation et l'extension qu'elles ont déjà prises, et qui ne peuvent manquer de s'accroître, enfin l'importance pécuniaire de ce grand travail, sont des motifs plus que suffisants pour déterminer le jury à accorder à M. le docteur Thibert une nouvelle médaille d'argent.

RAPPEL DE MÉDAILLE DE BRONZE.

M. NOËL, à Paris, rue du Temple, 101.

Après des études suivies de l'organisation et de l'anatomie des yeux, M. Noël s'est livré à la fabrication des yeux en émail avec un succès qui lui a fait une réputation justement méritée auprès des amateurs de collections d'histoire naturelle. Faits d'après nature, les yeux d'émail de la fabrique de M. Noël sont d'une vérité qu'on n'avait encore pu obtenir, surtout depuis qu'il est parvenu à faire des yeux qui portent des paupières artificielles, destinées à remplacer les paupières naturelles des peaux des animaux, lorsqu'elles ont été détruites.

M. Noël s'est attaché à former une série d'objets qui représentera toutes les maladies des yeux. Si cette collection, qui sera d'un très-grand intérêt pour les musées d'histoire naturelle et d'anatomie, avait été terminée, le jury central n'eût pas hésité à demander pour M. Noël une médaille d'argent, et provisoirement il le déclare de plus en plus digne de la médaille de bronze qui lui a été décernée.

NOUVELLE MÉDAILLE DE BRONZE.

M. Ed. VERREAUX, à Paris, boulevard Montmartre, 6.

M. Édouard Verreaux, naturaliste, a succédé à son père, dont la maison existe depuis quarante-deux ans. Intrépide voyageur, plein de zèle pour l'étude des sciences naturelles, M. Édouard Verreaux a voyagé pendant dix ans dans les pays étrangers pour recueillir des collections et établir des relations dans beaucoup de localités riches en histoire naturelle.

Sous le rapport de ses exportations, cette maison alimente en partie les principaux musées de l'Europe, et se trouve en correspondance avec la plupart des amateurs d'histoire naturelle.

Le muséum d'histoire naturelle de Paris possède un nombre considérable d'objets rares dus aux soins des frères Verreaux, qui ont apporté des perfectionnements dans les différents modes de préparation taxidermique pour laquelle ils ont fait des études et des essais multipliés. Aussi les différents groupes d'animaux qu'ils ont exposés sont-ils remarquables par la beauté de leur conservation et par leur attitude naturelle. Le daim attaqué par trois chiens qu'ils ont présenté, est une véritable scène de chasse en action.

Les préparations sont pour cette maison d'une

importance annuelle d'environ 10,000 fr. Les ventes d'objets en peaux, et sujets montés, peuvent s'élever, année commune, à environ 40,000 fr.; les matières premières employées, telles que filasse, fil de fer, savon arsenical, yeux d'émail, épingles à insectes, etc., peuvent s'élever à environ 6,000 fr.

La maison Verreaux a obtenu en 1839 une médaille de bronze, et depuis cette époque, par l'extension de ses affaires et par les perfectionnements apportés dans ses préparations, elle n'a fait qu'acquérir de nouveaux titres à la bienveillance du jury.

Le zèle bien louable et les beaux résultats obtenus par M. Verreaux, lui méritent une nouvelle médaille de bronze que le jury lui décerne.

MÉDAILLE DE BRONZE.

M. POORTMANN, à Paris, rue de la Harpe, 102.

M. Poortmann, modeleur naturaliste au muséum d'histoire naturelle de Paris, a présenté un chien lévrier préparé par un nouveau procédé plastique, qui nous a paru supérieur à ceux généralement employés pour conserver aux animaux leurs proportions, leurs formes, leurs attitudes naturelles et les détails anatomiques qui se dessinent à travers la peau.

Ce procédé, qui a quelques rapports avec celui du professeur Rusconi, de Pavie, nous paraît avoir sur lui l'avantage de la facilité de son exécution. M. Poortmann conserve le squelette naturel de l'animal, et après lui avoir fait subir certaine préparation il en articule solidement toutes les pièces, et fait traverser les os dans toute leur longueur par des fers courbés de façon à leur donner la position qu'ils doivent conserver dans l'attitude générale du corps. Puis, au lieu de se servir d'étoupes, il modèle le système musculaire avec une composition plastique et fibreuse. Cette composition appliquée sur la charpente osseuse, représentant exactement les formes, les saillies ou les dépressions des muscles, a en outre l'avantage de préserver des insectes, la peau dont on la recouvre.

Ce produit de M. Poortmann n'est réellement pas de l'empaillage ; c'est une préparation à la fois scientifique et artistique, supérieure à tout ce qu'on a fait jusqu'à présent dans ce genre en taxidermie, et des animaux conservés avec une telle exactitude seront d'un grand secours pour l'histoire naturelle et pour les artistes.

Le jury accorde à M. Poortmann une médaille de bronze.

MENTION HONORABLE.

MM. CARTEAUX et CHAILLOU, à Paris, rue du Helder, 5.

M. le docteur Carteaux et M. Chaillou ont exposé diverses préparations anatomiques en cuir estampé sur des matrices moulées elles-mêmes sur nature, ou sur des pièces modelées avec soin. Ces pièces réunissent la légèreté à la solidité et sont difficilement altérables. Elles auront sur les planches anatomiques coloriées les avantages que les cartes estampées en relief ont sur les cartes ordinaires. Placées en relief sur des tableaux, elles pourront être utiles pour l'anatomie chirurgicale et pittoresque. Les auteurs de ce procédé ont aussi préparé les muscles, nerfs et vaisseaux de la région cervicale et du pli du coude. Ils ont exécuté des modèles d'écorchés et des muscles de membres. On ne peut qu'applaudir aux efforts de MM. Carteaux et Chaillou et louer leurs essais qui rendront plus facile l'étude de l'anatomie pour les amateurs et pour les gens de l'art qui ne peuvent avoir recours sans cesse aux dissections sur les cadavres, pour se rappeler les rapports anatomiques dont ils ont fréquemment besoin.

Le jury accorde à MM. Carteaux et Chaillou une mention honorable.

CITATION FAVORABLE.

Madame MANTOIS, à Paris, rue du Pot-de-Fer-Saint-Sulpice, 14.

Le coloris appliqué aux planches anatomiques est d'un heureux emploi, en ce qu'il constitue un perfectionnement réel de l'iconographie, sans augmenter considérablement le prix de ce genre d'ouvrage.

Le talent de Madame Mantois dans ces sortes de travaux mérite d'être cité favorablement.

Écorchés.

CITATION FAVORABLE.

M. MÉQUIGNON-MARVIS, à Paris, rue de l'École-de-Médecine, 3.

La statuette présentée par M. Méquignon-Marvis est un nouvel écorché en plâtre, modelé d'après nature, dans une attitude forcée propre à faire ressortir les saillies des muscles du tronc et des membres pendant leur contraction. Ce petit modèle pourra être consulté avec avantage par les artistes.

---

§ 4. BROSSES ET PINCEAUX POUR PEINTRES.

RAPPEL DE MÉDAILLE DE BRONZE.

M. DRAINS, à Paris, rue des Fossés-Saint-Germain-l'Auxerrois, 26.

Les produits de M. Drains sont au moins aussi bien confectionnés que ceux de la dernière exposition, qui lui ont mérité une médaille de bronze.
Le jury lui accorde le rappel de cette médaille.

NOUVELLE MÉDAILLE DE BRONZE.

Madame SAUNIER, à Paris, quai Pelletier, 28.

Madame Saunier a envoyé aux deux dernières expositions des brosses et pinceaux très-bien exécutés. Ils furent reconnus tels par le jury de 1834, qui lui accorda une médaille de bronze, que celui de 1839 renouvela.

Madame Saunier, depuis la dernière exposition, a encore perfectionné sa fabrication et augmenté l'importance de son établissement. Elle occupe un assez grand nombre d'ouvriers, et plusieurs orphelines lui doivent un état et des moyens d'existence.

Le jury décerne une nouvelle médaille de bronze à Madame Saunier.

MÉDAILLE DE BRONZE.

Madame veuve COCHERY, à Paris, rue Dauphine, 12.

Les brosses et pinceaux que Madame Cochery a exposés cette année sont de la plus parfaite exécution. Ils réunissent à une grande souplesse une solidité parfaite par la manière dont ils sont montés. Ce genre d'industrie mérite d'être encouragé, puisque par sa perfection il vient en aide au talent de nos grands artistes.

Le jury de 1839, convaincu de cette vérité, avait accordé à Madame Cochery une mention honorable; mais en raison de la plus grande perfection de ses produits, le jury de 1844 lui donne une médaille de bronze.

RAPPEL DE MENTION HONORABLE.

Madame FONTANA, à Paris, rue des Marais-du-Temple, 13.

La bonne exécution des produits de Madame Fontana mérite encore la mention honorable qui lui avait été donnée par le jury de 1839.

NOUVELLE MENTION HONORABLE.

M. SAUNIER, à Paris, rue Bourg-l'Abbé, 50.

Ce fabricant a obtenu une mention en 1839. Les produits de M. Saunier sont toujours aussi bien exécutés que par le passé.

Le jury lui accorde une nouvelle mention honorable.

MENTION HONORABLE.

M. DAGNEAU, à Paris, rue Constantine, 15.

M. Dagneau est arrivé à une très-grande perfection dans la fabrication des brosses et pinceaux. Avant lui, son père jouissait d'une véritable réputation chez les artistes : il n'est pas resté au-dessous de lui. Il a de plus donné une plus grande extension à sa fabrication.

M. Dagneau a obtenu en 1839 une citation favorable.

Le jury lui accorde une mention honorable.

CITATIONS FAVORABLES.

M. PITET aîné, à Paris, rue Saint-Martin, 257.

M. Pitet, qui confectionne des brosses et pinceaux pour les artistes, fait aussi toute autre espèce de brosses pour peindre, et en grand nombre, puisque la vente peut s'élever de 40 à 100,000 fr. par an.

M. PRESBOURG, à Paris, rue Quincampoix, 56.

M. Presbourg a exposé un assortiment de brosses de toutes natures et de toutes dimensions. La bonne nature de ses produits lui mérite une citation favorable.

Madame BULLIER, à Paris, rue de la Verrerie, 54.

La bonne confection des produits de Madame Bullier lui mérite une citation favorable.

Ébénisterie pour modelage.

CITATION FAVORABLE.

M. CARPENTIER, à Paris, rue de Ménilmontant, 61.

Un petit cheval articulé que M. Carpentier a présenté à cette exposition, et dont la première idée est due à M. de Saint-Mémin, directeur du musée de Dijon, est d'une parfaite exécution. Il peut prendre toutes les poses naturelles du cheval vivant, les proportions en sont d'une grande exactitude et les articulations d'un mouvement facile et d'une grande solidité.

Ce petit modèle est d'une utilité fort grande pour les artistes, et a valu à M. Carpentier les éloges de M. Horace Vernet.

Chevalets pour les peintres.

CITATION FAVORABLE.

M. BONHOMME, à Paris, rue des Fossés-Saint-Germain-l'Auxerrois, 29.

M. Bonhomme a exposé des chevalets pour les artistes dont le mécanisme est aussi simple qu'ingénieux.

Ils peuvent supporter des tableaux d'une grande dimension et d'un poids considérable que l'artiste peut soulever et mouvoir avec la plus grande facilité.

Le jury accorde à M. Bonhomme une citation favorable.

---

§ 5. ÉPREUVES DAGUERRIENNES.

MENTIONS HONORABLES.

M. SABATIER-BLOT, à Paris, Palais-Royal, 137.

Parmi ses concurrents, M. Sabatier-Blot est celui qui est le plus maître des procédés daguerriens, c'est-à-dire que des nombreuses épreuves que nous lui avons vu produire aucune n'est réellement défectueuse, et presque toutes sont d'une perfection rare. Le court espace de temps qui lui suffit, et qui n'est que de quelques secondes, est pour beaucoup dans la réussite qu'il obtient.

La quantité de portraits qu'exécute M. Sabatier-Blot constitue véritablement une industrie, puisqu'elle lui produit plus de 30 ou 40,000 fr. par an.

Une mention honorable est accordée à M. Sabatier-Blot pour la bonne exécution de ses produits.

M. BOURQUIN, à Paris, boulevard Bonne-Nouvelle, 10.

M. Bourquin a apporté aux appareils photographiques qu'il fabrique entièrement chez lui, des modifications qui en rendent les résultats plus parfaits et plus sûrs. Aussi M. Bourquin fait-il un débit d'appareils et d'épreuves qui se monte à des sommes importantes.

Il joint à cette industrie la confection de cadres de fort bon goût, et qui viennent ajouter à l'agrément de ses belles épreuves en augmentant encore l'importance de ses recettes annuelles qui s'élève à plus de 100,000 fr.

Le jury lui accorde une mention honorable.

CITATIONS FAVORABLES.

M. CLAUDET, à Choisy-le-Roi (Seine).

Très-peu des industriels qui ont exposé des reproductions de portraits ou de vues exécutés par l'ingénieux procédé de M. Daguerre, sont assez maîtres de leurs moyens d'exécution pour que presque toutes leurs épreuves réussissent à un degré de perfection complète.

M. Claudet a pourtant presque atteint ce but. La brièveté du temps qui lui suffit pour obtenir ses images, est pour beaucoup dans cette réussite.

Celle qu'il a exposée, et qui représente un groupe de danseurs dans une attitude qu'il est impossible de garder plus d'un instant (puisque les deux danseurs sont posés sur la pointe du pied et les bras élevés), est d'une réussite merveilleuse. Toutes les autres épreuves sont d'une perfection égale, mais ne présentaient pas les mêmes difficultés.

Si la photographie peut arriver à des résultats toujours sûrs et à des moyens d'exécution faciles, elle rendra des services très-grands, et ceux qui, comme M. Claudet, lui font faire des progrès sensibles vers ce but, méritent les éloges du jury central qui se plaît à citer favorablement les épreuves exposées par cet industriel.

M. Claudet exécute aussi des épreuves daguerréotypées sur papier par le procédé Talbot, dont il est concessionnaire. Les résultats sont les mêmes (quoique produits par d'autres moyens) que ceux obtenus il y a peu d'années par M. Bayard.

M. BISSON fils, à Paris, rue Saint-Germain-l'Auxerrois, 65.

M. Bisson fils a exposé de fort belles épreuves photographiques. Plusieurs portraits sont d'une parfaite réussite. Le jury doit citer particulièrement deux têtes d'une grande dimension exécutées pour un ouvrage d'histoire naturelle.

M. DERUSSY, à Paris, rue des Prouvaires, 3.

Les épreuves obtenues par M. Derussy lui méritent une citation favorable pour leur bonne exécution.

SECTION VIII.

DESSINS DE FABRIQUE.

M. Sallandrouze-Lamornaix, rapporteur.

Considérations générales.

Nous sommes heureux d'avoir à signaler dans ses meilleurs résultats l'alliance de l'art et de l'industrie, cette alliance si profitable, si féconde, et qui devient chaque jour plus intime. Quarante dessinateurs figuraient cette année parmi les exposants : c'est un progrès qu'on ne saurait trop encourager. Les artistes qui prêtent aux industriels le concours de leur talent ont à vaincre de grandes difficultés : ils doivent se livrer à des études spéciales souvent peu attrayantes. Il ne suffit pas pour eux de créer une belle œuvre, de fixer sur le papier ou sur la toile une ingénieuse composition ; il faut autre chose encore : il faut que, tout en gardant sa beauté primitive, la pensée d'art se soumette aux nécessités matérielles de l'industrie. Les ressources de la fabrication sont limitées, il faut qu'ils les connaissent toutes, afin qu'ils puissent à la fois n'en négliger aucune et ne les jamais dépasser. Qu'importent, en effet, de belles lignes dont la fabrication doit briser les contours? Qu'importent l'harmonie ou la variété des couleurs, si l'ouvrier le plus habile est impuissant à les rendre? Il faut donc que la pensée arrive à l'artiste, pour ainsi dire déjà revêtue de sa forme industrielle.

Mais s'il est forcé de subir les exigences de l'industrie, il lui reste d'une autre part un beau rôle à remplir: c'est à lui de guider le fabricant dans la production des belles et grandes œuvres; c'est à lui de rectifier les fausses tendances du goût vulgaire; c'est à lui de résister aux caprices peu légitimes de la mode et de repousser l'invasion de ces formes contournées qui prétendent à la grâce et n'atteignent qu'à une afféterie bizarre.

Le jury central sait toutes les qualités diverses que doit réunir un habile dessinateur de fabrique. Il se plaît à reconnaître en lui, non-seulement un artiste, mais encore un savant industriel, et c'est à ce dernier titre surtout qu'il aime à lui donner des éloges bien mérités.

MÉDAILLE D'OR.

M. COUDER, à Paris, cité Trévise, 7.

Au nombre des hommes qui ont le plus contribué au développement de notre industrie de luxe et à la faveur dont elle jouit à l'étranger, se place *Couder*, dessinateur habile, infatigable, qui, depuis longues années, est en possession de fournir les plus riches dessins aux premières fabriques de châles, de tapis, d'impressions, de tissus de toute nature; les constants succès que M. Couder a depuis si longtemps obtenus dans la fabrique, tiennent non-seulement à la flexibilité de son talent d'artiste, à la variété de ses compositions qui s'adressent à tant de genres différents, mais encore à ses connaissances laborieusement acquises de tous les procédés de la fabrication, connaissances dont il sait merveilleusement tirer parti dans ses œuvres : l'exposition comptait une multitude de produits remarquables exécutés d'après ses dessins. Les châles de MM. Gaussen aîné et Gaussen jeune, Aubernon, Bournhonet, Godefroy, Duché, Henry et Marcel, Champion et Girard, les étoffes pour ameublement, de MM. Hippolyte Mourceau, Florentin Cocheteux, les velours gauffrés de M. Berly d'Amiens, les broderies de Tarare de MM. Jules Fion et fils, les tapis de MM. Bellat, Demy-Doineau, Sallandrouze, témoignent de l'immense habileté de l'artiste et du succès mérité qu'obtiennent ses belles compositions, bien pensées et bien rendues.—Après avoir apprécié les œuvres exécutées de M. Couder, nous retrouvons cet ingénieux dessinateur dans son exposition personnelle, où des esquisses indiquent d'une manière positive ses constants efforts pour ouvrir un champ plus vaste encore à l'industrie. La légende de *Jeanne-d'Arc*, modèle de grande tapisserie : la *Forêt des Amours*, gracieuse composition dans le style de Boucher, la *Vision de Saint-Hubert*, avec ornementation dans le style renaissance, sont des pensées d'artiste dont l'exécution parfaite ferait des œuvres industrielles d'une inappréciable valeur. Nous avons encore remarqué un modèle de bibliothèque, un dressoir, des vases sacrés, de splendides ornements d'église, qui sont autant de preuves qu'à la science pratique des besoins de l'industrie M. Couder unit les plus belles inspirations de l'art. Pour n'oublier aucun des titres de M. Couder, nous dirons encore que le premier, à Paris, il a fondé un atelier de dessins de fabrique duquel sont sortis déjà un grand nombre de jeunes artistes qui, dans toutes les branches, sont venus apporter à la fabrication le concours de leur talent. Nous ajouterons enfin que M. Couder emploie constamment chez lui cinquante à soixante personnes, et trente au dehors. Le jury, voulant récompenser dans M. Couder un des plus puissants auxiliaires de notre industrie, lui décerne la médaille d'or.

MÉDAILLE D'ARGENT.

M. CHÉBEAUX, à Paris, rue Saint-Fiacre, 1.

M. Chébeaux vient prendre rang à côté du patriarche des dessinateurs industriels. L'ensemble de son exposition nous a vivement frappés par la variété extrême des styles appliqués avec goût aux tissus et aux meubles. Nous avons particulièrement remarqué l'ameublement du salon du roi à l'hôtel de ville de Paris, composé de tapis, rideaux, portières, meubles, tentures, destinés à faire un grand ensemble. Dans ses travaux pour une fabrication plus secondaire, M. Chébeaux reste encore l'homme de goût et de talent. Ses dessins pour robes, pour châles, pour rideaux sont extrêmement remarquables par la nouveauté, la grâce de la composition, la fraicheur du coloris et le soin du rendu; ils ont de plus le haut mérite d'une exécution industrielle prompte et facile. Enfin un modèle de priedieu dont la forme et l'ornementation nous ont paru bien appropriées à l'usage, témoigne aussi de sa grande habileté dans le dessin de meubles.

M. Chébeaux, dont l'importance commerciale croît chaque jour, emploie trente personnes dans ses ateliers.

Le jury central a voulu encourager ses efforts et récompenser ses succès en lui décernant avec satisfaction une médaille d'argent.

MÉDAILLES DE BRONZE.

M. GUICHARD, à Paris, rue des Jeûneurs, 9.

L'exposition de M. Guichard s'est fait remarquer par une grande variété de compositions pour tous les genres de tissus. Nous avons distingué surtout un dessin de tapis renaissance mêlé de fleurs, d'un coloris riche et harmonieux ; plusieurs dessins pour impression sur etoffe, où les difficultés de la fabrication sont bien comprises et heureusement vaincues; un panneau pour papier peint, dont l'encadrement est d'un beau modèle. M. Guichard est, en outre, l'auteur d'une publication destinée à fournir un grand nombre de matériaux pour dessins de fabrique : il emploie constamment vingt personnes dans ses ateliers.

Le jury, prenant en considération tous ces titres, lui accorde une médaille de bronze.

M. RYPINSKI, à Paris, rue Bourbon-Villeneuve, 5.

M. Rypinski occupe constamment dix personnes dans ses ateliers. Il se distingue par une remarquable entente du dessin appliqué aux articles de rouennerie. Au milieu de charmantes compositions de papiers peints très-convenables pour la grande consommation, nous avons remarqué un panneau joliment ajusté, et qui prouve qu'on peut allier le bon goût et la légèreté aux difficultés de la fabrication. Un tapis ton sur ton, végétation exotique, nous a semblé aussi fort remarquable par la hardiesse de la composition, la largeur du faire.

Le jury, en témoignage de sa satisfaction, accorde à M. Rypinski la médaille de bronze.

M. NAZE, à Paris, rue du Gros-Chenet, 23.

M. Naze a exposé : 1° un rideau-store d'un assez bel effet et heureusement exécuté en mousseline brodée par M. Lucy-Sédillot; 2° un dessin de châle imprimé où la lumière a été ménagée avec art, remarquable aussi par l'harmonie des tons, le goût, l'ajustement, le précieux du travail; 3° enfin un dessin de meuble exécuté par MM. Bouhours et Ferté, composé avec goût et rendu habilement pour l'exécution. M. Naze occupe vingt personnes dans ses ateliers.

Le jury lui décerne la médaille de bronze.

M. LANGLADE, à Aubusson (Creuse).

M. Langlade a exposé: 1° un dessin de portière à écussons de chevalerie, fond bleu outre-mer, avec fleurs et fruits en grisaille, qui nous a paru d'une composition pleine de caractère et fort originale; 2° un dessin de tapis à répétition, style Louis XV, avec ornements bois sur fond blanc, rattachant des touffes de roses; 3° enfin un dessin de grand tapis à masses de fleurs, dont la bordure se fait remarquer par sa grâce et sa richesse.

Le jury, appréciant les dessins exposés par M. Langlade et les différentes compositions de ce dessinateur exécutées pour l'exposition par divers fabricants, lui décerne la médaille de bronze.

M. LAROCHE, à Paris, rue Saint-Roch-Poissonnière, 8.

Les dessins de M. Laroche sont exécutés par les premières maisons faisant la haute nouveauté en mousselines de laine et étoffes de goût. Il a exposé un cadre de dessins de robes qui justifient bien la réputation qu'il s'est acquise, et un dessin de tapis de foyer présenté comme un simple croquis, mais où se révèlent de bonnes études de fleurs et beaucoup de goût dans la composition. M. Laroche occupe environ vingt-cinq personnes dans ses ateliers.

Le jury lui décerne la médaille de bronze.

MENTIONS HONORABLES.

MM. LEBERT et MULLER, à Paris, rue du Gros-Chenet, 23.

MM. Lebert et Muller occupent quinze personnes, ils ont exposé trois grands dessins pour impression de toiles peintes d'une élégante et gracieuse composition, mais surtout remarquables par la pureté du dessin, la fraîcheur du coloris, la légèreté de la touche. L'exécution nous a semblé parfaite et les différents plans observés avec bonheur jusqu'aux teintes les plus fuyantes.

Le jury, appréciant le vrai mérite de l'exposition de MM. Lebert et Muller, accorde à ces habiles dessinateurs une mention honorable.

M. LUBIENSKI, à Paris, rue Saint-Joseph, 10.

M. Lubienski, occupant quinze personnes dans ses ateliers, a exposé plusieurs dessins pour rouenneries, qui se distinguent par la perfection du faire : il est impossible de pousser plus loin la finesse des détails. Nous avons surtout remarqué un dessin dans le goût de Pilment, avec des tons bleus porcelaine très-suaves, d'une jolie composition et d'un charmant rendu.

Le jury, voulant récompenser en M. Lubienski et l'extrême fini de l'exécution, et la bonne entente des conditions de fabrique, lui accorde une mention honorable.

M. HENRY, à Paris, rue des Marais-Saint-Martin, 40.

M. Henry a présenté un dessin style Louis XV, avec des groupes de roses retenues par un ruban : cette composition, destinée à être exécutée en papier peint, nous a paru d'une grâce et d'une légèreté fort remarquables. Il a exposé, en outre, un panneau style renaissance, enfin un dessin de tapis d'un jeté assez large, puissant d'ornementation, riche d'effet.

Le jury, regardant l'exposition de M. Henry, comme celle d'un habile dessinateur, lui accorde une mention honorable.

M. SAJOU, à Paris, rue de la Barillerie, 17.

L'exposition de M. Sajou est remarquable par son côté industriel : nous y avons distingué plusieurs dessins sur papier carrelé, d'une exécution fort soignée et parfaitement applicable à la broderie de laine sur canevas. Ils constituent une véritable spécialité qui a, par son grand débouché, une certaine importance commerciale. M. Sajou occupe constamment plus de cent cinquante personnes, et ses imitations parfaites des dessins de Berlin, obtenus à bon marché, prouvent son incontestable supériorité en ce genre.

Le jury lui accorde une mention honorable.

MM. JAEGLIN et FUCHS, à Paris, rue des Jeûneurs, 16.

MM. Jaeglin et Fuchs ont exposé un grand tableau qui ne nous a pas semblé remplir toutes les conditions industrielles, mais qui dénote cependant une étude approfondie des fleurs, et nous a paru excessivement remarquable par l'originalité et la grace de sa composition.

Le jury accorde à MM. Jaeglin et Fuchs une mention honorable.

MM. BERRUS fils et Cie, à Paris, rue d'Enghien, 22.

MM. Berrus fils et Cie ont exposé des dessins faits dans la manière des dessinateurs de l'Inde, c'est-à-dire, à contours purs et non brisés, comme on l'avait cru longtemps, d'après l'inspection du tissu cachemire. Ils ont présenté, entre autres, un dessin de châle fort remarquable par son jet hardi et la grâce des détails. MM. Berrus fils et Cie emploient trente ouvriers dans leurs ateliers.

Le jury, regrettant le peu de variété des genres exposés par MM. Berrus fils et compagnie, leur accorde cependant une mention honorable.

M. DOBROWOLSKI, à Paris, rue Bourbon-Villeneuve, 45.

M. Dobrowolski a exposé des dessins pour papiers

peints, meubles et tapis. Nous avons remarqué deux panneaux dont un à jeu de fond d'un heureux effet; l'autre en style renaissance avec imitation de nielles. Enfin, une composition pour papiers peints, végétation tropicale, d'un bel effet.

Le jury accorde à M. Dobrowolski une mention honorable.

M. JULIENNE, à Sèvres (Seine-et-Oise), manufacture royale.

Les lithographies exposées par M. Julienne se font remarquer par l'élégance des formes et la nouveauté des détails. La plupart de ses compositions appartiennent à la manufacture royale de Sèvres; elles font partie d'un ouvrage répandu dans le commerce, et qui rend d'incontestables services à l'industrie.

Le jury central accorde à M. Julienne une mention honorable.

M. CAGNIARD, à Paris, rue de l'Échiquier, 10.

M. Cagniard a exposé un tableau qui décèle un véritable talent comme peintre de fruits et de fleurs. Il est composé, dit-on, pour un écran de tissu mosaïque. Nous regrettons que M. Cagniard n'ait rien exposé de plus évidemment applicable à l'industrie.

Le jury, reconnaissant le mérite de M. Cagniard, lui accorde une mention honorable.

CITATIONS FAVORABLES.

Enfin, le jury se plaît à citer favorablement :

M. MARTIN, à Paris, rue Saint-Fiacre, 20,

Pour la belle exécution de ses dessins de foulards et de châles.

M. PARGUEZ, à Paris, rue du Mail, 13,

Pour ses dessins d'impression de haute nouveauté.

M. BOUCHER, à Paris, rue de Mulhouse, 8,

Pour ses dessins d'impression.

M. SPEISER, à Rouen (Seine-Inférieure),

Pour ses dessins de rouleaux que recommande une bonne exécution.

M. CODON (Jules), à Paris, rue Folie-Méricourt, 26,

Pour ses dessins de meubles d'une composition sage et élégante.

M. BOURDELOY DE BOURDAN, à Paris, rue Grange-aux-Belles, 1 *bis*,

Pour ses dessins de découpage, auxquels il a donné le nom de *cartatomie*.

NON EXPOSANT.

MÉDAILLE DE BRONZE.

M. DESHÉRAUD, à Aubusson (Creuse).

Le jury départemental de la Creuse a vivement recommandé à la bienveillance du jury central, M. Deshéraud, qui de simple ouvrier s'est, à force de persévérance et de travail, élevé à l'emploi de premier peintre de la manufacture royale d'Aubusson. Le jury central a pu apprécier les travaux de M. Deshéraud dans la mise en grand du tapis *forêt vierge* et du tapis de l'Hôtel de Ville de Paris. Il a en outre remarqué la composition et le rendu d'un dessin de tapis, style Louis XIV, exécuté par ce peintre habile.

Le jury, voulant témoigner son estime pour une longue carrière honorablement fournie, décerne à M. Deshéraud la médaille de bronze.

SEPTIÈME COMMISSION.

ARTS CÉRAMIQUES.

Membres de la Commission.

MM. Brongniart, président; D'Arcet, Beudin, Chevreul, Dumas, Laborde (comte Léon de), Péligot, Thénard (baron).

SECTION PREMIÈRE.

TERRES CUITES, FAÏENCES, PORCELAINES, ETC.

M. Brongniart, rapporteur.

Considérations générales.

J'ai exposé, en 1839, au nom de la commission des poteries, les principes qui la dirigeraient dans la distribution des distinctions qu'elle proposerait au jury central d'accorder. Ces principes et le mode de leur application ont été développés avec tant de détails et de précision, que je ne pourrais les présenter aujourd'hui, sans répéter presque mot à mot ce que j'ai dit à cette époque au nom de mes collègues. Je n'y reviendrai donc pas, je les supposerai connus et adoptés, et, dans le rapport que je vais avoir l'honneur de présenter au nom du jury, je ne m'en écarterai pas.

Je suivrai le même ordre de classement qu'en 1839, sans reproduire, ni les bases sur lesquelles il est fondé, ni les définitions qui doivent établir clairement les diverses sortes de poteries, et par conséquent les classes auxquelles ces différentes industries céramiques peuvent être attribuées.

On voit combien cet ordre a d'importance, puisque, s'il était arbitraire, on augmenterait ou diminuerait, arbitrairement aussi, le nombre des distinctions à accorder.

Néanmoins, sans répéter la définition de ces groupes, je crois devoir en rappeler le nombre et la dénomination; je ne parle ici que de l'art céramique et de ses dépendances immédiates.

La verrerie est l'objet spécial d'une sous-commission.

PREMIÈRE CLASSE. — *Terres cuites.*

Briques, tuiles, carreaux, ustensiles industriels en terre cuite, tels que tuyaux, creusets, cornues; plastique, ornements en terre cuite.

2ᵉ CLASSE. — *Poterie commune non vernissée.*

Rentrant souvent dans la première classe,

mais s'appliquant principalement à des pièces et ustensiles de ménage, et propres à contenir des liquides et des matières pulvérulentes.

3ᵉ CLASSE. — *Poterie commune vernissée au plomb.*

4ᵉ CLASSE. — *Faïence commune avec émail opaque stannifère.*

5ᵉ CLASSE. — *Faïence fine vernissée.*

Renfermant les terres de pipe, le cailloutage, etc., à vernis tendre, et la faïence fine à vernis dur, nommée : porcelaine opaque, lithocérame, demi-porcelaine (*Ironstone* des Anglais).

6ᵉ CLASSE. — *Poterie de grès ou grès-cérame.*

7ᵉ CLASSE. — *Porcelaine dure.*

8ᵉ CLASSE. — *Porcelaine tendre.*

9ᵉ CLASSE. — *Couleurs vitrifiables* (fabrication et application).

10ᵉ CLASSE. — *Décoration en couleurs vitrifiables sur les poteries, porcelaines, grès, laves, pierres, métaux* (émaillage).

11ᵉ CLASSE. — *Application sur vitre et glace*, (peinture sur verre).

12ᵉ CLASSE. — *Application mécanique des couleurs vitrifiables.*

Chacune de ces classes devra être considérée particulièrement, quoique quelques fabricants en pratiquent plusieurs simultanément.

PREMIÈRE CLASSE.

TERRES CUITES.

MÉDAILLE D'ARGENT.

MM. VIREBENT frères, à Toulouse (Haute-Garonne).

MM. Virebent frères ont, depuis 1834, orné les monuments publics et les maisons particulières de Toulouse et des environs, avec des pièces moulées en terre cuite, bien faites, très-grandes, qu'on déclare solides et résistant aux intempéries atmosphériques de cette contrée méridionale de la France.

Ils ont, depuis la dernière exposition, amélioré leur moulage et leur travail, et ils font de plus grandes pièces.

Un des principaux perfectionnements qu'ils ont apportés à leur industrie, c'est d'être arrivés, sans changer leurs prix, à employer une seule pâte jaune couleur pierre, au lieu d'appliquer, comme ils le faisaient autrefois, une composition jaune sur un fond rouge qui se faisait voir après la cassure ; ils font maintenant tout un même ornement d'une seule espèce de pâte ; mais ils en ont deux, l'une plus grossière pour ornements extérieurs, l'autre d'un grain plus fin pour les ornements intérieurs ; d'après une expérience de plus de dix ans, leurs produits résistent à la gelée.

Cette persistance dans l'emploi de leurs travaux, et les améliorations qu'ils ont faites, ont paru au jury devoir les rendre dignes d'une distinction plus élevée que celle qui leur a été décernée en 1834. Le jury leur accorde une médaille d'argent.

MÉDAILLES DE BRONZE.

M. FOLLET, à Paris, rue des Charbonniers-Saint-Marcel, 16 et 18.

M. Follet a donné à la poterie de jardinage une élégance de forme, une richesse d'ornementation, qui, sans augmenter considérablement le prix de celles qui ne sont pas très-surchargées d'ornements, ont procuré à cette poterie, reléguée dans les jardins, une grande extension commerciale, en l'introduisant dans les serres élégantes, dans l'intérieur des maisons, dans les appartements et jusque dans les salons. Ces perfectionnements dans les formes, les ornements et les pâtes, ont décuplé le nombre des acquéreurs de cette poterie, dont les jardiniers seuls faisaient usage : la terre en est rouge, très-résistante, peu poreuse, le moulage très-beau, la pâte très-fine. Il emploie pour pots de jardins ordinaires la terre d'Ivry qui est plus blanche ; le grain de cette pâte n'est pas aussi fin, mais elle est bien cuite. La terre de Villejuif sert pour les vases d'ornements. M. Follet a donc rendu un service à l'art, aux beaux-arts et au commerce par un genre d'industrie qu'il n'est pas difficile de mettre en pratique, mais qu'il fallait trouver ; il a des plagiaires, comme tout ce qui a du mérite ou de la vogue.

Le jury accorde une médaille de bronze à M. Follet.

M. ROUDIER, à Vaugirard (Seine), avenue d'Issy, 215.

Successeur de M. Gourlier à Vaugirard, M. Roudier a hérité de tous ses ingénieux procédés et de toutes ses machines pour faire les tuyaux de cheminées en terre cuite; il s'est présenté seul et pour la première fois. La manufacture n'a pas démérité sous sa direction: au contraire, plusieurs procédés pour le moulage de briques plus volumineuses, propres à diminuer ainsi le nombre des jonctions, et pour le façonnage le nombre des feuillures qui les lient, donnent à M. Roudier le droit de recevoir, en son nom, la médaille de bronze, décernée plusieurs fois à la fabrique de M. Gourlier.

Le jury décerne une médaille de bronze à M. Roudier.

RAPPELS DE MENTIONS HONORABLES.

MM. A. COURTOIS et J.-J. COURTOIS, à Paris, rue Saint-Lazare, 144,

Et M. FONROUGE, à Paris, impasse du Maine, 5.

Le jury ayant trouvé les produits de MM. A. Courtois, J. J. Courtois, et ceux de M. Fonrouge au moins égaux en qualité, à ceux qu'ils ont mis aux expositions de 1834 et 1839, les regarde comme méritant toujours la mention honorable qui leur a été accordée.

MENTIONS HONORABLES.

M. DEMONT, au Petit-Mont-Rouge (Seine), route d'Orléans, 113.

M. Demont fait ce qu'on nomme plus particulièrement de la *plastique*, c'est-à-dire de grands ornements, et surtout des figures en terre cuite.

Sa pâte imite parfaitement la couleur de la pierre, et en cela il a perfectionné ses produits ; en outre, il peut les faire aujourd'hui plus économiquement ; la pâte quoique poreuse, et se laissant même entamer au couteau, est néanmoins dure et peut résister aux intempéries et à la gelée; les statues sont bien moulées, celles de grandes dimensions se vendent 200 fr., une balustrade gothique revient à 23 fr. le mètre.

Ce fabricant fait aussi un fort joli carrelage avec des combinaisons de pâtes colorées en rouge et en noir.

Le jury lui accorde une mention honorable.

M. DUSSOUCHET, à Pranzac (Charente).

M. Dussouchet, fabricant de briques réfractaires à Angoulême, avec les argiles des environs de cette ville, a présenté les certificats les plus explicites et les plus honorables, des commissaires de la marine à Rochefort et du directeur de la fonderie de Ruelle, sur la bonne qualité des briques réfractaires qu'il a fournies en nombre prodigieux (1,500,000) à ces deux administrations ; le jury pense que de tels certificats valaient mieux que les essais en petit qu'on aurait pu faire, et accorde une mention honorable à M. Dussouchet.

MM. DE BOISSIMON et Cie, à Langeais (Indre-et-Loire).

M. de Boissimon fait des briques réfractaires; les personnes qui déclarent faire cette qualité de briques sont à chaque exposition en nombre considérable, il faudrait faire subir à toutes ces briques, des essais nombreux, variés, et comparatifs, ce qui est impossible.

Mais les détails que M. de Boissimon donne sur la composition et le mode de fabrication de ses briques, l'usage qu'en font les principales usines d'Indre-et-Loire, le rapport du jury départemental qui confirme ces assertions, enfin la médaille qu'il a reçue à l'exposition de Tours, méritent que le jury fasse de ses travaux et des produits de sa fabrication, une mention honorable.

M. DORÉ, à Paris, rue Contrescarpe-Saint-Marcel, 21 et 23.

M. Doré est potier de terre; il s'est principalement consacré à faire des fourneaux de chimie, et tous les instruments nécessaires dans les laboratoires de chimie, qui doivent ou peuvent être faits en terre cuite.

Les chimistes qui font partie de la commission des arts chimiques, et de celle des poteries, conviennent tous que le sieur Doré a apporté dans le choix et l'assortiment de ses argiles, dans les formes de tous les ustensiles qui sortent de ses ateliers, dans la bonne qualité que la cuisson leur donne, un soin et une intelligence, qui doit le rendre digne d'être mentionné honorablement par le jury central.

M. CHAMPION, à Jouars-Pontchartrain (Seine-et-Oise).

M. Champion a présenté des tuiles faites par un procédé mécanique, qui offrent l'avantage d'être légères et unies des deux côtés; il les recouvre en-dessus d'un émail noir ou transparent qui empêche l'adhérence des mousses. Il serait à désirer que ce vernissage pût être fait sans augmenter beaucoup le prix de la tuile. Du reste, les tuiles de M. Champion peuvent être d'un bon emploi, et se recommandent par une texture fine et une bonne cuisson : il mérite, par ces considérations, une citation favorable.

Creusets.

MÉDAILLE DE BRONZE.

M. BEAUFAY, à Paris, chemin de ronde de la barrière Ménilmontant.

On sait combien il est difficile de juger les qualités des creusets, des cornues, des tubes et autres instruments destinés à éprouver dans les laboratoires de chimie et dans les usines, l'action de températures si différentes entre elles; leurs qualités doivent donc être aussi très-différentes, suivant leur destination.

Les deux seuls exposants que le jury croit devoir distinguer, ont une réputation générale, ou des attestations qui ne peuvent le laisser dans l'incertitude sur le mérite de leur production.

Le premier est M. Beaufay, fabricant de creusets, à Paris; la réputation que ses creusets conservent depuis plusieurs années, chez les fondeurs et chimistes de Paris, les essais qu'en a faits M. Berthier, et le brillant éloge qu'il leur donne dans son traité de docimasie, ne peuvent laisser au jury aucun doute sur leur qualité; il décerne à M. Beaufay une médaille de bronze.

MENTION HONORABLE.

M. BINET, à Paris, rue et impasse Saint-Sabin, 8 et 9.

M. Binet a fait en pièces de poteries remarquables, des cornues cylindroïdes pour le gaz, d'une dimension que nous pouvons appeler gigantesque; elles ont 2 mètres 30 centimètres de longueur.

D'après les attestations jointes à son dossier, et dans lesquelles on peut avoir toute confiance, elles sont déclarées d'un bon et durable emploi, et lorsqu'elles finissent par se fendre, il peut encore les faire servir en fermant ces fentes avec un ciment composé d'argile cuite et de minium.

Le jury accorde à M. Binet une mention honorable pour ses creusets et ses cornues, distinction qui ne peut avoir aucun rapport avec la médaille de bronze qui lui a été décernée en 1839 pour des conleurs, par la commission de chimie, ni avec ce qui va être dit de lui, à l'article des couleurs vitrifiables.

Pipes.

MÉDAILLE D'ARGENT.

M. FIOLET (Louis), à Saint-Omer (Pas-de-Calais).

A peine dans les expositions précédentes, a-t-on remarqué les pipes qui y avaient été mises, et cependant cette industrie a une très-grande importance, quand elle s'exerce sur cette sorte de pipe qui est la plus répandue dans les pays des fumeurs, tels que la Flandre, la Hollande, l'Angleterre et la France, où l'on préfère les pipes faites avec cette argile qui a pris de son emploi, le nom de *terre de pipe*.

La fabrique la plus importante sous tous les rapports, et la plus ancienne (1764), est celle de M. Louis Fiolet, à Saint-Omer : les formes de pipes qu'il fait toutes avec la même argile, la même composition, sont au nombre de huit cents, ayant presque toutes leur nom particulier.

Il occupe six à sept cents ouvriers, des machines puissantes, quatre fours de grande dimension, successivement allumés ; la fabrique consomme pour plus de 50,000 fr. de combustible, tant bois que houille ; il expédie par an plus de cent soixante mille grosses de pipes (vingt-trois millions de pipes), en Europe, Afrique et Amérique, ayant une valeur de 500,000 francs.

Il a des pipes extraordinaires dont la queue a six mètres de longueur, elles valent 5 fr. la pièce; il y en a de simples et d'ordinaires qu'on nomme *brûlot*, et qui se vendent au plus un centime pièce (1 fr. 40 c. la grosse).

Une industrie aussi remarquable, un établissement aussi important et dont tous les produits sont d'une grande perfection, ont paru devoir être honorés d'une médaille d'argent que le jury décerne à M. Louis Fiolet.

MENTION HONORABLE.

M. Ch. COURTOIS, à Forges-les-Eaux (Seine-Inférieure).

Le jury, désirant recompenser la fabrication des pipes, dont le façonnage emploie tant de mains, accorde à M. Courtois, de Forges, une mention honorable.

IIIe CLASSE.

POTERIES VERNISSÉES.

C'est, en général, une bien mauvaise et quelquefois insalubre poterie qu'il faudrait plutôt restreindre que développer; son prix extrêmement bas en fait le seul mérite, et tant qu'on n'aura pas trouvé et fait au même prix une poterie meilleure, le peuple donnera toujours la préférence à la poterie vernissée au plomb sur une poterie meilleure qui serait seulement de quelques centimes plus cher.

MENTION HONORABLE.

M. GUENAUT, à Paris, rue de la Roquette, 31.

M. Guenaut, de Paris, fabrique bien au moyen du moulage qu'il a introduit dans cette fabrication, il a des formes commodes et pures, un beau vernis noir et jaune, mais ses prix sont incomparablement plus élevés que ceux de M. Vignal, parce qu'il fait beaucoup mieux.

Le jury lui accorde une mention honorable.

CITATIONS FAVORABLES.

M. VIGNAL aîné, à Dieulefit (Drôme).

M. Vignal paraît être celui des exposants qui, à qualité égale et peut-être supérieure, a présenté des poteries vernissées du plus bas prix, aucune pièce n'atteint 1 franc, et en est au contraire bien éloignée, elles sont de 4, 5, 6 centimes; la plus chère, qui est une cafetière, est de 35 centimes.

Il cuit ses poteries à la houille, il met dans la consommation du département et de quelques cantons voisins pour 12,000 fr. de produits. Ce n'est pas la trentième partie de tout ce que produisent les nombreux potiers de ce canton.

Le jury accorde à M. Vignal aîné une citation favorable.

M. BRUYÈRE, au Rohu, près Lorient (Morbihan).

M. Bruyère produit à bas prix une prodigieuse quantité d'ustensiles de ménage en poterie vernissée à l'usage des paysans bretons; l'écuelle étant leur vaisselle de prédiction, on en fait chez M. Bruyère quinze cents par jour; les produits de sa fabrication vont jusqu'à 50,000 francs, il a fait dernièrement une poterie vernissée ornée d'un mouchetage colorié qui plaira aux paysans bretons.

M. Bruyère mérite une citation favorable, le jury la lui accorde.

IVe CLASSE.

FAÏENCE ÉMAILLÉE.

Faïence de Nevers.

MENTION HONORABLE.

M. SENLY père, à Nevers (Nièvre).

Deux faïenciers de Nevers, MM. Senly et Pittié jeune de cette ville, où la vraie faïence émaillée s'est établie en France pour y rester pendant deux cents ans dans un état stationnaire dont elle cherche cependant à sortir, ont seuls exposé. Ils représentent la fabrication nivernaise dans ce qu'elle a de bien, la durete de son émail, qui le rend inattaquable dans des usages où tous les consommateurs remarquent très-bien la résistance qu'elle présente à une détérioration extrêmement désagréable.

Il faut noter cette qualité et les efforts que font les faïenciers nivernais pour apporter dans leurs poteries de réelles améliorations, en donnant une mention honorable à l'un d'eux (car tous travaillent sur les mêmes principes), à celui qui emploie le plus d'ouvriers et qui produit le plus, à M. Senly, le doyen des faïenciers, âgé de quatre-vingt-cinq ans, et travaillant toujours.

CITATION FAVORABLE.

M. GABRY, aux Fourneaux, près Melun (Seine-et-Marne).

M. Gabry n'a rien exposé, cette année, de remarquable en faïence commune, c'est-à-dire à émail opaque stannifère, que quelques objets de ménage.

M. Gabry a mis à l'exposition un assortiment de petites pièces, jouets d'enfants, des pièces de ménage qui ne sont louables, ni par leur forme, ni par leur fabrication, mais qui appellent l'attention par leur prix extrêmement bas, au point qu'il est difficile de se l'expliquer.

Ainsi, une soupière moyenne est de 1 fr. en premier choix, et l'assiette est de 12 centimes.

Il occupe cinquante-deux ouvriers.

Il fait aussi des vases de pâte rouge, assez durs, très-minces, décorés à la manière grecque avec des figures et des ornements en noir, brillants, assez bien faits, des séries de petit ménages et jouets, depuis 9 fr. les cent pièces jusqu'à 3 fr. 50 c.

Le jury lui accorde une citation favorable.

Faïence de poêle.

MÉDAILLE D'ARGENT.

M. PICHENOT, à Paris, rue des Trois-Bornes, 5.

La faïence de poêlerie a fait, au contraire, dans deux directions différentes de remarquables progrès.

Il n'a échappé à personne que les carreaux de faïence blanche ou de couleur, qui forment l'enveloppe d'un poêle, sont toujours gercés, fendillés dans tous les sens, et perdent bientôt, par ce défaut général, leur éclat, leur propreté, et même souvent leur solidité.

M. Pichenot a fait, depuis environ trois ans, des faïences de poêle qui n'ont point ce défaut; cette qualité a été constatée par toutes les investigations que fit naître un procès de priorité très-important, et que M. Pichenot a gagné. M. Pichenot fait en outre des plaques parfaitement planes également exemptes de gerçures, de plus de 2 mètres de hauteur sur 3 de largeur; il a exposé deux énormes baignoires remarquables par la perfection de leur façonnage et de leur émail; enfin on peut orner ses plaques qui ne gercent pas, de peintures, en couleurs vitrifiables très-brillantes de coloris et très-durables.

M. Pichenot occupe trente-deux ouvriers, fait pour environ 100,000 francs, par an, de poêles et de plaques de cheminées.

Ces progrès variés dans l'art du faïencier-poêlier ont paru au jury de nature à mériter à M. Pichenot une médaille d'argent.

MÉDAILLE DE BRONZE.

M. VOGT, à Paris, rue de la Roquette, 74.

Un autre faïencier-poêlier a mis des poêles de diverses dimensions, très-agréablement décorés et d'une manière aussi, et même plus solide, que l'émail gerçable qui couvre ses carreaux.

Il décore les carreaux, dont l'assortiment fait le poêle, de dessins coloriés, qui, isolés, présentent comme une mosaïque d'ornements, ou qui, réunis offrent un ensemble d'ornementation.

Ce n'est ni à la main, ni par impression superficielle qu'il fait ces ornements variés de formes et de couleurs, mais par un procédé plus prompt et plus sûr; c'est par incrustation. Un modèle, dont les ornements sont en creux, donne un moule avec les ornements en saillie, ce moule imprime en creux ces mêmes ornements sur les plaques molles des poêles ou sur tout autre objet en terre argileuse; l'ouvrier remplit les cavités avec des pâtes colorées de même retraite, donne à la pièce un dégourdi, la passe à un émail transparent et obtient autant de répétitions de cette solide ornementation, que le moule peut donner d'épreuves. Cet émail ou vernis n'est pas ingerçable, mais les incrustations lui donnent plus de solidité, en empêchant les fissures de se continuer et de se transformer en fente.

Ce procédé n'est pas nouveau dans l'art céramique; une multitude de carreaux de revêtement du XIVe siècle jusqu'à nos jours, ont été décorés d'une manière très-solide par cette méthode, mais nous la croyons nouvelle pour la poêlerie.

Le jury décerne à M. Vogt une médaille de bronze.

NON EXPOSANT.

MÉDAILLE DE BRONZE.

M. MONY, au Bourg-la-Reine (Seine).

M. Mony n'a pas exposé, parce que les progrès qu'il a fait faire à l'art du faïencier ne sont pas transportables, puisqu'ils consistent dans la manière de cuire.

M. Mony est le premier qui, dans les environs de Paris, ait voulu appliquer la houille à la cuisson de la faïence émaillée. Il y a des difficultés, car le mérite de cette poterie consiste dans son émail dur et d'un beau blanc : par conséquent la moindre coloration, les moindres taches, lui enlèvent une partie de sa valeur.

M. Mony, en changeant seulement la forme de ses alandiers, en dirigeant convenablement son enfournement, son encastage et son feu par des moyens de détails dont la description serait trop longue, est parvenu à vaincre ces difficultés. Nous avons vu marcher ce four, nous en avons examiné les produits, et nous avons été convaincu du double fait de la cuisson à houille et de la bonne cuisson. Quant aux autres circonstances destructives ou réductives du bénéfice, tels qu'avaries imprévues, le temps seul pourra les faire connaître et apprécier.

M. Mony est le premier, parmi les faïenciers de Paris et des environs, qui ait employé la houille, mais il n'est pas le premier en France, car nous savons que ce combustible a été mis en pratique à Lyon. L'exemple de M. Mony gagne déjà, et plusieurs faïenciers de Paris attendent les résultats assurés du Bourg-la-Reine pour employer, sans risques, ce combustible nouveau pour eux.

Il est juste que M. Mony, qui n'a pas craint de courir ces risques, et qui a donné l'impulsion, reçoive une récompense honorifique de ses efforts. Le jury lui décerne une médaille de bronze.

V^{e} ET VIIIe CLASSES.

FAÏENCE FINE et PORCELAINE TENDRE.

Terre de pipe, Cailloutage, Demi-Porcelaine, Lithocérame.

Considérations générales.

Quoique ces sortes de poteries n'appartiennent pas toutes à la même classe, je les réunis pour le moment sous le même titre, parce que plusieurs d'entre elles sortent des ateliers d'un même fabricant.

Si l'industrie des porcelaines a fait peu de progrès depuis dix ans, on ne peut pas en dire autant des faïences fines et de la porcelaine tendre à la manière anglaise.

Les progrès sont si rapides, qu'à peine a-t-on le temps de faire connaître des procédés, qu'ils sont déjà améliorés, et ici ce n'est pas un progrès de dimension, de simple réduction de prix résultant d'une fabrication négligée. Ce sont réellement des progrès dans la composition et la confection de la matière, dans le façonnage, dans la cuisson; les uns rendent la poterie plus belle et plus solide, les autres, par des procédés plus économiques de temps, obtiennent le façonnage à meilleur marché, sans qu'il soit moins soigné.

Ces progrès tirent presque tous leur origine d'Angleterre, mais ils ne tardèrent pas à s'introduire d'abord sur les bords du Rhin et ensuite en France.

Nous avons la preuve de cette émulation de progrès dans les poteries de ces deux classes, les faïences et les porcelaines tendres faites en France: les premières, si mauvaises en 1829, si médiocres encore en 1834, meilleures en 1839, sont devenues en 1844 presque irréprochables sous le rapport des qualités visibles et des qualités appréciables par des essais ; ainsi, parmi les pièces prises au hasard, et la plupart dans les magasins des exposants, aucune des pièces soumises aux treize immersions successives dans l'eau bouillante et dans l'eau froide, n'a présenté de *tressaillure ;* presque toutes résistent puissamment à la rayure avec la pointe d'un bon couteau ; plusieurs sont d'une grande ténacité.

Nous allons examiner maintenant avec quelques détails et spécialement, les principaux objets exposés.

RAPPELS DE MÉDAILLES D'OR.

MM. UTZSCHNEIDER et Cie, à Sarreguemines (Moselle).

MM. Utzschneider et Cie, de Sarreguemines, conservent toujours les droits qu'ils ont eus a une supériorité évidente, et par la variété de leurs produits, par leurs qualités sous tous les rapports, et par la médiocrité de leurs prix. Ainsi les assiettes de faïence fine dure ne sont qu'à 2 fr. 25 c. la douzaine ; le vernis est un peu plus jaune, peut-être un peu moins dur que celui de Montereau, mais ce sont des différences bien légères.

M. Utzschneider semblerait avoir épuisé toutes les combinaisons d'argiles, de pâtes, de vernis, de couleurs, et cependant il vient tous les cinq ans avec quelque chose encore de nouveau. Ainsi on a pu remarquer à cette exposition, comme variétés de fond et de couleurs assez nouvelles :

1° Des grès bruns décorés d'ornements en relief rougeâtre ;

2° Une belle poterie fine noire, avec un vernis et des ornements guillochés qui relèvent brillamment sa couleur, résistant bien aux températures auxquelles on fait le thé et le café, etc., c'est le *smear black* des Anglais ;

3° Un fond blanc argileux placé sur les pièces de cette faïence jaune, qui va si bien au feu, et à laquelle cette amélioration pour l'œil, n'ôte aucune de ses qualités essentielles. Elle a été faite et mise dans le commerce longtemps avant l'exposition, et a reçu du temps et de l'opinion générale des marchands et des consommateurs, la sanction de sa qualité.

Il n'y a plus rien à accorder à M. Utzschneider, il est comblé depuis longtemps de toutes les distinctions qu'il a méritées.

Nous savons que M. Utzschneider, retiré des affaires, a mis comme directeur de toute sa fabrication, M. Geiger, son gendre ; il signe les pièces en cette qualité, mais il ne l'a point officiellement aux yeux du jury. M. Utzschneider n'a fait aucune déclaration régulière à cet égard. Nous ne pouvons donc que le féliciter d'avoir remis la direction d'un établissement aussi important, aussi méritant, entre les mains d'un homme instruit, destiné à maintenir et même à augmenter sa réputation.

Le jury ne peut que déclarer que la faïencerie de Sarreguemines sous le nom de Utzschneider et Cie, est toujours digne de toutes les distinctions que les jurys précédents lui ont décernées.

MM. LEBŒUF et MILLIET, à Montereau-faut-Yonne (Seine-et-Marne), et à Creil (Oise).

Cette même maison a présenté à l'exposition deux produits assez différents.

Le premier appartient à la classe des faïences fines dures, et de pâte et de vernis. Celle-ci doit presqu'exclusivement nous occuper, c'est sur elle que ces fabricants ont cherché à réunir toutes les qualités d'une excellente poterie, d'une poterie qui pourrait expulser la porcelaine dure, ils l'ont nommée *Pétrocérame*.

En effet, la pâte composée à peu près comme celle de cette faïence, que les Anglais ont nommé *Ironstone*, et les fabricants français *demi-porcelaine*, est réellement voisine de la porcelaine, puisqu'elle est très-dense, très-dure, et quelquefois un peu translucide.

La composition est très-différente de celle des anciennes terres de pipe, et se rapproche notablement de celle de la *demi-porcelaine* qui renferme outre l'argile plastique qui en fait la base, du felspath et du kaolin, et dont le vernis composé principalement de borax, de silice, de felspath ne renferme d'oxyde de plomb que la petite quantité nécessaire pour faciliter le broyage. Aussi ce vernis est-il dur au point de n'être rayable, qu'avec de grands efforts par la pointe aciérée d'un bon couteau. Nous avons fait subir à toutes les assiettes prises par nous-même dans les magasins de la rue Poissonniere, l'épreuve des treize immersions, et aucune n'a présenté la moindre trace de *tressaillure*.

C'est donc une bonne et agréable faïence fine, dure, qui mérite le nom de *Pétrocérame* que ces fabricants lui ont donné, qui diffère en tout de la terre de pipe et de la porcelaine opaque, et qui n'est pas d'un prix supérieur à celui de toutes les poteries du même genre, mises dans le commerce français. Le tarif porte les assiettes blanches de service d'entrée de 3 fr. 50 c. à 2 fr. 90 c. la douzaine, et le pétrocérame imprimé en bleu à 5 fr., sans déduction de la remise faite ensuite aux marchands.

Les grandes pièces nous ont paru présenter en tout les mêmes qualités que les assiettes.

Une autre sorte de poterie établie très-en grand à Creil, par la même maison, est la *porcelaine tendre* à la manière anglaise, poterie dure, légère, à vernis très-bien glacé, susceptible de recevoir toutes sortes de décorations et de dorures, et en général très-agréable à l'oeil; elle ne le cède à la porcelaine dure, que parce que son vernis est moins dur et finit par perdre par un long service, un peu de son brillant poli, parce qu'elle ne peut résister aux changements de température trop grands et trop brusques sans se casser. Ce défaut n'est pas cependant porté au point qu'on ne puisse employer avec sûreté des tasses pour le thé et le café le plus chaud, et même, quoiqu'avec moins de sûreté, des théières.

Il y a deux manières de décorer cette jolie poterie, tantôt par des peintures faites à la surface, et cuites à la moufle, qui ont la solidité des peintures sur porcelaine ordinaire, mais dont les couleurs sont cependant quelquefois altérées par le thé; tantôt par des couleurs, non pas seulement d'un seul ton, mais de tons très-variés, placées sous le vernis, et par conséquent aussi durables, aussi inaltérables que lui.

On n'avait encore en France que des essais de porcelaine tendre à la manière anglaise. On les a vus à la dernière exposition, ils n'ont pas eu de suite. Creil est, à ce que nous croyons, la seule fabrique montée très en grand, qui soit maintenant en réelle activité, et dont les produits ne nous paraissent pas au-dessous des porcelaines anglaises qu'on peut lui comparer. La décoration en couleurs variées et par impression sous couverte, était très-peu pratiquée, et très-peu répandue, c'est presqu'une nouveauté.

La commission pense que ces deux belles et bonnes poteries présentent toutes les qualités qu'il est possible de juger par l'aspect, et par des essais qui peuvent faire préjuger les effets du temps; en conséquence, le jury déclare que l'ensemble des travaux de la maison Leboeuf et Milliet, et surtout sa fabrication de porcelaine tendre, la rendent digne de la médaille d'or, qui lui a été décernée en 1834, et rappelée en 1839.

RAPPEL DE MÉDAILLE D'ARGENT.

MM. JOHNSTON (David) et Cie, à Bordeaux (Gironde).

Les produits de la manufacture de Bordeaux sous le nom de Johnston et Cie, paraissent en général supérieurs à ceux de 1839. On doit remarquer cette demi-porcelaine que les Anglais nomment *Ironstone*, et qui, moins belle que la porcelaine tendre, et même que la faïence fine dure et blanche, jouit d'une réputation méritée, de dureté et de solidité contre les chocs, qualités que nous avons constatées aussi bien qu'il est possible de le faire, par des chutes de très-haut sous lesquelles se sont brisées toutes les faïences fines, et auxquelles cette demi-porcelaine a résisté.

Reste la question du prix que nous ne pouvons résoudre faute de renseignements et de pièces de comparaison.

Le jury déclare que cette manufacture est toujours digne de la médaille d'argent qui lui a été décernée en 1839.

MÉDAILLES DE BRONZE.

MM. GUYON DE BOULEN et Cie, à Gien (Loiret).

La manufacture de faïence fine de Gien, sous la direction de MM. Guyon de Boulen et Cie,, qui ont fait jusqu'à présent d'assez médiocre faïence fine, s'est perfectionnée comme les autres, et a mis cette année à l'exposition, sous le nom de faïence fine et de porcelaine opaque, des poteries rapportées à cette dernière sorte, à vernis moyennement dur, assez bien étendu, qui a résisté aux treize immersions, sans laisser voir aucune *tressaillure;* plusieurs assiettes sont enrichies de sujets gravés et imprimés en noir, dont la gravure et l'impression sont très-satisfaisantes.

Son importance est assez considérable, elle occupe plus de 400 ouvriers, 6 fours, et met dans le commerce pour 500,000 fr. de produits par an. Ses assiettes de porcelaine opaque sont livrées à 1 fr. 95 c. la douzaine.

Le jury accorde une médaille de bronze à MM. Guyon de Boulen et Cie.

M. le baron DU TREMBLAY, à Rubelles (Seine-et-Marne).

Une industrie toute nouvelle qui sort tellement des produits et des moyens ordinaires de la faïence, que nous hésitions sur la place que nous lui assignerions, est l'application de décorations de toutes sortes et de toutes couleurs sur des plaques et assiettes de faïence fine, et qui, au moyen de l'épaisseur du vernis déterminé par les cavités et les reliefs d'une sculpture en creux, produit des ombres, des demi-teintes et des lumières; c'est une invention de M. le baron de Bourgoing, nous pouvons le dire, mise à exécution avec beaucoup de dépense et de succès par M. le baron Du Tremblay, au nom duquel elle est présentée à l'exposition.

Cette personne avait déjà exposé en 1839 quelques pièces comme essais, sur lesquelles le jury s'est tu; mais depuis cette époque, la fabrication a été mise en grande activité à Rubelles, près Melun, et M. Du Tremblay a exposé sous le nom d'*émail ombrant* un grand nombre d'objets, les uns pour le service de table, les autres, et ce sera leur principal emploi, pour décoration d'appartement, notamment dans les pièces humides, telles que salles à manger, salles de bain, etc.

Le jury décerne à M. Du Tremblay une médaille de bronze pour cette véritable et complète nouveauté.

MENTION HONORABLE.

M. le baron de PAVÉE DE VENDEUVRE, à Vendeuvre (Aube).

La fabrique de faïence fine de M. de Pavée de Vendeuvre, département de l'Aube, dirigée par M. Schmid, n'a mis à l'exposition par une modestie et une justesse d'esprit dont il faut lui savoir gré, qu'une seule chose, parce qu'elle a pensé qu'il était inutile de présenter ce que tout le monde fait, quand on ne le fait pas autrement ou mieux que les autres, et qu'il suffisait de montrer ce qu'on croit faire de particulier.

En effet, elle n'a envoyé que quelques corbeilles en faïence fine jaune, tressées avec beaucoup de perfection, beaucoup d'industrie, et couvertes d'un vernis brillant.

Une pâte jaune très-plastique permet de faire à la filière un grand nombre de longs bouts de baguettes, semblables à des baguettes d'osier, que des ouvriers actifs et adroits emploient comme le vannier emploie l'osier. On avait fait de semblables pièces en porcelaine tendre, même en porcelaine dure, mais ces pièces sont très-chères. M. Schmid les fait à un prix si bas qu'il est presque inconcevable. J'en ai fait acheter dix à la fabrique, et je dirai que la corbeille du plus bas prix est de 0 fr. 75 c., et celle qui est plus riche est de 7 fr. 50 c.; M. Schmid a désiré qu'on ne mît pas le prix sur les pièces, parce que cela éloignerait ses marchands qui gagnent sur lui 2 à 300 pour cent.

Depuis novembre 1843, la manufacture produit par semaine 100 à 150 de ces corbeilles, dit le jury départemental.

Nous proposons d'accorder une mention honorable à la fabrique de M. le baron de Pavée de Vendeuvre.

VIe CLASSE.

POTERIE DE GRÈS OU GRÈS-CÉRAME

MÉDAILLE D'ARGENT.

M. MANSARD, à Voisinlieu (Oise).

Un homme de goût, un habile peintre, amateur de tout ce qui est curieux dans les arts industriels, M. Ziégler, a voulu rendre aux poteries de grès actuelles les beaux tons, les belles formes, les riches ornements sculptés dans un style et avec une perfection toute particulière, des grès flamands et allemands du XVIIe siècle.

Il a fondé et conduit dans ce but, dirigeant lui-même la partie de l'art comme les travaux industriels, la fabrique de Voisinlieu dans Beauvais. Il y a fait exécuter un très-grand nombre de pièces qui se sont répandues de tous côtés avec une grande activité, malgré leurs prix assez élevés, résultat indispensable des modèles qu'il a fallu composer avec goût et exécuter avec talent et soin.

L'effet désiré par M. Ziégler a été produit; ses grès ont pénétré dans les maisons les plus somptueuses; le goût et l'impulsion sont donnés: trois fabriques de grès dans le même genre ont été établies, depuis celle de Voisinlieu, par des ouvriers sortis de cette fabrique; d'autres ont été perfectionnées par la même influence. On n'osera plus redescendre aux ignobles cruches, pots à l'eau, etc.; on s'accoutumera maintenant à ces formes plus gracieuses et *plus commodes*, qui pourront être bien faites presqu'aux mêmes prix que les anciennes et laides poteries.

La beauté et la richesse des formes ne doit pas faire oublier que la fabrique de Voisinlieu ne s'est pas bornée aux objets de luxe; elle a fabriqué beaucoup d'objets de ménage et surtout des ustensiles de laboratoire et de fabrique, dans de grandes dimensions et d'une grande difficulté d'exécution, tels que des cucurbites, d'énormes serpentins qui n'avaient encore été faits qu'en Angleterre.

Elle emploie comme matières premières les argiles plastiques du pays, celles de Saint-Paul et de La Chapelle quelquefois avec celles de Savignies.

M. Ziégler n'a pu quitter un art qui l'a illustré pour continuer la direction principalement industrielle de la fabrique de Voisinlieu. M. Mansard, son collaborateur depuis quelque temps, est devenu son successeur; et suivant la bonne impulsion, tant industrielle que de luxe donnée par le fondateur, il s'est rendu digne de la médaille d'argent que lui accorde le jury.

MENTION HONORABLE.

M. SALMON, à Paris, rue des Arcis, 22.

M. Salmon, un des imitateurs de M. Ziégler, a exposé des grès faits dans le même genre, mais moins bien et par conséquent à plus bas prix.

Le jury lui accorde une mention honorable.

CITATIONS FAVORABLES.

MM. LANGLOIS (Frédéric) et Cie, à Isigny (Calvados),

Viennent d'établir à Isigny une fabrique de grès-cérame, les uns blancs jaunâtres, les autres brunâtres, qui ont, assurent-ils, surtout les premiers, la propriété d'aller parfaitement au feu, qualité assez rare dans ce genre de poteries.

Les pièces qu'ils ont exposées sont en général très-bien façonnées, d'une grande légèreté et d'un prix extrêmement modique.

La fabrique de MM. F. Langlois et Cie est assez récente ; nous ne pouvons savoir si toutes ces qualités sont réelles, et si elles se maintiendront.

Le jury doit donc se borner à citer favorablement leurs efforts et leurs premiers produits.

MM. DELAHUBAUDIÈRE frères, à Quimper (Finistère).

MM. ELOURY et PORQUIER, à Quimper (Finistère).

Les grès de luxe ne doivent pas nous faire négliger les grès communs, quand ils sont d'une bonne qualité ; tels sont ceux que fabriquent très en grand à Quimper MM. Delahubaudière frères, d'une part, et de l'autre MM. Éloury et Porquier. Le jury accorde une citation favorable à chacun de ces fabricants.

VIIe CLASSE.

PORCELAINE DURE.

Considérations générales.

Elle se subdivise en porcelaine dure ordinaire principalement destinée aux usages domestiques et à la décoration;

Et en porcelaine dure destinée à subir les changements de température sans altération; c'est celle qu'on a nommée *hygiocérame*.

Porcelaine dure blanche.

RAPPEL DE MÉDAILLE D'OR.

MM. DE TALMOURS et HUREL, à Paris, rue Popincourt, 68.

Il se présente ici une question d'une solution assez délicate.

M. Talmours a mis ses produits à l'exposition de 1839, sous le nom de Discry-Talmours. On a principalement remarqué dans la porcelaine que cette maison a exposée, la beauté des fonds au grand feu, et surtout la nouvelle manière dont ils avaient été posés par immersion et avec des réserves très-variées et très-bien faites. Le jury n'a considéré que cette réelle innovation; l'opinion générale des fabricants et du jury, qui n'a été contestée par personne, regarde M. Discry comme l'auteur du procédé, et la médaille d'or accordée à la maison Discry-Talmours a été attribuée au *procédé*, comme le prouve la catégorie dans laquelle le jury l'a placée dans son rapport, où le nom de M. Discry est constamment répété seul. M. Talmours n'a élevé aucune réclamation à ce sujet; mais le jury, fidèle à sa jurisprudence, a dû décerner la médaille au nom inscrit sur le catalogue officiel, c'est-à-dire à MM. Discry-Talmours.

MM. Talmours et Hurel, autre société, se présentent maintenant comme fabricants de porcelaine et exposant des porcelaines blanches et colorées de toutes sortes; mais plusieurs sont en fonds de couleurs posés par les procédés de M. Discry. La commission a pensé qu'il fallait néanmoins considérer leur exposition comme faite par la maison De Talmours et Hurel, propriétaire du fonds et de tous les procédés.

Dans cette pensée, la commission examinant leur pâte, leur glaçure, leur façonnage, les couleurs et décorations variées dont ils ont orné leurs porcelaines, et les trouvant égaux à ceux qu'ils ont présentés en 1839, propose au jury de déclarer que la maison De Talmours et Hurel est toujours digne de la médaille d'or qui lui a été décernée en 1839 sous la raison Discry-Talmours.

Le jury arrête que la médaille d'or sera rappelée à la maison De Talmours et Hurel.

MÉDAILLE D'OR.

M. BOUGON, à Chantilly (Oise), et à Paris, rue d'Enghien, 10.

A la tête de ceux qui ont fait des efforts heureux pour réduire les prix au moyen d'ingénieux procédés industriels, nous plaçons encore comme en 1834, la manufacture de Chantilly, désignée depuis environ vingt ans sous les noms Bougon et Chalot frères, mais dirigée maintenant sous le rapport de l'art, par M. Bougon.

Il a perfectionné et agrandi le procédé de façonnage des pièces ovales, des pièces à plusieurs pans, des pièces à plusieurs jours, qu'il a exécutées par l'heureuse mais difficile application à la porcelaine, du tour à guillocher et du tour ovale : c'est par cette application qu'il a fait des assiettes à bords ondoyants, et reflétant ainsi beaucoup de lumière; on a pu les voir à l'exposition.

Il a établi dans sa fabrication un grand nombre de procédés remarquables qui lui donnent les moyens de faire des économies sur la main-d'œuvre, sans que ce soit aux dépens de la perfection. Je ne puis énumérer ici tous ces procédés, je l'ai fait ailleurs, et cette seule énumération tient plusieurs pages; mais je signalerai les plus remarquables en les choisissant parmi ceux que j'ai vus en action à différentes époques.

Les matières à porcelaines, viennent, comme toutes celles qu'emploient les fabriques de France, des carrières de Saint-Yrieix; mais M. Bougon, désirant avoir une pâte dont les qualités soient constantes, les associe dans diverses proportions et suivant leur nature, avec des kaolins purs; il les broie dans des moulins nouveaux et très-expéditifs, les blute au blutoir, et donne à sa pâte toute l'homogénéité et la finesse désirables.

Il avait, un des premiers, dès 1834, employé le calibre au façonnage des pièces plates et des pièces ouvertes: il l'a appliqué, par une modification mécanique ingénieuse et simple, pour faire l'intérieur des pièces à bords rentrants.

Il a notablement perfectionné le façonnage des plats ovales faits au tour, c'est à un contre-maître nommé Wauday, que M. Bougon reporte ce perfectionnement qui serait trop long à décrire, mais que nous avons vu pratiquer.

Ces procédés, en rendant le façonnage plus parfait, en diminuent le prix. C'est ainsi qu'on doit obtenir des réductions de prix durables et transmissibles.

Nous avons parlé de difficultés de fabrication; M. Bougon en a abordé une très-grande, dont les résultats devaient avoir beaucoup d'importance; ce n'est pas en faisant un vase gigantesque: mais c'est en construisant un four d'une très-grande dimension, un four de plus 7 mètres de diamètre et de 4 mètres de hauteur avec 10 alandiers, nombre inconnu jusque-là dans les fours à porcelaine. Ce four a été construit principalement pour cuire des assiettes et des pièces petites et moyennes; il cuit assez également dans toutes les places.

Mais le principal titre que M. Bougon présente à la distinction que le jury doit voter en sa faveur, c'est la liaison intime de deux pratiques qui semblaient n'avoir entre elles aucun rapport, et qui cependant se sont données un mutuel appui.

M. Bougon est arrivé, le premier, non pas à polir à grande peine quelques grains, quelques petites places ternes faisant tache sur la porcelaine, mais à polir très-bien les pieds des assiettes, des plats, des jattes, etc., à polir, au point de les mettre en état d'être brillamment dorés et brunis, les bords des tasses, des jattes, des écuelles, des saladiers, des soupières, à les polir à très-bon marché, en établissant des tours mus avec une grande vitesse et disposés dans toutes les conditions propres à atteindre le double but et de la perfection et de l'économie. Voilà une amélioration remarquable dans la porcelaine, cette belle et brillante poterie, dont le grave inconvénient était de présenter des parties rudes qui s'accrochent au linge, et des parties mattes qui se salissaient en peu de temps : elle est débarrassée de ces taches qu'on lui reprochait si souvent ; mais il en est résulté un bien autre avantage. On ne pouvait cuire les pièces ouvertes, telles que jattes, saladiers, soupières, sans les exposer à des grains de terre cuite qui tombent des étuis ou gazettes.

M. Bougon fait cuire maintenant toutes les pièces sur leurs bords, ce que les fabricants appellent *à Boucheton ;* l'intérieur est garanti de grains, et la place vide de l'intérieur presque perdue autrefois, reçoit et abrite une multitude de petites pièces. On n'aurait pu mettre ce procédé en pratique avant le polissage ; car la partie la plus visible de ces pièces eût été rude et sale, ou bien il eût fallu, par le moyen dispendieux du repassage, leur rendre de la couverte. Un polissage de 30 centimes rend le bord d'un grand saladier aussi glacé que le reste de la pièce.

Cette description m'exempte de parler d'un grand nombre de petites améliorations qui disparaissent devant celle-ci, et motive suffisamment la médaille d'or que le jury décerne à M. Bougon.

NOUVELLE MÉDAILLE D'ARGENT.

MM. FOUQUE-ARNOUX et Cie, à Toulouse et à Valentine, près Saint-Gandens (Haute-Garonne).

MM. Fouque-Arnoux et Cie se sont présentés avec des produits très-variés, nous ne les séparerons pas ;

mais nous les distinguerons en commençant par la porcelaine.

Ces fabricants actifs, ingénieux, dont les établissements à Toulouse et à Valentine, près de Saint-Gaudens, sont très-anciens, se sont distingués à presque toutes les expositions par la variété et la qualité de leurs produits, par leurs inventions tellement nombreuses, que s'il fallait les examiner toutes, cette liste allongerait ce rapport au delà de toute mesure. Ils ont eu le talent de mettre à l'exposition actuelle, d'aussi bonnes choses que dans les précédentes, et quelques articles nouveaux.

Leur porcelaine blanche est toujours bonne et belle, bien glacée, faite avec des kaolins et des felspaths tirés de Milher, arrondissement de Saint-Gaudens, et une couverte qui n'a pas le défaut de ce pointillé reproché aux porcelaines précédentes. elle a toutes les qualités des meilleures porcelaines composées des matières de Saint-Yrieix.

En ajoutant à cette pâte un autre kaolin plus argileux, ils ont élevé des vases d'une grande dimension. Ces grandes pièces ne sont donc pas un fait exceptionnel, mais le résultat de l'addition raisonnée d'un élément plus plastique et plus solide, c'est ici qu'il faut louer la dimension.

Dans la glaçure de leur faïence fine blanche, le borax fait à lui seul la matière du fondant, et dans celle de la faïence jaune, qui résiste parfaitement au feu, le plomb à l'état de minium, qui n'y entre que pour une très-faible quantité, est en outre mis à l'abri de toute influence acide ou graisseuse par le borax et même par le felspath, les deux autres éléments de cette glaçure.

Cet emploi du borax et du felspath dans la glaçure, est maintenant assez répandu, mais il faut savoir gré aux fabricants qui, après l'avoir mis en usage il y a cinq ans, persévèrent dans cette voie et la conduisent encore plus loin.

Un autre progrès remarquable de la fabrication de M. Fouque-Arnoux se montre dans la décoration de la porcelaine par des fonds et de larges ornements de couleurs au grand feu, très-variées, très-belles, très-solides, car la plupart sont placées sous la couverte.

Nous ne pouvons donner une énumération de tous les tons qu'ils ont exposés, mais nous désignerons les plus remarquables.

Ce sont : un noir très-beau, le brun, le vert bleuâtre et le cendré bleu ; le nankin rosé par le chlorure d'or, le gris de platine varié par l'addition d'autres oxydes ; enfin, et surtout, un jaune serin tirant un peu sur l'orangé et dû à un mélange de titane et d'acide tungstique. Ce jaune bien déterminé et permanent au grand feu, est une couleur nouvelle, mais elle n'a pas atteint encore toute la perfection dont M. Fouque-Arnoux la croit susceptible.

Nous pensons que par ces nombreux perfectionnements et ces nouveautés, par l'importance remarquable de sa fabrique qui emploie quatre cents ouvriers, cinq fours, et qui verse dans le commerce pour 600,000 fr. de produits, M. Fouque-Arnoux mérite que le jury lui décerne une nouvelle médaille d'argent en 1844 pour la constance de sa bonne fabrication de porcelaine, pour ses fonds au grand feu, ses glaçures solides, et pour l'ensemble de ses travaux.

MÉDAILLES D'ARGENT.

M. HONORÉ, à Champroux (Allier), et à Paris, boulevard Poissonnière, 6.

M. Honoré, déjà distingué dans les expositions précédentes, a sa manufacture de blanc à Champroux, dans le département de l'Allier, et ses ateliers de décoration à Paris.

Nous savons par nos relations fréquentes avec M. Honoré et par les produits que nous avons vus à plusieurs reprises et à des époques très-différentes dans ses magasins, qu'il a introduit dans sa fabrique de Champroux des procédés de préparation mécanique des pâtes, qui perfectionnent autant qu'il est possible celles qu'il achète toutes faites à Limoges, comme le font presque tous les fabricants. Pour les rendre plus solides il y ajoute une proportion assez considérable de kaolin argileux.

Il a cherché à introduire dans la fabrication de la porcelaine, le kaolin d'un gîte découvert, il y a environ dix ans, à Breuil dans le département de l'Allier. Le succès n'est pas encore assuré, mais cette tentative mérite d'être notée.

On a reproché à la couverte des assiettes un pointillage appelé *coque d'œuf*, et qu'il est très-difficile d'éviter. En effet, il se voit d'une manière plus ou moins sensible sur la plupart des pièces de même nature mises à l'exposition.

Au reste, ce défaut n'est que sur les assiettes et sur quelques plats, et encore ne le voit-on pas sur toutes ces pièces. M. Honoré l'attribue au défaut de broyage des pâtes de Limoges. Il l'a évité complétement en faisant rebroyer ces pâtes. D'ailleurs, nous avons vu peu de porcelaines façonnées avec plus de pureté et de légèreté. Or ces qualités, qui exigent quelque soin, et qui ne permettent pas un façonnage précipité, sont maintenant beaucoup trop négligées.

M. Honoré a continué de faire son or par la couperose ; c'est un procédé plus cher que la précipitation par le mercure, mais l'or est plus solide et plus durable.

M. Honoré présente un titre encore plus méritoire à nos yeux que ceux que nous venons d'exposer, c'est l'acquisition et l'emploi d'un procédé de décorer des assiettes et d'autres pièces plates avec de larges ornements de diverses couleurs, appliqués par un procédé mécanique; il ne le fait pas connaître, mais je le connais en partie, et je puis assurer que son efficacité est prouvée par le bas prix auquel il peut donner les pièces décorées (1).

Le jury décerne une médaille d'argent à M. Honoré.

MM. PÉTRY et RONSSE, à Vierzon (Cher), et à Paris, rue des Petites-Écuries, 26.

La manufacture de Vierzon, département du Cher, est montée sur un très-grand pied, tant industriel que commercial, une machine à vapeur

(1) Les assiettes exposées sont à 44 francs la douzaine.

établie dès 1830, quatre fours, dont un de cinq mètres de diamètre, des procédés de lavage et de broyage très-bien entendus, l'emploi avec succès du kaolin des Pyrénées, et des produits un peu supérieurs sous le rapport du façonnage, du blanc et de la glaçure, à ceux de la plupart des manufactures de Limoges, sont dignes d'attirer l'attention du jury sur cette fabrique. Ils ont eu leur effet sur le commerce, car cette manufacture occupe à Vierzon cinq cents ouvriers, et une centaine à Paris comme décorateurs; elle fait faire et cuire ses décorations dans son dépôt, où elle a quatre moufles montées.

Enfin, elle déclare qu'elle livre annuellement à la consommation intérieure pour 850,000 fr., et pour l'exportation 50,000 fr.

Le jury décerne une médaille d'argent à MM. Pétry et Ronsse, de Vierzon.

RAPPEL DE MÉDAILLE DE BRONZE.

MM. HALOT père et fils, à Paris, rue d'Angoulême-du-Temple, 14.

M. Halot s'est présenté en 1839, principalement comme faisant et posant sur porcelaine, par immersion et avec réserve, des fonds au grand feu, remarquables par leur variété de ton et leur éclat; il se présente actuellement comme fabricant la porcelaine sur laquelle il place ses fonds. Les pièces de porcelaine qu'il a exposées, et les fonds dont il les a ornées, font voir qu'il est toujours digne de la médaille de bronze qui lui a été accordée en 1839.

MÉDAILLE DE BRONZE.

MM. L. ANDRÉ et Cie, à Foëcy (Cher), et à Paris, rue de Paradis, 46.

D'après leur déclaration comprise tant au dossier officiel que dans des notes fournies par ces exposants, leur fabrication de porcelaine blanche et surtout d'assiettes, est montée sur un très-grand pied.

Ils fabriquent pour 480,000 fr. d'objets de commerce par an, en faisant marcher trois fours d'une assez grande dimension; ils ont trois cents ouvriers dans leur atelier et en emploient environ deux cents au dehors.

Il livrent, toujours d'après la même déclaration, pour 1,000,000 fr. de porcelaine blanche et décorée, tant à la consommation intérieure qu'à l'exportation.

Le jury, considérant la haute importance commerciale de cette maison, décerne à MM. L. André et Cie, une médaille de bronze.

RAPPEL DE MENTION HONORABLE.

M. CLAUSS, à Paris, rue Pierre-Levée, 8.

Les pièces de porcelaine qu'a exposées M. Clauss, tant en sculpture dite biscuit, qu'en couverte, ne sont pas inférieures aux objets semblables qu'il a mis, il y a cinq ans, et le rendent toujours digne de la mention honorable qui lui a été accordée à cette époque.

Haute-Vienne et Limoges (A).

On sait que l'industrie de la porcelaine dure a pris naissance en France dans le Limousin par un concours de circonstances qu'il n'est pas de notre sujet de rappeler. Cette industrie, en se répandant bientôt dans diverses parties de la France, a conservé son siége principal et sa plus grande activité à Limoges, à Saint-Yrieix, et dans plus de vingt-cinq localités du département de la Haute-Vienne. Plus de dix manufactures sont établies dans la seule ville de Limoges; quatre fabricants de cette ville ont envoyé de leurs produits à l'exposition. La cause d'un nombre qui, par son exiguïté, semblerait indiquer peu d'empressement, tient probablement à ce que, fabriquant presque tous de la même manière, avec les mêmes pâtes, les mêmes fours, les mêmes ouvriers, très-peu ont osé croire qu'ils se distingueraient suffisamment de leurs concurrents, pour se faire remarquer notablement du jury central par leurs produits. Quatre seulement sont donc entrés en lice, ce sont : MM. Alluaud aîné, Michel et Valin, J.-B. Ruaud, Gorsas et Périer.

La commission a cru devoir donner une récompense à la fabrication limousine, en choisissant parmi ces quatre exposants celui qui lui a paru le plus digne d'une distinction de second ordre.

MÉDAILLE D'ARGENT.

M. ALLUAUD aîné, à Limoges (Haute-Vienne).

M. Alluaud aîné, l'ancien maire de Limoges, est le fils du premier fabricant de porcelaine, établi presque sur les carrières de kaolin qu'il avait découvertes, et dont le produit est environ le quart de 60,000 quintaux métriques que fournit tout le département.

M. Alluaud convertit en pâte qu'il livre au commerce, environ 10,000 quintaux métriques des matières que lui fournissent ses carrières, il emploie les 5,000 quintaux restants dans sa propre fabrication.

C'est un fabricant des plus instruits dans la pratique de l'art, et ce qui est plus rare, c'est que l'étant également en physique, en chimie, en minéralogie, il a su éclairer la pratique par des déductions théoriques, résultant de ses observations nombreuses; aussi, il a fait sur les rapports du combustible consommé dans les fours de Limoges, avec la capacité et la surface de ces fours, des recherches dont les résultats pourront être très-utilement employés pour corriger les mauvaises pratiques, et diminuer l'emploi du combustible quel qu'il soit; ce travail n'a pas encore été publié, mais nous le possédons, l'avons étudié, et en ferons connaître bientôt les éléments et les résultats.

Ce sont ses connaissances en minéralogie qui lui ont fait découvrir non loin de Limoges, la Cleavelandite (felspath de soude), qu'il a substituée dans la composition de certaines pâtes, à l'Orthose (felspath de potasse), ou plutôt à la *pegmatite* qui contient souvent trop de quarz; il assure obtenir par cette substitution une porcelaine plus solide.

Le premier il a mis en usage le broiement des matières dures par de grandes meules horizontales à mouvement très-rapide, agissant sur ces matières, comme celles des moulins à farine agissent sur le grain. Ce procédé est maintenant adopté dans un grand nombre de fabriques.

C'est M. Alluaud qui a eu l'idée ingénieuse, et mise en pratique avec succès depuis dix ans, de raffermir les barbotines ou pâtes liquides au moyen d'un vide produit sous les filtres qui renferment ces pâtes. Nous avons vu manœuvrer ce savant appareil en 1836.

Il a employé certaine roche colorée naturellement en noir, telle que la diorite, pour obtenir par immersion, il y a 15 ans, de très-beaux fonds bruns au grand feu.

L'importance des exploitations de M. Alluaud et de ses fabriques de pâtes et de porcelaine, est très-considérable: il emploie plus de 400 ouvriers de toute classe, 29 meules, 3 fours; met en œuvre annuellement plus de 9,000,000 de kilogrammes de matières diverses, et verse dans la consommation tant intérieure qu'extérieure, plus de 17,000 quintaux métriques, tant de matières premières (15,000), que de matières ouvrées, soit en pâte, soit en porcelaine (2,000).

Le jury décerne à M. Alluaud aîné une médaille d'argent.

NOUVELLE MÉDAILLE DE BRONZE.

MM. MICHEL et VALIN, à Limoges (Haute-Vienne).

MM. Michel et Valin, manufacturiers à Limoges, fabriquent dans une tout autre direction; ils ont pour principal mérite de fabriquer et de vendre beaucoup, en observant et reconnaissant avec un tact particulier ce qui plaît aux masses, en frappant leurs yeux, par des formes bizarres et des plus contournées, par des objets baroques, burlesques, mais brillants d'or et de couleurs.

Ils ont même su vaincre, pour conserver à leurs vases et à leurs anses leurs mouvements un peu contournés, des difficultés de fabrication assez grandes, résultant du grand nombre de collages que ces parties détachées exigent; c'est à nos yeux un vrai mérite industriel, qui décide le jury à accorder une nouvelle médaille de bronze, à un fabricant qui emploie 600 ouvriers, et qui déclare livrer au commerce pour 170,000 fr. d'objets fabriqués, dont 40,000 pour l'exportation.

MENTIONS HONORABLES.

M. J. B. RUAUD, à Limoges (Haute-Vienne).

La manufacture de M. Ruaud qui fait aussi avec

MM. Nenert et Latrille, le commerce de matières à porcelaine, est montée très-en grand : elle occupe 200 ouvriers, qui seraient en plus grand nombre, si une machine à vapeur de la force de 10 chevaux ne leur épargnait beaucoup de main-d'œuvre.

M. Ruaud a deux fours, et livre annuellement au commerce 300,000 kilog. de pâte et de couverte, et à la consommation intérieure pour 350,000 fr. de porcelaine blanche, parmi laquelle se trouve un grand nombre de ces pièces épaisses, en tasses et soucoupes pour les limonadiers, en assiettes pour les restaurateurs ; il fait ces dernières au moyen d'un calibre qui s'abaisse verticalement sur l'intérieur de l'assiette, ainsi que je l'ai vu pratiquer à Montereau pour la demi-porcelaine.

Sa porcelaine est dans les qualités et conditions de celle qui est fabriquée à Limoges sur les mêmes principes.

Le jury accorde à M. Ruaud une mention honorable.

M. CORBIN (Edmond), à Paris, rue du Faubourg-Saint-Denis, 57.

M. Edmond Corbin n'est pas fabricant de porcelaine, mais il est décorateur, et sous un rapport plutôt commerçant qu'industriel. Par conséquent, d'après la jurisprudence du jury et l'opinion personnelle du rapporteur de la commission, il ne devrait pas entrer en lice avec les exposants qui ont des établissements, des ateliers, et qui font fabriquer soit du blanc, soit des décorations ; mais ces principes ont pu fléchir un peu devant la position tout exceptionnelle où se présente M. Corbin.

Son talent est de faire décorer en chambre, par 200 ouvriers à sa paye, une multitude de pièces de porcelaine, qu'il peut ensuite livrer à un prix tellement bas, que votre rapporteur a cru devoir s'assurer de la réalité de ses assertions en allant dans ses magasins voir la quantité considérable d'objets à emballer et désemballer, en se faisant donner le devis de la plupart des objets fabriqués, et en s'assurant que l'exportation était bien réelle et que les prix de vente n'étaient pas les résultats d'efforts momentanés ou d'une circonstance passagère, en voyant enfin qu'il pouvait continuer le genre de fabrication sur la grande échelle où il l'a placée.

L'industrie, un peu individuelle il est vrai, de M. Corbin consiste donc à connaître bien les besoins et les goûts des consommateurs des deux Amériques pour les avoir visitées à plusieurs reprises, et à savoir trouver à Paris les ouvriers qui peuvent faire promptement, et suffisamment bien, les articles qui conviennent à ces nombreux consommateurs, d'ailleurs assez faciles à contenter; c'est ainsi qu'il est parvenu à exporter pour plus de 180,000 fr. de ce genre de porcelaine.

La commission des arts céramiques a pensé que, vu l'intelligence industrielle et surtout commerciale de M. Corbin, vu sa remarquable activité et ses heureux résultats pour le commerce d'exportation de la porcelaine, il mérite que le jury lui accorde une mention honorable.

Fleurs en porcelaine.

MENTION HONORABLE.

M. LEBOURG, à Paris, rue Corbeau, 9.

Parmi quelques spécialités de la fabrication de la porcelaine, il faut placer l'art de faire, en porcelaine dure ou tendre, des fleurs approchant de la légèreté et quelquefois des couleurs éclatantes ou suaves de la nature.

Cet art est ancien. Les Chinois l'ont pratiqué, mais mal; les Saxons l'ont exercé avec plus de talent; en Angleterre, on fait de très-jolies fleurs en porcelaine tendre; on en abuse même en les appliquant à tout, sans discernement. On l'a pratiqué autrefois à Sèvres, très-habilement en biscuit, très-lourdement en porcelaine émaillée et colorée.

M. Lebourg a mis à l'exposition des fleurs fort légèrement et fort délicatement faites, colorées avec vérité et finesse; c'est une jolie industrie de peu d'importance, mais qui, exercée avec talent par M. Lebourg, a paru néanmoins mériter d'être distinguée par une mention honorable.

Porcelaine dite *Hygiocérame.*

Depuis une dizaine d'années au plus, des fabricants ont fait une vraie porcelaine, composée à peu près des mêmes éléments que la porcelaine blanche et fine, mais plus grise qu'elle et moins translucide; elle soutient généralement, sans se briser, les changements assez rapides de température beaucoup mieux que la porcelaine très-translucide. Comme l'argile plastique qu'on introduit ordinairement dans cette pâte, lui donne une couleur grisâtre, on a cherché à la cacher par une couverte brune qui, un peu plus fusible que la blanche, n'exige pas pour cuire une aussi haute température. C'est là le principe des hygiocérames de Fourmy; on lui a conservé le nom que lui avait donné cet habile potier.

Quatre fabricants d'hygiocérames, quoiqu'ils n'appliquent pas tous ce nom à leur production, ont exposé des porcelaines ou grès qu'il appellent assez improprement *apyres*.

RAPPELS DE MÉDAILLES DE BRONZE.

Madame veuve LANGLOIS, à Bayeux (Calvados).

M. Langlois, de Bayeux, et ensuite Madame Veuve Langlois, sont les premiers fabricants de porcelaine qui aient annoncé, et depuis très-long-temps, que leurs porcelaines soutenaient, sans altération, des changements de température assez élevés et assez brusques. Cette qualité a été constatée par l'expérience.

Le jury a décerné en 1839 à Madame Veuve Langlois, de Bayeux, la médaille de bronze pour ses porcelaines, qui jouissent éminemment de cette qualité, et auxquelles elle a d'ailleurs donné des applications très-ingénieuses et très-variées. Ainsi, cette année, elle a ajouté des cornues et des serpentins à sa fabrication ordinaire d'instruments de chimie. On ne sait pas pourquoi elle n'a pas compris, dans les perfectionnements qu'elle a cherché à introduire dans sa manufacture, le façonnage des tubes et cornues par coulage; procédé qui lui donnerait plus promptement, et par conséquent à meilleur marché, des pièces mieux faites, plus légères et non moins solides.

Le jury la déclare toujours digne de la médaille de bronze, qui lui a été décernée en 1839.

M. BARRÉ-RUSSIN, à Orchamps (Jura).

M. Barré-Russin a exposé, en 1839, un assortiment de pièces de cette porcelaine grisâtre presque opaque qu'on nomme généralement hygiocérame, et qui résiste parfaitement aux changements de température dans les usages culinaires. Le jury a pensé alors qu'il méritait d'être distingué par une médaille de bronze. Il a présenté cette année un pareil assortiment peut-être mieux fait sous le rapport des formes et du façonnage, mais qui n'offre rien d'assez nouveau pour mériter une nouvelle distinction. Les hygiocérames de M. Barré-Russin ont un débit assez grand pour le mettre dans le cas d'entretenir à Orchamps environ 70 ouvriers, 2 fours, 20 tours, et délivrer au commerce par an pour 90 à 100,000 fr. de produits. M. Barré-Russin affirme en outre que les marchands donnent la préférence à ses hygiocérames sur toutes les autres poteries du même genre présentées depuis plus de quinze ans.

Le jury déclare qu'il mérite toujours la médaille de bronze qui lui a été décernée en 1839.

MÉDAILLE DE BRONZE.

MM. NEPPEL fils et BONNOT, à Nevers (Nièvre).

MM. Neppel fils et Bonnot, à Nevers, font des hygiocérames remarquables par leur légèreté, le beau vernis mince et brun rougeâtre qui les recouvre et leur résistance aux changements de température; ils ne nous ont pas paru inférieurs à ceux de M. Barré-Russin. Leur fabrique a une très-grande importance, puisqu'elle occupe plus de 200 ouvriers, 2 fours, etc.; ils font, en outre, de la porcelaine ordinaire, des briques réfractaires et des pierres à aiguiser les faux, et d'autres instruments coupants, qui paraissent avoir un assez grand succès.

Le jury décerne à MM. Neppel fils et Victor Bonnot, pour l'ensemble de leurs produits, une médaille de bronze.

MENTION HONORABLE.

MM. RÉVOL père et fils, à Saint-Uze (Drôme).

MM. Revol père et fils, de Saint-Uze, ont fait

dans le département de la Drôme des hygiocérames qu'ils appellent *porcelaine brune* à cause des couleurs ordinaires de cette poterie; ils ont étendu l'application de cette porcelaine à pâte très-dure, et peu translucide aux cruchons à bière et à eaux minérales. En raison du mérite de leurs produits et de l'étendue de leur établissement, qui occupe 100 ouvriers et 6 fours, le jury leur accorde une mention honorable.

IXe CLASSE.

FABRICATION DES COULEURS VITRIFIABLES ET DES MÉTAUX D'APPLICATION SUR LES POTERIES ET VERRES DURS.

Considérations générales.

Cinq personnes, parmi les exposants, fabriquent de manière à être remarquées, des couleurs vitrifiables propres à être appliquées par fusion sur différents excipients; ces personnes ont présenté des couleurs pour la porcelaine dure et pour la porcelaine tendre, pour la faïence et pour l'émaillage sur métaux.

De ces cinq personnes, trois fabriquent et vendent leurs couleurs et ne les appliquent pas ordinairement, ce sont MM. Binet, Colville et Desfossé.

Deux autres les font, ne les vendent pas ordinairement, mais les appliquent eux-mêmes et vendent, ou directement, ou par intermédiaires, les objets qu'ils décorent par leur moyen, ce sont MM. Discry et Rousseau.

RAPPEL DE MÉDAILLE D'OR.

M. DISCRY, à Paris, boulevard du Temple, passage du Jeu-de-Boule, 8.

M. Discry a présenté à cette exposition une série de couleurs au grand feu, posées par immersion, dont les tons, les nuances et l'emploi diffèrent de celles qu'il a faites et exposées en 1839.

Les couleurs noires, brunes, verdâtres, sont belles et brillantes; tantôt elles colorent la pâte de porcelaine elle-même, sans la rendre trop fusible, tels sont les bruns-rouges, et les noirs de fer imitant la fonte.

Tantôt elles recouvrent la porcelaine de tons magnifiques, tel est le bleu cendré, telle est sa remarquable nuance d'ivoire qui donne à la porcelaine l'apparence de cette matière.

M. Discry a donc poursuivi ses recherches et ses travaux avec persévérance, et principalement dans le but de faire faire aux colorations solides sur porcelaine de nouveaux progrès.

Ses résultats ne sont ni aussi nouveaux, ni aussi remarquables que ceux de 1839, lorsqu'il apportait trois choses, qui étaient pour la fabrication française de vraies nouveautés:

Premièrement: de superbes et nouveaux tons de

couleurs; secondement : leur posage par immersion, évitant ainsi un feu; et troisièmement : les réserves.

C'est pour la découverte de ces procédés, que le jury lui a accordé à cette époque, sous le nom Discry-Talmours, une médaille d'or.

Le jury considérant que M. Discry se présente aujourd'hui sous son seul nom avec de nouveaux travaux, déclare que ces travaux le rendent encore plus digne de la médaille d'or qu'il a obtenue en 1839 sous le nom Discry-Talmours, et rappelle cette médaille à M. Discry.

MÉDAILLE D'OR.

M. ROUSSEAU, à Paris, boulevard Saint-Martin, 49.

M. Rousseau qui a enrichi, en 1839, l'art de décorer la porcelaine d'une nouvelle série de couleurs dures, qui a donné par ce moyen une extension remarquable en éclat, variété et solidité à la décoration des porcelaines, se présente à l'exposition actuelle avec plusieurs nouveautés; l'une d'elles a une assez grande importance.

1° Des ornements d'or en relief, très-solides, et cependant très-économiques, préparés par des moyens mécaniques, et appliqués par des fondants très-tenaces;

2° Des dorures sur des pâtes ou des émaux en relief, qui permettent de faire de larges ornements, et de les brunir parfaitement. Ces émaux sont tantôt blancs, tantôt colorés, tout en conservant leur glacé et leur solidité ;

3° Enfin une dorure de garniture, c'est-à-dire des filets d'or très-économiques, et cependant inaltérables, dit M. Rousseau, par l'emploi les plus fréquents, et même par de rudes frottements. Cette dorure est légère, mais elle est plus solide que la dorure épaisse, bien différente en cela de *la dorure légère* des Saxons, qu'enlève le moindre frottement.

L'assertion de sa durée était difficile à constater; nous l'avons bien essayé avec le couteau, avec le grattoir, et l'échantillon présenté par M. Rousseau a résisté assez bien à un frottement auquel des assiettes et des tasses ne peuvent jamais être exposées.

Malgré la bonne foi reconnue de M. Rousseau, il pouvait se tromper lui-même sur l'inaltérabilité de sa dorure; et d'ailleurs des juges n'ont pas le droit d'admettre une assertion de ce genre. Nous lui avons donc demandé de nous faire connaître son procédé, espérant que nous pourrions juger le résultat annoncé par le procédé employé. En effet, nous avons admis, dès que nous l'avons connu, que cette dorure économique devait être aussi une très-solide dorure.

Voilà bien des titres pour mériter du jury une nouvelle distinction, mais sa jurisprudence fort sage exige que l'usage ait sanctionné les qualités annoncées. Or, tout cela est nouveau, cherché, inventé, et fait depuis trois ou quatre mois pour l'exposition, il n'a encore rien mis en vente, il n'a que des échantillons ; l'assiette de dorure inaltérable est encore la seule qui ait été faite, et cependant l'auteur en établit déjà le prix. Nous présumons que ces progrès seront durables, qu'ils ne seront pas dispendieux, qu'ils ne présenteront dans leur emploi, dans leur usage, aucun de ces déchets qu'on ne peut pas prévoir, et qu'ils seront admis par les fabricants; enfin que leur résultat de solidité sera constaté en grand par les restaurateurs et les limonadiers; nous présumons qu'ils préfèreront à égalité de prix une dorure presque inaltérable à une dorure un peu plus brillante, mais qui disparaît en peu de semaines. Ce ne sont cependant que des présomptions, de puissantes présomptions, il est vrai, mais enfin la condition de l'épreuve par le temps n'est pas accomplie.

Le jury se voyait donc avec peine dans l'obligation, pour être conséquent à ses principes, de rappeler seulement à M. Rousseau la médaille d'argent qui lui a été décernée en 1839.

Or, le jury s'est rappelé qu'à cette époque, la commission des arts céramiques avait trouvé le procédé des fonds durs, introduit pour la première fois dans l'industrie des porcelaines par M. Rousseau, assez important pour être digne d'une médaille d'or, que si ce procédé eût été pratiqué depuis assez longtemps, pour que l'expérience eût fait apprécier définitivement la constance de ses bonnes qualités, et la sûreté de son emploi, la commission eût proposé pour M. Rousseau une médaille d'or. La commission a pensé qu'actuellement que cette condition était parfaitement remplie, que ces couleurs étaient, depuis cinq ans, employées dans toute l'Europe avec succès, qu'il y avait lieu de mettre enfin un terme à cet ajournement, dans un moment où la commission se voyait forcée d'en demander un semblable pour de nouvelles découvertes.

En conséquence, elle eut l'honneur de proposer au jury d'accorder à M. Rousseau, pour les nouveaux travaux et procédés qu'il a présentés cette année, et *surtout pour la sanction que le temps et l'expérience* ont donnée à son procédé de 1839, une médaille d'or.

Le jury décerne une médaille d'or à M. Rousseau.

NOUVELLE MÉDAILLE D'ARGENT.

M. COLVILLE, à Paris, rue des Vinaigriers, 22.

M. Colville a été distingué à l'exposition de 1839 par une médaille d'argent, plutôt encore pour son bleu Thénard, qui était dans les attributions de la commission de chimie, que pour ses couleurs destinées à la peinture sur porcelaine, jugées cependant belles et bonnes, par la commission des arts céramiques; il a présenté cette année : 1° un nouvel inventaire de ses couleurs pour la peinture sur porcelaine, qui par leur application et leur cuisson sur une même plaque de porcelaine, mais de deux qualités différentes, ont été jugées en général très-belles, glaçant bien au même feu, n'écaillant pas, conservant leurs tons dans l'épaisseur et dans le mince, et se mêlant convenablement, comme le prouvent les peintures faites sur porcelaine avec ces couleurs;

nous avons comparé cet inventaire avec celui qu'il a déposé en 1839 au musée céramique de la manufacture de Sèvres, et il lui est de beaucoup supérieur :

2° Deux inventaires de couleurs pour la peinture en émail, si différente de la peinture sur porcelaine dure, exigeant par conséquent des couleurs composées autrement. Les artistes qui connaissent et pratiquent ce genre de peinture, ont trouvé que les couleurs portées sur ces inventaires sont propres à répondre à tous les besoins des peintres en émail, et les exemptent de faire venir les couleurs de Genève ; ces assertions et une attestation de M. Duchesne, de Gisors, un de nos plus habiles peintres en émail, ne peut nous laisser aucun doute à ce sujet :

3° Un blanc qui, introduit dans les couleurs pour porcelaine dure, leur donne la propriété d'être employées à grande épaisseur comme les couleurs de la Chine ;

4° Un très-beau bleu azur, remarquable par son ton pur, son très-beau glacé, et la propriété qu'il a de recevoir la dorure avec éclat et solidité.

Ces couleurs sont d'un prix qui ne dépasse pas celui des bonnes couleurs, nous avons son tarif sous les yeux. M. Colville reçoit des éloges sur son assortiment de couleurs, et ce qui prouve que ce ne sont pas de simples politesses, c'est qu'ils sont accompagnés de fortes commandes ; nous trouvons dans ces lettres des demandes d'Allemagne, d'Angleterre, et des premiers fabricants de porcelaine de Paris et de la France.

Par conséquent, M. Colville réunit les conditions dont le jury fait cas : bonne qualité dans toutes les sortes que nous venons de citer, prix ordinaire, de bonne matière et grand débit.

Le jury lui accorde une nouvelle médaille d'argent, uniquement pour la fabrication des couleurs vitrifiables.

MÉDAILLE D'ARGENT.

M. BINET, à Paris, rue et impasse Saint-Sabin, 8 et 9.

L'histoire des couleurs exposées par M. Binet, est assez particulière, et demande quelque détail.

M. Binet est inscrit sur le catalogue comme fabricant de poteries, et, en effet, il a exposé des ornements remarquables, sur lesquels nous avons déjà appelé l'attention du jury. Il fabrique des couleurs pour la peinture à l'huile, qui ont été distinguées par la commission de chimie; enfin, il a exposé cette année des couleurs pour la peinture sur porcelaine, qui, au jugement, nous pouvons dire unanime de tous les peintres qui les ont vues, et de la plupart des fabricants, sont déclarées les plus belles de l'exposition.

C'est la première fois qu'elles paraissent en public, mais il y a longtemps que nous les connaissons, il y a longtemps que les peintres qui cherchent la perfection dans leurs œuvres les connaissent. Nous savons que ce n'est pas M. Binet qui les a positivement composées, et si nous ne le savions pas par nous-même, nous l'aurions appris régulièrement par l'exposant en nom, qui nous l'a déclaré; c'est un amateur qui depuis longtemps fait ces belles et bonnes couleurs, et en donne à ses amis; il a contribué ainsi à la perfection des finesses, si recherchées dans les productions de Madame Jaquotot. Cet amateur est M. Pannetier qui les fait depuis plus de vingt ans, mais qui ne les a jamais mises dans le commerce; il a trouvé dans M. Binet un homme laborieux, intelligent, il lui a fait présent de ses procédés, lui a montré à faire ses couleurs, et l'a mis en état d'en faire et d'en vendre.

M. Pannetier serait très-disposé à faire connaître ses procédés, mais il ne veut pas priver M. Binet du présent qu'il lui a fait.

Ses procédés sont, selon lui, très-peu saillants, presque tous connus en principes, ils consistent principalement dans la connaissance des réactions chimiques, et de leurs bonnes applications, dans l'art d'amener à leur plus grande pureté les éléments qui entrent dans la composition des couleurs, à faire cette composition toujours exactement la même, enfin et surtout dans les soins minutieux à apporter constamment dans la fabrication de ces couleurs délicates.

On conçoit qu'elles seront plus chères que les couleurs faites en fabrique, qu'elles auront moins d'acquéreurs, et que c'est un service rendu plutôt à l'art de la peinture sur porcelaine, qu'au commerce.

Le jury décerne une médaille d'argent à M. Binet, pour les couleurs à peindre sur porcelaine qu'il a exposées.

MÉDAILLE DE BRONZE.

MM. DESFOSSÉ frères, à Paris, rue de Bondy, 72.

MM. Desfossé frères font aussi des assortiments de belles et bonnes couleurs; nous avons sous les yeux leurs inventaires, et des échantillons de leur emploi qui sont très-satisfaisants; ils n'ont pas donné d'autres exemples de la propriété que doivent posséder certaines couleurs de se mêler sans s'altérer, que quelques peintures faites avec leurs produits.

Une couleur fort recherchée parce qu'on ne la fait que très-difficilement, qu'on n'a pu lui donner, sur la porcelaine dure, le ton bleu verdâtre qu'elle prenait sur l'ancien Sèvres, c'est le *bleu turquoise*. Quand il approche de l'ancien bleu turquoise, et MM. Desfossé sont ceux qui en ont approché le plus près, il ne tient pas; le moindre séjour d'acide de vinaigre, de pommes, ou de citron, l'enlève; quand il résiste à cette épreuve comme celui de Mortelèque et celui de Sèvres, il n'est pas beau.

Les noirs, les carmins n° 2, et les verts n° 4 de MM. Desfossé, sont souvent plus beaux qu'on ne les fait ailleurs. Les prix portés sur leurs tarifs sont à peu près les mêmes que ceux des bonnes couleurs du commerce, quelquefois supérieurs, rarement inférieurs à ceux de M. Colville.

Ils ont aussi beaucoup de commandes, et fournissent à beaucoup de manufactures de porcelaine, celles de leurs couleurs qu'on trouve les meilleures.

Le jury accorde à MM. Desfossé frères une médaille de bronze.

RAPPEL DE MENTION HONORABLE.

M. CHAPELLE, à Belleville (Seine), rue des Lilas, 7.

Le jury rappelle à M. Chapelle la mention honorable qui lui a été faite de ses travaux de décoration en couleurs vitrifiables aux expositions de 1834 et 1839.

Décoration de verrerie.

MÉDAILLE D'ARGENT.

MM. ROBERT (François), LAUNAY et HAUTIN, à Paris, rue de Paradis-Poissonnière, 30.

M. Launay, le chef de la maison de commerce qui tient le dépôt des cristalleries de Baccarat et de Saint-Louis et ses associés, ont voulu donner aux produits qu'ils tiennent de ces grandes fabriques des qualités de plus, qui en augmentassent l'écoulement, ils se sont associé M. François Robert, qui a élevé dans la commune de Sèvres des ateliers de peinture sur cristaux et verrerie; par des procédés perfectionnés dans la fabrication de ses couleurs et par une cuisson délicate dont le succès est difficile à obtenir, il a su créer une branche de l'art de la décoration en couleur vitrifiable sur verrerie qui n'est pas entièrement nouvelle d'invention, mais qui l'est complétement : 1° en France; 2° sous le rapport de la perfection et de la *réussite*.

Nous avons vu ses ateliers, nous les avons vus à plusieurs reprises, et nous avons été surpris du faible déchet que laisse à sa suite un genre d'ornementation aussi riche, et une cuisson aussi délicate.

D'après la lettre que MM. Launay et Hautin ont écrite à M. le président du jury, dans laquelle ils déclarent formellement que M. François Robert est leur associé, le jury regardant cette nouvelle branche de l'industrie, comme digne d'une haute distinction, décerne une médaille d'argent à MM. François Robert, Launay et Hautin.

Xe CLASSE.

DÉCORATION EN COULEURS VITRIFIABLES. — ÉMAILLAGE.

MÉDAILLE DE BRONZE.

M. BÉDIER-DOTIN, à Paris, rue Chapon, 13.

Parmi les émailleurs qui ont exposé, un d'entre eux nous a paru devoir être remarqué par l'ensemble de ses procédés et de ses produits, par leur perfection, leur faible prix et leur débit considérable.

C'est M. Bédier-Dotin. Les articles que nous croyons devoir signaler comme présentant quelques particularités industrielles sont :

1° Des tasses, des têtes de pipes, des pommes de cannes dont le façonnage est très difficile, et qui sont enrichies de perles d'émail produisant, à s'y tromper, l'effet des perles naturelles;

2° Des mosaïques en émail imitant particulièrement la mosaïque en pierre dure de Florence et vendues à Rome même pour telles par des marchands peu scrupuleux. M. Bédier-Dotin assure avoir placé, pour 12,000, 50,000 et 30,000 fr. en Amérique, en France et en Angleterre, de ces jolis bijoux à 2 et

3 fr. la paire au lieu de 15 et 30 fr. la pièce que se vendent les véritables mosaïques ;

3° Des petits bouquets de fleurs émaillés sur platine de manière à conserver avec une grande apparence de légèreté, une grande solidité ; il ne fait ce genre que depuis quatre ans;

4° Un assortiment de petits bijoux pour breloques et boucles d'oreilles en forme de boule, d'olive, de navette, émaillés sur or à dix-neuf karats; les formes sont obtenues par estampage; ces bijoux se vendent de 15 à 27 fr. la douzaine;

5° Des fausses turquoises à 30 c. la grosse ou les douze douzaines; enfin, des faux camées dont il enlève le brillant vitreux par l'acide fluorique.

M. Bédier-Dotin emploie une trentaine d'ouvriers chez lui.

Le jury décerne une médaille de bronze à M. Bédier-Dotin.

MENTION HONORABLE.

M. CHARLOT, émailleur, à Paris, rue Montmorency, 1.

M. Charlot a exposé des pièces émaillées remarquables par leur richesse, leurs formes difficiles à obtenir, et surtout leur dimension.

La commission a remarqué particulièrement des flambeaux, une coupe et surtout une assiette qui offre une dimension assez rarement obtenue dans l'émaillage moderne.

M. Charlot vient immédiatement après M. Bédier-Dotin.

Le jury lui accorde une mention honorable.

Émaillages divers.

MÉDAILLE DE BRONZE.

MM. JACQUEMIN père et fils, à Morez (Jura).

Un émaillage qui paraît fort simple, puisqu'il n'emploie que deux couleurs, le blanc et le noir, est cependant un des plus difficiles à faire réussir, lorsqu'il s'agit de l'appliquer à des grandes pièces. C'est l'émaillage des cadrans de pendule, et bien plus encore des cadrans d'horloge qui, quoique composé de treize pièces au moins, en exige une, celle du milieu, d'une grande dimension.

Le plus grand que l'on ait fait est celui de l'Hôtel-de-Ville, exécuté par le sieur Martet; il est gigantesque, la pièce du milieu ayant environ 2 mètres de diamètre.

Les plaques de milieu, les plus grandes que l'on fasse habituellement, ont au plus trois décimètres de diamètre.

MM. Jacquemin père et fils, de Morez, dans le Jura, ont mis à l'exposition plusieurs cadrans émaillés. L'un d'eux a près de cinquante centimètres de diamètre, mais un autre a été porté au delà de huit décimètres, son prix de 250 fr. est, au rapport des horlogers et des émailleurs qui ont été consultés, extrêmement bas; les légères imperfections qu'il peut avoir, et que je n'ai pas pu distinguer, quoique je l'aie approché au point de le toucher, ne lui ôtent aucune qualité de solidité, ni aucun mérite d'aspect à la hauteur où il doit être placé. L'émail est fait de moitié d'émail de Venise et de moitié d'émail de Gineston.

L'exposition de MM. Jacquemin, riche en cadrans de toutes les dimensions, présentant, comme on le voit, un cadran d'une grande et rare dimension, rend MM. Jacquemin dignes de la médaille de bronze que le jury leur accorde; cette distinction soutiendra, d'après ce qu'a assuré un des plus habiles fabricants de Paris, une industrie importante qui semble avoir été délaissée.

Émaillage sur pierres naturelles.

RAPPEL DE MÉDAILLE D'ARGENT.

M. HACHETTE, à Paris, rue du Faubourg-Saint-Martin, 124.

On a présenté à l'exposition deux applications particulières de l'émaillage en grand sur des matières naturelles.

Les Égyptiens, si forts dans l'art de la verrerie colorée, avaient déjà appliqué des émaux sur plusieurs pierres; des grès, des schistes, des stéatites dures, etc.

L'une des nouvelles applications est la peinture sur lave que la commission des arts céramiques a beaucoup louée dans ses rapports de 1834 et 1839, comme un moyen très-bon et très-beau, de décorer en grand et d'une manière solide, nous pouvons même dire inaltérable, les parties des habitations, des monuments, des temples qui sont le plus attaquables par l'humidité et par les autres intempéries atmosphériques. Les prix déjà réduits iront en diminuant, au moins pour tout ce qui est ornementation, à mesure que l'emploi en deviendra plus étendu.

Sous le rapport technique, cette peinture est bien près de la perfection. Il n'en est pas tout à fait de même sous le rapport artistique ; on reproche à ses couleurs, de la lourdeur, une sorte de saleté qui lui ôte son éclat ; mais ces défauts se corrigeront, et cette correction résultera du concours des habiles fabricants de couleurs vitrifiables, avec les habiles artistes. Nous en avons déjà vu un exemple dans un tableau dont quelques parties méritent le reproche de lourdeur, et qui, dans d'autres parties, telle qu'une main d'enfant, a toute la finesse de ton d'une peinture à l'huile.

Le jury regarde donc M. Hachette comme toujours digne de la médaille d'argent qui a été accordée en 1834, et rappelée en 1839 sous le nom d'Hachette et Hittorf.

MENTION HONORABLE.

MM. GAUTIER et MOREL, à Paris, rue de la Roquette, 46 *bis*.

Le second excipient naturel sur lequel on a appliqué l'émail, et sur lequel on a peint ensuite en couleurs vitrifiables, est une roche que les auteurs du procédé (il est dans le catalogue officiel, mais avec une fausse désignation, sous le n° 3688), MM. Gautier et Morel, ont nommée assez exactement *grès psammite*; c'est un grès hétérogène qui vient des Vosges.

L'émail blanc s'y applique très-bien, et il est susceptible de recevoir les couleurs les plus vives et les plus variées.

Le procédé est tout nouveau, on ne connaît encore ni sa portée, ni la perfection dont il est susceptible, ni les déchets ou inconvénients qui pourront accompagner son exécution en grand. La peinture qu'on a présentée à la commission n'a été faite que tout récemment, c'est une des premières; elle n'a pas le glacé éclatant qu'elle pourra peut-être avoir dans la suite. La commission ne doute pas du succès en petit des deux applications, l'émail blanc et la peinture, mais ce ne serait rien sans le succès en grand, sans le succès commercial. Le transport du grès ne deviendra-t-il pas plus dispendieux à cause de sa pesanteur, etc., que celui de la lave? Son emploi en plaque mince dans les bâtiments sera-t-il aussi sûr, aussi durable que celui de la lave? Sa friabilité et sa porosité ne lui donneront-ils pas l'inconvénient d'absorber l'humidité par les parties non émaillées? On croit avoir déjà remarqué que cet émail absorbe davantage les couleurs qu'on y applique que les autres matières émaillées. Les expériences réitérées, et le temps, pourraient seuls répondre à ces questions.

Malgré ces raisonnables doutes et la sage réserve que la commission a dû s'imposer, le jury croit que le procédé est digne d'être récompensé par une mention honorable.

XIe CLASSE.

PEINTURE SUR VERRE.

Considérations générales.

L'examen des produits de peinture sur verre doit porter sur deux points bien distincts :

1° Celui des *procédés techniques*, tels que la fabrication de verres de couleurs, et de couleurs vitrifiables s'appliquant et se cuisant sur la surface du verre.

2° Celui du style et de l'art que doivent posséder les vitraux censés appartenir à telle ou telle époque.

La distinction à établir entre les produits des *dix* exposants de cette année devient d'autant plus difficile que la nature de leurs produits est la même, que tous ces vitraux sont des imitations assez parfaites des verrières des XIIIe et XIVe siècles, et que les différences qui peuvent exister entre eux ne tiennent nullement à des procédés particuliers, mais à la variété et au genre de composition. L'exécution de la peinture est tellement simple que le découpage des verres et le montage en plomb font presque tous les frais de l'art.

Cependant, si les produits exposés ne témoignent pas d'un progrès évident dans l'amélioration des procédés vitriques, ils sont remarquables par leur belle mise en œuvre; les verres de couleur y sont bien assortis, la taille est bien faite, le montage en plomb solidement établi, et la question d'imitation des anciennes verrières assez bien résolue.

MENTION POUR ORDRE.

M. BONTEMPS, à Choisy-le-Roi (Seine).

Au premier rang se placent les travaux de la manufacture de Choisy, dirigée par M. Bontemps; cet établissement fabrique lui-même, et fournit depuis longtemps à ses concurrents, les verres de couleur qui sont nécessaires à la confection des vitraux.

Le grand vitrail représentant la figure de saint-Jacques, est une preuve de la bonne fabrication et de la variété des teintes obtenues par cet établissement. L'exécution de la peinture est un peu molle, mais l'ensemble général est satisfaisant; le montage en plomb est bien et solidement établi, les coupures faites par les plombs sont bien dissimulées, et si ce vitrail n'offre rien de supérieur à ceux que M. Bontemps a précédemment exposés, il constate la continuation d'une belle et bonne fabrication embrassant tous les détails d'exécution de ce genre de production.

Le jury déclare M. Bontemps, de Choisy, toujours digne des distinctions obtenues dans les précédentes expositions pour cette partie de l'ensemble de ces travaux.

MENTIONS HONORABLES.

MM. CHATEL et FIALEIX, au Mans (Sarthe).

Au second rang se placent les produits de MM. Châtel et Fialeix; ici les colorations sont produites par les verres de couleur pris aux fabriques de Choisy, de Rive-de-Gier et de Romenil. On ne doit donc attribuer à ces messieurs que le mérite de composition et d'entente générale de la fabrication.

La copie d'un vitrail de la cathédrale du Mans, représentant l'arbre de Jessé est parfaite; cette copie, faite dans le but de rassortir, et de compléter des fenêtres anciennes, dont quelques parties ont été détruites, atteint parfaitement son but, l'imitation est exacte, les altérations produites par le temps sur les anciens vitraux, ainsi que le faire y sont fidèlement reproduits.

Le jury accorde une mention honorable à MM. Châtel et Fialeix.

MM. KARL-HAUDER et ANDRÉ, à Paris, rue des Amandiers-Popincourt, 40 *bis*.

Viennent au troisième rang les produits de MM. Karl-Hauder et André.

Les trois grands vitraux, dans le style du XIIIe siècle, sont dans les conditions voulues d'art et de bonne fabrication, la taille et le montage sont bien et solidement établis.

Cet établissement se distingue par la confection des verres dépolis à dessins transparents, dits *verres mousselines*. La variété des dessins, la solidité du dépoli appliqué et vitrifié sur la surface du verre, et surtout la modicité du prix de vente du mètre carré sont dignes d'attention.

Le jury accorde une mention honorable à MM. Karl-Hauder et André.

M. LUSSON, à Sainte-Croix (Sarthe).

M. Lusson, qui a exposé un grand vitrail du XVIe siècle, riche de composition, ne nous a paru, dans aucune des parties industrielles de l'art de peindre sur verre, ni en dessous ni au dessus des personnes que nous venons de nommer, et quoiqu'un peu moins élevé que MM. Châtel et Fialeix, il mérite comme les précédents une mention honorable.

CITATION FAVORABLE.

M. VEISSIÈRE, à Seignelay (Yonne).

Le petit vitrail de M. Veissière, représentant la Cène, semble devoir occuper la quatrième place. Ce vitrail, loin de résumer les questions d'art et d'harmonie, est cependant remarquable par une imitation complète des procédés techniques des peintres du XVIe siècle.

Les modelés des chairs par des rouges transparents sont complétement analogues à ceux de cette époque, et quoique laissant encore à désirer, le résultat obtenu dénote des recherches assidues et une observation constante des procédés employés par les anciens.

Le jury accorde à M. Veissière une citation favorable.

SECTION II.

VERRERIE, CRISTALLERIE, ETC.

M. Dumas, rapporteur.

Considérations générales.

L'art de la verrerie embrasse un assez grand nombre de parties différentes. A considérer la nature chimique des produits qu'il fournit au commerce, on peut les classer en cinq groupes principaux, susceptibles de se subdiviser eux-mêmes en espèces plus ou moins nombreuses, plus ou moins distinctes.

1° Verres à base de chaux et de potasse. Ce groupe ne comprend guère que le verre de Bohême proprement dit, qui n'est fabriqué en France que par un très-petit nombre de verreries.

2° Verres à base de chaux et de soude. C'est dans cette division que se placent le verre à glaces, le verre à vitres, le verre qui sert à fabriquer les globes et le verre employé pour produire tous les vases de la chimie, de la pharmacie, et en général toute la verrerie blanche ou d'un blanc verdâtre qui se livre au commerce.

3° Verres plombeux. Cette classe se divise en

trois genres bien caractérisés, savoir : le cristal proprement dit, le flint-glass pour l'optique, le strass destiné à l'imitation des pierres précieuses.

4° Verres argilo-ferrugineux ou verres à bouteilles, dans lesquels on fait entrer d'ailleurs, comme fondant alcalin, tantôt de la potasse, tantôt de la soude, selon les circonstances.

5° Enfin, verres colorés par divers composés métalliques introduits dans la masse. Leur fabrication se lie ordinairement aux précédentes, mais on conçoit qu'avec le développement que prend l'industrie des vitraux peints, il puisse convenir à quelque verrerie à vitres de se livrer plus spécialement à la production des vitres de couleur.

La fabrication du verre de Bohême n'est pas de nature à se développer en France dans les circonstances actuelles d'une manière remarquable. En effet, les potasses y sont à trop haut prix et les verres à base de soude s'y produisent avec trop de perfection, pour que la consommation courante trouve quelque raison pour se porter de préférence sur le verre de Bohême, qui trouve une concurrence difficile à surmonter dans le verre à vitre, pour les pièces minces, et dans le cristal pour les pièces plus épaisses.

Les verres à base de chaux et de soude employés dans la fabrication des grandes glaces, ainsi que dans celle des vitres ordinaires, constituent, sous le double rapport d'une production de luxe et d'une production à bon marché, des produits pour lesquels la France n'a rien à désirer depuis longtemps.

Pour la gobeletterie, et en général pour les fioles, flacons et objets analogues, ces verres donnent des produits moins fins que ceux qu'on fabrique avec le verre de Bohême lui-même ; mais leur bas prix compense tellement ce qui leur manque en qualité, qu'il serait difficile de faire accepter au commerce des produits différents de ceux auxquels il est accoutumé.

Le cristal s'obtient en France d'une nuance si pure, et à si bas prix, depuis longtemps, qu'on ne peut guère se flatter de voir surgir des perfectionnements notables dans la fabrication de ce produit. Cependant, nos cristalleries ont abordé la fabrication courante de grandes pièces qu'elles ne présentaient autrefois qu'à titre de chefs-d'œuvre, et elles ont réussi au delà de toute prévision.

Elles ont cherché dans de nouveaux perfectionnements portés dans les procédés de soufflage, à se donner le moyen de produire à meilleur marché des pièces à larges tailles, et elles sont parvenues à les obtenir, sans qu'il fût nécessaire d'augmenter l'épaisseur de la pièce, au delà de celle qui lui eût été donnée dans le cas où elle eût été taillée par les moyens accoutumés.

Le flint-glass, qui avait déjà mérité les plus grands encouragements, lors de la dernière exposition, a tout d'un coup abordé des difficultés de fabrication qui semblaient inaccessibles aux moyens pratiques déjà connus. Des pièces propres à faire des objectifs d'une dimension jusqu'à présent inouïe figuraient à l'exposition et promettent à l'astronomie une ère nouvelle.

Le strass n'offre aucun progrès remarquable; mais on ne saurait douter que ce produit et que le cristal lui-même ne soient appelés à mettre à profit les moyens mécaniques de brassage, à l'aide desquels les fabricants de flint obtiennent de grandes masses de verre parfaitement exemptes de stries. L'intervention de ces procédés dans toutes les branches de l'art du verrier serait, du reste, d'un haut intérêt, comme lui donnant le moyen de fournir des verres d'une homogénéité parfaite. Malheureusement, quelques difficultés de métier s'opposent jusqu'ici à l'emploi général de ce procédé.

La fabrication des bouteilles livrée, jusqu'à ces dernières années, à un véritable empirisme, est devenue tout d'un coup l'objet d'utiles études, à l'occasion des pertes extraordinaires que la casse faisait éprouver aux fabricants de vins de Champagne, dans les circonstances où il se développait une quantité d'acide carbonique capable de dépasser la pression à laquelle la bouteille pouvait résister. On a soumis à une discussion attentive la forme de ces vases, leur composition ; on a imaginé des appareils propres à les soumettre à un essai préalable. De là est résulté un perfectionnement général d'une industrie qui s'exerce sur une si grande échelle que les moindres détails y deviennent dignes d'intérêt.

On n'a que des éloges à donner aux efforts tentés par nos verriers pour atteindre et surpasser les verreries de Bohême dans l'art de fabriquer des cristaux de couleur, et les verriers du moyen âge dans la fabrication des vitres teintes dans la masse, destinées à fournir les principaux tons de la palette du peintre sur verre. La chimie, en répandant les connaissances théoriques qui servent de guide à l'industriel dans la conduite de ses opérations et dans la discussion de ses procédés, rend plus faciles sans doute de telles conquêtes, mais il n'en est pas moins bien digne d'intérêt de voir qu'en quelques années tous les procédés des verreries de Bohême aient été découverts, imités, perfectionnés, et qu'on en ait ajouté beaucoup d'autres à ceux qui s'étaient conservés dans ce pays par une longue tradition. Il n'est pas moins remarquable non plus qu'on ait retrouvé en quelques années aussi la pratique des tours de main si délicats, à l'aide desquels se préparent les vitres teintes dans la masse, qui sont indispensables pour fournir aux vitraux peints leurs couleurs les plus brillantes et les plus pures.

L'art du verrier prend donc sa part de ce progrès universel de nos industries chimiques qui les place au premier rang dans le monde industriel. Sachons le reconnaître, faisons-nous un devoir de le constater et reportons-en le bienfait à cet enseignement libéral et fécond de la chimie, qui, confié depuis près d'un siècle aux membres les plus illustres de l'Académie, est devenu l'un des plus glorieux héritages de la science et l'une des sources les plus assurées de la prospérité nationale.

RAPPELS DE MÉDAILLES D'OR.

MANUFACTURE ROYALE DES GLACES DE SAINT-GOBAIN, à Saint-Gobain et Chauny (Aisne).

La fabrique de glaces de Saint-Gobain fondée en 1665, occupe aujourd'hui 650 ouvriers, et une machine à vapeur de la force de huit chevaux; elle possède six fours dans lesquels elle met en œuvre *deux millions* de kilogrammes de matières premières, à l'aide desquelles elle produit 62,000 mètres carrés de glace, dont 55,000 mètres se consomment en France, et y sont vendus à raison de 3,000,000 fr.

La manufacture de Saint-Gobain, qui a obtenu des médailles d'or aux six dernières expositions, a exposé cette année une glace dont la beauté a pu justifier à tous les yeux le rappel très-honorable de ses médailles d'or par lequel le jury croit devoir lui témoigner sa satisfaction.

COMPAGNIE DES MANUFACTURES DE GLACES ET VERRES DE SAINT-QUIRIN, CIREY ET MONTHERMÉ, à Cirey (Meurthe), et à Paris, rue Saint-Denis, 313.

La verrerie de Saint-Quirin, fondée en 1740, fabrique aujourd'hui des glaces et du verre à vitres. L'établissement de Cirey, créé en 1817, se livre spécialement à la fabrication des glaces. Cette compagnie emploie dans ses divers établissements 2,000 ouvriers environ, et possède en outre diverses chutes d'eau qu'elle met à profit par des roues hydrauliques. Au moyen de trois fours de fusion dans lesquels elle brûle 48,000 stères de bois, elle produit des glaces pour une valeur qui atteint à peu près 4,000,000 fr.

La belle glace exposée par cette compagnie, donne, soit par ses dimensions semblables à celle de Saint-Gobain, soit par sa finesse et sa belle nuance, une preuve de la perfection du travail de cette compagnie, sous le rapport de la fusion et du coulage des glaces. En outre, il est facile de reconnaître, par un examen attentif, que les surfaces de cette grande glace ont été dressées, par un procédé mécanique, d'une remarquable perfection : en conséquence, le jury se fait un devoir de lui rappeler la médaille d'or qu'elle a obtenue aux expositions de 1834 et de 1839.

COMPAGNIE DES CRISTALLERIES DE BACCARAT (Meurthe).

La cristallerie de Baccarat est la plus considérable qui existe non-seulement en France, mais en Europe ; elle produit annuellement pour 2,000,000 de fr. de cristal ; elle occupe constamment de 900 à 1000 ouvriers ; elle possède d'ailleurs une chute d'eau de la force de 60 chevaux ; elle consomme 20,000 stères de bois, et 165,000 kilogrammes de houille, à l'aide desquels elle convertit en cristal 1,000,000 de kilogrammes de sable, de minium et de potasse.

La cristallerie de Baccarat, fondée en 1822, a toujours été à la tête de cette branche de l'industrie française ; en effet, elle a déjà obtenu quatre fois la médaille d'or, ou les plus honorables rappels de cette médaille.

Le jury exprime la haute satisfaction que lui a fait éprouver la remarquable perfection des produits de l'exposition actuelle de Baccarat ; elle est de tout point irréprochable, et digne des plus grands éloges.

Soit qu'on prenne en considération la grandeur des objets, le bon goût et la pureté des formes, la beauté du cristal blanc, l'éclat et la vivacité des couleurs qui en relèvent le mérite, toutes les pièces exposées par cette cristallerie offrent un caractère de perfection absolue, qui ne laisse rien à désirer.

Depuis 1839, cette usine s'est livrée à la fabrication de la lustrerie, et les produits de ce genre qu'elle a exposés, prouvent qu'elle s'est immédiatement placée au niveau de la lustrerie anglaise.

Après ce coup d'œil jeté sur l'ensemble de l'état actuel de la fabrication de Baccarat, nous ferons remarquer que le cristal blanc, qui forme au moins les sept huitièmes de la fabrication, devait fixer plus particulièrement l'attention du jury : le rapport de 1839 disait déjà de Baccarat, que son cristal pouvait être regardé comme le type du beau cristal blanc; aujourd'hui, il pourrait suffire d'ajouter que cet éloge est toujours mérité ; toutefois il est facile de reconnaître qu'indépendamment d'un perfectionnement sur le prix qui a réduit de dix pour cent au moins, la valeur de toutes les pièces de consommation, il y a encore à noter une régularité plus complète dans la fabrication, qui se révèle par la parfaite uniformité de teinte des pièces prises au hasard, dans les magasins de Baccarat. Cette cristallerie a donc su se mettre à l'abri des inconvénients presque inévitables attachés à la variation de composition des matières premières.

Les formes, quand il s'agit du cristal de consommation, subissent nécessairement le joug de la mode, mais lorsque le cristal s'élève jusques aux proportions de ces vases d'ornement de grande dimension, que Baccarat a exposés, et qu'on peut croire destinés à la décoration des palais, il est du droit et du devoir de l'artiste de conserver, dans le choix de ses formes, le cachet de son génie propre.

Le jury a remarqué avec plaisir que si la cristallerie n'avait jamais produit un pareil ensemble d'aussi grandes pièces, celles-ci par leurs formes pures, riches et franches, accusaient une fabrication parvenue à ce degré de confiance et de facilité dans le travail, qui ne s'obtient que par une longue pratique.

D'après cela, on n'est pas étonné de voir Baccarat se livrer à la fabrication du cristal blanc-opaque, imitant la porcelaine, et à l'aide duquel ont été obtenus des vases d'ornement, des services de dessert, que la porcelaine était seule jusqu'ici en possession de fournir au commerce.

La moulure s'obtient aujourd'hui parfaitement unie, sans qu'on soit obligé de donner aux pièces une épaisseur plus grande que celle qui est nécessaire au cristal taillé.

Sous le rapport des couleurs, le jury a remarqué parmi les couleurs transparentes, les dichroïdes jaune et vert, parmi les couleurs opaques le bleu céleste, le chrysoprase et l'agate; les couleurs doublées sur opale blanc, qui rivalisent d'éclat avec les plus belles couleurs au grand feu de la porcelaine; enfin, les nouveaux verres opalisés, connus sous le nom de *pâte de riz*.

La cristallerie de Baccarat, administrée aujourd'hui par M. Godart fils, a donc conservé toutes les traditions de l'ancienne administration de M. Godart père.

Ses ateliers, toujours confiés à la direction de

M. Toussaint, ancien élève de l'école Polytechnique, l'un des plus habiles verriers de la France, ne perdront pas la tradition d'une longue et savante expérience, qui va se transmettre à M. de Fontenay, actuellement sous-directeur de Baccarat, et sur qui déjà le jury central avait attiré l'attention, de la manière la plus favorable, comme directeur de l'usine de Plaine de Walsch, lors de l'exposition de 1839.

COMPAGNIE DES CRISTALLERIES DE SAINT-LOUIS (Moselle).

L'exposition de Saint-Louis a présenté mille détails où l'on reconnaît une fabrique de premier ordre conduite par d'habiles verriers.

Le cristal blanc de Saint-Louis est bien connu dans le commerce, et se vend concurremment avec celui de Baccarat, par l'intermédiaire de la maison Launay, Hautin et Cie. On remarquait à son exposition quelques objets de grandes dimensions, dont la taille est bien exécutée :

1° Un grand vase à anses d'une exécution difficile;

2° Un candélabre habilement taillé;

3° Quelques coupes à dessert en tailles variées. Parmi les pièces colorées dans la masse, on remarquait :

1° Du cristal d'une couleur bleu-clair transparente, et qu'on appelle improprement dichroïde bleu. Cette couleur est depuis longtemps dans le commerce, où elle a obtenu du succès;

2° Du cristal coloré par le chlorure d'argent dont les teintes sont tellement variées, qu'il est impossible de les détailler. C'est à l'aide de ce corps que Saint-Louis prépare des marbrures et des agates d'un assez bel effet, particulièrement dans des plateaux garnis de bronze doré.

La cristallerie de Saint-Louis s'est appliquée à varier les couleurs opaques qui s'éloignent peut-être du but auquel doit tendre le cristal. Elle en offre un assortiment qu'on trouvera du moins curieux par sa variété et par certaines difficultés d'exécution heureusement surmontées.

Parmi les cristaux doublés, Saint-Louis a exposé peu de couleurs transparentes appliquées sur cristal blanc. Mais, en revanche, on remarquait une foule d'objets à deux ou trois couches dans lesquels l'émail blanc joue un grand rôle. C'est là un produit nouveau qui a été fabriqué dans les verreries de Pologne, mais qui n'est pas encore dans le commerce en France, et qui présente des difficultés d'exécution que Saint-Louis paraît avoir vaincues. Saint-Louis fabrique en grandes masses, et avec succès, de l'opale blanc et de l'opale doublé. Les formes en ce genre sont moins nombreuses et de moindres dimensions que celles de Baccarat; mais, par contre, on remarquait des pièces très-bien faites et de charmants détails qui font honneur aux verriers de Saint-Louis.

Cette cristallerie a exposé bon nombre d'objets décorés au moyen de couleurs vitrifiables. La couleur jaune d'argent est très-belle. Le bleu, le rose, le pourpre sont bien glacés; ces couleurs ne sont pas vitrifiées à la moufle, mais bien au grand feu d'un four de verrerie.

En résumé, la cristallerie de Saint-Louis a beaucoup travaillé, et sous une direction habile; elle a fait beaucoup d'efforts pour présenter à l'exposition de nouveaux produits et introduire dans l'art du verrier de nouveaux perfectionnements qui seront appréciés du public, nous n'en doutons nullement, et qui déterminent le jury à déclarer qu'elle est toujours très-digne de la médaille d'or qui lui fut décernée en 1834.

M. le Baron de KLINGLIN, à Wallerysthal (Meurthe).

L'établissement de Wallerysthal, qui en 1839, a exposé avec un véritable éclat, vient de faire de nouveaux efforts pour paraitre d'une manière encore plus brillante à l'exposition de 1844.

Cette verrerie, dont l'exposition présentait un aspect si gracieux, a mis en œuvre les mille moyens dont elle peut disposer pour nous montrer de véritables chefs-d'œuvre en verrerie.

Son verre blanc, quoique supérieur à celui de toutes les verreries en verre commun, a semblé pourtant d'un blanc moins parfait que celui qui était exposé en 1839. C'est un inconvénient à éviter, car le verre blanc formant la base de toute la fabrication, doit être l'objet de toute la sollicitude du directeur de Wallerysthal.

Mais quelle richesse dans ces vases aux teintes si variées, aux gravures si délicates, aux tailles si parfaites! Comme modèle de taille, on peut citer un grand plateau doublé en rose clair, et comme modèle de gravure, un grand verre ou calice représentant une chasse. L'habile graveur dont on admire les œuvres, a quitté la France depuis deux ans, et c'est une perte pour l'art de la verrerie; il a cependant laissé de bons élèves qui perpétueront à Wallerysthal son goût et ses méthodes.

On remarquait à l'exposition de Wallerysthal des objets décorés au moyen de couleurs vitrifiées à la moufle, obtenues avec plein succès.

Le jury central se fait donc un devoir de rappeler la médaille d'or décernée en 1839 à M. le baron de Klinglin.

MM. BONTEMPS, LEMOINE et Cie, à Choisy-le-Roi (Seine).

La verrerie de Choisy-le-Roi renferme en réalité plusieurs établissements distincts, car elle produit du cristal blanc, du cristal coloré et décoré, du verre à vitres, des globes de grandes dimensions, du flint-glass et du crown-glass pour les besoins de l'optique, des vitres colorées dans la masse, et enfin des vitraux peints.

L'habile directeur, aux soins duquel elle est confiée, saisit d'ailleurs toutes les occasions de résoudre quelques-unes des difficultés de son art, en mettant à profit les moyens que son usine lui offre, et les ouvriers habiles par qui sa curiosité est secondée dans les recherches qui ont successivement abordé toutes les difficultés de l'art du verrier.

Laissant à une autre partie de ce rapport, le soin d'apprécier les heureux résultats obtenus par la verrerie de Choisy-le-Roi dans la fabrication des vitraux peints, nous nous bornerons à examiner ici ceux de ses produits qui, sans atteindre le domaine des beaux-arts, demeurent dans la région purement technique.

Choisy-le-Roi s'occupe de la fabrication du cristal, et verse ses produits dans le même entrepôt que Baccarat et Saint-Louis, elle a nécessairement à exécuter beaucoup de pièces sur commande pour assortiments, à raison de sa proximité de Paris.

Par le même motif, elle fournit principalement les cristaux d'éclairage, tels que boules, lanternes, verrines pour les colonies, dont le transport est dispendieux en raison de leur grand volume; elle fournit aussi une partie des cristaux colorés, principalement les cristaux opales.

Il y a cinq ans, les cristaux filigranés de Venise étaient un objet de curiosité dont on admirait la grace et la légèreté, mais qu'on n'avait pas essayé de reproduire, les verriers même ignoraient complétement par quels procédés ils avaient pu être obtenus. C'est la verrerie de Choisy qui la première a reproduit pour l'exposition de 1839, ces verroteries, de manière à prouver qu'on avait retrouvé tous les petits tours de main de cette fabrication; d'autres verriers ont été initiés par elle à ces procédés, et depuis cette époque, ces verres filigranés se sont répandus dans une proportion assez étendue pour de semblables objets.

L'attention de M. Bontemps, attirée d'abord sur les produits des anciennes verreries de Venise, s'est portée ensuite sur les restes des verreries antiques qui se trouvent dans les musées, et dont la plupart sont des énigmes de fabrication, même pour les verriers; il s'est livré à cette recherche avec M. Jones, qui avait déjà contribué à amener les verres filigranés à la perfection de ceux de l'ancien Venise, et ils ont produit quelques échantillons qui ne laissent aucun doute sur les moyens par lesquels on peut obtenir ces prodiges des anciens, mais ils ont à lutter contre des mains d'ouvriers, habiles sans doute, quand il s'agit de faire un grand nombre de pièces de fabrication courante dans un temps donné, mais maladroits quand il s'agit de sortir du métier pour entrer dans quelque condition d'art. Ces cristaux ne formeront donc jamais la base d'une grande fabrication, mais il était intéressant de ne pas rester étranger aux procédés des anciens.

La fabrique de Choisy-le-Roi est toujours celle qui fournit dans le commerce le plus de verres bombés, dits cylindres ronds, ovales et carrés. De l'exposition de 1834 à celle de 1839, elle a baissé les prix de ces articles de 25 pour 100 dans les dimensions moyennes, et de 40 pour 100 dans les grandes dimensions. Depuis l'exposition de 1839, elle a encore baissé les prix de plus de 30 pour 100, ce qui fait en quinze ans une diminution d'au moins 75 pour 100, aussi la verrerie de Choisy expédie-t-elle une assez grande quantité de cylindres en Hollande et jusqu'à Hambourg, où sa fabrication est préférée à celle des verreries de Bohême.

Depuis 1839, la fabrication des verres à vitres communs a diminué à Choisy-le-Roi, parce qu'elle a été remplacée par une plus grande fabrication de verres blancs épais pour les devantures de boutiques, et aussi par une plus grande fabrication de verres de couleur dont les nombreuses fabriques de vitraux qui se sont établies ont plus que triplé la consommation. La verrerie de Choisy a exposé quelques feuilles remarquables par leur pureté et leurs dimensions. On peut à présent couvrir avec nos verres les gravures des batailles d'Alexandre pour lesquelles on employait autrefois deux verres ou une glace coulée.

M. Bontemps a aussi exposé un cadre contenant 112 échantillons de nuances différentes de verres de couleur, qu'on peut constamment trouver dans ses magasins ou qu'il s'engage à fabriquer sur commandes. Certes, si on n'arrive pas à produire des vitraux remarquables, ce ne sera pas par défaut de richesse de la palette. On fabrique aussi à Choisy dans les fours à verre une grande partie des pièces moulées employées par la régie des phares, et par M. Henri Lepaute pour leurs appareils de phares.

L'exposition de Choisy a présenté une série de disques de flint-glass et de crown-glass de 55, 50, 42, 38, 32 centimètres jusqu'aux plus petites dimensions; on a remarqué la transparence du flint-glass et du crown-glass. M. Bontemps les fabrique plus incolores qu'ils n'avaient encore été obtenus, contre l'opinion de quelques opticiens qui semblaient préférer le flint-glass plus jaune, le crown-glass plus vert, et qui déjà paraissent pour la plupart sentir l'avantage d'employer des matières plus incolores, surtout depuis le fréquent usage du daguerréotype. L'attention du jury s'est surtout fixée sur les disques de crown-glass, parce que la solution du problème de la fabrication du flint-glass ne levait pas à beaucoup près toutes les difficultés de la fabrication du crown-glass. Tous les opticiens qui ont voulu faire des lunettes de grandes dimensions de 38 et de 50 centimètres, n'ont pu trouver qu'à Choisy les disques de crown-glass pour ces instruments.

Un disque de flint-glass pour lunette de 55 centimètres d'ouverture pèse environ 40 kilogr. M. Bontemps compte ces 40 kilogr. à 10 fr., prix à peu près auquel on vend le flint-glass en plaquet pour les petites lunettes de 3 à 7 centimètres d'ouverture.

Ces 40 kilogr. à 10 fr. font.	400 fr.
Les frais de ramollissage seront d'environ.	150
On pourrait donc fournir ce disque pour.	550 fr.
Le disque de même dimension en crown-glass pèse environ 25 kilog. à 10 fr.	250 fr.
Frais de ramollissage environ. . . .	200
	450 fr.

L'ensemble des 2 disques pour l'objectif achromatique ne sera donc que 1,000 fr. Lorsque cette fabrication était encore incertaine, on a vendu à Choisy 3,000 fr. un disque de 32 centimètres, et 5,000 fr. un disque de flint-glass de 38 centimètres.

Un disque de flint-glass d'un mètre de diamètre pèserait environ 150 kilogr., qui, au prix de 10 fr., feraient.	1,500 fr.
Les frais de ramollissage pourraient être de.	1,000
	2,500 fr.

Le disque de crown-glass, de 1 mètre de diamètre, serait environ du même prix.

Les résultats obtenus par M. Bontemps, soit dans l'heureuse application qu'il a faite des procédés de M. Guinand pour la production des grands objectifs de flint et de crown, soit dans la production des vitraux peints, sont d'un ordre tel, que le jury ne saurait hésiter à rappeler la médaille d'or qui lui fut décernée en 1839.

M. GUINAND, à Paris, rue Mouffetard, 283.

M. Guinand, qui a introduit dans les verreries de Paris la fabrication du flint-glass, ne s'est pas ralenti depuis la dernière exposition; il a produit récemment une plaque qui aurait pu fournir un disque d'un mètre de diamètre, et qui malheureusement a été divisée.

Le jury se plaît à reconnaître les nouveaux efforts de M. Guinand, en lui rappelant la médaille d'or qui lui a été décernée en 1839.

MÉDAILLE D'OR.

MM. HUTTER et Cie, à Rive-de-Gier (Loire).

M. Hutter et Cie ont obtenu la médaille de bronze en 1834 et celle d'argent en 1839 pour les améliorations apportées dans la fabrication et surtout dans l'étendage du verre à vitre, dans la fabrication des cylindres pour pendules et vases à fleurs, et dans celle des bouteilles.

Depuis 1839, ils ont ajouté à leurs produits de verreries :

1° La fabrication des glaces minces, façon d'Allemagne, et un atelier d'étamage ;

2° La fabrication des cruchons en verre de couleur pour la bière, et celle des bouteilles pour les vins du Rhin et autres ;

3° Celle des tuyaux en verre, avec joints métalliques, pour la conduite des eaux et des gaz.

Ces nouveaux produits occupent un nombre assez considérable d'ouvriers ; les glaces surtout exigent beaucoup de bras et l'emploi des machines à dégrossir, doucir et polir.

Outre les ouvriers employés à Rive-de-Gier, MM. Hutter et Cie ont une usine de polissage de glaces à St-Didier-la-Somme (Haute-Loire), où plus de cinquante ouvriers trouvent un travail nouveau et avantageux à cette localité. A Rive-de-Gier, les ateliers se sont augmentés d'une centaine d'ouvriers pour cette industrie importée nouvellement en France.

La fabrication des cruches en verre est une amélioration importante pour la conservation des liquides; ce produit se fait remarquer par son bon marché.

L'expérience vient sanctionner favorablement l'heureuse pensée qu'ont eue MM. Hutter et Cie d'employer les tuyaux en verre pour la conduite des eaux. Ces tuyaux, recouverts d'une couche épaisse de bitume, en acquièrent la propriété de résister aux chocs, aux pressions ou aux flexions, et comme leur nature s'oppose d'ailleurs aux incrustations dont les tuyaux en fonte présentent de si fâcheux exemples, leur emploi offre de très-grands avantages pour la conduite des eaux. Leur imperméabilité parfaite les rendra précieux pour la conduite du gaz de l'éclairage. Plusieurs villes et établissements particuliers se servent de ces sortes de tuyaux. La municipalité de Rive-de-Gier qui en a suivi de nombreuses expériences, a décidé l'emploi de conduites en verre pour l'alimentation de fontaines à établir. St-Étienne possède une fontaine publique desservie par une conduite de 330 mètres de longueur, et depuis six mois que les tuyaux sont placés, la fontaine a toujours fonctionné sans le moindre accident.

Les tuyaux de verre sont tous éprouvés à une pression d'au moins dix atmosphères.

La couche de bitume peut être remplacée par un béton de 10 centimètres d'épaisseur mis sur les tuyaux au moment de la pose de la conduite.

Ainsi, MM. Hutter ont exposé des verres a vitres d'une bonne qualité, à bas prix; des glaces de Nuremberg, qui créent une industrie nouvelle pour Rive-de-Gier; des bouteilles qui réunissent au bon marché une exécution excellente; enfin, des tuyaux de conduite en verre de leur invention qui rendront les plus grands services.

La fabrication du verre à vitres dans cet établissement s'élève annuellement à 400,000 fr.; celle des bouteilles et cruches à 150,000 fr.; celle des glaces de Nuremberg à 150,000 fr.; enfin, celle des tuyaux, destinée à prendre un plus grand essor, monte déjà à 50,000 fr.

Le jury, voulant récompenser dans MM. Hutter

un heureux esprit d'invention, joint à une grande habileté dans l'art du verrier, leur décerne la médaille d'or.

RAPPEL DE MÉDAILLE D'ARGENT.

MM. BURGUN, VALTER, BERGER et Cᵉ, à Goetzembruck (Moselle).

La verrerie de Goetzembruck est le seul établissement en France qui fabrique des verres de montres et de pendules.

Depuis longtemps, ses produits jouissent d'une réputation bien méritée, et qui s'est étendue avec les progrès de sa fabrication qui n'a cessé de se perfectionner, soit dans la nature même du verre, soit dans la variété des produits qu'elle livre au commerce.

Parmi les divers objets exposés, nous devons, surtout, appeler l'attention sur les verres Chevés, façon de Genève, pour les montres riches dites *à l'Épine*, dont la fabrication toute récente est bien postérieure à la dernière exposition. Déjà, par la fabrication des verres Chevés soufflés, cette verrerie avait beaucoup diminué l'introduction des verres de Genève ; mais cependant ceux-ci ne remplissaient pas entièrement le but que l'on s'était proposé, et la France restait encore tributaire de la Suisse pour cet article. L'introduction de cette nouvelle fabrication nous paraît devoir faire cesser cet état de choses, et on peut dire que maintenant la verrerie de Goetzembruck fait tous les verres de montre que le commerce peut demander. Les verres Chevés, façon de Genève, que cet établissement a exposés, ne laissent rien à désirer. Une grande partie des produits de cet établissement est exportée.

Le jury déclare que la verrerie de Goetzembruck est toujours très-digne de la médaille d'argent qui lui fut décernée en 1839.

MÉDAILLES D'ARGENT.

M. MAES, à Clichy-la-Garenne (Seine).

Cette fabrique a été créée à Boulogne, où elle a eu un commencement difficile; elle a été transportée récemment à Clichy, par M. Maës, qui y fait preuve d'un véritable talent; il est parfaitement secondé par M. Clémandot, ancien élève de l'école centrale.

Son exposition est bien entendue, et en rapport avec l'importance limitée de sa fabrique. Le cristal blanc qu'il a exposé est d'une bonne teinte, les services sont bien fabriqués, les formes bonnes.

Cette exposition comprend des échantillons de presque toutes les couleurs qui se vendent dans le commerce; M. Maës a voulu y montrer qu'il était au courant de toutes les parties de son art.

Les cristaux doublés ou à deux couches sont remarquables, particulièrement ceux de couleur rouge ou rubis. La couleur bleue et la couleur verte sont belles, et cette cristallerie a exposé en ce genre des tailles fort bien exécutées et de fort bon goût.

Parmi les cristaux colorés dans la masse qu'a présentés la cristallerie de Clichy, on a remarqué la couleur dichroïde jaune, obtenue avec succès complet dans un verre d'eau d'une très-jolie forme.

En résumé, la fabrique de Clichy paraît très-bien dirigée; il lui reste peu à faire pour amener ses produits à jouir, dans le commerce, des avantages accordés aux produits des grandes cristalleries.

Le jury lui décerne une médaille d'argent.

M. POCHET-DEROCHE, Directeur de la verrerie de Montmirail, commune du Plessis-Dorin (Loir-et-Cher).

Cette verrerie a exposé de la flaconnerie commune et bon nombre d'objets à l'usage des laboratoires et des manipulations chimiques.

Lorsqu'on examine attentivement tout ce que renferme ce petit étalage, on est frappé des difficultés qui ont été vaincues, et on demeure persuadé qu'il a fallu de la part de ce verrier beaucoup d'adresse pour exécuter aussi bien ces grandes cornues à deux ou trois tubulures, ces ballons, ces capsules et une foule d'autres vases d'une dimension remarquable. Sans aucune comparaison, la verrerie de Montmirail est celle qui fabrique le mieux les ustensiles de chimie.

L'attention des connaisseurs s'est portée sur un énorme tube de cinq mètres de long sur neuf centimètres de diamètre. C'est une pièce qui a dû présenter de grandes difficultés d'exécution. On a remarqué aussi un grand flacon à quatre tubulures vraiment bien fait. Il en est de même d'un robinet pour les acides dont l'exécution a paru soignée.

Le jury a reconnu avec intérêt que la verrerie de

Montmirail avait su vaincre des difficultés singulières dans la pose des tubulures, qu'elle se proposait d'appliquer à des vases de dimensions aussi grandes que ceux qu'elle a exposés. Il a fallu imaginer à cet effet de nouveaux tours de main qui lui appartiennent et dont l'art du verrier tirera bon parti.

Prenant en considération les nouveaux progrès réalisés par la verrerie de Montmirail, le jury central lui décerne la médaille d'argent.

M. DE POILLY, à Folembray (Aisne).

Cette usine se compose de quatre fours à fusion et de vingt-quatre fourneaux de recuisson.

Sa consommation est annuellement d'environ soixante-dix mille hectolitres de houille, de huit cents stères de bois de diverses espèces, et douze mille fagots. Elle emploie près de 900 ouvriers.

Les produits annuels sont de plus de trois millions de bouteilles de toutes espèces et de cent mille cloches à jardin.

Les produits fabriqués sont expédiés sur la Champagne, Paris, Rouen et la province. Les prix de vente sont subordonnés à l'abondance de la récolte des vins et à l'espèce de bouteille dont le commerce a besoin : ils varient de 12 fr. à 23 fr. le cent.

Le travail préparatoire qu'on a fait subir aux vins récoltés en Champagne en 1842, et mis en bouteilles en 1843, a occasionné une casse extraordinaire. Le commerce de la Champagne a reconnu et constaté que les produits de trois verreries, parmi lesquelles figure Folembray, ont résisté beaucoup plus et éprouvé moins de casse que ceux des autres manufactures.

M. de Poilly a déjà obtenu une médaille de bronze en 1839.

Aujourd'hui, prenant en considération le développement remarquable de cette verrerie et la réputation justement méritée de ses produits, le jury lui décerne une médaille d'argent.

MÉDAILLES DE BRONZE.

MM. DE VIOLAINE frères, à Vauxrot, commune de Cuffies, près Soissons (Aisne).

L'exposition de Vauxrot consiste en bouteilles rondes et carrées de diverses nuances : vert clair, jaune clair, ou même bleu foncé ou bleu clair. Ces bouteilles sont bien exécutées.

MM. de Violaine ont exposé, en outre, des cloches à jardin, d'une bonne exécution, en verre blanc et en verre bleu.

La verrerie de Vauxrot, fondée en 1828 par M. de Violaine père, sur les bords de l'Aisne, à deux kilomètres de Soissons, n'avait en activité, lors de la dernière exposition, que deux fours à bouteilles; mais les soins apportés par MM. de Violaine frères pour perfectionner leurs produits, ont eu pour résultat d'étendre successivement leurs relations. Ils emploient trois fours, produisant annuellement plus de 3 millions de bouteilles et 60,000 cloches à jardin. Leur verrerie est estimée en Champagne pour la solidité et les belles formes qu'ils donnent à leurs bouteilles destinées à contenir les vins mousseux.

MM. de Violaine vont ajouter à l'importance de la verrerie de Vauxrot, par le travail des verres à vitres blancs et de couleur, qu'ils fabriquaient jusqu'à ces derniers temps à Prémontré.

MM. de Violaine avaient mérité en 1839 une médaille d'argent pour leurs premiers pas dans la fabrication des glaces coulées, dans leur usine de Prémontré, aujourd'hui fermée.

Le jury ne peut donc rappeler cette médaille d'argent, et il ne croit pas devoir se prononcer sur l'exposition de Vauxrot, dont l'importance est loin d'être ce qu'elle deviendra entre des mains aussi habiles, qui concentrent aujourd'hui toute leur attention sur cette usine.

Le jury leur décerne une médaille de bronze.

M. NOCUS, à Saint-Mandé (Seine).

Cette petite fabrique s'est adonnée particulièrement à la production des filigranes, façon Venise, où elle réussit parfaitement ; aucune fabrique en France, ni probablement à l'étranger, ne produit ce genre de cristaux avec la même perfection, ni à aussi bas prix. Il est vrai que M. Nocus a été obligé, pour vendre la quantité de filigranes qu'il produit, d'en réduire les prix au point de ne se réserver que des bénéfices vraiment insuffisants.

Il y a dans cette exposition, des pièces en filigranes de diverses couleurs qui sont d'une exécution fort remarquable. La perfection dans un genre de produit quelconque, doit toujours fixer l'attention du jury, et mérite sa bienveillance, quelque limitée que soit la consommation des objets auxquels elle s'applique. Aujourd'hui, c'est surtout à titre d'assortiment et d'objet de fantaisie, que les verres filigranés intéressent le commerce. Mais qui pourrait assurer que les procédés que cette industrie emploie ne seront pas utilisés d'une manière plus générale. Ces considérations ont déterminé le jury à décerner à M. Nocus la médaille de bronze.

MM. BILLAS, MAUMENÉ et Cie, à la Guillotière (Rhône).

Cette cristallerie exposait pour la première fois; il n'est donc pas possible de constater d'une manière précise les progrès qu'elle a faits depuis 1839. Mais le rapporteur peut assurer qu'elle a marché dans une très-bonne voie depuis cette époque; car il a vu il y a quelques années des produits de la cristallerie de Lyon, qui étaient bien loin de ceux qu'on a remarqués à l'exposition actuelle.

La compagnie qui en 1839 et 1840 exploitait la cristallerie de Lyon n'a pas réussi, ce n'est que depuis que MM. Billas et Maumené se sont mis à la tête de cet établissement, qu'il a fait de véritables progrès.

Parmi leurs cristaux blancs, il y en a de très-remarquables, et qui sont d'un beau blanc; d'autres sont moins heureux, surtout dans les grandes pièces. Parmi les cristaux colorés dans la masse, on remarque quelques objets d'une couleur jaune agréable. Du reste, cette fabrique obtient toutes les couleurs de fabrication courante, teintes dans la masse ou à deux couches.

En somme la cristallerie de Lyon est en bonne voie de perfectionnement.

Le jury lui décerne une médaille de bronze.

M. CASADAVANT, à Sèvres (Seine-et-Oise).

Fondée en 1767, la verrerie de Sèvres, a joui d'une longue et incontestable prospérité sous la direction de M. Casadavant. Elle a exposé des bouteilles dont les unes sont en verre noir, d'autres sont d'une nuance verdâtre, d'autres enfin de nuance jaune. Toutes possèdent de bonnes qualités sous le rapport de la transparence de la matière, et de la bonne fabrication.

Outre les bouteilles, M. Casadavant a exposé des briques réfractaires, destinées à résister à de très-hautes températures.

On a remarqué aussi à l'exposition de Sèvres, une table ou guéridon imitant le porphyre, et fait avec du verre à bouteille dévitrifié, d'un bel effet. Il serait à désirer que cette belle pièce trouvât place dans quelqu'une de nos collections publiques.

Le jury décerne une médaille de bronze à la verrerie de Sèvres.

M. VARANGUIEN DE VILLEPIN, à Masnières (Nord).

Cette verrerie livre au commerce près de 3,000,000 de bouteilles de toute forme, et 120,000 mètres carrés de verre à vitre. Elle est placée dans une localité qui offre la houille à bas prix, et des voies de transport économiques et multipliées. Elle possède quatre grands fours de fusion, et occupe de 100 à 200 ouvriers.

Les produits qu'elle a exposés montrent une fabrication exercée. Le jury qui en 1839 avait accordé une mention honorable à cette verrerie, voulant lui tenir compte des efforts qu'elle a faits, lui décerne une médaille de bronze.

M. GINESTON, à Paris, rue du Cimetière-Saint-Nicolas, 26.

Quoique l'emploi des émaux paraisse au premier coup d'œil être fort restreint dans l'industrie, il n'en est pas moins vrai cependant que la préparation de ce produit est l'objet d'une fabrication assez importante, en particulier pour M. Gineston. Sa fabrique qu'il a transportée depuis peu à Grenelle, est celle qui fournit la majeure partie de ce produit : le jury a remarqué avec plaisir la variété et les belles couleurs des échantillons qu'a exposés M. Gineston; en conséquence, il déclare qu'il est digne de la médaille de bronze.

RAPPELS DE MENTIONS HONORABLES.

MM. VAN LÉEMPOEL, DE COLNET et Cie, à Quiquengrogne, commune de Wimy, près La Capelle (Aisne).

La verrerie à bouteille de Quiquengrogne, fondée en 1290, constitue l'un des plus anciens établissements verriers de la France. Elle produit avec trois fours, environ 2,000,000 de bouteilles.

Elle continue à mériter les mentions honorables qui lui ont été décernées en 1834 et 1839.

MM. ROZAN père et fils, à Marseille (Bouches-du-Rhône).

Les produits des verreries de MM. Rozan père et fils avaient déjà été remarqués en 1839 pour leur bonne qualité, et surtout pour la modicité de leurs prix.

Indépendamment des objets qu'ils faisaient déjà en 1839, ils ont présenté, cette année, des bouteilles noires de diverses espèces qui jusqu'à présent ne se fabriquaient pas à Marseille. Leurs établissements sont aujourd'hui disposés pour produire deux millions de bouteilles par an, et le prix en est assez bas pour que le commerce d'exportation trouve maintenant plus d'avantage à prendre cet article chez MM. Rozan, qu'à le faire venir du département de la Loire.

Enfin, MM. Rozan ont aussi exposé un verre d'eau gravé; leur fabrication ne se borne donc pas aux objets communs, et à bon marché.

Leurs prix sont remarquablement bas.

Le jury rappelle la mention honorable accordée à MM. Rozan en 1839.

MENTIONS HONORABLES.

M. CHAMBLANT, à Labriche, près Épinay (Seine).

M. Chamblant a exposé du verre blanc qui n'est ni d'une belle teinte, ni d'une grande finesse. Son opale blanc n'est pas non plus d'une nuance agréable; mais on a pu remarquer dans son exposition des opales colorés dans la masse, qui ont été fort bien exécutés. Il y a des vases en opale bleu de cuivre, bleu de cobalt, vert d'urane, etc., qui présentent le double avantage d'être bien faits et à bas prix.

M. Chamblant a un système de four particulier, dont les avantages ne pourront être appréciés que par un plus long emploi.

Le jury lui accorde une mention honorable.

M. ROULLIER, à Rive-de-Lot (Aveyron).

Cet établissement est destiné à mettre à profit les houilles de l'Aveyron, et à fonder dans ce département l'industrie verrière qui a tant de chances d'y prospérer.

Il trouve dans le sud-ouest de la France un débouché important, et il peut alimenter à Bordeaux, avec profit, une partie de notre commerce d'exportation.

Les renseignements fournis par le jury départemental, ne lui laissent aucun doute sur l'importance de cette nouvelle verrerie, et sur la bonne marche de sa fabrication naissante. Tous ses éloges sont justifiés par les bonnes qualités des vitres qu'elle a envoyées à l'exposition.

M. Roullier a donc fait preuve d'un talent, qui présage un avenir prospère à l'établissement qu'il a fondé.

Le jury se plaît à lui accorder une mention honorable.

M. JOHANNOT, à Vienne (Isère).

La verrerie de Vienne qui fabrique chaque année environ 4,000,000 de bouteilles, a exposé quelques pièces qui attestent une grande habileté, et une grande précision dans le travail. La première est une bombonne de 140 litres de capacité, qui serait digne de figurer dans un musée ; la seconde est une bouteille de 33 litres, également irréprochable ; enfin, deux carafes à anse d'une bonne forme.

Mais, par une erreur qu'on a peine à comprendre, cette verrerie n'a pas exposé de bouteilles, c'est-à-dire qu'elle a négligé de mettre sous les yeux du jury l'objet même que le jury devait apprécier.

Nous avons pu heureusement combler cette lacune, en rendant un très-bon compte de la fabrication de M. Johannot, qui produit d'ailleurs à très-bas prix.

Le jury lui accorde une mention honorable.

M. HILPERT, représentant de la Société anonyme des Houillères et Verreries de Faymoreau (Vendée).

La verrerie de Faymoreau fabrique annuellement environ 1,000,000 de bouteilles, cloches et bocaux de toute sorte.

Cet établissement qui ne compte que six années d'existence, aurait pu prendre une extension considérable; il fut créé d'abord dans le but de consommer sur place les charbons extraits des mines de Faymoreau, qui manquaient de débouchés. Mais la verrerie, d'abord simple accessoire, est devenue le principal objet des soins et des efforts de ses propriétaires. Elle a ses débouchés sur les marchés d'Angoulême, Saintes, La Rochelle, Niort, Bourbon-Vendée, et même à Bordeaux, Nantes, Brest, Lorient et Bayonne.

Les matières premières qu'elle emploie se trouvent sur place. Elle occupe de 100 à 150 ouvriers. Ses bouteilles sont fabriquées avec soin.

Le jury lui accorde une mention honorable.

HUITIÈME COMMISSION.

ARTS DIVERS.

Membres de la Commission.

MM. Chevreul, président; Blanqui, Denière, Didot (Ambroise-Firmin), Dumas, Feuchère (Léon), Goldenberg, Laborde (comte Léon de), Mouchel, Noé (comte de), Payen, Peligot, Schlumberger (Charles).

SECTION PREMIÈRE.

PAPETERIE.

MM. Dumas et Ambroise Firmin-Didot, rapporteurs.

Considérations générales.

Si, dans son mécanisme, la machine à papier n'a point offert, à cette exposition, de changements notables, plusieurs accessoires importants qui s'y rattachent ont fait faire à la fabrication du papier de très-grands progrès, quant à la qualité des produits et à la diminution des prix.

Le savant exposé du rapporteur du jury de la

dernière exposition signalait plusieurs défauts aux papiers fabriqués alors ; ces observations ont stimulé le zèle des fabricants ; guidés par les indications de M. Dumas, ils sont parvenus à donner à leurs produits les qualités qui leur manquaient encore. C'est en signalant ainsi à chaque exposition les progrès désirables et possibles, et en indiquant la voie pour les obtenir, que les expositions quinquennales ont un véritable but d'utilité. D'après l'examen des produits exposés cette année, les progrès de la papeterie ont été tels depuis cinq ans, qu'on a tout lieu de croire que cette belle industrie approche, après tant d'efforts et tant de catastrophes, du but auquel toute industrie doit enfin s'arrêter. Chaque année, la fabrication à la cuve a dû céder presque tous les avantages qu'elle avait conservés jusqu'alors, et ce qui lui reste de son domaine déjà si restreint, est attaqué de toutes parts ; en effet, nous avons vu, à cette exposition, des papiers pour registres exécutés par les machines et collés à la gélatine, qui soutiennent la comparaison avec les plus beaux produits des cuves ; ils offrent toutes les garanties de solidité que les administrations réclamaient, et que les ingénieurs et dessinateurs désiraient pour le lavis des plans. La vergeure elle-même, cette marque caractéristique qui distinguait les anciens papiers faits à la main, vient aussi d'être reproduite par les machines. Depuis un an, des toiles métalliques sans fin, portant, comme les anciennes formes, des vergeures et des pontuseaux, fabriquent, à la machine, des papiers vergés. Il ne reste donc plus à l'abri de cet universel envahissement que les papiers filigranés, et quelques sortes imitant les anciens papiers de Hollande, que la cuve exécute encore avec succès.

Mais par cela même que les machines produisent chaque jour une quantité de papiers telle, que l'étendue ne saurait être évaluée à une longueur moindre de 500 lieues par jour (200 myriamètres) sur une largeur de 1 mètre et demi (dimension ordinaire des machines), il en est résulté que la concurrence a fait baisser les produits dans une proportion qui a causé la ruine de beaucoup de fabriques. Cependant, comme la consommation du papier tend perpétuellement à s'accroître par l'effet de la prospérité générale et de l'instruction populaire qui en résulte, on doit espérer que si le nombre des fabriques ne s'accroît pas, l'équilibre entre la production et la consommation se rétablira peu à peu.

Parmi les améliorations principales obtenues depuis la dernière exposition, nous devons signaler plusieurs systèmes mécaniques destinés à mieux couper le papier. Vainement, depuis la fin du siècle dernier, époque de la création des machines à papier, on avait cherché un appareil qui pût réunir toutes les conditions qu'exige cette opération délicate et compliquée. La nouvelle machine de M. de Bergue, perfectionnée depuis la dernière exposition, paraît enfin avoir résolu ce problème.

D'autres procédés pour régulariser l'épaisseur des feuilles, à mesure qu'elles se fabriquent, promettent aussi d'heureux résultats.

L'application faite à la machine à papier d'une invention due à M. Canson, d'Annonay, *les pompes aspirantes* qui enlèvent par-dessous la toile métallique, à mesure que le papier s'y forme, une grande partie de l'eau contenue dans la pâte, est un des résultats les plus heureux obtenus dans ces derniers temps; l'usage qui s'en est propagé partout a puissamment contribué à donner aux papiers, surtout aux papiers épais, une solidité dont ils étaient privés avant cette invention.

Une autre amélioration très-importante est celle des *sabliers* ou épurateurs du sable et des autres corps étrangers qui, par leur poids, se précipitent dans les rainures en cuivre ou en bois ménagées à cet effet. Par ce procédé extrêmement simple, les papiers sont dégagés du sable et autres corps qui, pendant si longtemps endommageaient les caractères d'imprimerie, les gravures en bois et les gravures en taille douce.

Enfin, nous mentionnerons une machine destinée à *rattraper* les parcelles de pâte qui se perdaient autrefois par les lavages. Quoique cette machine, simple et ingénieuse, inventée par M. Blanchet, de Rives, n'ait pas figuré à l'exposition, non plus que la machine perfectionnée de M. de Bergue pour couper le papier, nous croyons devoir ranger ces récentes inventions parmi les progrès importants obtenus depuis la dernière exposition.

L'application qui a été faite, dans toute papeterie bien organisée, de cylindres laveurs, procédé non moins simple et non moins ingénieux, inventé également par M. Blanchet, de Rives, a permis de mieux laver les pâtes et de les débarrasser presque entièrement du chlore qui altérait et détériorait la fibre des substances végétales qui constituent le papier.

De nouveaux essais ont été faits pour détruire, par des moyens chimiques, la présence des moindres traces de chlore à mesure que la pâte se broie dans les piles. Le temps seul permettra de juger de l'effet comparatif entre les pâtes soumises à ce procédé et les mêmes pâtes qui ne l'ont pas été. En attendant, nous appellerons l'attention des fabricants sur les moyens de multiplier les appareils ou de perfectionner les procédés employés jusqu'à présent pour débarrasser complétement les pâtes de toute substance corrosive, afin que les papiers puissent, comme autrefois, braver l'action du temps.

L'éclatante blancheur, la parfaite égalité des papiers mécaniques, leur envergeure et leur apprêt ne laissent rien à désirer. S'il n'en est pas de même de la solidité de la plupart d'entre eux, et si, sous ce rapport, la fabrication actuelle est en général inférieure à celle des anciens papiers fabriqués à la main avec des pâtes battues par les maillets, il faut tenir compte de la différence des éléments dont les fabricants disposent aujourd'hui. Ces éléments ne sont plus les mêmes qu'autrefois, et les difficultés, sous ce rapport, s'accroissent journellement. La *fibre ligneuse* (cellulose) des cotons n'a pas la même ténacité que celle du chanvre et du lin, et chaque année la masse des cotons s'augmente. Ce qui est plus fâcheux encore, c'est que la presque totalité des chiffons, surtout ceux des grandes villes, n'arrivent aux fabriques qu'énervés par les alcalis caustiques employés en excès chez les blanchisseurs de linge, ou par l'acide sulfurique, que des lavages insuffisants dans les blanchisseries n'ont pas complétement enlevé, et qui réagissent à la longue par l'effet de la concentration. Ces inconvénients obligent les fabricants de papier à redoubler d'attention sur l'emploi des procédés de lessivage et de blanchiment des chiffons, soit au chlore gazeux, soit au chlore liquide, afin de modérer les proportions de ces agents, et d'éviter ainsi que la cellulose ne s'altère de plus en plus : enfin tout doit tendre à conserver précieusement ce que la fibre des chiffons peut conserver de force. Ils ne doivent donc point être broyés trop promptement par des cylindres dont les tranchants seraient trop vifs, car la fibre, devenue trop courte, rend les papiers cassants, et les empêche de résister longtemps au frottement de la gomme élastique (*caoutchouc*).

Quant à l'usage d'introduire des substances minérales dans les papiers, le jury croit devoir rappeler de nouveau les conseils qu'il donnait à l'exposition précédente. L'abus qu'on en faisait a presque entièrement cessé. On n'en remarque plus dans les papiers de première qualité. Bien que dans certaines compositions de pâte trop chargées de parties mucilagineuses, et qui conservent une très-grande ténacité, on puisse introduire, dans des proportions très-minimes, certaines substances minérales employées avec habileté, ce qui ôte aux papiers une transparence nuisible, et leur donne une douceur favorable à l'impression en taille douce et à l'impression typographique, il serait à désirer qu'on y renonçât entièrement (1). Les Anglais, qui introduisent peut-être encore plus abondamment qu'en France des terres argileuses dans leurs papiers, adoptent depuis quelques années l'usage de coller à la gélatine la plupart de leurs papiers mécaniques, même après qu'ils ont été collés à la colle résino-alumineuse. Quelques-uns de nos habiles fabricants en font autant pour les papiers destinés aux registres et au lavis, et MM. Lacroix, d'Angoulême, ont exposé des papiers collés par ce procédé, d'après une machine très-ingénieuse de leur invention, et dont ils ne veulent point se réserver le monopole. Il serait à désirer que cet usage s'introduisît pour toute espèce de papiers. Mais malheureusement, tout progrès qui augmente le prix des produits rencontre en France de grands obstacles. Pour les vaincre, il faut s'en rapporter au temps, au savoir-faire de nos fabricants, et en appeler au bon sens du public, dont les jugements suprêmes sont sanctionnés par l'expérience.

Du reste, la preuve la plus évidente des progrès

---

(1) Les eaux qui contiennent des bases ferrugineuses retirent quelque avantage de l'emploi très-restreint de certaines substances minérales à base calcaire, qui donnent aux eaux une partie des qualités de celles qui, telles que les belles eaux des fabriques d'Angoulême, contiennent des sels calcaires.

de la papeterie en France est renfermée dans ce résultat inséré au tarif des douanes. En 1834, notre exportation était de onze millions de francs : elle s'est accrue d'année en année, au point qu'en 1840, elle a été de dix-neuf millions trois dixièmes; en 1841, de vingt et un millions deux dixièmes; en 1842, de dix-neuf millions trois dixièmes (1). Et cependant on sait combien la fabrication du papier mécanique se propage rapidement dans tous les pays; partout elle suit et atteste les progrès de la civilisation.

Les essais pour imiter le papier de Chine, n'ont pas encore réuni les qualités diverses qui rendent le papier fait avec le bambou chinois si favorable à l'impression des gravures. Il faudra probablement recourir à l'emploi de substances parfaitement analogues pour obtenir des résultats identiques; toutefois, on doit reconnaître qu'il a été fait en ce genre de fabrication des progrès réels, et que pour les besoins du commerce, les papiers imitant ceux de Chine suffisent en beaucoup de cas, et sont exempts des impuretés et

---

(1) Nous ferons observer que, dans la statistique publiée par le gouvernement, l'exportation des papiers peints est confondue avec celle des papiers blancs. Il serait désirable que l'administration pût établir une distinction entre ces deux produits, afin de dresser exactement la statistique de l'un et de l'autre.

inégalités de la pâte qui, dans les papiers chinois, nuisent à l'impression des belles gravures.

Plusieurs essais ont été tentés pour utiliser la feuille de bananier, les lianes d'Amérique et autres substances végétales ; à la précédente exposition, les essais que nous avons vus avaient donné des espérances qui, jusqu'à présent, ne se sont pas réalisées. Nous pensons que les nouveaux essais exposés cette année ont plus de chances de succès. Rien sans doute ne saurait remplacer entièrement l'usage des chiffons, mais la concurrence de nouvelles substances contribuerait puissamment à diminuer le prix des chiffons qui tend chaque jour à augmenter. En effet, les deux cents machines à papier qui existent en France consomment par jour, y compris les cuves, environ deux cent mille kilogrammes de chiffons, qui sont convertis en papier avec un déchet de 30 pour 100, ce qui suppose chaque année une consommation de un kilogramme et demi de papier par tête.

Si, comme il y a lieu de l'espérer, les substances végétales, telles que le bananier, parviennent à entrer en concurrence avec le chiffon, la diminution de prix du papier, déjà si modique, serait un nouveau progrès et un moyen d'accroître nos exportations, mais une amélioration certaine et plus ou moins immédiate est réservée à la papeterie par l'accroissement que doit prendre la filature mécanique du lin. Cette nouvelle industrie contribuera nécessairement à l'amélioration de nos chiffons par l'accroissement de consommation des étoffes de lin. On ne faisait point figurer, au nombre des avantages attachés à cette nouvelle industrie, l'amélioration de nos papiers; elle en sera une conséquence. Hâtons donc de tous nos vœux les progrès de cette industrie éminemment française.

---

§ 1er. PAPIERS.

RAPPELS DE MÉDAILLES D'OR.

MM. BLANCHET et KLÉBER, à Rives (Isère).

On ne saurait mieux faire que de rappeler les expressions dont s'est servi le savant rapporteur de l'exposition de 1839, qui a signalé en détail le mérite des produits de la fabrique de MM. Blanchet et Kléber. Nous croyons devoir ajouter à ces justes éloges, que leurs procédés ont acquis encore une plus grande perfection. Leur papier, exécuté à la cuve, portant le nom de *Watmann*, est peut-être supérieur encore à ces beaux papiers dont le nom est resté comme type de ce qu'il y a eu jamais de plus parfait en papier exécuté à la main. Les papiers à registre, fabriqués à la cuve par M. Blanchet, ne laissent rien à désirer et maintiennent toujours leur supériorité universellement reconnue. Il en est de même de leur papier grand aigle exécuté à la forme, qui n'a peut-être d'autre défaut que d'être trop collé; malheureusement le prix est un obstacle pour que son emploi devienne général. La rame coûte 350 fr. Ce papier a toutes les qualités des beaux papiers dits de Hollande. Le papier mécanique, format *colombier*, est bon pour le lavis, mais ne résiste pas autant qu'on pourrait le désirer au frottement de la gomme élastique lorsqu'on veut effacer les traits d'un dessin; c'est un inconvénient général à presque tous les papiers mécaniques. L'habileté et la persévérance de MM. Blanchet et Kléber parviendront à vaincre cette difficulté.

MM. Blanchet et Kléber fabriquent aussi un papier dit *incombustible*, non qu'il puisse résister à l'action de la flamme, mais dès qu'il est livré à lui-même, il s'éteint immédiatement. Ce papier est employé avec succès par les arsenaux maritimes, pour la confection des gargousses. Comme il ne brûle plus dès qu'il cesse d'être en contact avec le feu, il est ainsi à l'abri des accidents auxquels les autres papiers sont exposés. Outre cet avantage, ce papier a une telle ténacité, qu'il résiste à des tensions extrêmement fortes.

La fabrique de MM. Blanchet et Kléber, de Rives, consomme 520,000 kilogrammes de drilles produisant 430,000 kilogrammes de papier d'une valeur de 835,000 fr. dont un tiers est exporté.

Nous croyons devoir rappeler que la fabrication du papier est redevable à MM. Blanchet et Kléber, de deux inventions dont ils n'ont point revendiqué le privilége. L'une est celle des cylindres laveurs qui permet de mieux laver les pâtes et de mieux les dégager du chlore qui, lorsqu'il restait dans la pâte, attaquait et détruisait plus ou moins rapidement les papiers avant l'adoption de ce procédé simple et ingénieux. L'autre est l'invention des machines destinées à rattraper la *pâte* qui, par l'emploi des cylindres laveurs, se perdait dans les lavages. MM. Blanchet et Kléber n'ont point fait un secret de cette invention pour laquelle plus tard il a été pris un *brevet d'invention* par une personne étrangère à la papeterie, et qui en a fait un objet de spéculation. Le rappel de la médaille d'or obtenue par ces fabricants si distingués leur est méritée à plus d'un titre.

MM. LACROIX frères et GAURY, à Angoulême (Charente).

La fabrique de MM. Lacroix s'est augmentée d'une nouvelle machine à papier depuis la dernière exposition, où la beauté des produits de ces honorables fabricants leur a mérité la médaille d'or. Cette nouvelle machine a reçu plusieurs améliorations telles que : prolongement de la table de fabrication, changements avantageux dans le système de la cuve, addition de cylindres sécheurs, afin que la dessiccation soit plus lente, élargissement de la machine, ce qui permet d'augmenter la production d'un cinquième, addition de pompes pour utiliser les eaux collées, jusqu'alors perdues dans toutes les papeteries, augmentation dans l'aspiration des pompes à air, etc.

Ces améliorations ont permis à MM. Lacroix

frères et Gaury d'exposer des papiers supérieurs encore en qualité à ceux qui ont été admirés en 1839, soit par cette blancheur éclatante qui signale les papiers d'Angoulême, soit par la solidité du collage.

MM. Lacroix frères et Gaury ont soumis au jury, peu de jours avant la clôture de l'exposition, des rouleaux de papier fabriqués à la machine et collés à la gélatine d'après un procédé pour lequel ils viennent de prendre un brevet d'invention, non pas pour s'en réserver le monopole, mais pour constater, par une date certaine, qu'ils ont inventé à cette époque un perfectionnement très-important. Cette machine, qui fait voyager le papier entre plusieurs cylindres chargés de colle, est extrêmement ingénieuse, c'est un nouveau service qu'auront rendu à la fabrication du papier MM. Lacroix frères et Gaury. Aucun fabricant ne mérite mieux qu'eux le rappel de la médaille d'or.

MM. CANSON frères, à Annonay (Ardèche).

Le mérite de cet établissement qui aux quatre expositions où il a envoyé ses produits, a obtenu la médaille de première distinction, est tellement connu, qu'il suffit de dire qu'il maintient sa haute position par les soins de MM. Canson frères auxquels leur père en a confié la direction.

MM. Canson frères, habiles chimistes, ont, par des essais nouveaux, perfectionné encore la qualité des pâtes pour les papiers à registre. Aussi, à Paris, les principaux fabricants de registres accordent-ils la préférence aux papiers Canson, dont chaque feuille est marquée de ce nom comme une garantie contre toute méprise.

Parmi les divers papiers qu'ils ont exposés et qui sont tous d'une qualité supérieure, on a remarqué des papiers imitant complétement le parchemin par leur étonnante solidité. La fabrication de MM. Canson est considérable, elle occupe quatre machines.

MM. Canson ont fabriqué comme essai, aux sollicitations de nos chimistes, du papier à filtrer, à l'imitation du papier à filtrer qu'on fait en Suède. Ce papier doit être fabriqué avec des soins particuliers et avec des eaux parfaitement pures qui ne déposent ni sels ferrugineux ni sels calcaires. On peut être assuré que les papiers soumis par MM. Canson à nos plus habiles chimistes, ne seront en rien inférieurs à ceux de Suède.

La plus haute des distinctions sociales dont M. Canson père a été honoré à de si justes titres, est une récompense due à ses longs travaux, à ses efforts couronnés de succès, et à ses belles inventions qui ont contribué aux progrès si rapides de la papeterie mécanique en France; ses fils marchent dignement sur ses traces. En 1839, MM. Canson frères n'ont point exposé; c'est en leur nom qu'ils font paraître cette année tant de beaux produits aussi estimés en France que dans les pays étrangers, où MM. Canson en exportent une quantité toujours croissante. Habiles mécaniciens, les fils de M. Canson ont apporté plusieurs améliorations à l'établissement modèle de leur père. L'aîné, M. Étienne Canson, a exposé un appareil de son invention qui doit mettre les chaudières à l'abri des chances d'explosion. Une mention honorable a été accordée à M. Étienne Canson pour cette invention qui est appliquée avec succès dans plusieurs fabriques.

Les travaux et la constance des efforts de cette famille à qui la papeterie doit tant d'améliorations, la placent dans une position exceptionnelle, et la rendent de plus en plus digne du rappel de la médaille d'or que le jury décerne à tant de justes titres aux fils de MM. Canson.

SOCIÉTÉ ANONYME DU MARAIS et de SAINTE-MARIE, à Jouy-Saint-Morin (Seine-et-Marne).

Cette papeterie qui est la plus considérable de France, a cinq machines et plusieurs cuves qui mettent en œuvre 1,400,000 kilogrammes de chiffons. Les papiers qu'elle a exposés sont recommandables aux mêmes titres qui lui ont mérité à toutes les expositions les plus honorables distinctions. Presque tous les papiers de banque qui portent des filigranes sont fabriqués au Marais, dont ils forment une des principales spécialités : Il n'est aucune sorte de papiers qui ne s'exécute avec succès à cette fabrique, connue universellement par la qualité de ses produits, parmi lesquels nous avons remarqué un rouleau de cartons continu, formé de deux feuilles fortes, qui réunies tout humides sous la deuxième pression, contractent par des pressions subséquentes l'adhérence d'un carton souple et parfaitement apprêté. Ce carton est destiné à l'apprêt des étoffes fabriquées aussi d'une manière continue.

M. Delatouche gérant de ce bel établissement,

a donné des soins tout particuliers pour bien laver les pâtes, afin de leur éviter l'inconvénient de jaunir. En effet, on peut juger par le papier employé pour l'impression du *texte* du superbe volume de *Paul et Virginie* publié en 1836 par M. Curmer, que le papier de ce texte a conservé tout son éclat, tandis qu'il n'en est pas de même du papier employé pour les gravures en taille-douce dont la fabrication n'a pas été exécutée au Marais.

Le jury décerne à cet important établissement le rappel de la médaille de première distinction qu'il continue à mériter à de si justes titres.

M. DELAPLACE, à Jean-d'Heurs, près Bar-le-Duc (Meuse).

On sait que c'est à Jean-d'Heurs que M. Didot-Saint-Léger, après avoir mis à exécution en Angleterre, au bout de vingt années de longs et dispendieux essais, l'idée première due à Robert pour la fabrication du papier sans fin, parvint à rapporter dans son pays, sous la protection du duc de Reggio, une industrie qui n'aurait jamais dû en sortir. La mort enleva en une seule année M Didot Saint-Léger avec toute sa famille. M. Delaplace, son associé, persévéra courageusement à vaincre les difficultés que rencontre la création de semblables établissements. La médaille d'or décernée d'abord à M. Didot, l'a été ensuite à M. Delaplace à chaque exposition.

L'importance de cet établissement où vingt cylindres alimentent deux machines, la qualité des produits destinés à la consommation intérieure et à l'exportation, l'habileté avec laquelle M. Delaplace sait utiliser les chiffons de la qualité la plus commune, sont des titres réels qui méritent à tous égards le rappel de la médaille d'or, dont M. Delaplace se montre digne pour la troisième fois.

MM. DURANDEAU aîné, LACOMBE et Cie, à Lacourade, commune de Lacouronne (Charente).

Les papiers exposés par ces habiles fabricants se maintiennent au premier rang, et réunissent toutes les qualités qui constituent les papiers les plus parfaits. La fabrique de MM. Durandeau aîné, Lacombe et Cie contribue puissamment à conserver à leur contrée la prééminence dont elle jouit depuis si longtemps, puisque c'était d'Angoulême que les Elzevirs faisaient venir le papier pour l'impression de leurs charmants livres, dont les caractères avaient été gravés par Garamond; la France peut donc à juste titre revendiquer une bonne part dans le mérite de ces célèbres éditions.

Le jury accorde à MM. Durandeau aîné, Lacombe et Cie le rappel de la médaille d'or; ils la méritent de plus en plus.

SOCIÉTÉ ANONYME DE LA PAPETERIE D'ÉCHARCON, à Écharcon (Seine-et-Oise), et à Paris, place des Victoires, 5.

La fabrique d'Écharcon avait été créée à grands frais pour rivaliser avec les plus célèbres papeteries de l'Angleterre. Rien n'a été épargné pour que cet établissement eût la prééminence sur tous les autres.

Il a en effet obtenu la médaille d'or en 1834, et le rappel de cette médaille en 1839.

La fabrique d'Écharcon a montré cette année plusieurs beaux produits; mais loin de s'occuper exclusivement de belles fabrications, elle s'adonne aussi aux fabrications communes, et expose des papiers de journaux qu'elle livre au prix de 95 centimes le kilogramme.

De tous temps un grand nombre d'essais qui ont profité au progrès de l'industrie ont été faits à Écharcon. Cette année, M. Gasnier, continuant les travaux de ses prédécesseurs, a exposé des papiers très solides et de bonne qualité qu'il a obtenus avec les lianes d'Amérique et autres substances végétales exotiques. Il faut espérer que tant de tentatives réitérées depuis si longtemps, finiront par donner de bons résultats. Le jury croit devoir rappeler de nouveau la médaille d'or à cette papeterie.

MÉDAILLE D'OR.

MM. CALLAUD-BÉLISLE frères, NOUËL et Cie, à Maumont et Veuze (Charente),

Ont exposé quatre-vingt-dix-sept échantillons de papiers tous remarquables par les qualités qui distinguent chaque sorte depuis les papiers les plus minces, dits *pelures*, jusqu'aux épais cartons dits *de Bristol*. Ces fabricants courageux, qui les premiers ont monté par eux-mêmes à Angoulême les machines à papier sans le secours d'ingénieurs, n'ont reculé devant aucun sacrifice pour perfectionner les produits de leurs trois machines, qui, d'après ce qu'ils déclarent, emploient 900,000 kilogr. de chiffons par an, produisant 720,000 kilogr. environ de papier, ce qui suppose une fabrication de près d'un million de francs, dont la moitié est exportée.

Les papiers de MM. Callaud-Bélisle se distinguent 1° par leur solidité et leur blancheur; tous sont blanchis au chlore à l'état liquide; ils n'emploient pas le chlore gazeux; 2° par la très-grande pureté de leurs pâtes; 3° par la perfection soutenue de la fabrication; 4° par l'éclat de leurs papiers blancs et la beauté de l'azur qu'ils emploient. Un grand nombre des papiers qu'ils exposent sont exécutés sur les nouvelles toiles métalliques sans fin, portant vergeures et pontuseaux fabriqués récemment par MM. Trousset fils et Catala; ces nouveaux papiers ont toute l'apparence des plus beaux papiers vergés fabriqués à la forme, et ils en ont la solidité; ils ont de plus l'avantage de la régularité parfaite que donne la machine et que ne saurait égaler la fabrication à main d'homme.

Les rouleaux de papier sans fin en *pelure* extra-mince collée et non collée, blanche, azurée et rose, tels qu'ils sortent de leur machine, attestent la perfection de leur fabrication non préparée. Nous en dirons autant de leur papier végétal pour calquer. Leurs procédés pour l'apprêt et le lissage du papier sont parfaits.

Les papiers à registre rivalisent presque avec ceux de M. Canson pour la solidité du collage et la fermeté des pâtes. Il en est de même des papiers à dessin qui ne laissent rien à désirer.

Les essais qui ont été faits sur les papiers exposés par MM. Callaud-Bélisle ont prouvé qu'ils étaient très-bons pour le lavis, cependant ils ne résistent pas parfaitement au frottement de la gomme élastique. La pâte est très-fine, mais le grain en est trop fin pour les papiers de grand format.

Leur papier végétal est admirablement fabriqué, et sa qualité est parfaite.

MM. Callaud-Bélisle ont pris récemment un brevet pour neutraliser le chlore dans les piles des cylindres raffineurs, ce qui évite une grande perte de temps, puisque les pâtes, par ce moyen, restent moins longtemps dans les *raffineuses*. De plus l'un d'eux, M. Jenny Callaud-Bélisle, expose cette année une machine ingénieuse de son invention qui a pour but d'éplucher, satiner, glacer, filigraner et coller à la gélatine le papier continu. Le temps ne lui a pas permis de compléter cette machine, qui promet d'heureux résultats. Elle supprimerait les appareils et feuilles de zinc destinés au lissage du papier, et produirait de plus une grande économie de main-d'œuvre si elle parvenait à éviter les fronces presque toujours inhérentes au système de lissage par les cylindres.

Le jury décerne à MM. Callaud-Bélisle frères, Nouël et Cie la médaille d'or que les progrès qu'ils ont fait faire à la papeterie leur ont justement méritée.

RAPPELS DE MÉDAILLES D'ARGENT.

MM. LAROCHE frères, au Martinet, commune de Saint-Michel (Charente).

Les papiers mécaniques de ces habiles fabricants sont d'une parfaite blancheur et sont dignes de porter le nom d'Angoulême dont ils confirment la réputation si universellement reconnue. MM. Laroche frères, qui ont obtenu la médaille d'argent en 1839, emploient deux machines qui fabriquent chaque année 335,000 kilogr. de papiers. Celle qu'ils ont à Breuty sort des ateliers de M. A. Motteau d'Angoulême. Le jury a remarqué parmi les beaux papiers qu'ils ont exposés, des papiers vergés exécutés à la machine. Des efforts aussi constants mettent l'établissement de MM. Laroche frères au niveau des plus célèbres papeteries d'Angoulême. Le papier carton qu'ils ont exposé s'enlève par parties sous le frottement de la gomme élastique, mais il supporte bien le lavis et convient parfaitement pour le dessin à la mine de plomb.

En ce moment ils apportent de nouvelles améliorations à leur bel établissement. A la prochaine exposition on en appréciera mieux les effets. En attendant le jury proclame les justes titres de MM. Laroche frères au rappel de la médaille d'argent qu'ils ont si bien méritée.

M. DURIEUX, à Belleville (Seine), rue des Moulins, 16.

Depuis longtemps M. Durieux s'occupe avec succès de perfectionner les filigranes, qui sont une des plus fortes garanties contre la contrefaçon des papiers de banque. Dans le rapport du jury de l'année 1839 le mérite des filigranes de M. Durieux ont été signalés, et lui ont mérité la médaille d'argent.

M. Durieux offre au commerce de la librairie pour garantir les livres qui, malgré la protection des lois, sont exposés à être contrefaits, d'exécuter en filigrane soit le portrait de l'auteur, soit un dessin analogue au sujet du livre; en sorte qu'en imprimant sur le papier ainsi filigrané, le titre de l'ouvrage, les contrefaçons dépourvues de ces signes caractéristiques deviendraient évidentes pour tous.

On ne saurait donner trop d'éloges aux efforts que fait M. Durieux dans l'intérêt de la sûreté publique. Le jury lui confirme la médaille d'argent qu'il a obtenue en 1839.

NOUVELLES MÉDAILLES D'ARGENT.

MM. LATUNE (Lombard) et Cie, à Crest (Drôme).

Cette papeterie se recommande par l'égalité constante de ses produits qu'elle écoule dans le midi de la France; ses prix sont très-modérés, ses papiers à registres sont parfaitement collés et la pâte est d'une excellente qualité. Les essais qui ont été faits sur ses papiers destinés au lavis ont attesté qu'ils réunissaient les conditions désirables. La confection du papier végétal, dont MM. Latune s'occupent depuis plusieurs années, est arrivée à un haut degré de perfection. C'est une des papeteries les plus recommandables de la France. La médaille d'argent qu'elle a obtenue en 1834 lui a été rappelée en 1839. Le jury a cru devoir reconnaître les progrès notables quelle ne cesse de faire en lui accordant une nouvelle médaille d'argent.

M. MONTGOLFIER (François-Michel), à Davezieux (Ardèche).

La fabrique de M. François-Michel Montgolfier date de 1730, et s'est fait toujours remarquer par l'excellence de ses produits. Quoique sa machine, de grande dimension, exécute toute sorte de papiers qui rivalisent avec ce que les meilleures papeteries offrent de plus parfait, M. François-Michel Montgolfier a cru devoir conserver une cuve pour la fabrication de quelques papiers destinés au dessin et au lavis.

Les papiers parcheminés et marbrés, exécutés par M. François-Michel Montgolfier, sont une spécialité importante de sa fabrique. Les papiers de couleur pour dessin et autres sont aussi recherchés en France qu'à l'étranger. A l'exposition de 1823 la médaille d'argent a été décernée à M. François-Michel Montgolfier; elle lui a été rappelée en 1834.

Le mérite remarquable des produits de M. François-Michel Montgolfier, qui se maintiennent à toutes les expositions à un degré de perfection soutenue, a décidé le jury à lui accorder une nouvelle médaille d'argent.

M. GRATIOT, à Essonne (Seine-et-Oise).

C'est à Essonne, dans la fabrique de M. François Didot, que Robert fit les premiers essais de la machine à papier continu, qui, faute d'encouragements, fut portée en Angleterre par M. Didot Saint-Léger, et ne revint en France que vingt ans après. Dans cet intervalle la fabrique d'Essonne, convertie en filature, ne redevint papeterie qu'en 1835, époque où la machine à papier continu y fut rétablie avec ses perfectionnements. En 1839 elle exposa de fort beaux produits qui lui méritèrent la médaille d'argent. Depuis quelques années, cette importante papeterie, qui a maintenant 3 machines et 16 cylindres, a été confiée à la direction de M. Gratiot, qui dirige cet établissement avec autant de zèle que de capacité. Il a exposé des produits très-remarquables, parmi lesquels nous citerons des papiers de couleurs variées, extrêmement minces, et destinés à faire des fleurs, de très-bons papiers pour le dessin et l'impression, une collection de papiers vergés exécutés à la machine, etc.

Le jury récompense les efforts personnels de M. Gratiot en lui décernant une nouvelle médaille d'argent.

MÉDAILLES D'ARGENT.

MM. COURT et Cie, à Renage (Isère).

D'importants progrès signalent cette fabrique; les papiers qu'elle a exposés sont remarquables par leur solidité et leur bonne exécution; ils rappellent les qualités des papiers de MM. Canson, dont M. Court a été l'élève. Si ses pâtes sont en général moins blanches que celles d'Angoulême, cela tient beaucoup à l'infériorité des chiffons et à la nature des eaux qui sont moins favorables. Les papiers à registres ont toutes les qualités désirables; ceux qui sont destinés au lavis et au trait ont été éprouvés par nos ingénieurs dessinateurs; ils en ont reconnu les excellentes qualités. Cette fabrique, dont les produits s'élèvent à 200,000 fr., en trouve le placement dans le midi de la France, en Suisse et en Italie. Elle mérite la médaille d'argent pour son excellente fabrication.

MM. MELLIER, OBRY fils et Cie, à Prousel (Somme).

Cette fabrique a exposé trente sortes de papiers qui se recommandent par leur bonne exécution; le collage des papiers à registres est solide. Le grand aigle mécanique qu'ils exposent a été reconnu très-bon pour le lavis, mais il laisse encore quelque chose à désirer pour la résistance au frottement de la gomme élastique. Cette papeterie ne néglige rien pour perfectionner ses produits dont les prix sont modiques. La fabrication du papier noir pour envelopper les batistes et linons est une des spécialités de cet établissement, auquel le jury accorde la médaille d'argent.

SOCIÉTÉ ANONYME DU SOUCHE, commune d'Anould (Vosges).

Les papeteries des Vosges conservent toujours

l'ancienne réputation dont elles jouissaient, surtout pour la fabrication à la cuve. La nouvelle fabrique de papier à la mécanique dirigée par MM. Journet et Mauban contribuera à maintenir cette réputation et à la propager. Cet établissement, qui ne date que de 1838, expose pour la première fois les produits de ses deux machines et des 16 cylindres qui les alimentent. Elle consomme près de 700,000 kilogr. de chiffons. Quoique la nature des eaux et celle des chiffons ne lui soient pas aussi favorables que dans d'autres localités, l'habileté et la longue expérience de M. Journet ont su vaincre ces difficultés. Rien de plus parfait que leurs papiers d'impression, parmi lesquels nous avons remarqué particulièrement un papier carré destiné à l'impression des œuvres de Monge. L'égalité parfaite et l'opacité du papier destiné à l'impression des gravures sur bois sont très-remarquables. Les papiers collés qu'ils exposent sont d'une grande blancheur et d'une belle fabrication; le degré de collage de quelques-uns laisse peut-être quelque chose à desirer, mais il est très-suffisant pour les besoins du commerce. Le grand aigle qu'ils ont exposé a été reconnu très-bon pour le lavis, mais, comme tous les papiers fabriqués à la mécanique, il résiste moins que les papiers fabriqués par les anciens procédés, au frottement de la gomme élastique.

Le jury décerne à la fabrique du Souche la médaille d'argent.

RAPPELS DE MÉDAILLES DE BRONZE.

MM. BRETON frères et Cie, à Pont-de-Claix (Isère),

Ont augmenté leur établissement; leurs produits sont de très-bonne qualité; leur papier de Chine, exécuté en partie avec des roseaux, s'est fait remarquer par des qualités qui se rapprochent tellement du papier fait en Chine avec le bambou, que le jury central lors de la précédente exposition décerna à MM. Breton une médaille de bronze, et la société d'encouragement pour l'industrie française leur a accordé le prix de 2,000 fr. pour ce procédé. Les déclarations des principaux imprimeurs en taille-douce et lithographes, tels que MM. Thierry, Lemercier, Chardon frères, et l'opinion de M. Richomme comme graveur, attestent que les impressions faites sur ce papier sont au moins aussi belles que sur le papier de Chine. Le jury rappelle à MM. Breton frères et Cie la médaille de bronze qu'ils ont si justement méritée.

Madame veuve BÉCOULET et M. VAISSIER, à Arcier, près Besançon (Doubs).

Cette fabrique qui a obtenu une médaille de bronze en 1839, continue à faire des progrès; ses produits sont recommandables par leur bonne fabrication et sont bien collés; peut-être la solidité du papier laisse-t-elle encore quelque chose à désirer.

Le rappel de la médaille de bronze est légitimement dû au mérite des produits exposés par Madame veuve Bécoulet et M. Vaissier.

MÉDAILLES DE BRONZE.

MM. ANDRIEUX, VALLÉE père et fils, à Morlaix (Finistère).

Leur fabrication à la cuve a pu jusqu'ici résister sans inconvénient à la concurrence formidable des machines. Les papiers qu'ils ont exposés sont d'une bonne exécution, d'une qualité nerveuse; les papiers dits *fleurette* sont recherchés pour l'exportation. M. Andrieux a huit cuves en activité: c'est la fabrique la plus considérable en ce genre. Elle emploie 550,000 kilogrammes de drilles, produisant 380,000 kilogrammes de papier dont la valeur est de 400,000 fr. MM. Andrieux et Vallée ont monté une machine à papier dont les produits sont très-estimés du commerce. Le jury décerne à MM. Andrieux et Vallée père et fils la médaille de bronze.

M. FERRAND-LAMOTTE, à Troyes (Aube).

Cette fabrique, créée en 1836, est conduite par M. Ferrand-Lamotte avec une intelligence remarquable; ses produits sont d'une bonne qualité, surtout si l'on considère le peu de temps de sa mise en activité. Mais ce qu'on ne saurait trop louer c'est que M. Ferrand-Lamotte, loin de se borner à imiter ce qui existe dans les autres fabriques, a cherché de nouveaux moyens pour perfectionner une industrie portée déjà si loin. Ainsi, sans parler ici de son invention d'un pulvérisateur mécanique qui peut s'appliquer à plusieurs substances minérales employées dans les fabriques de papier, telles que l'alun, le manganèse, etc. M. Lamotte a présenté:

1° Un appareil pour presser les pâtes et les effilocher, de manière à ce qu'elles puissent se blanchir facilement au chlore.

Dans les caisses à égoutter, employées jusqu'à présent, les pâtes placées à la partie supérieure, égouttent beaucoup mieux que celles qui sont intermédiaires; celles qui se trouvent au fond restent quelquefois plusieurs semaines avant d'être égouttées convenablement, et on doit même quelquefois les remanier. Plusieurs fabricants pour mieux priver d'eau les pâtes qu'ils veulent blanchir, font usage des presses hydrauliques, mais cette opération a l'inconvénient de comprimer la pâte en espèces de pains ou tourteaux très-épais, et tellement pressés, que malgré la manutention qu'on leur fait subir pour les diviser à la main (opération coûteuse), le blanchîment est moins satisfaisant. Au moyen de la machine de M. Ferrand-Lamotte, la pâte tombe des cylindres sur une toile métallique sans fin, où elle séjourne quelque temps et s'égoutte; puis elle est amenée au moyen de cette toile métallique sous deux cylindres en bois, sur l'un desquels tourne la toile. A mesure que la pâte est pressée, elle est immédiatement divisée par les dents d'une espèce de loup, en loquettes très-menues, qui conservant un égal degré d'humidité, peuvent être blanchies immédiatement sans frais de manutention. Ce procédé permettrait de supprimer les caisses de dépôt, et les frais considérables de leur entretien.

2° Un régulateur à niveau d'eau, pour donner au papier une épaisseur égale.

Trois obstacles s'opposent à la parfaite régularité d'épaisseur du papier : 1° les variations dans la marche de la machine à papier, causées par l'inégalité d'impulsion du moteur, soumis à l'exhaussement ou abaissement du niveau de la rivière. (Des vannes à régulateur obvient plus ou moins selon les localités à ces inconvénients). 2° La densité variable de la pâte, selon que les ouvriers introduisent plus ou moins d'eau pendant la trituration. 3° La quantité plus ou moins grande de pâte contenue dans le grand cuvier, en sorte que par l'orifice, la pâte précipite ou ralentit son écoulement en raison de la force de pression.

Plusieurs tentatives ont été faites, mais aucun des régulateurs essayés jusqu'à présent n'ont obvié à ces inconvénients divers. Le système de M. F. Lamotte approche-t-il plus près du but qui peut-être ne sera jamais atteint d'une manière absolue ? c'est ce que l'expérience seule prouvera. Déjà plusieurs papetiers ont essayé et ont donné la préférence au procédé de M. F. Lamotte qui, depuis un an, emploie ce régulateur avec succès.

4° Une coupeuse à dents de scie, à l'usage des papeteries mécaniques.

Cet appareil que M. F. Lamotte n'a pas encore mis en activité dans sa fabrique, paraît fort ingénieux et très-simple. Il croit qu'il remplacera avec avantage et économie de main-d'œuvre les machines compliquées et fort coûteuses, employées par quelques fabriques. En effet, les meilleures coupeuses sont du prix de 5,000 francs, et celle de M. F. Lamotte ne dépasserait pas 1,000 francs. A la prochaine exposition on pourra juger du résultat pratique de cette machine, qui est encore à l'état d'essai.

Les papiers exposés par M. F. Lamotte sont d'une bonne qualité, et destinés à l'usage ordinaire du commerce.

En attendant que l'expérience ait confirmé les avantages qu'on doit espérer des machines exposées par M. F. Lamotte, le jury lui décerne la médaille de bronze.

MM. LAROCHE-JOUBERT et DUMERGUE, à Nersac (Charente).

Cet établissement qui depuis plusieurs siècles fabriquait avec distinction les papiers à la cuve, a établi en 1840 une machine à papier qui donne les plus beaux résultats. Ces fabricants fort ingénieux ont présenté des échantillons de papier qu'ils ont fabriqué avec des substances végétales autres que le lin, le chanvre et le coton. Ces plantes, disent-ils, ne sont employées à aucun usage, et leur fibre est très-nerveuse. Ils pensent donc que mêlés au chiffon énervé dont on est obligé de se servir, ces substances produiraient un grand avantage. On doit espérer beaucoup du zèle et de la capacité de MM. Laroche-Joubert et Dumergue.

Leur machine à papier a été fabriquée à Angoulême par M. Motteau. Les produits de ces habiles fabricants sont très-estimés du commerce, et le méritent sous tous les rapports.

Le jury décerne à MM. Laroche-Joubert et Dumergue la médaille de bronze comme une récompense bien méritée déjà dans la nouvelle carrière qu'ils suivront avec une grande distinction, à en juger par leurs débuts si remarquables.

M. LEMARIÉ (Nicolas), à Ergué-Cabéric, près Quimper (Finistère).

M. Lemarié a été le premier qui ait établi en Bretagne une machine à papier, qui met en œuvre les chiffons d'excellente qualité que produit ce pays. Les rouleaux de papiers qu'il a exposés sont d'une exécution très-remarquable. Cette fabrique a obtenu une mention honorable à l'exposition de 1839. Le jury apprécie ses efforts, et lui accorde une médaille de bronze.

MENTIONS HONORABLES.

M. BOLLE (Saturnin), à Barillon, commune de Lacouronne (Charente).

La fabrication de cette papeterie réunit les principales qualités qui distinguent en général celles du département de la Charente. Nous avons remarqué de très-beaux papiers coquille dont le prix est peu élevé. Depuis 1843, cette papeterie a remplacé ses cuves par une machine.

Le jury veut recompenser ses efforts qu'il se plaît à signaler et lui accorde la mention honorable.

M. DUPUY-LAGRANDRIVE, à Lagrandrive, près Ambert (Puy-de-Dôme).

Les papiers dits *Joseph* exposés par M. Dupuy-Lagrandrive ont une qualité remarquable ; c'est leur extrême finesse et leur qualité soyeuse, qui les fait rechercher pour être placés entre les dessins qu'ils doivent moins estomper que ne le feraient les papiers fabriqués à la machine. Ce mérite des papiers de M. Dupuy-Lagrandrive lui permet d'entretenir quatre cuves destinées à ce genre de fabrication et de lutter contre les papiers que la machine fabrique avec bien moins de frais de main-d'œuvre.

La mention honorable est accordée à M. Dupuy-Lagrandrive comme récompense de la constance de ses efforts et du mérite de ses produits.

MM. FREMENDITY, GABALDE, BARATON et Cie, à Paris, rue de Choiseul, 3,

Ont exposé des filaments du bananier, qui paraissent offrir les conditions nécessaires pour la fabrication du papier quant à la tenacité, sauf à savoir ce qu'en coûtera le blanchîment. Des marchés considérables sont passés entre plusieurs fabricants et MM. Fremendity, Gabalde, Baraton et Cie. C'est en Amérique qu'ils font macérer et triturer ces produits dont l'utilité sera constatée du moment où les chargements qu'ils attendent au mois de septembre seront livrés aux fabricants. Toutefois nous devons rappeler qu'à l'exposition précédente M. May avait exposé des produits semblables, et même des papiers exécutés à la fabrique du Marais avec les filaments du bananier, sans que ces essais aient eu plus de succès que les papiers faits avec la paille, le maïs, etc. Nous espérons voir à la prochaine exposition la complète réussite des tentatives faites d'abord par M. May, et continuées maintenant par MM. Fremendity, Gabalde, Baraton et Cie, auxquels le jury accorde une mention honorable.

MM. LAROCHE et FOUGERET, à Larochandry, commune de Mouthiers (Charente).

Créée en 1843, cette papeterie rivalise déjà par ses produits avec celles qui font l'honneur des papeteries d'Angoulême; bientôt il deviendra difficile de distinguer les produits de ces divers établissements qui se communiquent libéralement leurs procédés. Le temps seul et la notoriété commerciale établiront les distinctions que le jury s'empressera de reconnaître. En attendant le jury accorde à MM. Laroche et Fougeret la mention honorable qu'ils méritent à tous égards.

MM. DE MAUDUIT aîné et Cie, à Quimperlé (Finistère).

Cette fabrique, fondée en 1838, a monté une machine à papiers qui emploie avec avantage les chiffons de la Bretagne. Les papiers qu'elle a exposés sont bien faits et de bonne qualité.

Le jury décerne à MM. de Mauduit et Cie la mention honorable.

MM. PAVY et Cie, à Paris, rue Castellane, 19,

Ont exposé des papiers exécutés avec les filaments de substances exotiques. Plusieurs feuilles de papier en paille de riz, exposées par MM. Pavy et Cie, ont été fabriquées à Echarcon. Celles où il entre un tiers de filaments du plantanier et de la paille de riz paraissent avoir beaucoup d'analogie avec le papier de Chine par la finesse, la souplesse et le liant; mais ce n'est qu'à l'exposition prochaine qu'on pourra juger des avantages que ces essais font espérer.

Le jury accorde à MM. Pavy et Cie une mention honorable.

MM. POIRIER-CHAPPUIS et Cie, à Saint-Claude (Jura).

Les produits exposés montrent que MM. Poirier-Chappuis connaissent bien la fabrication du papier. Cependant plusieurs papiers laissent quelque chose à désirer quant à la blancheur. Ils ont exposé un rouleau de papier pelure et d'autres papiers bien collés, qui leur méritent la mention honorable que leur décerne le jury. Cette papeterie acquiert chaque jour plus d'importance.

MM. SANFORD, VARRALL et LEGRAND, Paris, rue Montmartre, 148,

Ont exposé des papiers, dits *papiers goudrons*, fabriqués avec de vieux cordages dont la fibre nerveuse donne à ce genre de papier beaucoup de solidité. Un mélange de goudron est répandu dans la pâte, en sorte que ce papier a sur ceux qui sont destinés à servir d'enveloppe, l'avantage de conserver les lainages par son odeur, et de pouvoir être adopté pour le paquetage des métaux, de la coutellerie, etc.

En 1839 M. Cardon, fabricant de papiers au Buges (Loiret), avait exposé des produits semblables qui furent employés par l'administration des postes pour l'empaquetage des dépêches qu'ils préservaient contre l'humidité. Les machines de M. Cardon avaient été exécutées par MM. Sanford et Varrall.

Le prix de ce papier est de 60 fr. les 100 kilogr. Le jury décerne à MM. Sanford, Varrall et Legrand la mention honorable.

CITATION FAVORABLE.

M. PORLIER, à Paris, rue Montmorency, 32,

Exécute lui-même les formes et filigranes qu'il a exposés. Ils sont très-estimés des fabricants de papier, qui les emploient pour fabriquer des papiers particuliers dits filigranés. Ces produits, consciencieusement exécutés, méritent la citation favorable que le jury leur accorde.

§ 2. CARTONS.

MÉDAILLE DE BRONZE.

M. GENTIL, à Vienne (Isère),

A exposé des cartons lustrés destinés à l'apprêt des châles, au satinage des papiers imprimés et à l'apprêt des soies et des draps. Ces produits, qui sont aussi fort recherchés des relieurs et cartonniers, paraissent avoir été encore améliorés depuis la dernière exposition.

Le jury accorde à M. Gentil une médaille de bronze.

MENTION HONORABLE.

MM. KUENEMANN frères, à Aspach-le-Pont (Haut-Rhin).

Cet établissement, fondé en 1843, offre déjà des produits très-remarquables. Il emploie avec avantage des végétaux de toute espèce, particulièrement les laiches des forêts et des marais, les foins aigres et gâtés, les tiges sèches des pommes de terre, etc., et les convertit en papiers ayant une grande force d'adhérence, ce qui les rend précieux pour le pliage et l'emballage des étoffes. Dans l'année 1843, cette fabrique a livré au commerce 300,000 kilogrammes de papier végétal dont la valeur est de 200,000 fr.

Cette nouvelle industrie mérite des éloges. Le jury accorde une mention honorable aux produits de MM. Kuenemann frères.

CITATIONS FAVORABLES.

MM. PIQUES frères, à Uzès (Gard).

Les cartons de MM. Piques frères s'approchent beaucoup en qualité de ceux que M. Gentil a exposés, la pâte est solide et les cartons sont bien vernis. Le jury accorde une citation favorable aux produits de MM. Piques frères.

M. BAREY (Jean), à Missy (Calvados),

A exposé des cartons minces et forts obtenus avec des tiges de colza. Jusqu'à présent on brûlait ces tiges peu utilisées même comme engrais; l'idée de les transformer en cartons doit avoir d'heureux résultats; en effet, ils sont souples et légers, et on peut même écrire sur ces cartons qui conservent une quantité suffisante de mucilage, ce qui contribue à leur solidité.

Ces avantages pourront peut-être les faire préférer aux cartons de pâte et de paille, mais ce n'est qu'à l'exposition prochaine qu'on en pourra juger. En attendant, le jury accorde à M. Barey une citation favorable.

---

§ 3. FLOTRES.

RAPPEL DE MÉDAILLE DE BRONZE.

M. VALLIER, à Paris, rue Popincourt, 14.

Les draps feutres que M. Vallier a exposés sont d'une qualité supérieure à ceux qui lui ont mérité à la précédente exposition la médaille de bronze, que le jury se fait un devoir de lui rappeler.

MENTION HONORABLE.

M. CHRÉTIEN fils, à Nersac (Charente).

Depuis 1826, M. Chrétien a continuellement cherché à perfectionner les flotres destinés à la fabrication du papier. Les papetiers de Belgique, de la Suisse, de l'Italie et de l'Allemagne s'en approvisionnent, ce qui prouve leur bonne qualité généralement reconnue.

Le jury accorde la mention honorable à ses produits.

CITATIONS FAVORABLES.

M. BARTHÉLEMY (Emile), à Metz (Moselle),

A présenté des feutres bien exécutés, mais qui offrent ainsi que ceux de ses confrères, l'inconvénient d'avoir souvent le tissu trop serré. Les courroies, pour remplacer l'usage du cuir, ont besoin d'être améliorées encore à la jonction des coutures qui sont faites au moyen de rivets appliqués sur des plaques de cuivre.

Le jury accorde à M. Barthélemy la mention honorable.

MM. DESBOUCHAUD et PHILIPPIER, à Nersac (Charente).

Le voisinage des belles papeteries d'Angoulême

a exercé son influence sur l'amélioration de la fabrication des flotres; ceux que MM. Desbouchaud et Philippier ont exposés sont d'une bonne qualité, les flotres *coucheurs* sont moelleux et les *sécheurs* sont fermes et paraissent avoir les qualités désirables.

Le jury décerne à MM. Desbouchaud et Philippier une mention honorable.

M. TRARIEUX, à Aubeterre (Charente),

A exposé des flotres estimés des papeteries d'Angoulême, et dont le tissu n'est point trop serré, ce qui est favorable à la fabrication du papier.

Le jury accorde aux produits de M. Trarieux la citation favorable.

SECTION II.

CUIRS ET PEAUX, BUFFLETERIE, HONGROIERIE, CHAMOISERIE, MÉGISSERIE, CUIRS VERNIS, MAROQUINS, TOILES CIRÉES.

M. Dumas, rapporteur.

§ 1er. CUIRS ET PEAUX.

RAPPELS DE MÉDAILLES D'OR.

MM. BÉRENGER, ROUSSEL et Cie, à Paris, rue Mouffetard, 321.

La vaste tannerie dirigée par M. Bérenger fabriquait autrefois des cuirs tannés et des cuirs hongroyés ; elle se consacre aujourd'hui exclusivement à la production des cuirs forts tannés.

Les procédés employés dans cette tannerie sont ceux qui depuis longtemps sont en usage dans l'art du tanneur ; seulement, ils y sont employés avec une grande habileté et les diverses dispositions des ateliers, ainsi que les détails des opérations qui s'y exécutent, peuvent servir de modèle dans ce genre d'industrie.

Cette tannerie opère sur 40,000 cuirs environ par année. Elle possède des foulons pour ramollir les cuirs étrangers avant de les mettre en travail. Elle possède plusieurs marteaux qui servent à battre les cuirs avant de les livrer au commerce.

La tannerie de MM. Bérenger Roussel et Cie paraît toujours au jury très-digne de la médaille d'or qui lui fut décernée sous le nom de M. Sterlingue.

M. DURAND-CHANCEREL, à Paris, rue de l'Oursine, 7 et 9, et rue des Gobelins, 3.

M. Durand-Chancerel fabrique 20 à 25,000 veaux par an, qui sont employés pour la fabrication de la tige et de la carde. Son veau est fin et ras, d'une souplesse qui ne laisse rien à désirer pour la chaussure.

Il fabrique aussi de 7,000 à 10,000 cuirs jusés par année. Celui-ci est blanc, ferme et serré ; il est employé avec succès pour les chaussures de luxe et même pour les expéditions à l'étranger, parce qu'il a l'avantage de ne pas gondoler à la chaleur et de conserver aux chaussures leur forme. Il est d'ailleurs peu perméable à l'humidité.

Il vend son cuir 2 fr. 50 c. à 2 fr. 60 c. le kilogr. Cependant la semelle de son cuir ne coûte pas plus cher au cordonnier que celle des cuirs des autres tanneurs.

M. Durand paraît toujours digne de la médaille d'or qui lui a été décernée en 1839.

M. OGEREAU, à Paris, rue Buffon, 5.

M. Ogereau est connu depuis longtemps par ses succès dans le commerce et la fabrication des cuirs de toute espèce. Ses ateliers embrassent la tannerie, la corroierie et même la maroquinerie; sa corroierie jouit d'une réputation méritée à tous égards, et qui avait fixé en 1839 très-particulièrement l'attention du jury.

Ses produits trouvent leur placement en partie en France; mais M. Ogereau travaille plus particulièrement peut-être pour l'exportation, et il place une grande partie de sa fabrication en Angleterre, en Portugal, en Espagne, à New-York, à Buénos-Ayres, au Mexique ou dans nos propres colonies.

M. Ogereau est l'un des tanneurs qui, frappés de la mauvaise fabrication des cuirs forts à Paris il y a quelques années ont contribué aux améliorations qui ont rétabli la réputation de Paris. Depuis lors, ses efforts ne se sont pas ralentis. La tannerie des gros cuirs à semelles est placée par la lenteur de sa production dans une position fâcheuse. Il faut encore vingt mois pour fabriquer un cuir en France; on emploie deux ans en Belgique. On conçoit l'embarras dans lequel se trouve le fabricant obligé dès lors d'acheter aujourd'hui un produit qu'il ne vendra que dans deux années. M. Ogereau, par une nouvelle méthode, est parvenu à tanner en six mois les cuirs à semelles en leur donnant l'apparence, la qualité et le poids qu'ils auraient obtenus par les moyens ordinaires. Cette méthode, qui constitue un tannage par filtration continue, consiste à établir dans l'opération du tannage une circulation de liquides qui vient répéter les contacts du liquide avec la peau et le tan, et rendre par conséquent plus prompte et plus sûre la dissolution du tannin et sa combinaison avec la peau. La main-d'œuvre restant la même, les écorces étant employées dans la même proportion ou même en proportion moindre, tous les avantages se trouvent réunis dans ce nouveau système, si la pratique vient le consacrer. On y trouve, en effet, une économie des deux tiers sur les capitaux, la possibilité pour le tanneur de réaliser plus vite et d'opérer par conséquent plus sûrement; et enfin, le cas de guerre advenant, la certitude de fournir en peu de mois des cuirs de bonne qualité pour nos équipements militaires. M. Ogereau avait déjà essayé cette méthode lors de l'exposition dernière, mais il a pensé que la pratique devait venir fortifier le succès des premiers essais. M. Ogereau, dans une tannerie qu'il possède en Auvergne, vient d'établir en grand ce système de tannage par filtration continue.

Certes le jury ne voudra pas dès à présent déclarer qu'il regarde comme résolu le problème important du tannage rapide pour les cuirs forts; il ne confondra pas l'expression de ses vœux avec celle de son jugement. Cependant, il doit déclarer que parmi les essais dirigés dans ce but, ceux qui l'ont été par M. Ogereau l'ont particulièrement intéressé par l'étendue de leur échelle, par l'importance des appareils construits dans le but de les mettre en pratique et par la confiance commerciale et la hardiesse manufacturière déployées par M. Ogereau dans cette occasion. Or, comme cet habile industriel est parfaitement apprécié à ce double titre, le jury ne peut s'empêcher de regarder comme une présomption très-favorable pour le succès de ce procédé la confiance qu'il inspire à M. Ogereau lui-même, qui depuis cinq années en étudie tous les détails avec un si grand soin.

Certes, si le procédé adopté par M. Ogereau se montre dans la pratique capable de fournir des cuirs en tout comparables à ceux qui proviennent de l'ancienne méthode de travail, l'art de la tannerie aura reçu de cette modification l'un de ses plus heureux perfectionnements.

C'est assez dire que le jury juge M. Ogereau toujours très-digne de la médaille d'or qui lui fut décernée en 1839.

MÉDAILLES D'OR.

MM. PELTEREAU jeune frères, à Château-Renault (Indre-et-Loire).

Les fabriques de cuirs de Château-Renault peuvent être comptées au nombre des plus importantes et des plus estimées du royaume; elles offrent surtout un haut intérêt sous le rapport de la réputation de supériorité dont leurs produits ont toujours joui.

On y fabrique spécialement les cuirs connus dans le commerce, sous la dénomination de *cuirs jusés : bœufs et vaches lissés*, en un mot, tous les cuirs pour semelles.

L'établissement de MM. Peltereau frères, le plus ancien, le plus renommé et le plus important de Château-Renault, est celui qui a donné dans cette localité, l'élan à cette fabrication perfectionnée. Transmis de père en fils, successivement et sans interruption depuis le commencement du XVIe siècle, il a constamment reposé sur des bases les plus solides : perfection dans les produits, loyauté dans les transactions.

Les deux jeunes fabricants, qui depuis peu d'années ont recueilli cette succession, ne sont pas restés au-dessous des devoirs qu'elle leur imposait. Les cuirs qu'ils ont envoyés à l'exposition sont de tous points irréprochables, et justifient complétement la faveur dont ils jouissent sur les différents marchés. Leur travail annuel s'élève à 1,000,000 d'affaires.

Le jury a pensé que c'était un fait bien digne de de remarque que cette industrie exercée depuis plus de deux cent cinquante ans dans la même localité, par la même famille, dans laquelle se transmettent religieusement toutes les bonnes traditions ; il a pensé aussi qu'on ne saurait trop bien récompenser un pareil ordre de choses, en conséquence il décerne à MM. Peltereau jeune frères la médaille d'or.

MM. DELBUT et Cie, à Saint-Germain-en-Laye (Seine-et-Oise).

M Delbut est un des plus anciens tanneurs de Paris ou des environs; c'est aussi l'un de ceux qui font le plus d'affaires, car il opère chaque année sur environ huit mille cuirs de bœufs, soit de France, soit d'Amérique.

On doit à M. Delbut l'introduction de l'ébourrage à l'échauffe, en remplacement de l'ébourrage à la chaux, qui pour les cuirs forts offre de véritables inconvénients.

M. Delbut a été d'ailleurs l'un des tanneurs les plus dévoués aux intérêts de cette industrie, et il n'a pas craint de compromettre toute sa position pendant longues années, en maintenant sa fabrication sur un principe plus loyal que celui qu'une fâcheuse concurrence avait fait généralement adopter il y a vingt années dans les tanneries de Paris.

M. Delbut vient d'introduire dans sa fabrication un perfectionnement nouveau et important, en plaçant entre les opérations du refaisage et celles du tannage proprement dit, une opération nouvelle qui consiste à soumettre les cuirs à une pression graduée, mais puissante, en les mettant en tas, sous une charge de tan très-considérable. Il résulte de ce nouveau travail que le cuir soumis au tannage y conserve une densité et une imperméabilité supérieures à celles que présente le cuir qui a été tanné sans cette préparation préalable.

M. Delbut a exposé les résultats d'une suite d'essais exécutés sur une grande échelle, donnant divers moyens d'utiliser le dividivi dans le tannage des cuirs forts.

M. Delbut a obtenu en 1839 une médaille d'argent. Depuis cette époque, cet habile tanneur a persévéré dans la voie d'amélioration qu'il s'était ouverte. Dans sa tannerie, l'emploi de la chaux, celui de l'acide sulfurique sont depuis longtemps exclus. L'ébourrage à la vapeur a été introduit et généralisé par lui. Enfin, il vient d'enrichir la tannerie d'une opération nouvelle et importante, cette compression graduée des cuirs qui les prépare au tannage, en leur donnant une densité et une imperméabilité, qui leur assignent des qualités nouvelles, tout en mettant à profit des matières tannantes qui, jusqu'ici, n'ont été employées qu'avec difficulté.

M. Delbut est donc un de nos tanneurs les plus distingués. Ses travaux ont été très-sérieux et très-profitables à son industrie. Quelques-uns d'entre eux offrent un caractère de nouveauté véritable, et sa fabrication possède depuis longtemps un caractère qui place ces produits dans un rang élevé parmi ceux de la place de Paris.

Le jury central décerne à MM. Delbut et Cie une médaille d'or.

RAPPELS DE MÉDAILLES D'ARGENT.

M. P. BRISOU fils aîné, à Rennes (Ille-et-Vilaine).

M. Pierre Brisou, fils aîné, établit à Rennes, il y a quarante-cinq ans, la première fabrique de tannerie; depuis cette époque, cette industrie n'a pas cessé de prendre de l'extension, et trente établissements de ce genre y ont été successivement créés.

M. Brisou fils aîné fabrique des cuirs à la jusée et des veaux et vachettes pour empeignes : ses produits ont paru au jury fort bien préparés et très-dignes de la réputation dont ils jouissent dans le commerce.

Sa tannerie occupe annuellement cinquante ouvriers, il possède en outre une machine à vapeur qui fait mouvoir un hachoir et un moulin pour le broyage du tan.

Ce fabricant est toujours digne de la médaille d'argent qu'il a obtenue en 1839.

M. REULOS, à Paris, rue du Jardin-du-Roi, 15.

M. Reulos exposa pour la première fois en 1839 sous le nom de Reulos et Budin, des peaux de chevaux pour la chaussure, tannées par un nouveau procédé qui a pour résultat de donner à ces peaux, jusqu'alors creuses et cassantes, une homogénéité toujours égale, et une souplesse que l'usage ne fait qu'augmenter.

Le jury central leur décerna à cette époque une médaille d'argent. Depuis lors, MM. Reulos et Budin se sont séparés, et continuent, chacun de leur côté, le même genre de fabrication.

Le cheval est, de tous les animaux, celui dont la peau offre le plus de défauts et qui demande le plus de précautions pour le tannage, car sur une centaine de peaux de chevaux livrées à la tannerie, il ne s'en trouve pas dix qui soient complétement saines; presque toutes offrent des gâles occasionnées par le collier, la selle, les coups de fouet ou les coups d'éperon, qui tous altèrent la fleur de la peau, ce qui la rend extrêmement difficile à travailler.

La peau de cheval sèche offrait de grandes difficultés de fabrication, qui maintenant sont tout à fait surmontées.

La fabrication de M. Reulos repose sur des procédés particuliers, elle donne d'excellents produits.

M. Reulos parait donc toujours très-digne de la médaille d'argent qui lui a eté décernée en 1839 sous la raison Reulos et Budin.

M. BUDIN, à Paris, rue du Fer-à-Moulin, 32.

En 1839, M. Budin avait exposé conjointement avec M. Reulos dont il était l'associé; depuis ils se sont séparés, et continuent chacun de leur côté, avec non moins de succès, le tannage et le corroyage des peaux de chevaux.

L'emploi du cuir de cheval a longtemps été assez restreint, surtout pour la chaussure; mais depuis qu'on a appris à lui donner toute la solidité. toute la souplesse désirables, l'usage s'en répand chaque jour davantage, et le temps n'est probablement pas éloigné où les cuirs de veau pour tiges et empeignes seront presque entièrement remplacés par les cuirs de cheval.

Les divers échantillons exposés par M. Budin, ne laissent rien à désirer, le jury les a trouvés de tous points irréprochables; il déclare ce fabricant toujours digne de la médaille d'argent qui lui fut décernée en 1839.

NOUVELLE MÉDAILLE D'ARGENT.

M. DURAND (Guillaume), à Villiers-sur-Morin (Seine-et-Marne), et à Paris, rue Marie-Stuart, 8.

M. Guillaume Durand possède à Villiers-sur-Morin, une fabrique spécialement consacrée à la production de la buffleterie, dont les produits lui ont valu en 1839 une médaille d'argent.

Depuis lors, il s'est livré avec zèle au travail des cuirs forts, comme on peut en juger par les faits suivants.

L'usage de battre les cuirs au marteau mécanique, introduit dans le commerce par la maison Sterlingue, avait été accueilli avec tant de faveur, que tous les tanneurs voyaient leurs produits frappés d'une véritable infériorité. Dans ces circonstances, M. Guillaume Durand a fait construire dans sa tannerie, par M. Berendorf, un marteau qui fonctionne sur un principe nouveau, et qui rend de grands services maintenant.

C'est dans la tannerie de M. Guillaume Durand que M. Loysel vient de faire toute la série d'essais sur l'emploi du dividivi, essais qui ont eu un succès presque complet.

Le jury central décerne à M. Guillaume Durand une nouvelle médaille d'argent.

MÉDAILLES D'ARGENT.

M. HOUETTE aîné, à Paris, rue du Fer-à-Moulin, 26.

La fabrique de M. Houette aîné est une des plus importantes de Paris; car elle comprend non-seulement le tannage, mais encore la corroierie et le vernissage des cuirs et peaux; les produits de sa fabrication consistent :

1° En cuirs, vaches et chevaux pour chaussures et sellerie;

2° En peaux de veau pour le même objet;

3° En cuirs et peaux vernis.

Tous ces objets s'y fabriquent sur une grande échelle et avec beaucoup de soin; M. Houette est le tanneur le plus ancien et l'un des plus honorables de Paris, c'est un de ceux qui ont le plus contribué à y maintenir les traditions d'une fabrication loyale.

Le jury pense que cet ensemble de fabrication, qui réunit presque toutes les branches de l'industrie des cuirs, était digne de tout son intérêt et de ses récompenses; en conséquence, il décerne à M. Houette aîné la médaille d'argent.

M. CAMUS-LAFLÈCHE, à L'Aigle (Orne).

La tannerie de M. Camus-Laflèche est l'une des plus anciennes et des plus importantes de France; elle se distingue surtout par la variété et la qualité remarquable de ses produits.

Cet établissement opère sur une masse considérable de peaux de toute espèce : bœufs, chevaux, vaches et veaux; mais, c'est surtout ce dernier article qui est l'objet principal de sa fabrication, puisqu'il n'en livre pas moins de 120 à 125,000 peaux par an à la consommation. Ces veaux sont particulièrement recherchés par les relieurs et les vernisseurs. Deux fabricants distingués de cuirs vernis, MM. Nys et Plummer, juges très-compétents dans une pareille question, les considèrent comme les plus propres et les plus convenables à leur fabrication, et c'est dans la fabrique de M. Camus-Laflèche que M. Nys s'approvisionne en grande partie.

Le jury décerne à M. Camus-Laflèche la médaille d'argent.

MM. PRIN et Cie, à Nantes (Loire-Inférieure).

Depuis environ vingt-cinq ans, la corroierie a été importée à Nantes, et y a acquis assez de développement pour faire une concurrence active à Paris et Tours, villes autrefois en possession, pour ainsi dire exclusive, du monopole de la fabrication et de la vente des cuirs corroyés.

Cette industrie est exercée aujourd'hui à Nantes dans trente établissements, dont cinq montés de manière à pouvoir exécuter les commandes les plus importantes.

L'exportation des produits de la corroierie de Nantes s'élève à environ deux millions par an, chiffre qui doit s'élever progressivement, si l'on en juge d'après les résultats obtenus par MM. Prin et Cie. En 1836, année de leur établissement, ils livrèrent à l'exportation 8,000 peaux de veau; cette année ils ont atteint le nombre de 60,000. Cet important résultat a été obtenu à la suite d'essais coûteux et d'envois directs nombreux, d'après lesquels ils ont pu opérer les rectifications et améliorations que les consommateurs de chaque pays exigeaient.

Aujourd'hui, la fabrication et la marque de MM. Prin et Cie est justement appréciée sur les divers marchés étrangers où elle fait une concurrence active aux produits similaires provenant de Belgique, d'Allemagne et d'Angleterre.

Le jury pense que l'extension considérable qu'a prise l'établissement de MM. Prin et Cie est digne de récompense; en conséquence, il lui accorde la médaille d'argent.

M. HUTIN-DELATOUCHE, à Trye-Château, (Oise).

Une des questions les plus importantes dans la tannerie est, sans contredit, celle du temps; bien des tentatives ont été faites avec plus ou moins de succès pour en abréger la durée.

M. Hutin-Delatouche a exposé des cuirs fabriqués d'après un procédé de tannage accéléré pour lequel il est breveté; quoique son invention ne remonte qu'à l'année 1841, elle a déjà reçu un commencement de sanction, puisque les consommateurs qui emploient ses produits sont satisfaits de leur qualité.

On mettait autrefois trois et quatre mois pour la confection du buffle. Par son procédé, M. Hutin l'obtient en un mois; quant au cuir fort, il est complétement tanné en trois mois.

Les échantillons soumis au jury lui ont paru bien fabriqués.

L'établissement de M. Hutin-Delatouche est monté avec intelligence; il tire habilement parti d'un moteur hydraulique d'une assez grande puissance pour les divers besoins de son industrie.

Ces considérations ont déterminé le jury à récompenser les efforts de M. Hutin-Delatouche en lui décernant la médaille d'argent.

M. PAUL, à Paris, rue du Jardin-du-Roi, 12.

Le jury central de l'exposition de 1839, en accordant à M. Durand-Chancerel une médaille d'or pour sa fabrication supérieure de peaux de veaux, signala particulièrement M. Paul, alors contre-maître chez M. Durand Chancerel, pour son habileté et ses connaissances dans ce genre spécial de tannage.

Depuis cette époque, M. Paul s'est établi pour son propre compte et a complétement justifié la bonne opinion formulée par le jury de 1839. En effet, dès son début, sa maison s'est placée au premier rang de sa spécialité, car ses veaux sont fins et ras, d'une souplesse parfaite, d'une excellente couleur, en un mot réunissant toutes les qualités d'une fabrication très-distinguée, et il n'en fabrique pas moins de 60,000 par an.

Le jury a pensé que de semblables résultats étaient bien dignes d'être récompensés; en conséquence, il décerne à M. Paul la médaille d'argent.

M. LEVEN (Maurice), à Paris, rue Pascal, 25.

Un des plus grands obstacles que rencontre le

fabricant de cuirs vernis vient certainement de la difficulté de se procurer des peaux convenablement tannées pour cette fabrication délicate. Plusieurs fabricants, et entre autres M. Nys, sont même obligés de soumettre à un second tannage la majeure partie des cuirs qu'ils emploient, et c'est peut-être là, il faut le dire, l'une des causes qui donnent aux produits de cet habile fabricant, la supériorité qui les distingue.

Parmi le petit nombre de tanneurs qui s'occupent du tannage des peaux pour vernis, le jury a distingué, d'une manière toute particulière, M. Leven. Les produits qu'il a exposés sont irréprochables, et réunissent toutes les qualités exigées par les vernisseurs; tannage parfait, couleur du plus beau blanc, uniformité de ton, finesse du grain, contexture souple et moelleuse.

Il fabrique aussi des veaux pour chaussure, qui, au dire des premiers bottiers de Paris, sont aussi parfaits que ceux de Milhau.

M. Leven s'est en outre occupé d'essais de tannage des vachettes de l'Inde, genre de fabrication qui offre les plus grandes difficultés. Ces essais ont parfaitement réussi. Les cuirs qu'il en a obtenus ne le cèdent en rien aux plus beaux veaux de l'abat de Paris; il a l'intention de donner une grande extension à cette nouvelle branche de son industrie.

Quoique la fabrique de M. Leven n'existe que depuis quelques années seulement, la manière intelligente avec laquelle elle est conduite, les excellents produits qui en sortent, l'importance des affaires qu'elle a déjà faites et qui ne peuvent qu'augmenter considérablement, sont des motifs bien suffisants pour décider le jury à décerner à M. Leven la médaille d'argent.

RAPPEL DE MÉDAILLE DE BRONZE.

M. DURAND (Pierre), à Rully (Calvados).

Ce tanneur livre toujours au commerce des veaux d'une excellente qualité et fort recherchés par les fabricants de cuirs vernis.

Le jury rappelle la médaille de bronze qui lui fut décernée en 1839.

MÉDAILLES DE BRONZE.

MM. ESTIVANT et BIDOU fils, à Givet (Ardennes).

Leur établissement, qui date de 1699, compte près de 200 fosses et traite environ 7,000 cuirs de bœufs par année. Leurs produits de bonne qualité accusent une fabrication soignée, dans laquelle, du reste, on est demeuré fidèle à l'ancienne méthode de travail, car le tannage y dure environ deux années.

L'importance de l'établissement et la bonté des produits justifient la médaille de bronze que le jury décerne à MM. Estivant et Bidou fils.

MM. LANDRON frères, à Meung (Loiret).

Leurs établissements, au nombre de deux, sont consacrés, l'un à la fabrication du cuir jusée, l'autre à celle du cuir à œuvre. Ils opèrent sur 4 ou 5,000 gros cuirs par année. Les cuirs exposés par ces fabricants justifient leurs assertions et attestent en effet une fabrication soignée où l'on a mis à profit les perfectionnements récents, tout en évitant les modifications trop chanceuses.

Le jury accorde à MM. Landron frères une médaille de bronze.

MM. SORREL-BERTHELET et Cie, à Moulins (Allier).

La fabrique de MM. Sorrel-Berthelet et Cie est montée sur une grande échelle tant pour la tannerie que pour la corroierie; les produits qui sortent de cet établissement jouissent d'une réputation méritée sur tous les marchés du midi.

Le jury décerne une médaille de bronze à MM. Sorrel-Berthelet et Cie.

Madame veuve ROUSSEL et M. COURTÉPÉE, à Paris, rue du Renard-Saint-Sauveur, 11.

Les produits de ces fabricants sont très-variés, et en général d'une bonne fabrication; ainsi, ils ont exposé des peaux de bœufs de France et d'Amérique, des vaches tannées et corroyées; des veaux pour cardes et vernis, enfin des tiges de bottes corroyées, et cambrées par procédé mécanique.

La fabrique de Madame veuve Roussel et M. Courtépée, est dirigée avec intelligence, et les produits qui en sortent sont connus pour leur bonne qualité.

Le jury leur accorde la médaille de bronze.

M. TROPEL (Ange), à Guingamp (Côtes-du-Nord).

La tannerie est une des industries les plus importantes du département des Côtes-du-Nord; depuis quelques années surtout, elle y a pris une extension considérable; M. A. Tropel, est certainement un des industriels qui ont fait le plus d'efforts pour déterminer ce progrès: les cuirs de bœufs, vaches, veaux et chevaux qu'il a exposés, sont parfaitement fabriqués.

Le jury lui décerne la médaille de bronze.

M. DEZAUX-LACOUR, à Guise (Aisne).

La maison de M. Dezaux-Lacour ne date que de 1833, néanmoins elle a déjà pris une extension assez considérable; on s'occupe dans cette fabrique du tannage des cuirs forts, des chevaux et des veaux, et du corroyage de ces derniers.

Ces divers produits sont généralement estimés dans le commerce, ainsi que le constate la correspondance que M. Dezaux-Lacour a mise sous les yeux du jury.

Cet industriel paraît diriger son établissement

avec intelligence, et dans des vues d'amélioration et de perfectionnement; ainsi, il utilise la puissance d'une machine à vapeur de la force de six chevaux, pour faire mouvoir divers appareils mécaniques, tels que moulin à tan, foulons, etc., au moyen desquels il obtient une économie assez notable dans la main-d'œuvre, et plus de régularité et de perfection dans le travail.

Le jury décerne à M. Dezaux-Lacour une médaille de bronze.

M. SUSER, à Nantes (Loire-Inférieure),

A exposé des peaux de veaux préparées pour la chaussure. Il corroie tous les ans 3,000 douzaines de peaux de veaux qui s'écoulent pour l'exportation; les produits de M. Suser ont fixé l'attention du jury par leurs bonnes qualités pour la chaussure.

Le jury lui accorde une médaille de bronze pour l'ensemble de ses produits.

M. MELLIER, à Paris, rue de Bondy, 76.

La corroierie de M. Mellier fournit des produits tout à fait spéciaux, et qui exigent une qualité de matière première, et une perfection de fabrication particulières.

C'est de la préparation des cuirs employés dans les diverses branches de la mécanique, que s'occupe exclusivement M. Mellier.

Ainsi, il a exposé un grand nombre d'échantillons de cuirs, pour filatures de laine et de coton, pour cardes, pour rota-frotteurs, diverses courroies pour mécaniques, etc.

Tous ces produits ont paru au jury d'une exécution parfaite, et supérieurs à tout ce qui avait été fait jusqu'ici dans ce genre ; en conséquence, il décerne à M. Mellier une médaille de bronze.

RAPPELS DE MENTIONS HONORABLES.

M. ROQUES, à Montpellier (Hérault),

A exposé des peaux de basane huilée d'une bonne préparation.

M. MICHEL, à Quimper (Finistère),

A exposé des cuirs forts battus, tannés à fond, qui se sont conservés bien planes, malgré les alternatives d'humidité et de sécheresse, auxquelles ils ont été soumis pendant la durée de l'exposition.

Ces fabricants se montrent toujours dignes de la mention honorable qui leur fut accordée en 1839.

NOUVELLES MENTIONS HONORABLES.

MM. ROUET et Cie, à Saint-Aignan (Loir-et-Cher),

Ont exposé trois cuirs jusée de Buenos-Ayres, comme échantillon d'une partie de 2,000 cuirs récemment tannés dans leur établissement, en leur appliquant une méthode de préparation qui permet d'en opérer le débourrage, sans traitement à l'échauffe.

Le jury leur accorde une nouvelle mention honorable.

M. LARGUÈZE aîné, à Montpellier (Hérault),

Prépare des cuirs du pays et des cuirs de Buenos-Ayres, tant avec le chêne vert qu'avec la garouille. Il a spécialement exposé des veaux blancs ou cirés, qui ont été tannés au chêne vert, et qui ont paru au jury d'une bonne fabrication.

Le jury lui accorde une nouvelle mention honorable.

M. CORNIQUEL, à Vannes (Morbihan).

M. Corniquel a exposé des cuirs de diverses espèces qui indiquent une bonne fabrication; ce tanneur, ainsi que l'atteste le jury d'admission du Morbihan, s'occupe d'essais de tannage au moyen de la pomme de pin; mais M. Corniquel n'a point envoyé à l'exposition des cuirs provenant de ce mode de fabrication.

Le jury pense que ce fabricant est digne d'une nouvelle mention honorable.

MENTIONS HONORABLES.

M. MERLANT jeune, à Nantes (Loire-Inférieure),

A exposé des veaux pour chaussure, destinés à l'exportation. Il en fabrique environ 2,000 douzaines annuellement. La qualité en a paru satisfaisante.

M. CHICOINEAU aîné, à Quimperlé (Finistère),

A exposé des cuirs forts jusée, des baudriers bretons, des croupons gris et cirés, des veaux en croûtes et cirés, des basanes, du cheval, etc. Sa fabrication est très-variée; ses veaux ont paru d'un très-bon travail.

M. BOYER (Martial), à Limoges (Haute-Vienne),

A exposé des tiges de bottes, qu'il prépare sur une assez grande échelle. On reconnaît qu'elles ont conservé toute leur ténacité, et cet industriel ne saurait trop maintenir sa fabrication dans cette voie.

M. IZARN frères, à Perpignan (Pyrénées-Orientales).

Ce tanneur a exposé un échantillon de ses cuirs à la garouille. Il opère sur 2,400 cuirs de bœufs par an, et consomme 3,000 quintaux métriques d'écorce de garouille.

M. ROBERT aîné, à Perpignan (Pyrénées-Orientales),

A exposé des cuirs à la garouille. Il tanne environ 2,400 cuirs de bœufs ou vaches, en consommant 2,500 quintaux métriques d'écorce de garouille.

M. DARSY fils, à Paris, rue du Fer-à-Moulin, 14,

A exposé des veaux cirés pour la chaussure, et des veaux façon cuir de Russie pour portefeuille, et objets analogues. Ces deux genres de produits ont paru bien préparés, et le second surtout a excité l'attention du jury.

M. LE BAILLY (François), à Vire (Calvados),

A exposé des peaux de veau et de vache, dont la qualité paraît très-bonne, et justifie la réputation de ce fabricant.

M. TAVERNIER, à Argentan (Orne),

A exposé des cuirs hongroyés d'une très-bonne fabrication, qui ont fixé l'attention du jury d'une manière particulière.

M. SAUVEGRAIN, à Villeneuve-le-Roi (Yonne),

A exposé des peaux de vaches, chevaux et veaux qui paraissent de bonne qualité, et qui sont appréciées par le commerce.

MM. PÉAN et LECONTE, à Dinan (Côtes-du-Nord),

Ont exposé des cuirs forts d'une excellente qualité, et qui sont en bonne réputation dans toute la Bretagne.

M. FIEUX fils aîné, à Toulouse (Haute-Garonne),

A exposé des cuirs tannés et hongroyés, qui indiquent une bonne fabrication.

M. THIRY fils, à Givet (Ardennes),

A exposé des cuirs tannés et corroyés, qui sont appréciés par le commerce.

M. LEROY, à Saint-Germain-en-Laye (Seine-et-Oise),

A exposé un cuir de bœuf tanné en six mois, et une peau de veau tannée en quatre mois, par des procédés qui lui sont propres : ces cuirs paraissent assez bien fabriqués, mais c'est le temps et l'expérience qui décideront si les nouveaux procédés de M. Leroy offrent tous les avantages qu'il en attend.

M. LE LEURCH, à Auray (Morbihan),

A exposé des cuirs tannés corroyés, qui indiquent que ce tanneur est un des bons fabricants de la Bretagne.

M. LEROUX, à Rennes (Ille-et-Vilaine),

A exposé divers cuirs tannés et corroyés, il emploie un marteau mécanique mu par une machine à vapeur, pour le battage de ses cuirs.

M. DELYS, à Rennes (Ille-et-Vilaine).

L'établissement de M. Delys est l'un des plus

considérables de la ville de Rennes; on s'y occupe simultanément, et sur une assez grande échelle, du tannage des peaux de veaux et de mouton pour vernis, de la corroierie et de la mégisserie; les divers produits envoyés par ce fabricant ont paru au jury d'une bonne fabrication.

M. THÉRY, à Lamballe (Côtes-du-Nord),

A exposé des peaux de mouton tannées au sumac d'une bonne fabrication, le jury a surtout été frappé de leur bon marché; M. Théry peut les livrer au prix de 14 fr. la douzaine.

M. VAUQUELIN, à Paris, boulevard de l'Hôpital, 40.

A la dernière exposition, le jury remarqua avec intérêt quelques échantillons de peaux, obtenues au moyen d'un tannage rapide, et exposées par M. Vauquelin à titre de simples essais d'un nouveau système. Un juste éloge fut donné à ce produit dans le rapport de 1839.

Depuis cette époque, l'inventeur a soumis ses procédés à la société d'encouragement pour l'industrie nationale, et il en a reçu de nombreuses marques d'intérêt. Aujourd'hui, on peut considérer son système comme prêt à passer dans la pratique en grand, et comme ayant subi toutes les épreuves préliminaires; mais, il est du devoir du jury, quelles que puissent être ses convictions, de ne pas se prononcer sur l'avenir d'un procédé qui n'a pas encore subi l'épreuve nécessaire de la pratique commerciale.

Les procédés mécaniques, à l'aide desquels M. Vauquelin cherche à abréger la durée du tannage, sont bien combinés, et remplissent leur but. Sa machine à drayer fonctionne avec régularité. Plusieurs expériences faites sur une grande échelle, sous les yeux des commissaires de la société d'encouragement, ont prouvé que les peaux ordinaires se tannent avec facilité par les procédés de M. Vauquelin, et que les peaux même les plus rebelles, peuvent être promptement tannées après avoir subi les traitements mécaniques mis en usage par ce tanneur.

Le jury, bien convaincu de la vérité de tous ces faits, désire accorder à M. Vauquelin une marque de son intérêt en lui accordant une mention honorable.

CITATIONS FAVORABLES.

Le jury cite favorablement

M. VIDAL (Jean), à Perpignan (Pyrénées-Orientales),

Pour ses cuirs tannés à la garouille, et bien traités.

M. ADUY (Jean), à Perpignan (Pyrénées-Orientales),

Pour ses cuirs tannés à la garouille; ses peaux de

cheval au chêne vert, les unes et les autres de bonne fabrication.

---

§ 2. BUFFLETERIE, HONGROIERIE, CHAMOISERIE, MÉGISSERIE.

RAPPEL DE MÉDAILLE D'ARGENT.

M. GANNAL, à Paris, rue de Seine, 6.

M. Gannal a exposé un groupe de quelques oiseaux préparés par son procédé de conservation des matières animales ; l'expérience paraît justifier les prévisions de l'auteur, car ces oiseaux sont parfaitement conservés.

Le jury confirme à M. Gannal la médaille d'argent qu'il obtint en 1839.

MÉDAILLE D'ARGENT.

M. DOUAUD, à Nantes (Loire-Inférieure).

M. Douaud a apporté de véritables perfectionnements dans l'industrie du chamoiseur, particulièrement en ce qui concerne les peaux de veau et de mouton propres à la chaussure; les résultats qu'il a obtenus en ce genre sont tout à fait remarquables.

Les peaux chamoisées qu'il a exposées sont parfaites de moelleux, de souplesse et de couleur. Tous ces produits trouvent un placement facile en Suisse, en Italie, en Espagne et dans les deux Amériques;

et chaque année ces débouchés prennent une extension plus importante.

Le jury juge M. Douaud très-digne de la médaille d'argent.

MÉDAILLE DE BRONZE.

M. BOURJAT, à La Tronche, près Grenoble (Isère),

A exposé plusieurs peaux de veaux et de moutons chamoisées pour gants et pour chaussures; ces produits sont bien fabriqués, le jury a remarqué leur grande souplesse, la vivacité de leur couleur, et en même temps le peu d'élévation de leurs prix.

La fabrique de M. Bourjat est à peu près la seule de quelque importance qui ait survécu à la décadence de la mégiss[illegible] et de la chamoiserie dans le département de l'Isère.

Le jury décerne à M. Bourjat une médaille de bronze.

MENTIONS HONORABLES.

M. TRACOL (Henri), à Annonay (Ardèche),

A exposé des peaux de chevreaux mégissées pour la fabrication des gants de premier choix; ces produits, que M. Tracol prépare sur une très-grande échelle, ont paru au jury d'une exécution parfaite.

M. A. CAMUS, à Poitiers (Vienne),

A exposé des peaux d'agneaux mégissées pour la ganterie; ces peaux sont moelleuses, souples et apprêtées d'une manière remarquable.

Le jury mentionne honorablement

M. DIETZ jeune, à Paris, rue Pascal, 17 *bis*,

Pour ses basanes de belle qualité.

M. JOUANNEAU, à Paris, passage Valence, 7 (quartier Saint Marcel),

Pour ses peaux de mouton pour tapis de voiture; pour ses cuirs blancs lissés; pour ses peaux mégissées.

---

§ 3. CUIRS VERNIS.

RAPPELS DE MÉDAILLES D'OR.

MM. NYS et Cie, à Paris, rue de l'Orillon, 27.

Depuis 1839, époque à laquelle M. Nys reçut, comme prix de ses constants efforts et des nombreuses améliorations qu'il avait apportées dans la fabrication du cuir vernis, la médaille d'or et la décoration de la Légion d'honneur; son établissement, ses relations tant à l'intérieur qu'au dehors, ont pris encore un développement considérable.

Ainsi, en 1842, il augmenta sa manufacture, déjà très-vaste, de constructions très-importantes.

La vente de ses produits, qui n'a pas moins grandi sur les marchés étrangers que sur la place, dépasse aujourd'hui le chiffre énorme de 3,000,000 de francs, absorbés dans une proportion considérable par l'Angleterre, qui jusqu'à ce jour est restée notre tributaire pour cet article.

La Belgique elle-même qui, par sa position et son commerçe avec l'Allemagne, trouve à s'approvisionner facilement de veaux vernis à des prix très-avantageux, recherche cependant, quoique avec une différence de 20 pour 100, les produits de M. Nys, auxquels elle accorde toujours la préférence.

S'il y a eu augmentation dans les bâtiments, progression dans l'écoulement des produits, il y a eu également augmentation dans le nombre des ouvriers qui dans ce moment s'élève à deux cent quatre-vingts, tant chez lui qu'au dehors.

Quoique M. Nys ne tanne pas chez lui les veaux qu'il prépare dans sa fabrique, il n'en a pas moins un travail complet pour retanner la majeure partie de ceux qu'il achète, surtout depuis l'introduction dans le tannage de nouveaux procédés accélérés.

L'établissement de M. Nys se distingue par la belle disposition des bâtiments, par leur distribution bien entendue, par l'ordre qui y règne, par la bonne direction du travail, et par le zèle et la bonne conduite des ouvriers qui y sont employés.

M. Nys a établi une caisse d'épargne et de secours pour ses ouvriers. Au moyen de règlements établis avec justice, et du bien-être qu'il a toujours cherché à leur procurer, il a su s'entourer du dévouement de tous ses ouvriers.

Cet établissement, déjà très-complet sous tous

les rapports, possède divers ateliers de construction, tels que menuiserie, serrurerie, etc., et enfin une compagnie de vingt-deux sapeurs-pompiers pris parmi les ouvriers, entièrement équipés et parfaitement dressés aux manœuvres.

Ce qui atteste suffisamment la supériorité des produits qui sortent de cet établissement modèle, c'est que malgré la quantité considérable qu'il livre au commerce, il ne peut exécuter toutes les demandes qui lui sont adressées.

Un quart des commissions qui lui sont remises dans le courant de l'année restent inexécutées :

Le jury ne saurait trop témoigner à M. Nys sa vive satisfaction pour de semblables résultats ; en conséquence, il déclare qu'il est de plus en plus digne de toutes les hautes distinctions dont il a déjà été honoré.

M. PLUMMER, à Pont-Audemer (Eure).

Cet habile manufacturier, qui en 1839, obtint la médaille d'or, a augmenté depuis cette époque ses moyens de fabrication.

En 1839, il occupait cent ouvriers, maintenant il en occupe cent soixante-douze.

A la même époque, il faisait de 13 à 1,400,000 fr. d'affaires annuellement, tant à Paris qu'en province et à l'étranger, et maintenant il en fait pour 2,000,000 à 2,500,000 fr.

Cet accroissement provient des améliorations apportées dans la fabrication sous le rapport de la beauté, de la qualité et de l'abaissement de prix des produits.

Une machine à dédoubler les peaux de vaches et de bœufs, pour laquelle il est breveté, a beaucoup contribué à ce résultat.

Le dédoublage des cuirs fournit, non-seulement le grand avantage d'utiliser un énorme morceau de cuir qui, auparavant était perdu, puisqu'à l'aide d'un couteau à revers on l'enlevait en varlopes ou copeaux ; il en procure encore un autre presqu'aussi grand, en donnant la facilité de hâter la fabrication. Dédoublant les peaux de vaches et de bœufs dans la première période de la préparation du tannage, c'est-à-dire, environ un mois après qu'elles sont sorties de la boucherie, ces peaux, ainsi divisées, achèvent de se tanner dans le délai d'un autre mois; sans ce dédoublage, il faudrait au moins huit mois pour accomplir ce tannage.

Les principaux selliers et carrossiers s'accordent à dire que les produits de M. Plummer ont conservé toute leur supériorité.

Depuis quelque temps, les négociants commissionnaires expéditeurs pour les colonies y envoient, ainsi que dans l'Amérique du Sud, beaucoup de harnachements de chevaux en cuirs vernis avec des dessins dorés ou argentés. Les cuirs vernis de M. Plummer sont les plus propres au travail de l'argenture et de la dorure, et résistent sans s'altérer au degré de chaleur élevé qu'ils ont à subir dans cette préparation. M. Plummer garantit leur arrivée dans les pays les plus chauds sans accident de collage.

MÉDAILLES D'ARGENT.

M. GAUTHIER, à Paris, rue du Faubourg-Montmartre, 4.

Admis à l'exposition de 1839, M. Gauthier obtint une médaille de bronze. Ses produits ont subi des améliorations notables sous le rapport de la beauté, de la souplesse, de la solidité et sous celui du bon marché. Le résultat de ces perfectionnements a été de tripler le chiffre de ses opérations.

Il vernit par année trente-deux mille peaux réparties de la manière suivante :

4,000 vaches à capotes et autres.
10,000 veaux forts pour sellerie et équipement militaire.
8,000 veaux minces noirs et couleurs pour chaussure et sellerie.
10,000 maroquins minces noirs et couleurs pour chaussure et sellerie.

Les cuirs vernis pour équipage obtiennent la préférence sur les cuirs anglais; ils les égalent en beauté, à l'emploi, et ne cassent pas dans les piqûres; ils offrent un avantage de 25 pour 100 sur les prix.

L'équipement militaire en consomme beaucoup.

Les vaches vernies pour capotes ont reçu quelque perfectionnement au moyen d'un grain nouveau plus fin et plus saillant que l'autre, qui leur donne une souplesse essentielle à ces peaux sans diminuer l'éclat de leur brillant.

A la dernière exposition, M. Gauthier avait exposé ces maroquins vernis pour chaussure, article alors nouveau, qui offrait de grands avantages sur le veau par son bas prix, et que le jury jugea susceptible de prendre beaucoup d'extension; M. Gauthier l'a appliqué à la carrosserie. Les voitures élégantes sont à présent garnies de ces peaux qu'il fabrique de toutes nuances; leur réputation s'est si vite et si bien établie, qu'elles se consomment non-seulement en France, mais en Italie, en Prusse et en Belgique; la beauté et la vivacité des couleurs, la faculté de les employer à volonté pour l'intérieur ou l'extérieur des voitures, le vernis les rendant imperméables, explique ce succès; les nuances grises si difficiles à obtenir en maroquins teints, réussissent parfaitement en maroquin verni.

On avait déjà essayé le chevreau vernis pour chaussure, mais une mauvaise fabrication en avait empêché l'emploi; les échantillons présentés par M. Gauthier étant souples et solides, donnent l'espoir que cet article, qui réunit les avantages du chevreau noir et doré, du côté de la finesse et de la douceur, et ceux du vernis, du côté de la solidité et du brillant, sera adopté pour la chaussure des dames.

Le jury central a distingué M. Gauthier comme un industriel très-laborieux, très-intelligent, à qui il se plaît à décerner la médaille d'argent.

MM. PLATTET frères, à Paris, rue Montmorency, 39,

Ont exposé des cuirs vernis, c'est-à-dire des veaux

et des moutons vernis en noir et en couleurs; ils ont exposé, en outre, des objets moulés en cuir et en feutre, tels que flacons de voyage, bidons, pots à l'eau pour la marine, etc.

Ils ne tannent pas eux-mêmes leurs cuirs, mais ils reçoivent du commerce leurs peaux tannées, et emploient pour les corroyer et les vernir, 65 ouvriers à l'année, sans compter ceux du dehors.

A la fabrication des peaux vernies pour la cordonnerie et la sellerie, la ceinturonnerie, etc., ils joignent celle des articles vernis de chasse et de voyage.

Leurs bidons ou bouteilles de voyage ont fixé l'attention du jury. Jusqu'ici, on avait employé pour former l'intérieur de ces bouteilles, le verre ou le paillon d'étain simple; ces ustensiles étaient dès lors promptement détruits soit par le choc ou la pression, soit par l'action de certains liquides; leurs bouteilles se composent de deux coquilles d'étain estampées et soudées, et recouvertes de deux autres coquilles en cuir fort; estampées également, cousues et enduites de plusieurs couches de vernis, elles sont à l'abri de toute détérioration intérieure; résistent à la pression tout en conservant assez de souplesse pour ne pas se briser par le choc. Elles se livrent d'ailleurs à bas prix.

Ces bidons ou bouteilles livrés à quelques maisons qui font le commerce avec l'Algérie y ont reçu un favorable accueil. Le principe de leur fabrication est bon; que les inventeurs en assurent la consciencieuse exécution, et le succès doit en être assuré.

MM. Plattet frères, déjà placés dans un rang honorable parmi les fabricants de cuirs vernis, ont paru par l'ensemble de leur fabrication, très-dignes de la médaille d'argent que le jury leur décerne.

NOUVELLE MÉDAILLE DE BRONZE.

M. HEULTE (Théodore), à Paris, rue Pastourelle, 5.

Sa manufacture de cuirs et feutres vernis, occupe de 40 à 50 ouvriers, et en outre 15 à 25 ouvriers, fouleurs, garnisseurs et autres, travaillent encore au dehors pour sa maison.

Il fabrique annuellement :

40 à 50,000 chapeaux et toques de chasse en feutre vernis, au travail desquels sont employés dix fourneaux et étuves.

10,000 peaux de veaux, vaches et moutons, tant détaillées qu'en pièces pour chapellerie, chaussure et sellerie, les visières, dessus de schakos, ceinturons, schakos et schabskas, et en général tous les articles en cuir et feutre verni pour la coiffure, et l'équipement militaire.

Chaque année, il exporte plus de 10,000 chapeaux et autres articles vernis, au Brésil ou dans nos colonies.

Il fabrique un casque en laine sologne foulée à fond, verni, d'une seule pièce, et sans couture, destiné aux sapeurs pompiers; le prix en est de 9 fr. tout garni avec chenille et crin noir et ornements métalliques; il en a fourni 200 pour une compagnie du canton de Berne.

Par l'élasticité de son feutrage, ce casque garantit mieux du choc que celui de cuivre qui, se bossuant sous la pression d'un corps qui tombe, préserve moins bien la tête que le feutre.

Le jury décerne à M. Théodore Heulte une nouvelle médaille de bronze.

MÉDAILLES DE BRONZE.

MM. HOVELACQUE frères, à Paris, rue de Chabrol, 55.

MM. Hovelacque frères ont apporté de grands perfectionnements dans la fabrication des toiles vernies pour coiffes à schakos; jusqu'ici, certains défauts avaient empêché de les employer de préférence aux toiles cirées; elles étaient, il est vrai, plus belles et plus brillantes à la vue, mais elles avaient l'inconvénient de devenir collantes par la chaleur, et de se gercer, et même de se couper à la moindre gelée.

Ces défauts ont entièrement disparu dans la fabrication de MM. Hovelacque frères, et ce qui ne doit laisser aucun doute sur la qualité de leurs produits, c'est qu'ils ont la fourniture des deux tiers des régiments de l'armée, et qu'ils ont soumis au jury un grand nombre de certificats des conseils d'administration des divers régiments, qui constatent que les coiffes à schakos de MM. Hovelacque frères sont d'une grande supériorité, tant pour la beauté et la souplesse du tissu, que sous le rapport de leur durée.

Le jury décerne à MM. Hovelacque frères la médaille de bronze.

M. MICOUD, à Paris, rue de Meaux, 12.

M. Micoud fabrique des cuirs vernis recherchés pour leur souplesse et leur imperméabilité ; mais l'objet principal de sa fabrication, consiste en toiles vernies employées avec le plus grand succès, pour la reliure, l'ameublement, et l'impression lithographique et typographique ; cette application déjà parfaitement accueillie par le commerce, est susceptible d'une grande extension.

M. Micoud a exposé, en outre, un nouveau système de toiles ingerçables sur châssis à tension mobile sans clef, à l'usage des peintres, etc. Enfin, des rouleaux sans couture, pour la lithographie, obtenus par un procédé fort ingénieux de dédoublage du cuir en vert.

Le jury considère ces diverses applications comme tout à fait dignes d'intérêt ; en conséquence, il décerne à M. Micoud la médaille de bronze.

MM. ROUSSEL et DESPREZ, à Paris, rue du Faubourg-Montmartre, 10.

La fabrique de cuirs vernis de MM. Roussel et Desprez, est l'une des plus importantes et des plus anciennes de Paris ; les cuirs y subissent successivement toutes les préparations : tannage, corroyage et vernissage ; les produits qui en sortent sont très-estimés dans le commerce.

Le jury déclare que MM. Roussel et Desprez sont très-dignes de la médaille de bronze.

M. DÉADDÉ, à Belleville (Seine), et à Paris, rue Montmartre, 9.

M. Déaddé a succédé à M. Deplaye, qui obtint en 1839 une citation favorable; il a perfectionné les procédés de fabrication de son prédécesseur. Il a exposé des vaches et veaux vernis pour la sellerie; des veaux et des moutons pour la chaussure : tous ces objets sont bien préparés, et justifient la médaille de bronze que le jury lui décerne.

MENTIONS HONORABLES.

MM. MERLANT jeune et TAGOT, à Nantes (Loire-Inférieure).

Paris a été jusqu'ici en possession presque exclusive du monopole de la fabrication et de la vente des cuirs vernis; industrie dans laquelle aucun pays étranger ne peut nous faire concurrence. Mais, Paris suffit à peine aux demandes qui lui sont faites.

MM. Merlant jeune et Tagot ont monté, dans le courant de 1843, une fabrique de cette espèce de cuirs à Nantes, et ils ont exposé des cuirs vernis qui ont paru au jury dignes d'une mention honorable.

M. QUÉVRAIN, à la Chapelle-Saint-Denis (Seine), et à Paris, rue Saint-Martin, 134,

S'occupe particulièrement de la basane vernie pour chapellerie, visière, ceinture, etc. Il fait surtout le vernis de couleur. Il vernit le carton, le papier, la toile. Sa fabrication en ce qui concerne le mouton verni, a paru au jury central digne d'une mention honorable. Il occupe 20 ouvriers. Ses ventes se font sur la place de Paris.

M. LECHEVALIER-HAMON, à Paris, rue de Charonne, 31, et rue Saint-Martin, 295,

A exposé des cuirs vernis de diverses couleurs, d'une bonne fabrication.

M. OZOUF, à Grenelle (Seine), rue des Entrepreneurs, 31,

Fabrique des cuirs vernis pour chaussures, carrosserie et sellerie; ses produits sont estimés.

M. SOYER, à Paris, rue Cadet, 11,

S'occupe de la fabrication des cuirs vernis, mais particulièrement de la corroierie.

CITATION FAVORABLE.

MM. CLERCX et TENET, à Paris, rue Vivienne, 4,

Pour leurs essais de satins vernis pour chaussures.

---

§ 4. MAROQUINS.

RAPPELS DE MÉDAILLES D'OR.

MM. FAULER frères, à Choisy-le-Roi (Seine), et à Paris, rue Mauconseil, 16.

M. Fauler père a contribué puissamment à l'introduction en France de la fabrication du maroquin. Le jury de 1839 constata que les fils de cet industriel avaient noblement marché sur ses traces, et qu'ils avaient apporté de si grands perfectionnements dans l'industrie créée par leur père, que non-seulement ils avaient complétement affranchi le pays du tribut qu'il payait à l'étranger pour cet important produit, mais encore qu'ils avaient su se faire un rang spécial sur tous les marchés étrangers.

MM. Fauler frères ne se sont point arrêtés dans la voie de perfectionnement et de progrès qui leur valut la médaille d'or en 1839. Depuis cette époque, leurs relations à l'extérieur se sont considérablement accrues, et pour satisfaire aux nombreuses demandes qui leur sont journellement adressées, ils ont été obligés de donner une nouvelle extension à leur établissement. Ils ont fait construire une machine à vapeur d'une grande puissance dont ils tirent habilement parti pour les diverses opérations de leur industrie. Cette machine fait mouvoir des foulons de différentes espèces qui servent à purger et à nettoyer à fond les peaux, soit en sortant de la chaux, soit après le tannage. Elle met également en mouvement des moulins dans lesquels se fait le tannage avec une régularité parfaite et dans un temps beaucoup moins long que par les anciens procédés; des presses hydrauliques et à cylindre abrégent des trois quarts le temps nécessaire pour dessécher les peaux en sortant de la teinture; avantage, d'autant plus grand, que les nuances les plus délicates ne sont plus altérées par la dessiccation, comme par le passé. La même machine fait aussi mouvoir un appareil pour le varlopage des bois de teinture, un puissant ventilateur, et enfin une pilerie pour le broyage du sumac employé dans le tannage des peaux.

Il restait encore un problème à résoudre, c'était de trouver un moyen de sécher les peaux dans les plus mauvais temps, en conservant les couleurs qui coulaient toujours dans les étuves; ce qui forçait les fabricants de maroquin à suspendre leur fabrication pendant l'hiver.

Après de nombreux et coûteux essais, MM. Fauler frères sont enfin parvenus à résoudre le problème de la manière la plus complète et la plus satisfaisante, en établissant une étuve d'après les principes de d'Arcet pour les magnaneries salubres et à laquelle ils ont appliqué le ventilateur Combes; par ce moyen, ils sèchent rapidement les peaux tout en conservant leurs couleurs aussi pures qu'avec la dessiccation à l'air libre.

Il restait encore à remplacer par un moyen mécanique le lissage des peaux, travail extrêmement pénible pour les ouvriers. MM. Fauler frères ont déjà monté plusieurs machines à lisser qui marchent avec une régularité parfaite, et qui donnent les meilleurs résultats.

Toutes ces améliorations ont été introduites par MM. Fauler frères depuis l'exposition de 1839. Elles ont eu pour résultat d'apporter une grande économie dans la fabrication, d'étendre considérablement l'importance de leurs affaires dont le chiffre, cette année, est plus que doublé. Il est bon de remarquer aussi que malgré l'emploi d'aussi puissants moyens mécaniques, le nombre de leurs ouvriers va toujours croissant; dans ce moment, il s'élève à près de deux cents.

M. DALICAN, à Paris, rue Censier, 13.

Les produits que ce fabricant a exposés ont paru remarquables au jury, par la variété et la vivacité de leurs couleurs.

M. Dalican est toujours digne de la médaille d'or décernée, en 1819, à son prédécesseur, M. Mattler.

RAPPELS DE MÉDAILLES D'ARGENT.

MM. EMMERICH et J.-B. GOERGER fils, à Strasbourg (Bas-Rhin).

L'établissement de MM. Emmerich et Gœrger fils, qui, aux quatre précédentes expositions, a obtenu la médaille d'argent, a exposé cette année une belle collection de maroquins de diverses nuances; les couleurs claires se font particulièrement remarquer.

Le jury reconnait que MM. Emmerich et Gœrger fils se sont maintenus dans la position importante qu'ils occupent depuis tant d'années, et qu'ils méritent toujours la médaille d'argent qu'ils ont obtenue.

MM. LANZENBERG et Cie, à Strasbourg (Bas-Rhin).

En 1839, MM. Lanzenberg et Cie présentèrent

pour la première fois un assortiment des produits de leur industrie qui leur valut une médaille d'argent. Depuis lors, ils ont encore perfectionné quelques-uns de leurs articles, notamment les maroquins noirs, auxquels ils ont donné plus de lustre et de souplesse, et les maroquins rouges dont la nuance a plus d'éclat et de vivacité. Le jury a aussi remarqué leurs maroquins et moutons, vert-cantharide et jaune doré de diverses nuances. MM. Lanzenberg et Cie sont toujours en première ligne pour ce genre de fabrication.

Le jury déclare que MM. Lanzenberg et Cie sont de plus en plus dignes de la médaille d'argent qui leur fut décernée en 1839.

RAPPEL DE MÉDAILLE DE BRONZE.

MM. TREMPÉ jeune, oncle et neveu, à Paris, rue des Écluses-Saint-Martin, 28,

S'occupent spécialement, et avec le plus grand succès, de la préparation des peaux de chevreau pour chaussures. Les produits qu'ils ont exposés, particulièrement les peaux noires et bronze doré, ont paru parfaitement fabriquées. Le jury déclare que la fabrique de MM. Trempé jeune, oncle et neveu, est toujours digne de la médaille de bronze qu'elle a déjà reçue sous la raison Cruel-Trempé et Félix Bernheim.

MENTIONS HONORABLES.

Le jury mentionne honorablement

MM. CARRÉ et BARRANDE, à Paris, rue des Cinq-Diamants, 11,

Pour ses peaux de chevreau et d'agneau en bronze doré et noir.

M. VINCENT, à Paris, rue Geoffroy-l'Angevin, 15,

Pour ses peaux de moutons destinées à la chapellerie.

---

§ 5. TOILES CIRÉES.

MÉDAILLE D'OR.

MM. BAUDOUIN frères, à Paris, rue des Récollets, 3.

« Si, d'un côté, on aime à voir notre industrie » des cuirs vernis, longtemps inférieure à celle de » l'Angleterre, lui faire aujourd'hui, sur son pro- » pre terrain, une aussi sérieuse concurrence, d'au- » tre part on ne peut s'empêcher de regretter que » la consommation des cuirs vernis soit compara- » tivement si faible en France, car elle indique ces » habitudes d'un luxe solide et éclairé, qu'il serait » si nécessaire de développer parmi nous. » Tel est le langage que tenait le rapporteur du jury de

1839 ; nous sommes heureux de pouvoir constater que ses vœux se sont réalisés et que les résultats ont dépassé ses espérances. Depuis cette époque la consommation du cuir verni a plus que décuplé, la majeure partie des fabricants ont perfectionné leurs procédés de fabrication ; de nouveaux établissements se sont créés ; de là, amélioration dans la qualité des produits et en même temps baisse dans les prix.

Parmi les fabricants qui ont contribué à amener ce résultat nous devons citer en première ligne MM. Baudouin frères, qui ont donné une grande extension à leur fabrication de cuirs vernis, et dont les produits sont dignes d'éloges.

Mais ce ne sont pas seulement des cuirs vernis que fabriquent MM. Baudouin frères dans leur bel établissement de la barrière Saint-Jacques ; ils y produisent aussi, sur une très-grande échelle, tous les produits bitumineux, et de plus des toiles cirées, des toiles imperméables, des toiles vernies pour tous les usages, et enfin un article tout à fait spécial qui a vivement frappé l'attention du jury ; nous voulons parler des grands tapis cirés en forte toile qu'ils fabriquent spécialement pour le service des grands bâtiments de la marine royale et des paquebots de l'administration des postes. Ils sont parvenus à fabriquer les tapis sur de bien plus grandes dimensions et à de bien meilleures conditions qu'en Angleterre ; il en est qui portent jusqu'à 20 mètres de longueur sur 8 mètres de large. Le jury a été à même de se convaincre des efforts et des sacrifices de tout genre que ces habiles fabricants ont été obligés de faire pour monter cette fabrication dans leur usine, et particulièrement pour les appareils mécaniques qu'ils ont été forcés de créer, afin de rendre maniables d'aussi grandes masses et d'en faciliter la fabrication.

Le jury pense qu'un pareil ensemble de fabrication, dirigé avec autant d'intelligence que d'activité, est digne des plus grands éloges; en conséquence il décerne la médaille d'or à MM. Baudouin frères.

RAPPEL DE MÉDAILLE D'ARGENT.

M. SEIB, à Strasbourg (Bas-Rhin).

M. Seib fabrique des toiles cirées depuis longtemps et avec distinction. Depuis l'exposition de 1839, son industrie a reçu quelques perfectionnements par l'adoption des futaines cirées, qui, peignées sur l'envers, remplacent la laine verte pour draper les toiles cirées, et sont à meilleur marché.

Par un procédé fort simple, il est parvenu à imiter les veines des bois d'acajou, de noyer, de chêne et autres; il ne lui faut que quatre à six minutes pour un espace de 9 mètres de long sur 120 centimètres de large. Les ronds de table en toile et en futaine sont faits de la même manière.

Il occupe dans la belle saison une soixantaine d'ouvriers, une douzaine de femmes pour filer le chanvre, et quelques tisserands pour la confection des toiles fortes pour les tapis peints.

MÉDAILLE DE BRONZE.

M. LARROUMETS, à Paris, rue Sainte-Marguerite-Saint-Antoine, 22.

La fabrique de toiles cirées de M. Larroumets est l'une des plus considérables et des plus anciennes de Paris; elle date de 1745.

M. Larroumets a exposé un grand nombre de produits parfaitement fabriqués, mais le jury a particulièrement remarqué un tapis de grande dimension (il a 7 mètres 50 centimètres de diamètre), qui rivalise avec ce que les Anglais font de mieux dans ce genre; ce tapis ne laisse absolument rien à désirer, tant sous le rapport du dessin, de la vivacité du coloris, que sous celui de l'exécution.

Le jury déclare que M. Larroumets est digne de la médaille de bronze.

MENTIONS HONORABLES.

M. BESLAY (Charles), à Paris, rue Neuve-Popincourt, 17.

M. Beslay a exposé des tapis en toile cirée dont la fabrication repose sur un principe très-simple.

On prépare des tableaux de la grandeur des tapis qu'on veut obtenir avec du papier rendu imperméable au moyen d'une couche uniforme de colle de peau; c'est sur ces tableaux que l'on applique le dessin à la planche ou au pinceau avec des couleurs très-épaisses pour avoir beaucoup de reliefs. Quand ils sont secs, l'on recouvre le tout d'une couche de fond de la couleur qu'on désire ; l'on achève de remplir les cavités que laissent les dessins avec des couleurs plus communes, que l'on pose à la raclette et non pas au pinceau comme la couche précédente.

Après cette opération, on procède à l'application d'un tissu qu'on forme à volonté d'étoupes en chanvre cardées, de ouates en coton, de toile ordinaire, de feutre soit en laine, soit en poils, etc., l'adhérence en est produite au moyen d'un mordant ayant l'huile de lin pour base. Quand cet enduit est suffisamment séché, il ne reste plus qu'à remplir tous les vides de la matière dont on s'est servi, ce que l'on fait à la raclette avec des enduits assez grossiers ; l'on unit la surface avec soin, et c'est là-dessus que l'on pose une couche de couleur rouge que l'on veloute, quand on le désire, à la manière ordinaire.

Quand ce travail est achevé, l'on retourne le tapis, et à l'aide de tampons en laine et d'eau chaude l'on enlève le papier pour découvrir le dessin.

L'on fait sécher la surface pendant quelques jours, et lorsqu'elle est bien dure, l'on donne un léger coup de ponce. C'est à ce moment que l'on vernit au vernis gras à la manière ordinaire, ou que l'on applique une couche d'encaustique simplement composée de blanc de baleine dissous dans l'essence.

Les avantages que présente ce mode de fabrication sont les suivants :

1° Les dessins incrustés dans l'épaisseur du tapis se trouvent au niveau du fond et ne présentent aucune aspérité au frottement des pieds. L'usure devient par là fort lente; dans les tapis dont les dessins sont en relief, le frottement les altère et les fait bientôt disparaître;

2° Les tapis incrustés se maintiennent propres plus facilement; il suffit de les laver à l'eau et de les encaustiquer au blanc de baleine;

3° Leur fabrication très-prompte se fait en un mois;

4° Leur odeur est presque insensible quand ils sont neufs, et disparaît complétement après quelque temps de service;

5° Leur épaisseur peut être aussi considérable que celle des tapis de laine. L'emploi des étoupes et des feutres donne la facilité de superposer autant de couches que l'on désire;

6° Leur prix est inférieur de 10 à 15 pour 100.

L'un des premiers tapis confectionné par ce moyen a servi pendant près de deux ans au ministère de la marine, où il a été placé dans le passage le plus fréquenté. La marine a désiré un essai aussi étendu avant de faire des commandes.

L'administration du chemin de fer d'Orléans les a adoptés pour garnir ses voitures.

En l'état de cette fabrication naissante, et à laquelle le jury se plaît à reconnaître un avenir très-favorable, il serait contraire à sa jurisprudence de lui accorder une récompense définitive. Il se borne donc à la déclarer très-digne d'une mention honorable.

Le jury accorde aussi des mentions honorables à

M. RIVOT DE BAZEUIL, à Laferté-sur-Amance (Haute-Marne),

Pour ses tapis de table.

M. CERF-MAYER, à Lambézellec, près Brest (Finistère),

Pour ses toiles cirées.

M. LANGLOIS, à Stains, près de Saint-Denis (Seine),

Pour ses taffetas gommés et ses toiles cirées.

MM. LABEY et LEMAIRE, à Paris, place du Caire, 2,

Pour leurs toiles cirées.

SECTION III.

INDUSTRIES DIVERSES.

M. Schlumberger (Charles), rapporteur.

§ 1. GANTERIE.

Considérations générales.

La fabrication des gants prend successivement de l'extension, elle occupe un grand nombre d'ouvriers, et particulièrement d'ouvrières de la campagne chargées de la couture.

L'usage des gants prenant du développement, et l'exportation en augmentant tous les jours (En 1842, 153,142 kilog., valeur 6,125,000 fr.) ; la rareté des belles peaux se fait sentir depuis quelque temps, et on est obligé d'avoir recours à des peaux de seconde qualité, à des peaux d'agneaux ou à d'autres encore, pour suffire à la consommation et fabriquer des gants à meilleur marché. Cela est regrettable, car le gant doit se distinguer surtout par la souplesse, la douceur de la peau ; et la peau de chevreau bien préparée réunit seule, jusqu'à présent, ces deux qualités. Paris et Grenoble sont les deux grands centres de commerce de la belle ganterie. On a remarqué que la couture des gants piqués n'était presque plus en usage, les fabricants répondent à cela que cette couture est un peu plus chère et qu'on se plaint de ce qu'elle grossit les doigts, c'est ainsi que dans beaucoup de choses une petite économie et la mode font disparaître les bonnes méthodes de fabrication, car la couture piquée est la meilleure de toutes.

MÉDAILLE D'ARGENT.

MM. JOUVIN et Cie, à Grenoble (Isère), et à Paris, rue Saint-Denis, 229.

Ces fabricants ont contribué puissamment à relever la fabrication des gants à Grenoble, le jury départemental les a recommandés d'une manière toute particulière à l'attention du jury central, pour la bonté des produits, l'importance de leur établissement et sa bonne direction.

En effet, MM. Jouvin ont établi des tableaux numérotés pour les longueurs et largeurs de la main; les numéros sont répétés sur les gants, de manière qu'il est toujours facile de près ou de loin de se procurer des gants pareils à ceux que l'on désire; pour arriver à ce résultat, ces Messieurs possèdent plusieurs machines pour couper, fendre et apprêter les peaux.

Dans leurs deux établissements, ils emploient plus de cent ouvriers, et donnent au dehors du travail à plus de mille couseuses; 240,000 peaux sont converties annuellement en 36,000 douzaines de paires de gants, dont le tiers est vendu pour l'exportation.

Les salaires se montent à près de 230,000 fr. par année.

A la dernière exposition, M. Jouvin avait obtenu une médaille de bronze pour son début ; le jury lui décerne une médaille d'argent pour l'importance de sa bonne fabrication.

RAPPEL DE MÉDAILLE DE BRONZE.

M. MATTON (Auguste), à Grenoble (Isère).

Ce fabricant est renommé pour le soin qu'il apporte dans la confection de ses produits ; bon choix de matières, belles nuances et perfection de couture se trouvent réunis dans sa ganterie. Déjà distingué en 1839 par la médaille de bronze, il continue de mériter cette distinction, et le jury lui en vote le rappel.

MÉDAILLES DE BRONZE.

M. REYNIER, à Grenoble (Isère).

M. Reynier a exposé une collection de gants très-bien soignés, et d'une grande perfection de couture, il a conservé la couture piquée faite d'une manière supérieure.

Le jury départemental signale particulièrement la bonne coupe et la confection des gants de ce fabricant qui occupe d'ailleurs un grand nombre d'ouvriers, pour produire 8 à 9,000 douzaines de paires de gants, dont le tiers pour l'exportation.

Le jury lui vote une médaille de bronze pour sa bonne couture, et la beauté de ses peaux.

M. JOULIN, à Paris, rue du Renard-Saint-Sauveur, 7.

Ce fabricant fait confectionner une grande quantité de gants; ils sont d'une couture très-soignée, et les couleurs sont bien égales. Il fait aussi broder avec perfection des gants de bal ou de beaucoup de toilette qui obtiennent du succès en Angleterre. Les peaux de M. Joulin sont teintes et coupées à Paris, et la couture se fait dans les campagnes, par un grand nombre d'ouvrières.

Le jury décerne à M. Joulin une médaille de bronze.

MENTIONS HONORABLES.

M. LECOCQ-PRÉVILLE, à Paris, passage du Saumon, 50, 52 et 54.

Ce fabricant fait confectionner avec le plus grand soin les bretelles, cols, cravates et autres objets. Sa fabrication de gants est importante, et les produits sont très-bien soignés sous les rapports de la teinture, de la coupe et de la couture. Pour l'ensemble de ses produits, M. Lecocq-Préville mérite une mention honorable que le jury lui décerne.

M. BRIE aîné, à Paris, rue Jean-Jacques-Rousseau, 12,

A exposé un assortiment de gants de belles nuances et bien fabriqués; ces échantillons représentent d'ailleurs la fabricatiou courante de M. Brie, qui met le plus grand soin à produire des articles pouvant soutenir la concurrence sur les marchés étrangers. Le jury vote une mention honorable à M. Brie aîné.

M. PERRUCAT, à Grenoble (Isère),

A exposé des gants d'une bonne et solide confection; sa ganterie brodée en or et argent forme un article d'exportation recherché. M. Perrucat, distingué déjà en 1839, est mentionné honorablement par le jury, pour l'ensemble de ses produits.

M. BROCHIER, à Grenoble (Isère).

Ce fabricant a fait beaucoup de travaux pour fabriquer les gants en peaux d'agneaux de première qualité. Il est arrivé à les faire avec avantage, et ceux qu'il a exposés montrent que la couture, la coupe et la teinture ne laissent rien à désirer. La peau n'est pas aussi souple que celle de chevreau, mais ces gants étant près d'un tiers meilleur marché, trouveront beaucoup de consommateurs.

Le jury vote à M. Brochier une mention honorable.

M. PHILIPPE, à Paris, rue Montorgueil, 96,

A exposé des gants coupés d'après un système particulier, qui lui permet d'apporter de l'économie dans les prix. Ses gants sont garnis d'un élastique en caoutchouc, qui évite les boutons, et tient très-bien au poignet. La coupe et la couture sont bonnes; le jury mentionne honorablement les produits de M. Philippe.

CITATIONS FAVORABLES.

Le jury cite favorablement :

M. RIGAUD jeune, à Saint-Junien (Haute-Vienne),

Pour ses gants en peau d'agneau bien fabriqués, d'une grande variété de couleurs et à des prix modérés.

M. ALLEMAND, à Paris, rue Jean-Jacques-Rousseau, 18,

Pour des gants à boutons d'une bonne fabrication et un bon choix de matières.

M. TARIN, à Paris, rue Saint-Honoré, 335 *bis*.

Au lieu de boutons cousus, M. Tarin ajoute à ses gants, sans augmentation de prix, des boutons rivés qui sont commodes et très-solides, leur emploi doit se répandre dans le commerce, car ils sont plus solides et plus faciles à boutonner.

M. DESCHAMPS, à Paris, rue du Hasard, 8.

Pour remplacer les boutons, M. Deschamps se sert d'une petite chaîne d'une forme particulière attachée à l'un des côtés du gant, de l'autre côté se place une petite ouverture à encoche dans laquelle passe la chaîne. Cette chaîne servira d'ailleurs d'ornement, elle peut se confectionner en toute matière.

M. HERR (Isidore), à Paris, rue Saint-Denis, 261 et 263,

Pour la fabrication bien soignée de jolis gants de toute espèce.

---

§ 2. CHAUSSURES.

MÉDAILLE DE BRONZE.

M. SUSER, à Nantes (Loire-Inférieure).

Les chaussures de M. Suser sont d'une excellente fabrication, elles se distinguent par la bonne qualité des matières premières et les soins particuliers apportés au fini du travail. Les prix sont aussi très-modérés en raison de la bonne confection ; aussi les chaussures de M. Suser sont-elles recherchées par le commerce qui en fait un article spécial d'exportation et en trouve un placement avantageux aux États-Unis, à la Havane, au Brésil et dans nos colonies.

M. Suser est également un habile tanneur, et

une partie des produits de sa tannerie sont employés à la confection des chaussures.

Beaucoup d'ouvriers sont occupés aux divers travaux, et la production annuelle est de 3,000 douzaines de veaux et de 50,000 paires de souliers.

Le jury décerne à M. Suser une médaille de bronze pour l'ensemble de sa fabrication.

MENTIONS HONORABLES.

M. LEFÉBURE, à Paris, rue de Paradis-Poissonnière, 18.

M. Lefébure fait confectionner des chaussures sans couture; celle-ci est remplacée par des vis qui tiennent ensemble la semelle et l'empeigne et sont fixées dans une double semelle intérieure. Cette fabrication présentait des difficultés dans l'exécution des diverses opérations, et il a fallu créer à cet effet un outillage spécial pour produire économiquement ces chaussures : dans ce moment encore plusieurs machines importantes sont en cours d'exécution. D'après le fabricant, l'économie des prix ne serait pas seulement sur la dépense première, mais encore sur le plus de durée de la chaussure : des expériences faites avec soin montrent d'ailleurs que les vis tiennent dans les cuirs avec une grande force de résistance.

Le jury a examiné avec intérêt les chaussures de M. Lefébure, elles paraissent remplir les conditions de solidité et de durée, mais le temps et l'expérience comparative sur une grande échelle doivent prononcer avant que le jury puisse classer cette nouvelle industrie comme elle pourra le mériter plus tard si elle tient tout ce qu'elle promet. En faisant des vœux pour ses succès, le jury mentionne honorablement les travaux de M. Lefébure.

M. PENOT, à Paris, rue de la Vrillière, 6.

M. Penot, au lieu de couture emploie des clous pour joindre les semelles et l'empeigne. Ces clous ont la forme de petites chevilles auxquelles on fait des encoches pour les empêcher de ressortir du cuir.

Une plus longue expérience comparative a besoin d'être faite de ce système; le jury vote une mention honorable à M. Penot.

MM. BERNARD, CHAPUIS et MOLIÈRE, à Paris, rue du Cloître-Saint-Jacques, 3.

Ces messieurs ont établi une fabrication courante de chaussures; ils en ont envoyé à l'exposition des échantillons dont les prix sont assez bas, relativement à la bonne exécution de ces objets.

Ils fabriquent toutes les chaussures depuis les qualités ordinaires jusqu'aux plus élégantes : le jury accorde une mention honorable à MM. Bernard, Chapuis et Molière.

M. MALLET (Louis), à Limoges (Haute-Vienne).

Ce fabricant fait confectionner un grand nombre de souliers de toute espèce; il est un de ceux qui ont maintenu et amélioré dans le département ce genre de produit; il fait travailler beaucoup d'ouvriers et produit pour près de 150,000 fr. de chaussures pour hommes ou pour femmes.

Le jury vote à M. Mallet une mention honorable.

CITATIONS FAVORABLES.

Le jury cite favorablement :

MM. LEFEBVRE et BOST, à Limoges (Haute-Vienne),

Pour des chaussures de femme de toute espèce qu'ils fabriquent avec soin et à des prix modérés.

M. TEYTUT aîné, à Limoges (Haute-Vienne),

Qui fabrique aussi des chaussures de diverses étoffes, principalement pour femme.

M. LEBRETON, à Meaux (Seine-et-Marne),

Pour des chaussures qu'il rend imperméables et qui ont été l'objet d'un rapport de la Société d'agriculture de Meaux.

M. CHOLLET, à Versailles (Seine-et-Oise),

Pour des souliers bien fabriqués et qui doivent servir aux militaires, rouliers et commissionnaires. Ces souliers sont avantageux en ce que la guêtre tient au soulier, et ce fabricant a même exposé aussi une guêtre qui peut se rétrécir et s'élargir à volonté.

M. BOULARD, à Villepreux (Seine-et-Oise),

A exposé des essais d'une coupe de chaussures sans cambrage ; ce procédé offre de l'économie dans l'emploi de la matière et dans le prix de la chaussure.

M. RIGOLET, à Paris, rue Richelieu, 74.

Le jury se plaît à citer, comme l'a fait celui de 1839, l'instrument que M. Rigolet a inventé pour prendre les mesures de la chaussure.

Saboterie, Formier.

MÉDAILLE DE BRONZE.

M. BRUNHES (Bernard), à Aurillac (Cantal).

Ce fabricant confectionne tous les ans 25 à 30,000 paires de sabots d'une bonne et solide exécution. Le jury départemental le recommande comme un des hommes ayant contribué au développement de cette industrie dans le département qui envoie des produits dans tout le midi de la France. Il est reconnu également que M. Brunhes a formé dans son atelier un grand nombre d'excellents ouvriers. Il en emploie ordinairement une quarantaine chez lui et un assez grand nombre au dehors pour donner au bois les premières préparations.

Le jury accorde à M. Brunhes une médaille de bronze pour ses produits et pour les services qu'il a rendus à cette industrie.

MENTIONS HONORABLES.

M. DESROCHES, à Grenoble (Isère).

M. Desroches est un bon fabricant de sabots; ceux qu'il a exposés sont très-bien exécutés et à des prix très-bas en raison de leur bonne qualité.

Le jury lui accorde une mention honorable.

MM. AUBERT et Cie, à Paris, rue du faubourg Saint-Antoine, 145.

Ces fabricants confectionnent parfaitement les sabots de toute espèce; ils emploient un grand nombre d'ouvriers; leurs produits sont estimés dans le commerce. Déjà distingués en 1839, le jury leur accorde une mention honorable.

CITATIONS FAVORABLES.

Le jury cite favorablement

M. LAUSSER (François), à Aurillac (Cantal),

Pour des sabots bien fabriqués et à bas prix; on voit par les échantillons exposés que M. Lausser est un intelligent ouvrier.

M. LAUSSER jeune, à Aurillac (Cantal),

Pour des sabots bien fabriqués et la confection d'un sabot imperméable à l'eau.

M. GUILLAT, à Limoges (Haute-Vienne),

Pour des sabots parfaitement exécutés et légers, ils sont d'un bas prix et appréciés dans le commerce.

M. MÉNÉTREL, à Joinville (Haute-Marne),

Pour des brides de sabots variées, bien faites et à bon marché. Ces brides, au nombre de trente ou quarante mille douzaines, sont envoyées dans toutes les parties de la France.

M. NANCEY fils, à Melun (Seine-et-Marne),

Pour un mécanisme appliqué aux socques, et au moyen duquel on peut les ôter et les mettre sans peine. Les socques de M. Nancey sont d'une bonne confection.

M. FLEURET, à Paris, rue Pagevin, 8,

Pour des embauchoirs et formes de souliers. M. Fleuret a exposé comme pièce d'œuvre un *embauchoir-nécessaire* bien confectionné.

---

§ 3. BOUTONS, PEIGNES, ÉCAILLE FACTICE.

RAPPELS DE MÉDAILLES DE BRONZE.

M. PINSON, à Paris, rue du Ponceau, 12.

M. Pinson a obtenu, en 1839, la médaille de

bronze pour la fabrication de l'écaille et de l'ivoire factices ; depuis cette époque, la fabrication a été augmentée et les produits perfectionnés reçoivent toujours un grand nombre d'applications dans l'ébénisterie et la marqueterie.

M. Pinson fabrique également des coffrets et nécessaires simples ou ornés, soit avec ses produits, soit avec d'autres matières.

Le jury lui accorde le rappel de la médaille de bronze.

M. GUILBERT fils, à Paris, rue Neuve-Saint-Martin, 28.

Ce fabricant continue avec distinction la fabrication de la tabletterie et des peignes bien faits; ses ateliers ont été augmentés et ses produits sont estimés dans le commerce.

Il a exposé, cette année, des peignes de grande dimension, un verre d'eau et une tasse turque en écaille; ces objets dénotent la grande habileté de ce fabricant pour vaincre les difficultés.

Le jury accorde à M. Guilbert le rappel de la médaille de bronze.

MÉDAILLES DE BRONZE.

MM. TRÉLON et LANGLOIS-SAUER, à Paris, rue de Chabrol, 33,

Sont à la tête d'une grande fabrique de boutons de toute espèce, soit en métal, soit en étoffes de soie : boutons fins et ordinaires pour habits et gilets, boutons d'uniforme et de livrée, médailles religieuses ; tous ces articles confectionnés avec soin et solidité sont livrés à des prix modérés au commerce qui sait les apprécier.

MM. Trélon et Langlois-Sauer occupent un grand nombre d'ouvriers ; le chiffre de leurs affaires est important ; le jury leur accorde une médaille de bronze.

M. NOËL fils aîné, à Paris, rue de Lancry, 33,

A exposé différents objets en ivoire, mais particulièrement des peignes fins et des billes de billard. M. Noël est l'inventeur de plusieurs moyens ingénieux pour fendre les peignes et arrondir les dents, et ses peignes sont à cet égard d'une rare perfection. Un autre outil circulaire sert à faire les billes de billard aussi exactement rondes qu'il est possible de les obtenir. Pour sa bonne fabrication, l'importance de son atelier et ses améliorations ingénieuses, le jury accorde à M. Noël une médaille de bronze.

M. CAUVARD, à Paris, boulevard Bonne-Nouvelle, 10.

Ce fabricant est un de ceux qui continuent la confection des beaux assortiments de peignes de toute espèce ; ceux qu'il a exposés sont remarquables par le bon choix des matières, leur solidité et leurs formes bien choisies ; ils ne sont au reste que les échantillons de la fabrication courante. M. Cauvard occupe beaucoup d'ouvriers, et ses affaires sont surtout assez importantes pour l'exportation.

Le jury accorde à M. Cauvard une médaille de bronze.

MENTIONS HONORABLES.

M. MASSUE, à Paris, rue des Gravilliers, 38, et rue Aumaire, 3 et 5,

Fabrique des peignes en ivoire et en buis qui déjà avaient été distingués en 1839; depuis cette époque, il a augmenté ses produits en appliquant divers procédés mécaniques à sa fabrication.

Le jury accorde une mention honorable à M. Massue.

M. CLAUDE, à Paris, rue Beaubourg, 53,

Se livre à la fabrication des peignes en corne et en buffle naturel, ou imitation d'écaille. Ces peignes sont très-bien faits et à des prix raisonnables, aussi M. Claudé en trouve-t-il un débit assuré en France et à l'étranger.

Le jury lui accorde une mention honorable.

M. BERCE, à Paris, place Laborde, 10.

M. Berce est un artiste distingué qui a contribué au développement de la fabrication des boutons en métal d'une bonne et belle confection pour les gravures élégantes qu'il a su faire de ses matrices. Sa propre fabrique n'a pas une grande importance, mais toute sa fabrication est irréprochable.

Le jury mentionne d'une manière très-honorable les travaux de M. Berce.

M. TRUCHY, à Paris, rue de Jouy, 19.

M. Truchy s'occupe d'une manière spéciale de la fabrication des boutons en étoffes de soie; déjà distingué en 1839, il a apporté depuis dans ses produits plusieurs améliorations qui ont permis d'en diminuer les prix sans altérer les qualités.

Le jury accorde une mention honorable à M. Truchy.

M. VASSEROT, à Paris, rue Notre-Dame-de-Nazareth, 25.

M. Vasserot est décédé depuis l'ouverture de l'exposition; c'est M. Prédélix qui a pris la suite de ses affaires. C'est lui d'ailleurs qui avait, comme contre-maître, contribué au succès de la fabrication des boutons. Ces boutons sont en deux parties; la tête peut se former de toute espèce de matières, elle porte une petite ouverture dans laquelle est taraudé un pas de vis; la queue du bouton a la forme d'une vis à tête plate. Il suffit de percer un trou dans l'étoffe et d'y passer la queue du bouton, la tête vient ensuite se visser sur la queue et elle s'y trouve solidement fixée. Une fois placé, ce bouton ne diffère des boutons ordinaires que par une plus grande solidité. Ce genre de bouton est très-commode, facile à placer et à déplacer, il a eu d'ailleurs une grande vogue pour les voyageurs et les militaires. Les prix en sont minimes, et M. Prédélix en trouvera certainement un grand débit. Le jury lui accorde une mention honorable.

M. LARRIVÉ, à Paris, rue des Petit-Champs-Saint-Martin, 2,

Possède une des plus anciennes fabriques de boutons en métal : ceux qu'il a exposés sont beaux et s'appliquent à la livrée, à l'uniforme et aux habits élégants. M. Larrivé occupe beaucoup d'ouvriers, il a une importante clientèle commerciale.

Le jury lui accorde une mention honorable.

CITATIONS FAVORABLES.

Le jury cite favorablement

M. MIGNON-FROMENTIN, à Paris, rue Saint-Denis, 257,

Pour des peignes ordinaires et des grands peignes bien fabriqués.

M. KOCH, à Paris, rue aux Ours, 51,

Pour des peignes en corne et écaille, ainsi que des articles en brosserie fine.

M. MORNIEUX, à Paris, cour du Harlay,

Pour des boutons en soie très-bien fabriqués.

---

§ 4. OBJETS DE PAPETERIE.

RAPPEL DE MÉDAILLE DE BRONZE.

M. ROUMESTANT, à Paris, rue Montmorency, 10.

Ce fabricant se livre toujours avec une grande perfection à la confection des registres, il a, depuis 1839, apporté des améliorations qui lui ont permis de faire exécuter le *registre-monstre* qu'il a exposé cette année et qui s'ouvre aussi bien qu'un registre de plus petite dimension. Il fabrique également des cires à cacheter de bonnes qualités ; tous les articles de cette maison jouissent d'une excellente réputation en France et à l'étranger.

Le jury rappelle la médaille de bronze en faveur de M. Roumestant.

MÉDAILLES DE BRONZE.

M. ROBERT, à Paris, rue de Cléry, 42.

M. Robert a été des premiers à chercher les perfectionnements dans la fabrication des registres, il continue de livrer au commerce ses articles qui jouissent à juste titre d'une bonne réputation.

Il fabrique aussi très en grand le papier toile cirée qui est aujourd'hui généralement employé et qu'il livre à bas prix. Ce papier est très-bien fait et ne devient ni collant ni cassant; on en fait annuellement 20 à 25,000 rouleaux de 12 mètres au prix de 2 fr. le rouleau

Le jury vote une médaille de bronze à M. Robert pour l'ensemble de sa fabrication.

Madame veuve SAINT-MAURICE-CABANY, à Paris, rue Sainte-Avoye, 57.

C'est une des plus anciennes maisons de papeterie de Paris, sa fabrication comprend les registres d'une belle et solide confection, la réglure en grand des papiers, la fabrication d'encre, de pains à cacheter et cires de toute espèce : beaucoup d'ouvriers y sont employés.

Pour l'ensemble de sa bonne fabrication, le jury décerne à madame veuve Saint-Maurice-Cabany une médaille de bronze.

MENTIONS HONORABLES.

M. NÉRAUDEAU, à Paris, rue des Fossés-Montmartre, 16 et 18,

Confectionne des registres très-bien traités ; successeur de M. Villemseus, il continue la réputation de cette maison pour toutes les fournitures de papeterie.

Le jury lui accorde une mention honorable.

M. CHAULIN, à Paris, rue Saint-Honoré, 218.

Cette maison a été plusieurs fois distinguée aux diverses expositions; elle soutient sa bonne réputation pour les objets ordinaires et de luxe;

l'encrier de M. Chaulin, simple et commode, est presque généralement adopté.

M. Chaulin est digne d'une mention honorable.

M. BOQUET, à Paris, rue Richelieu, 1.

M. Boquet a fabriqué un encrier à pompe qui a obtenu du succès dans la consommation, il a augmenté sa fabrication, et lui a fait subir les exigences de la mode. Cité favorablement en 1839, M. Boquet est digne d'une mention honorable.

CITATIONS FAVORABLES.

Le jury cite favorablement

M. SUPOT, à Paris, rue Coquenard, 25 et 27,

Pour des registres solides et bien faits, au moyen de rubans piqués qui réunissent les cahiers, et ne peuvent se détacher.

M. LEGRAND, à Paris, rue Montmartre, 142,

Confectionne ses registres en cousant les cahiers sur des cuirs épais qui maintiennent la couture, et donnent une grande solidité.

L'emploi du caoutchouc dans les dos facilite l'ouverture du livre.

M. DORVILLE, à Paris, rue des Fossés-Montmartre, 6.

M. Dorville est à la tête d'une maison de papeterie qui jouit d'une bonne réputation. Il a imaginé un procédé pour donner de la dureté aux plumes ordinaires, afin qu'elles se conservent plus longtemps, pour pouvoir rivaliser avec les plumes métalliques.

M. DAUVIN (Louis), à Poitiers (Vienne).

M. Dauvin exécute mécaniquement des réglures avec une grande perfection; ses registres sont bien confectionnés.

M. CHALET, à Paris, rue des Bons-Enfants, 26,

A exposé des registres forts et solides, qui représentent les échantillons de sa fabrication courante.

M. BOUCHER-LEMAISTRE, à Paris, rue Saint-Merry, 35 et 46,

A exposé des papiers réglés et des registres spéciaux aux diverses professions. Il a une collection utile de tableaux géographiques de distances légales de 800 villes de France, et plusieurs autres tableaux de poids et mesures.

M. BAUCHET-VERLINDE, à Lille (Nord),

A exposé des registres bien fabriqués, et une presse à copier les lettres, simplifiée.

§ 5. PAPIERS DE FANTAISIE.

RAPPEL DE MÉDAILLE DE BRONZE.

M. ANGRAND, à Paris, rue Meslay, 59 et 61.

M. Angrand est le plus ancien fabricant de papiers de fantaisie, ses produits consciencieusement travaillés, jouissent toujours d'une grande vogue dans le commerce français et étranger. Les produits qu'il a exposés sont très-beaux, solides, et bien assortis.

Le jury lui accorde le rappel de la médaille de bronze.

MÉDAILLES DE BRONZE.

M. MARION, à Paris, cité Bergère, 14.

Les objets de papeterie, et surtout les papiers de fantaisie de M. Marion, sont généralement d'un bon goût, simple et distingué. Ses papiers à filets cordons et à filets et plis sont recherchés par les amateurs. Cette maison a donné une grande impulsion à une fabrication des plus variées, tous ses produits sont estimés, et trouvent un très-bon placement dans le commerce extérieur, aussi bien que dans toute la France. Plusieurs machines sont employées dans cette fabrication.

Le jury décerne à M. Marion une médaille de bronze.

M. SALLERON, à Paris, rue des Blancs-Manteaux, 22.

M. Salleron a exposé des papiers découpés, genre dentelles, qui sont remarquables par leur délicatesse et leur parfaite exécution. Ces papiers trouvent un grand débit en France et à l'étranger, et on peut dire que M. Salleron est à la tête d'une importante fabrication, puisqu'il livre annuellement au commerce pour 250,000 fr. de ses beaux papiers, destinés à orner non-seulement les boîtes de bonbons, mais beaucoup d'autres boîtes de fantaisie.

Le jury décerne à M. Salleron une médaille de bronze pour la perfection de ses papiers.

MENTIONS HONORABLES.

Madame veuve SAYET, à Paris, rue des Noyers, 45.

Les papiers blancs et de couleurs, gaufrés, exposés par Madame Sayet, montrent l'emploi de machines bien appropriées à cette fabrication. Ces papiers sont très-beaux, d'un bel effet, et d'ailleurs connus et appréciés depuis longtemps par les consommateurs. Le jury lui accorde une mention honorable.

M. LAINÉ, à Paris, rue du Maure-Saint-Martin, 6, et rue Saint-Martin, 96.

Il a exposé des cartons de toute espèce qui sont d'une bonne et solide fabrication, et d'une grande variété de modèles. Les moyens mécaniques employés par M. Lainé, lui permettent de livrer tous ses produits à bon marché, sans nuire en rien à leur qualité.

Déjà distingué en 1839, le jury lui accorde une mention honorable.

M. GALLIER, à Paris, rue Meslay, 65,

A apporté un très-grand soin dans la confection des cartonnages en papier doré, pour décors de table, boîtes et surtouts; il fabrique aussi des boîtes de fantaisie bien combinées, parmi lesquelles on a remarqué une imitation d'un service en porcelaine pour le thé.

Le jury accorde une mention honorable à M. Gallier.

M. FICHTENBERG, à Paris, rue de la Vieille-Monnaie, 17,

Fabrique depuis longtemps une foule d'objets blancs et en couleurs, en impressions reliefs, de lettres et figures, qui sont employés par plusieurs industries.

Le jury lui accorde une mention honorable.

M. DURAND, à Paris, rue d'Angoulême-du-Temple, 28,

A exposé une très-belle collection de papiers de fantaisie gaufrés et unis, blancs et en couleurs, qui montrent tous les soins que M. Durand apporte à cette fabrication.

Le jury lui accorde une mention honorable.

POUR MÉMOIRE.

MM. BONAFOUX et GAILLARD-SAINT-ANGE, à Paris, rue du Faubourg-Saint-Denis, 120.

Habiles graveurs, MM. Bonafoux et Gaillard-Saint-Ange ont eu l'idée de fabriquer des papiers de fantaisie qui sont très-beaux d'exécution. Ils sont destinés à faire des cartonnages, et offrent l'avantage de pouvoir être lavés sans perdre leur éclat.

CITATIONS FAVORABLES.

Le jury cite favorablement

Madame WELLAEYS, à Paris, rue Geoffroy-l'Angevin, 11,

Pour des papiers de fantaisie d'une bonne fabrication.

M. RENAULT, à Paris, rue de la Harpe, 45,

Pour des cartes à jouer bien faites, de bonnes couleurs et bien lissées.

M. VALANT, à Paris, rue Mazarine, 13,

Pour des papiers de fantaisie bien faits, et ornés de jolis dessins.

M. FOURNIER, à Paris, rue Saint-Jacques, 27,

Pour des papiers marbrés et autres, destinés au cartonnage, et qui sont d'une très-jolie fabrication.

M. BEDOIN, à Paris, rue d'Arcole, 9,

Pour des percalines et autres étoffes gaufrées, qui doivent servir à la fabrication du cartonnage ou de la reliure.

MM. TRONEL et Cie, à Paris, rue Saint-Denis, 257,

Pour des gaufrages propres aux couvercles de lampes, abat-jour, et autres articles bien fabriqués.

M. LEFÈVRE, à Paris, rue des Prouvaires, 36,

Pour des papiers à lettres de fantaisie, illustrés d'une manière simple et avec goût dans le choix des dessins.

---

§ 6. SELLERIE, BOURRELLERIE.

MÉDAILLE D'ARGENT.

M. D'HENNIN, à Paris, rue des Fossés-Saint-Germain-l'Auxerrois, 14.

L'établissement de ce fabricant, dans lequel sont établis tous les objets de sellerie, a été monté sur une grande échelle.

Il fait confectionner avec perfection, et à des prix qui soutiennent la concurrence étrangère, les articles ordinaires et ceux de luxe.

Ainsi, parmi les objets exposés on voyait :

Les harnais pour un cheval.	65	à	350	fr.
Id. pour 2 chevaux.	175	à	1,000	
Selle pour hommes.	13	à	90	
Id. pour dames.	35	à	180	

Ces objets sont bien exécutés et d'un prix réduit comparativement à ce qui s'est fabriqué jusqu'à ce jour.

Ces perfectionnements sont dus au bon choix des matières premières, à la bonne direction des ouvriers et à l'habileté du chef lui-même qui dirige toute sa fabrication.

M. d'Hennin occupe jusqu'à cent cinquante ouvriers qui gagnent de 3 à 6 fr. par jour ; il fabrique, suivant l'activité des commandes, pour 4 à 500,000 fr. de produits.

Le jury lui décerne une médaille d'argent pour l'ensemble de sa bonne fabrication.

MENTIONS HONORABLES.

M. AMIARD, à Paris, rue du Jardin-du-Roi, 19 et 21.

Fabrique spécialement des colliers de chevaux qui sont d'une bonne exécution. Les autres produits de M. Amiard sont également très-bien fabriqués : déjà distingué en 1839, le jury lui accorde une mention honorable.

M. HERMET, à Brie-Comte-Robert (Seine-et-Marne),

A perfectionné les colliers de chevaux de manière

à éviter les inconvénients trop souvent attachés à cette partie du harnais. Plusieurs personnes qui ont fait usage des colliers en ont été satisfaites, et il met toujours un grand soin dans la fabrication de tous ses produits.

Le jury lui accorde une mention honorable.

M. ALLIER, à Paris, quai Saint-Michel, 1.

M. Allier a imaginé une bride portant un mécanisme fort simple pour dompter les chevaux indociles ou fougueux. Deux ressorts mobiles adaptés à l'extrémité supérieure des branches du mors peuvent se rapprocher l'un de l'autre en venant s'appliquer contre la cloison souple du nez du cheval et lui ôter complétement la respiration. Plusieurs expériences ont eu déjà des résultats satisfaisants.

Le jury accorde une mention honorable à M. Allier.

CITATIONS FAVORABLES.

Le jury accorde des citations favorables à

M. MALDANT, à la Chapelle-Saint-Denis (Seine), rue de Chabrol, 49,

Pour des guides-longes empêchant les chevaux de se prendre les jambes, et pour le même système appliqué aux colliers de chiens.

M. PATUREL, à Paris, rue Saint-Martin, 98,

Pour sa fabrication variée de fouets et cravaches en tout genre qui sont très-bien confectionnés.

M. FERRER (Michel), à Perpignan (Pyrénées-Orientales),

Pour des fouets et cravaches en bois de micocoulier de Provence, qui sont très-bien fabriqués et estimés des consommateurs.

M. BOZON (André-Charles), à Mósnes (Indre-et-Loire),

Pour des colliers solides et bien faits, appréciés par plusieurs personnes qui les ont employés. Leur prix est modéré.

M. TOUZET, à Rouillac (Charente),

A exposé un collier qui peut s'agrandir ou se rétrécir en tous sens, et qui, s'ouvrant pour être mis en place, fait disparaître l'inconvénient de passer le collier sur la tête du cheval. La fabrication de M. Touzet jouit d'une bonne réputation dans le pays.

M. MILLIOZ, à Grenoble (Isère),

A imaginé un attelage de sûreté qui permet de dételer les chevaux instantanément sans causer d'accident à la voiture. Quelques expériences paraissent avoir démontré les avantages du système de M. Millioz.

MM. PONCY, DEMESSE et Cie, à Paris, rue du Gazomètre, 5, place Lafayette,

Ont exposé les échantillons bien confectionnés de leur fabrication courante de selles de toute espèce dont ils font un assez grand commerce d'exportation.

---

§ 7. EMBALLAGES, ARTICLES DE VOYAGE, VANNERIE.

MÉDAILLE DE BRONZE.

MM. GODILLOT père et fils, à Paris, rue Saint-Denis, 278.

Ces habiles fabricants confectionnent tous les articles de voyage avec une grande perfection. Ils ont particulièrement cherché à mettre sous le plus petit volume une réunion de choses utiles, et ils y ont réussi très-bien dans leur cuisine portative.

Les tentes de diverses formes sont bien et solidement établies; leurs dispositions ont été appréciées par les connaisseurs.

Le jury accorde une médaille de bronze à MM. Godillot père et fils pour l'ensemble de leur bonne fabrication.

MENTIONS HONORABLES.

M. ÉTARD, à Paris, rue du Petit-Reposoir, 6,

Fabrique depuis longtemps avec perfection tous les articles de voyage; ceux qu'il a exposés cette année montrent par leur variété, la grande activité déployée par M. Étard dans sa partie spéciale. Le jury lui accorde une mention honorable.

M. MACHETEAU, à Paris, rue Saint-Denis, 204.

Fabricant de malles et d'articles divers, M. Macheteau a cherché à perfectionner cette fabrication. Il remplace le bois, le carton, le collage, par une carcasse intérieure en fer plat formant ressort, et qui reçoit ensuite la garniture en cuir. Les avantages sont une diminution de poids et de prix, et plus de place dans l'intérieur de la malle.

Le jury accorde une mention honorable à M. Macheteau.

M. FANON, à Paris, rue Montmartre, 170 et 172,

Fabrique également bien les malles, les coffres et les divers articles de voyage; ses boîtes, par leur solidité et leur bonne distribution, sont surtout très-commodes et bien appréciées des voyageurs. Le jury accorde une mention honorable à M. Fanon.

CITATIONS FAVORABLES.

Le jury cite favorablement

M. GALLOTTI, à Paris, rue de la Michodière, 4.

Pour ses divers articles de voyage et pour son support mécanique destiné aux chapeaux et bonnets de dames.

M. TINÉ, à Paris, rue des Colonnes, 8,

Qui confectionne des coffres à compartiments très-commodes pour l'emballage des robes et autres articles de modes; ils sont faciles à examiner par les employés des douanes, sans y rien déranger.

M. DESVIGNES, à Paris, rue Sainte-Foy, 24.

Ses articles de vannerie fine et ordinaire sont fabriqués avec beaucoup de soin et de solidité.

MM. BOUCHET et MARCHAND, à Montendre (Charente-Inférieure),

Pour leurs chapeaux tressés en feuille de latanier qui sont faits avec soin et à des prix modérés.

M. WUILLIOT-LHEUREUX, à Landouzy-la-Ville (Aisne),

Pour des flacons et autres objets garnis de tresses destinés aux voyages et à la chasse. Ils sont solides et bien faits.

---

§ 8. ARTICLES DE PÊCHE.

MENTIONS HONORABLES.

M. LEBATARD, à Paris, rue Coquillière, 45,

Est à la tête d'une des plus anciennes fabriques d'objets de pêche et de chasse; les filets de toute espèce, les carniers, sacs, caparaçons et autres articles sont faits avec une grande perfection dans cette maison. M. Lebatard vient d'y ajouter aussi la fabrication spéciale des filets à déliter les vers à soie au prix de 90 centimes le mètre.

Le jury accorde une mention honorable à M. Lebatard.

M. DELAGE-MONTIGNAC, à Paris, rue Saint-Honoré, 414,

Est aujourd'hui le fournisseur attitré de tous les amateurs distingués de la pêche. La collection complète de ce fabricant lui permet de fournir les cannes les plus simples jusqu'aux qualités extraordinaires, à bon marché. Les lignes imperméables en soie filée sans nœuds, et d'une grande longueur, sont d'une rare perfection. Le jury accorde une mention honorable à ce fabricant.

Madame SAVOURÉ, à Paris, rue Notre-Dame-de-Nazareth, 12.

Tous les articles de pêche, mais principalement les lignes montées, sont fabriqués avec soin chez Madame Savouré. Ils sont si nombreux, qu'il serait difficile de les détailler dans ce rapport, et le jury accorde à Madame Savouré une mention honorable pour cette nombreuse collection.

---

§ 9. LITERIE.

MÉDAILLE DE BRONZE.

MM. LAUDE frères, à Paris, rue Vendôme, 12.

Ces habiles fabricants ont perfectionné d'une manière remarquable la confection des sommiers élastiques, aussi en livrent-ils actuellement douze à treize cents par an, ainsi que deux cents à deux cent cinquante coussins divers. Cette fabrication ne peut que s'accroître, car le sommier élastique arrivé à cette perfection est une économie dans le premier achat d'une garniture de lit, puisqu'il remplace un matelas ordinaire et le sommier de crin. Obligés de contenter tous les goûts et de rendre accessibles leurs produits à toutes les bourses, MM. Laude ont des matelas à tous les prix et de toutes les grandeurs, mais nous croyons que leurs sommiers parisiens montés à jour sur treillage enveloppé de cordes, sont ceux qui doivent être préférés par les connaisseurs. Le jury accorde à MM. Laude une médaille de bronze pour leur excellente fabrication.

MENTION HONORABLE.

M. BILLORET, à Paris, rue Saint-André-des-Arts, 53,

Fabrique une grande quantité de matelas et coussins élastiques qu'il confectionne avec soin; le jury lui accorde une mention honorable.

---

§ 10. GAÎNERIE.

RAPPEL DE MÉDAILLE DE BRONZE.

M. FENOUX, à Paris, rue de Grenelle-Saint-Honoré, 51,

A exposé des portefeuilles variés, simples ou à compartiments, qui sont fabriqués avec beaucoup de goût. Déjà plusieurs fois, les articles de M. Fenoux ont été distingués par le jury, et les soins qu'il met à ne fabriquer que de bons produits, le rendent digne de la médaille de bronze qui lui est confirmée par le jury.

MENTIONS HONORABLES.

M. CARLIER, à Paris, rue Neuve-Bourg-l'Abbé, 2.

Fabrique un grand assortiment d'objets de papeterie, et principalement des portefeuilles solides qu'il a perfectionnés. Tous les produits de M. Carlier sont estimés dans le commerce.

Le jury lui accorde une mention honorable.

M. BOUILLARD, à Paris, rue Michel-le-Comte, 30.

Fabrique des objets de gaînerie très-bien exécutés, il confectionne aussi des coffres et cartons à combinaisons variées qui sont solides et d'une bonne exécution.

Le jury lui accorde une mention honorable.

CITATION FAVORABLE.

M. OBRÉ, à Paris, rue du Temple, 13.

M. Obré s'occupe d'un article spécial, la fabrication des fourreaux de sabres, poignards, baïonnettes, etc.; ses articles sont parfaitement traités, et méritent une citation favorable.

---

§ 11. JOUETS D'ENFANTS.

MENTIONS HONORABLES.

M. BROUILLET, à Paris, rue Saint-Denis, 116,

Fabrique des poupées bien faites et se tenant debout sans secours de bâtons. On peut facilement habiller et déshabiller ces poupées, en sorte qu'elles peuvent servir aux petites filles à couper et coudre des habillements. M. Brouillet fabrique un grand nombre de poupées et de petits habillements, le jury lui accorde une mention honorable.

MM. BELTON et JUMEAU, à Paris, rue Salle-au-Comte, 14,

Ont exposé une collection soignée de poupées nues ou habillées qui sont très-bien fabriquées : ils en font un grand commerce dont une partie pour l'exportation.

M. COLIN, à Paris, rue d'Anjou, 10, au Marais,

Fait les jouets et ménages avec soin, il a exposé

comme modèles, une cuisine garnie et une table mise, qui montrent la perfection des produits de sa fabrique.

Le jury accorde une mention honorable à M. Colin.

CITATIONS FAVORABLES.

Le jury cite favorablement

M. KOPP, à Paris, rue du Temple, 56,

Pour une collection de jouets, et surtout pour son joli modèle de salle à manger avec dressoir et table garnie.

Madame FRANÇOIS (Anna-Cécile), à Paris, rue du Faubourg-du-Temple, 23,

Pour la fabrication de petites poupées servant d'acteurs dans les théâtres d'enfants.

M. GUÉRIN, à Paris, passage Brady, 42,

Fait avec soin les petites voitures et les chevaux, simples ou avec mécaniques; il a exposé le modèle d'une voiture, très-bien exécuté.

M. GUILLARD, à Paris, passage Vivienne, 2, et rue Neuve-des-Petits-Champs, 14,

Pour des jouets mécaniques et autres, bien fabriqués.

M. SANREY et ULYSSE, à Paris, rue du Rocher, 8,

Ont exposé un théâtre avec appareil mécanique pour changer les décors d'une manière simple. Ce système pourra être employé en grand, principalement dans les théâtres de société.

M. STHORMAYÈRES, à Paris, passage Brady, 16, rue du Faubourg-Saint-Denis, 99,

Pour des chevaux et voitures mécaniques.

---

§ 12. OBJETS DIVERS.

MÉDAILLE DE BRONZE.

MM. CAVY jeune et Cie, à Nevers (Nièvre).

MM. Cavy jeune et Cie se sont livrés exclusivement à la fabrication spéciale des habillements en peaux d'animaux. Le jury départemental se plaît à signaler la bonne confection et le bon marché des objets fabriqués par ces messieurs; un paletot en peau de chèvre à 22 francs, et les autres articles exposés confirment cette opinion.

Les habillements en peaux sont souvent appelés à rendre de grands services; ainsi, sur le chemin de fer d'Alsace, on a été obligé d'avoir recours à ce vêtement pour les conducteurs des locomotives; car aucun autre n'a pu mieux préserver ces hommes de la pluie et surtout des grands froids accompagnés de vent. MM. Cavy jeune et Cie exposaient pour la première fois; le jury leur accorde une médaille de bronze.

MENTION HONORABLE.

M. GON, à Paris, rue Vivienne, 18,

A exposé un assortiment de fourrures de belle qualité et très-bien traitées. La maison de M. Gon est déjà fort ancienne, ses produits ont toujours été estimés dans le commerce. Le jury lui accorde une mention honorable.

Tissus hygiéniques semi-métalliques et imperméables.

RAPPEL DE MÉDAILLE DE BRONZE.

M. CHAMPION, à Charonne (Seine), rue Fontarabie, 31,

Continue la fabrication des mesures linéaires qu'il a toujours soignée d'une manière particulière. Les tissus imperméables chers ou bon marché sont confectionnés avec la même perfection.

M. Champion est de plus en plus digne de la médaille de bronze qui lui a été décernée en 1827, rappelée en 1834 et 1839, et que le jury lui confirme.

MENTIONS HONORABLES.

MM. GROSSMANN et WAGNER, à Paris, rue du Renard-Saint-Sauveur, 11,

Ont exposé les échantillons de leur fabrication courante de bretelles, ceintures et instruments en caoutchouc. Tous ces objets dénotent les soins et la bonne qualité que ces fabricants donnent à leurs produits, et pour lesquels le jury leur accorde une mention honorable.

M. VACHERON, à Paris, rue Notre-Dame-de-Nazareth, 18.

M. Vacheron fabrique par un procédé particulier les bretelles, ceintures et différents articles en caoutchouc. Les fils de cette matière forment avec les autres fils, coton, soie ou laine, un véritable tissu que M. Vacheron sait varier sur ses métiers pour lui donner toutes les formes et y appliquer les dessins très-bien exécutés.

Le jury lui accorde une mention honorable.

CITATIONS FAVORABLES.

M. BELORGÉ, à Paris, rue Saint-Denis, 268,

Fabrique parfaitement le tissu caoutchouc pour bretelles; les produits exposés indiquent que M. Belorgé s'occupe depuis longtemps de cette fabrication avec succès.

M. MAILLIER, à Bordeaux (Gironde),

A exposé un instrument pour prendre mesure des habillements avec lequel on obtiendrait une économie dans l'emploi de l'étoffe, et qui facilite la coupe bien faite. L'économie serait 15 centimes par mètre sur draps ordinaires, et 15 fr. par cent vingt sur drap militaire moins large.

Tuyaux pour incendies.

MÉDAILLE DE BRONZE.

MM. HARMOIS frères, à Paris, rue Marivaux-des-Lombards, 46.

MM. Harmois frères s'occupent depuis très-longtemps d'une spécialité d'utilité publique, la confection de tous les objets nécessaires pour les pompes et services des incendies. Leurs tuyaux en cuir sont d'une très-grande perfection, et ils ont eu l'idée depuis quelques années d'en exécuter la couture avec de la corde à boyau préparée pour cet usage. Les personnes compétentes qui ont employé les tuyaux ainsi cousus, en ont reconnu la supériorité tant pour le service que pour la durée. Pour obtenir une bonne couture par ce moyen, ces fabricants ont imaginé des outils spéciaux. Ils font confectionner aussi pour leur vente des tuyaux en fils sans couture très-bons pour l'arrosage.

Leurs sacs en toile à 2 fr. 50 c. pièce sont d'une parfaite exécution.

Ils ont toujours, prêts à servir, des tuyaux de toute espèce, raccords, lances, sacs, cordages, etc.

Le jury accorde à MM. Harmois frères une médaille de bronze.

---

§ 13. TRAVAIL DES AVEUGLES.

MENTIONS HONORABLES.

M. FOUCAULT, à Paris, rue de Charenton, 38.

M. Foucault est inventeur d'une petite machine ingénieuse pour faire écrire les aveugles; la société d'encouragement a examiné avec soin cette machine et en a rendu un compte très-favorable en décernant une médaille à son auteur.

Le jury mentionne honorablement le travail de M. Foucault, et recommande cet inventeur, aveugle, à la bienveillance de M. le ministre de l'intérieur.

M. LAVAUX (Philippe), à Paris, rue de Charenton, 38.

M. Lavaux a pensé que, pour donner aux jeunes aveugles, et même aux plus âgés, un moyen de pouvoir travailler, il fallait que les objets à confectionner fussent simples et faciles à faire. Il a joint l'exemple au précepte, et a exposé d s rateaux, des échelles, des porte-habits, des grils, etc., qu'il peut donner à bon marché, et cependant y gagner un salaire raisonnable. Le jury, en accordant une mention honorable à M. Lavaux, pense que l'exemple qu'il a donné mérite de fixer l'attention et la bienveillance de l'administration supérieure.

SECTION IV.

GYMNASTIQUE, BANDAGES, BIBERONS, ETC., ETC.

MM. Dumas et Goldenberg, rapporteurs.

§ 1. GYMNASTIQUE.

RAPPEL DE MÉDAILLE DE BRONZE.

M. le colonel AMOROS, à Paris, rue Jean-Goujon, 6.

Les appareils de gymnastique de M. Amoros ont été parfaitement décrits dans le rapport du jury de 1839. Le jury central voit avec plaisir la continuation des efforts de M. Amoros pour populariser son système, et lui vote le rappel de la médaille de bronze.

---

§ 2. BANDAGES, BIBERONS, APPAREILS ORTHOPÉDIQUES.

RAPPELS DE MÉDAILLES DE BRONZE.

M. VALÉRIUS, à Paris, rue du Coq-Saint-Honoré, 7.

Les services rendus par M. Valérius, et la réputation dont jouissent ses bandages herniaires font un devoir au jury de lui voter le rappel de la médaille de bronze qu'il a obtenue en 1839, et dont il n'a cessé depuis de se montrer digne.

M. LAFOND, à Paris, rue Vivienne, 23.

Les bandages de M. Lafond, sagement raisonnés et habilement construits, ont attiré l'attention particulière du jury, qui lui vote avec plaisir le rappel de la médaille de bronze.

M. FLAMET jeune, à Paris, rue des Arcis, 25.

La fabrication de M. Flamet jeune a toujours été réputée honorablement pour la bonne confection des produits.

Les bretelles élastiques sans coutures, les boutonnières métalliques et les bretelles en caoutchouc naturel sans couture primitive, obtiennent toujours pour leur bonne qualité un succès commercial assuré.

Mais aujourd'hui l'objet important de la fabrique de M. Flamet jeune est son perfectionnement de bas élastiques pour comprimer les varices et les engorgements des membres inférieurs.

Déjà en 1839, M. Flamet jeune a exposé les essais qu'il avait faits depuis 1836 pour arriver à la solution d'un problème difficile : la fabrication du bas élastique sans couture, et ne formant pas de plis aux articulations, conditions sans lesquelles le bas élastique est plus nuisible qu'utile, et fatigue le malade au lieu de le soulager.

A force de persévérance et de travail, M. Flamet a vaincu toutes les difficultés, il fabrique depuis trois ans des bas sans couture, qui ne forment aucun pli aux articulations, et qu'il livre à bon marché.

M. Flamet, loin de chercher par la publicité à se prévaloir de certificats honorables pour augmenter sa clientèle, a pensé que la discrétion devait égaler la confiance mise en lui.

Voici comment s'exprime à son sujet un de nos plus célèbres chirurgiens :

« M. Flamet jeune a rendu un véritable service » à l'humanité; l'expérience a mis hors de doute » leur supériorité sur tous les moyens connus pour » combattre l'engorgement et les varices des mem- » bres inférieurs. »

En 1834, M. Flamet jeune a reçu une médaille de bronze; en 1839, une nouvelle médaille de bronze, le jury lui vote le rappel de cette médaille.

Madame BRETON, à Paris, rue du Faubourg-Montmartre, 24.

Madame Breton se fait toujours remarquer par la bonne confection de ses appareils. Le jury, pour l'engager à persévérer dans cette bonne voie, s'empresse de lui voter le rappel de la médaille de bronze qu'elle a obtenue en 1839.

MÉDAILLE DE BRONZE.

M. BÉCHARD, fabricant d'appareils orthopédiques, à Paris, rue de Tournon, 15.

La plupart des produits de M. Béchard sont bien imaginés, bien construits, et susceptibles d'une application utile. Le jury lui accorde la médaille de bronze.

RAPPELS DE MENTIONS HONORABLES.

M. VERDIER, à Paris, rue Neuve-des-Petits-Champs, 36.

Les appareils que cet exposant a présentés cette année sont soignés et consciencieusement faits, le jury lui rappelle avec plaisir la mention honorable accordée en 1839.

M. DARBO, à Paris, passage Choiseul, 86.

Les produits que M. Darbo a exposés cette année ont attiré l'attention du jury qui, voyant avec plaisir la continuation de ses efforts, lui rappelle la mention honorable qu'il a déjà obtenue.

MENTIONS HONORABLES.

M. le docteur BELMAS, à Paris, rue Ribouté, 1.

Les nouvelles pelottes imaginées par le docteur

Belmas, jouissent d'une élasticité convenable; en raison de leur composition, elles semblent devoir conserver leur souplesse et résister aux agents destructeurs.

Le nouveau mode de jonction des pelottes avec les ressorts, est disposé de manière à faciliter l'application des bandages et à la rendre plus régulière.

Les enveloppes en tissu élastique qui recouvrent les bandages du docteur Belmas pouvant être changées à volonté, les maintiennent dans leur état d'intégrité, condition sans laquelle l'usage de cet instrument est souvent plus nuisible qu'utile.

Le jury, pour récompenser les efforts de M. Belmas et l'engager à continuer ses heureuses tentatives, lui accorde une mention honorable bien méritée.

M. POULET, à Paris, rue Saint-Martin, 171, et passage de l'Ancre, 12.

Le fini et la construction parfaite des bandages herniaires de M. Poulet lui valent une mention honorable que le jury s'empresse de lui accorder.

M. PERNET, à Paris, rue des Filles-Saint-Thomas, 19.

Le système de bandages imaginé par M. Pernet est assez avantageux dans certaines variétés de hernies, le jury se plaît à lui accorder une mention honorable.

M. WICKHAM, à Paris, rue Saint-Honoré, 257.

Les produits de M. Wickham sont généralement bien confectionnés, et lui méritent une mention honorable que le jury s'empresse de lui accorder.

M. PAQUE, pharmacien, à Orléans (Loiret).

Il y a dans le procédé de M. Pâque, pour préparer et conserver les tétines de vache, un perfectionnement qui lui mérite de la part du jury une mention honorable.

M. BERGERON, à Paris, passage du Grand-Cerf, 44.

Le jury s'empresse de décerner une mention honorable à M. Bergeron pour avoir simplifié plusieurs appareils orthopédiques.

---

§ 3. APPAREILS CHIRURGICAUX ET HYGIÉNIQUES.

MENTION HONORABLE.

M. le docteur VALAT, à Blanzy (Saône-et-Loire).

Il y a dix ans que M. le docteur Valat a présenté à l'académie des sciences, à l'académie de médecine et à la société d'encouragement, son *lit de mine* ou *de sauvetage* pour les ouvriers mineurs blessés ou asphyxiés.

Les rapports qui furent faits dans ces circonstances, le prix Montyon qui lui fut donné par l'académie des sciences, enfin les certificats délivrés par les directeurs des mines dans lesquelles ce lit a été mis en usage, prouvent les bons effets et les services qui en ont été obtenus.

M. Valat a ajouté, depuis, plusieurs perfectionnements qui en rendront l'usage très-facile, commode et sûr, il deviendra maintenant propre à être employé avec succès dans les plus graves et les plus fâcheuses circonstances.

D'ailleurs, le jury considérant que M. le docteur Valat n'exploite pas à son profit cette invention, qu'il lui a donné la plus grande publicité pour la mettre à la disposition de toutes les entreprises de mines, de carrières, et généralement de tous les états et professions qui pourraient, en cas d'accidents, avoir besoin d'en faire usage, s'empresse de décerner à M. le docteur Valat une mention des plus honorables.

SECTION V.

FLEURS ARTIFICIELLES.

M. le vicomte Héricart de Thury, rapporteur.

Considérations générales.

Nos expositions nous ont révélé l'importance, jusqu'alors peu connue, de la fabrication des fleurs artificielles, aujourd'hui l'une des plus belles et des plus remarquables parmi les diverses industries de la ville de Paris, où ses diverses parties sont exploitées dans cinq cents ateliers.

Déjà ancienne à Lyon, qui l'avait reçue d'Italie, cette fabrication y fut longtemps et presque exclusivement cultivée par quelques maisons religieuses, qui faisaient des fleurs pour les églises, et qui y employaient des étoffes de soie, des cocons de vers à soie, de la toile et du papier.

Introduite à Paris, la fabrication des fleurs s'y fit d'abord comme à Lyon; puis, et par suite de divers perfectionnements, on se servit de velours, de taffetas, de batiste, de papier, de parchemin, etc. Ces fleurs, encore bien imparfaites, annonçaient déjà des progrès qui bientôt se développèrent rapidement.

Aujourd'hui cette fabrication, qui s'élève annuellement à plus de 10,000,000, dont plus d'un cinquième pour l'étranger, a atteint une perfection, une telle supériorité, les caractères naturels distinctifs des fleurs sont si bien imités et d'une telle vérité, que dans les expositions de la Société royale d'horticulture, les botanistes et les jardiniers fleuristes, membres du jury du concours, ont souvent déclaré qu'ils ne pouvaient, sans les toucher, distinguer les fleurs artificielles des fleurs naturelles qui étaient soumises à leur examen : telles sont les études artificielles de botanique faites dans les serres du Jardin-des-Plantes, par M. et Mme De Laëre, dont le talent maleur a mérité un brevet spécial de S. A. R. madame la duchesse d'Orléans.

Mais pour arriver à cette supériorité dans la fabrication des fleurs, il a également fallu perfectionner celle des feuilles, et là se présentaient des difficultés non moins grandes, et peut-être même plus grandes, à raison de la manière d'être ou de l'engencement, de la composition, de la découpure, de la nervure, de la différence des surfaces, de celle de leurs couleurs, difficultés que les fabricants ne sont parvenus à vaincre que par de nouvelles études, des travaux particuliers, et à l'aide d'un outillage composé d'emporte-pièces, de découpoirs, de gaufroirs de tous genres, de toute espèce, et non moins variés que les feuilles à imiter.

Ainsi, le succès de la fabrication des fleurs artificielles est fondé, d'une part, sur les travaux et les préparations d'une profession spéciale qui fournit aux fleuristes, 1° les étoffes, telles que les velours, les satins, les taffetas, les gazes, les mousselines, les batistes, les percales; 2° les parties de fleur, telles que les boutons, les calices, les pétales, les étamines, les pistils; 3° les couleurs et les étoffes coloriées et apprêtées, et 4° les feuilles en étoffes ou en papier de différentes espèces et qualités; et d'autre part, sur un outillage auquel est particulièrement due la vérité de la manière d'être des feuilles.

Enfin et indépendamment des matières indigènes employées par les fleuristes avec tant de succès, il en est encore une dont il convient de dire un mot : cette matière, qui sert pour quelques fleurs, nous est apportée des Indes orientales, sous le nom de *papier de riz*. Les botanistes ont été longtemps incertains sur sa véritable nature; d'après les recherches de M. Stanislas Julien, de l'Académie des inscriptions et belles-lettres, cette matière est la moelle du *Tong-tsao* des Chinois, le *Muthong* des Japonais, la *Rajana quinata* de la *Flora Japonica* de Thumberg, ou celle de l'*Œschynomène paludosa* des Indes orientales. Suivant les auteurs chinois et japonais, cette matière est la moelle extraite des tiges de ces plantes, et découpée en spirales, de la circonférence au centre, en feuilles plus ou moins grandes, avec une lame très-mince. Pour coller ces feuilles, on les trempe dans une eau de riz, puis on les étend, on les fait sécher, et on les empile par paquets de cent feuilles, qui se vendent suivant leurs dimensions et la pureté de la moelle. C'est probablement à leur encollage dans l'eau de riz que ces feuilles de moelle, qui sont d'un tissu très-fin et d'un grain parfaitement uni, ont dû le nom de papier de riz, *rice paper*, sous lequel elles sont connues dans le commerce qui les livre aux fleuristes, blanches ou coloriées par les Chinois, mais généralement si mal coloriées, qu'on prend les blanches de préférence.

Le chapitre des fleurs artificielles est divisé en six sections, savoir :

1° Les fleurs de botanique artificielle et spécimen des familles naturelles des plantes en fleurs artificielles, pour faciliter en toute saison l'étude de la botanique aux jeunes élèves et amateurs ;

2° L'outillage de la fabrication des fleurs ;

3° Les étoffes, les papiers, les couleurs et apprêts pour la fabrication des fleurs et des feuilles ;

4° Les fleurs artificielles de parure et d'ornement;

5° Les fleurs artificielles en cire;

Et 6° Les fleurs artificielles en coquilles.

I. *Fleurs artificielles du spécimen des familles naturelles des plantes, à l'usage des élèves et amateurs de botanique.*

MÉDAILLES DE BRONZE.

M. et Madame DE LAËRE, à Paris, rue Richelieu, 18.

M. et Madame de Laëre ont exposé 1° un beau choix de plantes étrangères des serres chaudes du jardin des Plantes, parmi lesquelles on distinguait les Oncidium papilio et ampliatum, la Leptotes bicolor, la Trichopilia tortilis, la Goodyera discolor, la Stanhopia oculata, au milieu de plusieurs beaux Camellias et Dahlias;

Et 2° un spécimen en fleurs artificielles des caractères des familles naturelles des plantes, pour faciliter en toutes saisons aux jeunes élèves et amateurs l'étude de la botanique et la classification des plantes et des fleurs, suivant les méthodes aujourd'hui adoptées dans nos écoles.

Le spécimen donné comme exemple comprend des individus des familles suivantes :

1° Des Liliacées;

2° Des Primulacées;

3° Des Orchidées;

4° Des Nymphæacées;
5° Des Radiées;
6° Des Amaryllidées;
7° Des Renonculacées;
8° Des Crucifères;
9° Des Aurantiacées;
10° Des Cariophyllées;
11° Des Rosacées;
12° Des Légumineuses;
13° Des Euphorbiacées;
14° Des Bignoniacées.

Après l'examen du spécimen des éléments artificiels de botanique de M. et Madame de Laëre, la vérité des caractères de chaque famille, enfin la beauté et la variété de leurs fleurs, le jury décerne à M. et Madame de Laëre une médaille de bronze.

Madame LAROCQUE, à Paris, rue du Faubourg-Saint-Martin, 11.

Madame Larocque a exposé, comme fleurs artificielles pour l'étude de la botanique :

1° Atraphraxis spinosa;
2° Reclinata urtica;
3° Capillaire;
4° Graminées.

Il est difficile de voir une plante plus vraie et plus naturelle que le bel individu d'Atraphraxis spinosa, exécuté par Madame Larocque dans les serres du jardin des Plantes.

Madame Larocque se présentant également pour de belles fleurs de parure et d'ornement, le jury en fera mention dans cette catégorie.

M. CONSTANTIN, à Paris, rue Neuve-Saint-Augustin, 37.

M. Constantin, qui figure en tête des fabricants de fleurs de parure et d'ornement, a exposé comme difficultés vaincues et études de plantes artificielles pour la botanique :

1° Un Chardon;
2° Un Pissenlit;
3° Une Fougère;
4° Des Gramens;
5° Des Camellias;
6° Des Roses.

M. Constantin a déposé ces plantes, qui sont d'une admirable vérité, dans les salons de l'Hôtel-de-Ville. (*Voir aux fabricants de fleurs*, § IV de cette section, p.660.)

II. *Outils de fabrication de fleurs artificielles, Emporte-pièces, Découpoirs, Gaufroirs, etc.*

MÉDAILLES DE BRONZE.

M. CROUSSE, à Paris, rue Saint-Denis, 345.

L'outillage propre à faire les feuilles des plantes et des fleurs présentait de très-grandes difficultés dans l'exécution, pour parvenir à donner au papier et aux étoffes la vérité des feuilles avec leurs nervures, leurs découpures, et tous les caractères qui leur sont particuliers.

M. Crousse a habilement surmonté ces difficultés.

Ses emporte-pièces, ses découpoirs et gaufroirs sont découpés et gravés dans l'acier avec une perfection qui ne laisse rien à désirer pour la vérité des feuilles.

Le jury décerne à M. Crousse, auquel nos fabricants de fleurs artificielles doivent une grande partie de leurs succès, une médaille de bronze.

III. *Fabriques d'Étoffes, Papiers, Apprêts, Couleurs et Eléments divers pour la fabrication des fleurs artificielles.*

MÉDAILLES DE BRONZE.

M. PRÉVOST-WENZEL, à Paris, rue Saint-Denis, 290.

La maison Prévost-Wenzel est peut-être la plus ancienne de Paris. Elle fut brevetée en 1784 de la reine Marie-Antoinette, sous le nom de Wenzel, qui figurait dans l'exposition de 1808, où il reçut une mention honorable.

Son gendre, M. Prévost-Wenzel, s'est attaché à la fabrication des apprêts des fleurs, et il obtint une médaille de bronze à l'exposition de 1839. A l'aide d'une machine inventée dans ses ateliers il fabrique avec une très-grande économie les pistils et les étamines, le calice et la corolle des fleurs. Son rosé végétal, extrait du safranum, est de la plus grande beauté.

M. Prévost-Wenzel, qui fait également de très-belles fleurs artificielles, emploie plus de cent cinquante ouvriers dans ses deux fabriques, dont les produits s'élèvent à plus de 300,000 fr. par an, savoir un tiers pour la France et les deux tiers pour l'Angleterre, les colonies françaises et espagnoles, le Brésil, le Mexique, les États-Unis et les Indes-Orientales.

Le jury décerne à M. Prévost-Wenzel une médaille de bronze d'ensemble, pour ses deux genres de fabrication.

MM. LEFORT frères. à Sèvres (Seine-et-Oise), et à Paris, rue Mauconseil, 12.

MM. Lefort frères ont formé à Sèvres un établissement dans lequel ils préparent les étoffes, les papiers, les apprêts, et tous les éléments des fleurs artificielles. Ils s'y livrent également au travail des couleurs et des teintes des étoffes et papiers qu'ils emploient dans leur fabrique de fleurs de parure, l'une des plus renommées en France et à l'étranger. Ils occupent plus de cent ouvriers dans leurs deux établissements.

L'importance de la belle industrie de MM. Lefort est une de celles qui ne se révèlent que lorsqu'on est appelé à voir et à examiner les moyens et les produits de fabrication de ces industriels qui travaillent modestement dans le silence, satisfaits de la considération qui assure leur succès.

Le jury décerne à MM. Lefort frères une médaille de bronze d'ensemble pour leurs deux établissements.

M. BOBŒUF-CASAUBON, à Paris, rue Saint-Fiacre, 20.

M. Bobœuf-Casaubon s'est particulièrement livré

à la préparation et à l'apprêt des étoffes pour les pétales des fleurs et les feuillages.

Breveté, ainsi que M. Constantin, pour le granulage des étoffes des pétales, ils ont réuni leurs deux procédés en un seul, sous le nom de Constantin-Bobœuf-Casaubon, qui n'empêche pas cependant chacun de granuler séparément les pétales d'après son invention personnelle.

M. Bobœuf-Casaubon, tout en préparant les étoffes pour les feuillages, les rend souples, moëlleuses et transparentes par un procédé pour lequel il est également breveté.

Ses ateliers, qui sont parfaitement outillés, occupent plus de cent ouvriers.

Le jury décerne à M. Bobœuf-Casaubon une médaille de bronze.

M. CROUSSE, à Paris, rue Saint-Denis, 345.

M. Crousse déjà cité plus haut, et auquel est due la fabrication des outils à faire les feuillages, outils auxquels, avons-nous dit, cette industrie doit en grande partie ses succès, puisque jusqu'alors, et avant l'invention des emporte-pièces, découpoirs et gaufroirs, tout le travail des feuillages se faisait à la main, a présenté, avec ses outils, une collection de toutes les feuilles qu'il en obtient et qu'il fournit aux fabricants.

Le jury a décerné à M. Crousse une médaille de bronze d'ensemble pour ses deux genres d'industrie.

MENTION POUR ORDRE.

M. PÉTARD, à Paris, rue Saint-Denis, 356 et rue des Enfants-Rouges, 11.

M. Pétard a exposé quelques fleurs et feuillages plutôt pour faire voir la beauté de ses apprêts que ses fleurs artificielles. C'est en effet, à la fabrication des couleurs que cet habile apprêteur s'est particulièrement livré; aussi est-il le premier fabricant auquel s'adressent les fleuristes pour le rose et le safranum de qualité supérieure; et c'est particulièrement sous le rapport des apprêts et préparations chimiques que le jury a placé M. Pétard, tout en le mentionnant ici, à raison des immenses services qu'il a rendus à l'industrie de la fabrication des fleurs artificielles.

IV. *Fleurs artificielles de parure et d'ornement.*

NOUVELLE MÉDAILLE DE BRONZE.

MM. CHAGOT frères, à Paris, rue Richelieu, 81.

MM. Chagot frères tiennent une des plus fortes maisons de fleuristes de Paris. Ils se sont présentés comme plumassiers et fleuristes, et ont déclaré occuper plus de cent cinquante ouvriers, employer pour 120,000 fr. de mousseline, percales, velours, coton, etc., et fabriquer près de 800,000 fr. de fleurs, dont 650 environ pour l'exportation et 150 pour l'intérieur.

La maison de MM. Chagot est une de celles qui ont le plus contribué à étendre au loin les relations de nos fleuristes. Ses fleurs, qui sont très-bien faites, ont obtenu un très-grand succès dans les pays d'outre-mer.

MM. Chagot frères avaient obtenu une médaille de bronze en 1839. Leur fabrication a pris, depuis la dernière exposition, les plus grands développements.

Le jury leur décerne une nouvelle médaille de bronze.

MÉDAILLES DE BRONZE.

M. CONSTANTIN, à Paris, rue Neuve-Saint-Augustin, 37.

Les fleurs de M. Constantin sont tellement connues, elles jouissent d'une telle réputation en France et à l'étranger, qu'il est impossible de ne pas les classer en première ligne.

Ses fleurs qui sont, en effet, d'une beauté, d'une fraicheur, et d'une vérité ravissantes sont honorablement placées dans les salons de l'Hôtel-de-Ville. Tous les caractères en sont étudiés et représentés avec un charme, un soin et un naturel, qui les distingue de toutes les autres.

Breveté pour des procédés qui lui sont particuliers, M. Constantin occupe plus de cent ouvriers. Il emploie pour plus de 50,000 fr. d'étoffes diverses, d'apprêts et de matières.

Sa fabrication s'élève à plus de 300,000 fr., dont un tiers pour l'étranger.

N'ayant pu affecter à l'industrie des fleurs artificielles une médaille supérieure à la médaille de bronze, le jury décerne la première à M. Constantin, et le place en tête des fabricants de fleurs artificielles, où il a été porté par la voix publique, qui a hautement proclamé sa supériorité confirmée par le jury central.

M. F.-J. PERROT, à Paris, rue Saint-Denis, 275, et rue de la Bourse, 12.

Le nom de M. Perrot imprime aux fleurs de sa fabrique le même cachet de supériorité que donne celui de M. Constantin à ses fleurs : il est souvent difficile de distinguer ces produits des deux origines.

M. Perrot occupe plus de cent cinquante ouvriers. Il fabrique annuellement de 350 à 400,000 fleurs, dont plus de moitié pour l'étranger.

Ses fleurs, remarquables par leur naturel, leur finesse et la vérité de leur manière d'être, jouissent d'une réputation très-étendue. Il n'est point de fêtes, point de grandes cérémonies dans les cours étrangères où les fleurs de M. Perrot ne brillent de toutes parts. La magnifique corbeille de fleurs qu'il a exposée a fait l'admiration générale.

Le jury décerne à M. Perrot une médaille de bronze.

M. JULIEN, à Paris, rue Neuve-Saint-Eustache, 39.

M. Julien, fabricant de fleurs artificielles, est du

nombre des fleuristes qui entendent, qui conçoivent et qui exécutent le mieux la fabrication de ces fleurs. Il est entièrement fleuriste et travaille d'après nature, ainsi qu'on a pu s'en convaincre par la grande corbeille de fleurs fines et les différents vases qu'il a exposés comme produit de sa fabrication quotidienne et non comme pièce extraordinaire d'exposition.

La fabrique de M. Julien est connue avantageusement pour les fleurs de parure et d'ornement. Elle est une de celles qui soutiennent le mieux la réputation de nos fleuristes. Le jury décerne à M. Julien une médaille de bronze.

M. PRÉVOST-WENZEL, à Paris, rue Saint-Denis, 290.

On a vu plus haut que la fabrique de M. Prévost-Wenzel fut fondée par M. Wenzel, et qu'elle reçut en 1784 un brevet de la Reine pour ses fleurs artificielles, jugées alors les plus remarquables et les plus parfaites.

M. Prévost, son gendre, sous la raison Prévost-Wenzel, a continué à se livrer avec le plus grand succès à la fabrication des fleurs dans sa fabrique, tout en s'occupant des apprêts des étoffes des pétales et de celles des feuillages. Il a été cité pour ce genre de fabrication, et le jury lui a décerné une médaille de bronze d'ensemble pour les deux industries qu'il exploite avec le plus grand succès.

Madame MAIRE, à Paris, rue Vivienne, 57.

Madame Maire, fleuriste, est citée pour la beauté

de ses roses, genre auquel elle s'est particulièrement attachée, et qu'elle fait avec un naturel que personne ne saurait lui contester.

Madame Maire a fait d'après nature la nouvelle rose Adélaïde d'Orléans, des cultures de M. Hardy, jardinier en chef du Luxembourg, d'une manière si vraie et si parfaite, que beaucoup de personnes n'ont pu distinguer la rose artificielle de la rose naturelle.

Quoiqu'elle se soit spécialement livrée au genre des roses, Madame Maire exécute avec le même talent toutes les autres fleurs de parure et d'ornement.

Le jury lui décerne une médaille de bronze.

MM. LEFORT frères, à Sèvres (Seine-et-Oise), et à Paris, rue Mauconseil, 12.

MM. Lefort frères, déjà cités pour leurs apprêts et préparations d'étoffes et pour leurs éléments des fleurs artificielles, ont à Paris une belle fabrication de fleurs de parure, qui jouit d'une réputation justement méritée, à raison de la beauté et de la vérité de leurs produits qui sont très-recherchés.

Le jury a décerné à MM. Lefort une médaille d'ensemble pour leurs deux industries.

M. et Madame DE LAËRE, à Paris. rue Richelieu, 18.

M. et Madame de Laëre se sont d'abord livrés à la fabrication des fleurs artificielles pour l'étude de la botanique. Madame de Laëre donnait des leçons pour la fabrication des fleurs. Les succès qu'ils ont obtenus les ont déterminés à se livrer également à la fabrication des fleurs artificielles de parure et d'ornement. Les fleurs qui sortent de leurs ateliers sont remarquables par les caractères naturels de botanique qu'elles portent, et l'exactitude rigoureuse que M. et Madame de Laëre s'imposent de leur donner pour la manière d'être du pistil, des étamines et de leurs anthères.

Le jury décerne à M. et Madame de Laëre une médaille de bronze pour l'ensemble de leurs travaux dans la fabrication des fleurs artificielles.

Madame LAROCQUE, à Paris, rue du Faubourg-Saint-Martin, 11.

Madame Larocque, déjà citée pour ses belles études de botanique artificielle faites dans les serres du jardin des Plantes, exécute avec le même succès les fleurs de parure et d'ornement. Elle leur donne un air de vie, de fraicheur, et un aspect naturel qui les fait rechercher et lui a fait une réputation pour les fleurs fines.

Le jury décerne à Madame Larocque une médaille de bronze d'ensemble.

MENTIONS HONORABLES.

M. SEGRETIN, à Paris, rue Saint-Denis, 257.

M. Segretin est un habile fleuriste en fleurs fines pour parures, coiffures de mariées et de bal. Il occupe cinquante ouvriers. Il fait de 150 à 160,000 fr. de fleurs par an, dont moitié pour l'exportation.

Le jury lui décerne une mention honorable.

Madame RAYMOND-BOCQUET, à Paris, rue du Cadran, 20.

Madame Raymond-Bocquet a exposé une belle corbeille de fleurs fines, composée de Dahlias, de Camellias, de Marguerites, etc., qui annonce une très-belle fabrication de fleurs que le jury a jugée digne d'une mention honorable.

Madame CLAVEL, à Paris, rue de l'Université, 116.

Madame Clavel, après avoir dessiné les fleurs sous Redouté, dont elle est une des meilleures élèves, s'est livrée à la fabrication des fleurs artificielles, dans laquelle elle s'est distinguée d'une manière remarquable, et que le jury croit devoir constater par une mention honorable.

CITATIONS FAVORABLES.

Madame LECHARPENTIER, à Paris, rue Saint-Denis, 121.

Madame Lecharpentier réunit aux compositions de ses parures et ornements de fleurs la bijouterie de perles. Elle occupe plus de quarante ouvriers; elle emploie pour 10,000 fr. de batiste, mousseline, etc.; elle fabrique pour 100,000 fr. de parures de fleurs, dont un tiers pour l'étranger.

Le jury décide que les fleurs de parure de Madame Lecharpentier méritent d'être citées favorablement.

Mademoiselle ADAM, à Paris, rue Beauregard, 6.

Mademoiselle Adam fabrique des fleurs artificielles dont elle a exposé un assortiment remarquable, d'après lequel on a pu apprécier sa belle fabrication, que le jury a jugée digne d'être citée favorablement.

V. *Études de Botanique et Fleurs en cire.*

CITATION FAVORABLE.

Madame FITTON, à Paris, rue de la Ville-l'Évêque, 10.

Madame Fitton a exposé un spécimen de plantes et fleurs cryptogames exécuté en cire avec une rare perfection.

Elle a exécuté de belles collections de divers détails et objets d'étude pour le muséum d'histoire naturelle.

Le jury la juge digne d'être citée favorablement.

VI. *Fleurs artificielles en coquilles.*

CITATIONS FAVORABLES.

Madame STOT, née GUÉNÉE, à Saint-Malo (Ille-et-Vilaine),

A exposé une belle corbeille de fleurs artificielles en coquillages de mer.

Le jury juge que les fleurs de Madame Stot-Guénée méritent d'être citées favorablement.

Madame DÉNISOT, à Saint-Malo (Ille-et-Vilaine).

Les fleurs de Madame Dénisot semblent sortir des mêmes mains que celles de Madame Stot. Elles présentent le même travail, le même soin, la même exécution.

Le jury la juge également digne d'être citée favorablement.

Plumes d'ornement et de parure.

MÉDAILLE DE BRONZE.

M. ZACHARIE, à Paris, rue Richelieu, 102.

Les plumes d'ornement et de parure ont été de tout temps une branche importante d'industrie et de commerce.

Chez les peuples anciens, comme chez les modernes, chez les Indiens et les peuples sauvages, comme chez les nations les plus civilisées, les plumes ont été et sont toujours recherchées, soit pour parures de toilette, soit pour les costumes de représentation civile, militaire et religieuse, ainsi qu'on peut en juger par les monuments, les tableaux, les gravures et divers auteurs.

Les plumes sont portées dans leur état naturel ou travaillées, suivant les nations, leurs caractères ou leurs usages.

Les modes en font surtout élever la valeur à un taux excessif; mais leur prix dépend particulièrement de leur beauté, de leur rareté et du genre des oiseaux, enfin du travail et des apprêts que les plumes nécessitent.

Cette industrie exige de la part des plumassiers des relations et des correspondances dans les pays éloignés et d'outremer; ainsi en Afrique, en Égypte, au Sénégal, à Madagascar, aux Indes, en Amérique, etc., pour se procurer les plumes des autruches, des paradis, des lyres, des hérons, des paons, des cygnes, etc., avec lesquelles ils font leurs belles aigrettes, les plumets, les panaches, les marabouts, etc.

L'art du plumassier est généralement exercé collectivement avec celui du fleuriste; mais quelques plumassiers s'y livrent exclusivement, tels que MM. Zacharie, Almosnino, Canivet, Goy, Marienval, etc., etc.

Les plumes de Paris jouissent d'une très-grande réputation; elles sont un objet considérable d'exportation.

Un seul plumassier, M. Zacharie, s'est présenté comme tel à l'exposition, où Madame Perrot avait mis de très-belles plumes autour de sa corbeille de fleurs, ainsi que MM. Chagot frères, plumassiers-fleuristes; mais si M. Zacharie a été le seul plumassier qui ait exposé des plumes, on doit dire que cette industrie ne pouvait être mieux représentée, et elle l'a été en effet de la manière la plus remarquable par son assortiment de plumes glacées blanches, noires ou de couleurs, et par les divers objets en plumes qu'il y avait joints.

M. Zacharie est, au jugement de ses confrères, notre premier plumassier. Ses plumes jouissent d'une réputation qui les fait partout rechercher en France et à l'étranger; elles sont demandées par toutes les cours de l'Europe.

En le félicitant sur ses succès, le jury décerne à M. Zacharie une médaille de bronze, la seule mise à sa disposition pour cette belle branche d'industrie.

SECTION VI.

CHAPELLERIE, BROSSERIE, CANNES ET PARAPLUIES, CORSETS, PERRUQUES.

M. le comte de Noé, rapporteur.

§ 1. CHAPELLERIE.

Considérations générales.

La chapellerie est une industrie qui a une grande extension en France; des capitaux considérables y sont employés, et elle occupe beaucoup d'ouvriers. La quantité fabriquée tant en chapeaux poils de castor qu'en poils de lapin, est immense, et offre, ainsi que pour les chapeaux de soie, des résultats très-satisfaisants; l'exposition de ces deux produits a présenté une augmentation remarquable. Leur bas prix et leur bonne confection leur assure un débit qui peut être évalué à plusieurs millions. La chapellerie est donc une branche importante de l'industrie nationale. Le nombre d'ateliers, tant à Paris qu'en province, est considérable, et il y a des progrès sensibles dans ce genre de fabrication bien digne des récompenses décernées par le jury.

La chapellerie de paille a fait aussi de grands progrès en France. Plusieurs fabricants ont essayé d'affranchir cette industrie de l'emploi des matières que nous étions forcés de tirer de l'étranger. La paille d'Italie, ayant, ainsi que celle de Suisse, une supériorité jusqu'à présent sur la nôtre, où elle est mieux préparée et soignée qu'en France, ils ont donc fait tout ce qu'ils pouvaient, mais ils n'ont pas réussi tout à fait. Cependant, puisque la qualité des pailles d'Italie est supérieure à celle de France, qui est plus cassante et moins propre à être nattée, ils ont au moins tâché d'y suppléer par d'autres produits, et des établissements ont été crées en France, où l'on travaille des nattes et tissus, en sparterie, qui rivalisent avantageusement avec les produits fabriqués en paille d'Italie. Plusieurs fabricants aussi se sont appliqués à faire natter, et confectionner en chapeaux la paille qu'ils tirent de l'étranger. Cette indusrie (qui auparavant n'existait qu'en Italie, d'où l'on tirait des chapeaux tout faits) a pris une grande extension depuis quelques années. Ces fabricants aujourd'hui ne tirent plus d'Italie que de la paille naturelle ou nattée, qu'ils font confectionner et coudre en chapeaux. Le nombre des maisons de chapellerie de paille existantes en France et à Paris en est une preuve convaincante; le commerce avec les colonies, les États-Unis, Amérique du Sud, etc., est beaucoup plus considérable qu'il n'était jadis. C'est donc une industrie fort utile au pays, puisque c'est une source de richesse, et qu'elle emploie beaucoup de capitaux et d'ouvriers, elle est donc bien digne de figurer dans nos concours industriels.

MÉDAILLES DE BRONZE.

MM. LAVILLE et POUMAROUX, à Paris, rue Simon-le-Franc, 8.

Les produits de cette manufacture sont très-remarquables; MM. Laville et Poumaroux fabriquent des chapeaux de feutre, de castor et de soie; leurs ateliers sont vastes et occupent environ 180 ouvriers. Ils se servent de machines à vapeur pour la confection de certains objets; ils ont une exportation considérable; leur teinture est très-bonne; ils ont aussi trouvé le moyen de dégraisser les peaux de castor, ce qui ne se faisait jadis qu'en Angleterre; aujourd'hui ils importent directement en France les peaux de castor de Québec, les travaillent dans leurs ateliers, et les rendent propres à la confection de leurs chapeaux qui sont d'une beauté remarquable.

Le jury décerne une médaille de bronze à MM. Laville et Poumaroux.

M. ALLIÉ, à Paris, rue Simon-le-Franc, 1.

M. Allié a un fort bel atelier où il emploie

un grand nombre d'ouvriers; c'est une maison considérable dans la chapellerie; tous ses ateliers sont très-bien tenus, et les produits de son industrie sont remarquables par leur bonne confection et leur solidité; la plus grande partie s'applique à la confection des chapeaux de soie. Son débit est considérable.

Le jury, pour récompenser M. Allié, lui décerne une médaille de bronze.

M. GUIGUET, à Arles (Bouches-du-Rhône).

Les soins que M. Guiguet a apportés à son industrie, la beauté de ses produits, le nombre d'ouvriers qu'il occupe, le chiffre de ses affaires, tout le rend digne de la bienveillance du jury qui lui accorde une médaille de bronze.

MENTIONS HONORABLES.

M. DUCHÊNE aîné, à Paris, rue Geoffroy-l'Angevin, 7.

Les chapeaux exposés par cet industriel sont d'une forme agréable, d'un beau noir et montés sur feutre; il a inventé un procédé nouveau pour empêcher les chapeaux de soie de se graisser. Il a aussi inventé un nouveau perfectionnement pour le mécanisme des chapeaux dits *Gibus*, qui est plus solide et assez ingénieux. Il occupe quarante ouvriers; son débit est de 250,000 à 300,000 fr.

Le jury accorde à M. Duchêne aîné une mention honorable.

M. LEJEUNE, à Paris, rue Saint-Honoré, 97.

M. Lejeune emploie quarante-deux ouvriers, et fait pour plus de 200,000 fr. d'affaires. Il a apporté dans la fabrication de ses chapeaux quelques nouvelles innovations avantageuses; ses produits sont beaux et de bonne durée.

Le jury accorde à M. Lejeune une mention honorable.

M. MALARD fils, à Paris, rue des Rosiers, 20.

Les produits de cet industriel sont de très-bonne qualité et de bonne confection; ses ateliers sont bien tenus; il emploie, tant à Paris qu'à Étampes, quatre-vingt-deux ouvriers. Il a dans ses ateliers deux chaudières à vapeur; son débit est considérable; c'est un des établissements les plus estimés en ce genre à Paris; il fabrique le feutre et la soie; ses prix sont très-raisonnables.

Le jury accorde une mention honorable à M. Malard fils.

M. GANDRIAU aîné, à Fontenay-le-Comte (Vendée).

Les produits de cette chapellerie sont bons, ses prix sont très-modérés et son débit assez considérable; le zèle et les soins que M. Gandriau a apportés pour relever cette industrie, qui dépérissait à Fontenay, le rendent digne d'éloge.

Le jury accorde à M. Gandriau aîné une mention honorable.

MM. JOUHAUD fils et Cie, à Limoges (Haute-Vienne).

Ces industriels ont présenté des chapeaux de cuir artificiel et des chapeaux de paille dont les prix sont modérés, et le débit considérable.

Le jury accorde à MM. Jouhaud fils et Cie une mention honorable.

Madame SEGUIN, à Paris, rue des Capucines, 7.

Madame Séguin a présenté un chapeau de femme qui se démonte pour l'emballage; c'est une invention ingénieuse et utile qui a de très-bons résultats, mais qui n'est encore que peu connue. Ce procédé est simple, et de cette manière les dames pourront emporter avec elles sans la moindre gêne, et sous le plus petit volume, plusieurs chapeaux à la fois.

Le jury accorde à madame Séguin, pour cette ingénieuse idée, une mention honorable.

CITATIONS FAVORABLES.

MM. BAILLY aîné et BELNOT, à Paris, rue Simon-le-Franc, 25.

Les casquettes de MM. Bailly aîné et Belnot sont de formes agréables et de bonne confection; leur prix est très-modéré.

Le jury accorde une citation favorable à MM. Bailly aîné et Belnot.

M. ASTIC, à Avignon (Vaucluse).

M. Astic a présenté un chapeau de soie de bonne confection et à un prix très-raisonnable.

Le jury accorde à M. Astic une citation favorable.

Le jury cite favorablement

MM. BLACHE et RODET, à Lyon (Rhône),

Pour leurs chapeaux en castor bien confectionnés, d'un beau noir et à des prix modérés;

M. FEUILLET, à Nîmes (Gard),

Pour ses chapeaux de soie et mérinos bien confectionnés, de bonnes formes et à des prix très-modérés;

M. BRETTNACKER, à Boulay (Moselle),

Pour ses chapeaux bien fabriqués et à des prix modérés; il emploie dans ses ateliers quarante à cinquante ouvriers.

Chapeaux de paille.

RAPPEL DE MÉDAILLE D'ARGENT.

M. POINSOT, à Paris, rue Sainte-Avoye, 57.

M. Poinsot a des ateliers considérables, et fait

un grand commerce de chapeaux en feuilles de latanier; ils sont d'une excellente confection, très-solides, et à des prix extrêmement raisonnables. Il a beaucoup perfectionné cette industrie, et fabrique, depuis la dernière exposition, des chapeaux de femme, en latanier, dont les tresses sont d'une finesse remarquable; les formes, la blancheur, et la finesse de ces chapeaux leur assurent un débit non équivoque, puisqu'ils offrent légèreté, solidité, et bon marché. C'est une branche d'industrie très-recherchée sur les marchés étrangers; l'exportation de ces produits se monte à un chiffre très-élevé, surtout pour les colonies françaises et espagnoles; ils sont aussi très-recherchés aux États-Unis.

Le jury accorde à M. Poinsot le rappel de la médaille d'argent qu'il a obtenue en 1839.

MÉDAILLES DE BRONZE.

MM. FRAPPA et BOIZARD, à Paris, rue Bourbon-Villeneuve, 34.

MM. Frappa et Boizard ont présenté des chapeaux de paille de leur fabrique; ce sont des objets de bonne confection. Cette maison est considérable, et fait beaucoup d'affaires, tant pour l'intérieur que pour l'extérieur. Les prix en sont modérés; ils emploient beaucoup d'ouvriers; c'est une des premières maisons dans ce genre d'industrie.

Le jury décerne à MM. Frappa et Boizard une médaille de bronze.

M. LEGRAS, à Paris, rue Vivienne, 57.

M. Legras fabrique des chapeaux en paille, feuilles de sparterie, et en tresses de paille; ses chapeaux, par leur élégance, leur légèreté, et leur confection, ne laissent rien à désirer. Il occupe un grand nombre d'ouvriers, et fait beaucoup d'affaires; c'est sa première exposition. Il possède des ateliers nombreux à Saint-Frambourg, près de Senlis, département de l'Oise, où se fait la sparterie en produits indigènes. Sous ce rapport, cette maison doit fixer l'attention du jury central.

Le jury décerne à M. Legras une médaille de bronze.

M. ABT, à Paris, rue du Caire, 7.

La fabrique de M. Abt jouit d'une excellente réputation. De simple ouvrier, il est devenu, par son industrie, chef de maison; par son zèle, sa bonne conduite, il est aujourd'hui à la tête de l'une des bonnes maisons de Paris pour la fabrication des chapeaux de paille. Ses produits joignent à la solidité et à la beauté des matériaux dont il se sert, une élégance de formes remarquable; ses nattes sont très-variées; ce qui rend cette fabrique recommandable, c'est qu'elle sait allier ces bonnes qualités avec la modicité des prix. Sous tous ces rapports, M. Abt est digne de fixer l'attentiondu jury, qui lui décerne une médaille de bronze.

M. FLESCHELLE, à Paris, rue Richelieu, 95.

M. Fleschelle n'ayant pas fait connaître, lorsque les

renseignements ont été pris chez lui, qu'une grande partie des chapeaux qu'il confectionne étaient en paille française, il est de toute justice de revenir sur cette erreur et de faire connaître le bon résultat obtenu par cet industriel en exécutant ses chapeaux avec de la paille provenant du département de Seine-et-Oise. A force d'essais et de frais, il a découvert qu'avec une méthode particulière de culture dans un terrain à pente douce et près d'une rivière, il pouvait obtenir une paille de blé propre à remplacer celle que nous tirons d'Italie. Il se sert du premier tuyau de la paille, après celui qui est sorti du sol, et qu'il sépare en six brins avec un petit instrument très-simple et de son invention; les brins sont ensuite nattés, et l'intérieur du brin de paille forme le dessus de la tresse; celle-ci étant ainsi formée, il en confectionne ses chapeaux. Ils ont bien plus de blancheur que ceux d'Italie, et sont plus agréables à l'œil, les prix en sont aussi plus modérés. Ce résultat longtemps souhaité, M. Fleschelle l'a enfin obtenu à force d'étude et de soins, et il nous met à même de nous affranchir de l'étranger pour ce produit.

La qualité du grain, malgré la différence de culture, n'en est pas considérablement altérée; il perd un peu de sa grosseur et de son poids, mais la qualité en est toujours bonne.

M. Fleschelle a une maison considérable, emploie environ 140 ouvriers, et fait, tant à l'intérieur que pour l'exportation, beaucoup d'affaires, dont le chiffre s'élève à 350,000 francs.

Le jury, reconnaissant le service rendu au pays

par l'emploi de la paille indigène, croit devoir récompenser M. Fleschelle en lui décernant une médaille de bronze.

RAPPEL DE MENTION HONORABLE.

M. BENINI, à Paris, passage Colbert, 18, 20 et 22.

M. Benini a présenté des chapeaux de paille très-bien conditionnés, et à des prix raisonnables. Ses chapeaux rivalisent avec ceux d'Italie.

Le jury accorde à M. Benini le rappel de la mention honorable qu'il a obtenue en 1839.

---

§ 2. BROSSERIE.

Considérations générales.

La brosserie est une industrie qui a fait de grands progrès en France, et les capitaux qui y sont employés sont considérables. C'est sous le rapport du commerce intérieur et extérieur que cette industrie réclame tout l'intérêt du jury central. Les objets présentés au concours font honneur aux fabricants qui les ont exposés, tant par leur élégance que par leur solidité et leur bonne confection ; de grandes améliorations ont été apportées dans ce travail, et l'on peut dire, à l'honneur de plusieurs fabricants, qu'ils ont rendu au pays un véritable service en employant dans leur industrie des produits français, produits que l'on allait autrefois chercher à l'étranger : je veux parler ici des soies de porcs, qui longtemps ont été tirées de Russie ; aujourd'hui, grâce au zèle de certains fabricants, nous nous en sommes affranchis *en partie*. Les soies russes étant beaucoup plus fortes que les nôtres, l'on ne peut pas tout à fait les remplacer, mais cependant l'on y a suppléé en grande partie en leur donnant, par certains procédés, une portion de la force qui leur manquait. Cette innovation a été opérée par la cause des circonstances dans lesquelles le pays s'est trouvé, mais au moins certains fabricants ont su en profiter, et nous donnons à ces industriels les louanges qu'ils méritent pour en avoir eu la première idée. MM. Coignard et Cie de Nantes, doivent, sous ce rapport, être particulièrement cités. C'est pendant la révolution qu'un sieur Muller, Hollandais, qui s'était établi à Nantes, y fonda, avec le concours de ses anciens compatriotes, alors prisonniers de guerre en France, une manufacture de brosserie ; la guerre lui ôtant la faculté de tirer de Russie les soies de porcs, il fut forcé d'avoir recours aux soies de France, lesquelles, comme je l'ai déjà dit, il parvint en partie à employer pour certains objets. M. Coignard, qui était un de ses employés, devint son associé, et suivit avec zèle la ligne que lui avait tracée son maître. Aujourd'hui, l'industrie des brosses s'est tellement améliorée qu'elle a un débit considérable aux États-Unis, en Italie, etc., etc. La France a un grand nombre d'établissements de cette industrie à Paris et dans les départements, elle peut donc être citée comme ayant fait des progrès, et il est à remarquer que les produits qui ont été présentés sont confectionnés avec des soies de porcs, et que la baleine n'y figure pas. Il serait à désirer que les fabricants en agissent toujours ainsi, car alors ils seraient sûrs d'un bon débit, toujours assuré par la bonne foi, et non en employant des matières d'inférieures qualités. Il est bien temps que le commerce français se pénètre de cette maxime: qu'il y a tout à gagner en ne donnant que de bonne marchandise, et que la loyauté doit toujours être le premier moteur en matière de commerce.

MÉDAILLES DE BRONZE.

MM. COIGNARD et Cie, à Nantes (Loire-Inférieure).

Les produits de cette manufacture présentent réellement des progrès dans cette partie, surtout dans les pinceaux dits *hollandais pointus*. Jadis on les tirait de Hollande; aujourd'hui cette maison les fait, et en exporte une grande quantité en Amérique et aux colonies.

Ils se servent autant que possible des soies de porcs de France, et se sont en partie affranchis de les tirer de Russie. A la vérité les soies russes sont beaucoup plus fortes que les nôtres, mais ils sont parvenus à donner aux soies françaises une force qu'elles n'avaient pas.

Tout dans cette fabrique se fait à la main. Ils emploient 150 ouvriers, et leurs produits se montent à près de 200,000 fr. par an. Leur manufacture fournit en partie la marine royale, et leurs produits sont estimés.

Le jury voulant récompenser les efforts heureux de ces fabricants et reconnaître les avantages qu'ils ont obtenus pour le commerce français, en se servant de produits indigènes et en nous affranchissant de ce que nous étions jadis forcés de tirer en grande partie de Hollande sous le nom de pinceaux hollandais pointus, décerne à MM. Coignard et Cie une médaille de bronze.

M. DELBOSQUE-MÉLO, à Metz (Moselle).

La maison Delbosque-Mélo est une des plus considérables de France pour la manufacture des brosses, pinceaux, plumeaux, etc. Son existence date de près d'un demi-siècle; depuis, elle a toujours tâché de se distinguer par la bonté de ses produits, de rivaliser dans cette branche d'industrie avec des pays voisins, et enfin de donner à la fabrique des brosses une extension telle, que des débouchés étrangers lui fussent assurés. Ses efforts ont eu un plein succès, et l'Algérie surtout a été un des points où ses produits ont trouvé un débit considérable. L'Espagne, les Pays-Bas, le Piémont, la Russie, la Prusse, la Suisse et la Turquie contribuent tous à l'exportation de cette fabrique. Ces résultats sont dus tant à la bonté et à l'excellence de ces objets qu'à la modicité de leur prix. La haute réputation que possède cette fabrique dans le département de la Moselle, le nombre des ouvriers employés dans ses ateliers, sont en faveur de cette maison.

Le jury décerne à M. Delbosque-Mélo une médaille de bronze, comme une récompense bien méritée.

MENTIONS HONORABLES.

M. EXPERT, à Paris, rue Saint-Martin, 86.

M. Expert s'est présenté à l'exposition de 1844 avec un nouveau système de plumeau. Voici les avantages qu'il offre :

Le plumeau est toujours composé de plumes de longueurs très-différentes; les plus longues se placent à l'extérieur, et graduellement on arrive jusqu'au centre pour fixer sur un manche en bois les plus courtes. C'est toujours par le centre qu'un plumeau s'use, et cela parce que des plumes courtes et faibles, liées sur un morceau de bois, ne peuvent servir longtemps sans se casser à la ligature. Cet inconvénient est grand; il croit l'avoir fait disparaitre en remplaçant 7 ou 8 centimètres de bois au centre par une boucle de caoutchouc brut, qui, roulée et fixée sur le manche, forme un tuyau souple et mobile qui reçoit la plume, et la conserve, au lieu de la détériorer.

Ce procédé paraît simple et très-ingénieux; il donne au plumeau une élasticité remarquable et le rend plus apte que les autres à être employé, surtout pour les objets d'art, qu'il devient moins sujet à casser.

Le jury accorde à M. Expert une mention honorable pour ce perfectionnement du plumeau.

M. GUANTELIAT, à Paris, rue Saint-Nicolas-d'Antin, 48,

A apporté dans son industrie beaucoup de zèle et a perfectionné plusieurs articles; particulièrement ceux relatifs au pansage des chevaux. Les articles qu'il a présentés à l'exposition sont très-bien confectionnés, et méritent une mention honorable qui lui est accordée par le jury.

M. LAURENÇOT, à Paris, rue Neuve-Bourg-l'Abbé, 8.

Les produits de la fabrique de M. Laurençot sont

très-beaux et bien conditionnés. Ce sont des objets de luxe, principalement montés sur ivoire travaillé. Il a 30 ouvriers, le chiffre de ses affaires s'élève à 50,000 fr. pour l'intérieur, et à 90,000 fr. pour l'exportation. C'est sa première exposition.

Le jury accorde à M. Laurençot une mention honorable.

M. LODDÉ, à Paris, rue Bourg-l'Abbé, 52.

M. Loddé a un établissement considérable, et fabrique des plumeaux de bonne confection. Il emploie 48 ouvriers, et fait beaucoup d'affaires; ses prix sont modérés. Aux expositions de 1834 et 1839, M. Loddé a obtenu des citations favorables, et comme il a contribué à perfectionner ses produits, le jury lui accorde une mention honorable.

M. RENNES, à Paris, rue de l'Aiguillerie, 2.

M. Rennes a présenté des objets d'une très-bonne confection, et qui ne laissent rien à désirer. Il offre plusieurs perfectionnements; sa *brosse élastique* mérite surtout d'être citée. Elle sert au pansement des chevaux, une autre s'emploie pour frotter les parquets. Ces deux brosses sont remarquables par leur solide composition. La spécialité de M. Rennes est surtout relative aux brosses d'écuries, ainsi qu'aux balais, et à d'autres outils utiles au pansement des chevaux. C'est sa première exposition. Il emploie de 30 à 40 ouvriers, et son commerce a une assez grande étendue.

Le jury reconnaissant que M. Rennes a apporté dans sa fabrique des perfectionnements notables, et que ses ustensiles pour le pansement des chevaux sont remarquables par leur qualité, leur prix modique et leur bonne confection, lui accorde une mention honorable (1).

M. CHERRIER, à Paris, rue Saint-Denis, 277.

Les produits exposés par M. Cherrier sont d'une très-bonne confection, et remarquables par leur variété et leur solidité.

Le jury accorde à M. Cherrier une mention honorable.

CITATIONS FAVORABLES.

M. RACINE, à Paris, rue du Bac, 25.

La spécialité du sieur Racine est de faire des brosses et tampons de flanelle pour frictions de la peau. Ces ustensiles sont très-bien confectionnés, comme objets d'utilité hygiénique : le jury accorde à M. Racine une citation favorable.

M. PAILLETTE, à Paris, rue du Bac, 15.

Ce fabricant a présenté des objets de très-bonne confection. Il occupe 21 ouvriers, et fait pour 50,000 fr. d'affaires.

---

(1) M. Rennes est breveté pour les brosses élastiques.

Le jury accorde à M. Paillette une citation favorable.

M. ANDRÉ, à Rombas (Moselle).

Les produits de la fabrique de M. André sont de très-bonne qualité.

Il a établi dans le département de la Moselle des usines pour la confection de ses brosses. Son établissement consiste en ateliers où il a dix tours, mus par une machine à vapeur de la force de 4 chevaux. Il fabrique 250,000 articles; il emploie en outre 12 à 15 ouvriers. Le rapport du jury départemental lui est favorable, et, en conséquence, le jury central accorde à M. André une citation favorable.

M. VIDRON, à Paris, rue Rambuteau, 43.

Ce fabricant a présenté des pièces de tabletterie d'une confection remarquable, montées en ivoire sculpté. Il emploie 15 ouvriers.

Le jury accorde à M. Vidron une citation favorable.

M. MAIGNE fils, à Paris, rue de la Roquette, 13,

A exposé des balais et soufflets de cheminées très-bien confectionnés; ses ustensiles de luxe sont très-soignés. Il emploie 8 ouvriers dans son atelier, et fait pour 36,000 fr. d'affaires. C'est sa première exposition.

Le jury lui accorde une citation favorable.

---

§ 3. CANNES ET PARAPLUIES.

Considérations générales.

La fabrication des cannes et parapluies est au nombre des branches de l'industrie française qui ont pris beaucoup d'extension depuis quelques années ; le nombre des fabricants a plus que doublé, et c'est à qui fera maintenant à meilleur marché. Le commerce intérieur est très-considérable, et l'exportation à l'étranger s'élève à environ un million et demi de francs. Un grand nombre d'ouvriers sont employés dans ces fabriques, et nos orfèvres les plus distingués se sont évertués à orner leurs produits, tant en or qu'en argent, de montures les plus élégantes et les plus recherchées, enrichies de toutes espèces de pierreries. Aussi cette industrie a-t-elle répandu ses produits à l'étranger avec un grand avantage. C'est sous de tels auspices qu'elle s'est présentée à l'exposition de l'industrie nationale. Chacun a tâché de rivaliser en offrant au public les résultats de nouveaux procédés pour la confection des parapluies ; plusieurs se recommandent au jury par la solidité, la légèreté et l'élégance, ainsi que par la facilité avec laquelle ces divers objets peuvent être portés ; il y a évidemment un grand progrès. Cette industrie ne peut que gagner à l'examen attentif de ses produits par le jury central.

NOUVELLE MÉDAILLE DE BRONZE.

M. CAZAL, à Paris, boulevard des Italiens, 23.

M. Cazal est un des premiers fabricants de parapluies de la capitale, il emploie quarante ouvriers; il confectionne une quantité considérable de paraplues, tant pour l'intérieur que pour l'extérieur. Ses produits sont très-remarquables par leur perfection, l'élégance de leurs formes, leur solidité et la modicité de leurs prix. Les perfectionnements qu'il a apportés dans cette branche d'industrie sont ingénieux et lui méritent des éloges; il a mis un soin tout particulier dans la confection de ses montures; les aciers dont elles se composent, sont d'une trempe qui ne laisse rien à désirer. M. Cazal ayant obtenu en 1839, une médaille de bronze, cette faveur a vivement stimulé son zèle, et tout son temps a été employé depuis à donner à son industrie toute l'extension possible, à réaliser des progrès qui lui ont mérité des succès non équivoques. Le chiffre de ses affaires est très-considérable, et il exporte beaucoup de ses produits à l'étrangr.

Le jury, bien convaincu des perfectionnements apportés dans la fabrique des objets présentés par M. Cazal, et des progrès qu'il a fait faire à cette industrie, décerne à M. Cazal une nouvelle médaille de bronze.

MÉDAILLE DE BRONZE.

MM. DESPIERRES et Cie, à Paris, rue Sainte-Apolline, 2.

M. Despierres, fabricant de parapluies, emploie plus de cent ouvriers; il produit par année plus de 80,000 parapluies, dont un grand nombre sont exportés à l'étranger.

Il s'est présenté avec des objets perfectionnés, soit dans la monture, soit dans le moyen mécanique employé pour les faire ouvrir et fermer; le mécanisme est adapté dans le manche du parapluie, sans lui ôter sa solidité. Ses ombrelles sont aussi montées d'une manière particulière, leur inclinaison progressive se fait à volonté par un mécanisme placé dans le tube. Enfin il a apporté toutes sortes de perfectionnements dans la confection de ces objets. En raison d'ailleurs de l'importance de son commerce, le jury décerne à MM. Despierres et Cie une médaille de bronze.

MENTIONS HONORABLES.

M. BICHERON, à Paris, rue Saint-Martin, 115.

M. Bicheron exposait pour la première fois, il a une fabrique pour préparer les fanons de baleine et les rendre propres à beaucoup d'usages; il a inventé une machine qui, par la compression, à l'aide de la vapeur, leur donne toutes sortes de formes, et les rend propres à beaucoup de branches d'industrie; d'un morceau de baleine plat, il fait une canne d'une circonférence assez considérable. Son établissement fournit à un grand nombre de commerçants, des cannes, cravaches, fouets, baleines, parapluies, baguettes de fusils et de corsets. Il emploie plusieurs ouvriers, et une quantité considérable de fanons de baleine. Cet industriel est, sous tous les rapports, digne de la bienveillance du jury central.

Le jury accorde à M. Bicheron, pour ses procédés et le zèle qu'il apporte dans la confection des produits de son industrie, une mention honorable.

M. FARGE, à Paris, passage des Panoramas, Galerie Feydeau, 6.

M. Farge, fabricant de cannes et parapluies, emploie trente ouvriers, le chiffre de ses affaires s'élève à près de 100,000 fr. Il apporte dans la confection de ses produits le plus grand soin, et il met autant de soin à la confection des parapluies de minime valeur, qu'à ceux dont les prix sont plus élevés. Ses prix très-modérés, en général, varient depuis 2 fr. jusqu'à 120 fr. Les parapluies qu'il livre sont remarquables par leur solidité, leur monture et la bonté des matériaux. Il s'est étudié surtout à donner à ses montures de parapluies en acier, une trempe qui les recommande spécialement. Sa canne-parapluie est aussi perfectionnée, élégante et légère. Le tube sert de tige, et renforce celle qui est fixée au parapluie; ce tube ainsi adapté se fixe par le moyen d'un ressort au-dessous de la monture lorsque le parapluie est déployé. Le prix en est très-modéré, car il ne dépasse pas 20 fr.; il a obtenu un brevet d'invention pour cette canne-parapluie, et il en vend un grand nombre.

Le jury accorde à M. Farge une mention honorable.

M. GALLOIS, à Paris, rue Saint-Martin, 114.

Ce fabricant a présenté des cannes-cravaches comme produit de ses ateliers; il façonne la baleine, au moyen de la vapeur, par une méthode ingénieuse, et lui donne toutes les formes désirables. Ses procédés sont très-simples, et n'ôtent à la baleine ni sa solidité ni son élasticité. Il obtient, à l'aide de ces procédés, une quantité considérable de produits, il n'y pouvait auparavant parvenir qu'après un long et pénible travail; il fait beaucoup d'affaires, son chiffre est d'environ 150,000 fr., tant pour l'intérieur que pour l'exportation.

Le jury accorde à cet industriel une mention honorable.

M. LEMAIRE-DAIMÉ, à Paris, rue du Petit-Carreau, 1.

La spécialité de M. Lemaire-Daimé est la fabrication de pommes pour cannes et parapluies. Il a apporté dans cette industrie un attention toute particulière, et ses produits sont remarquables par l'élégance de leurs formes et leurs prix modérés. Cette branche d'industrie n'a jamais été aussi soignée qu'aujourd'hui. La variété des formes, les nombreux objets dont on les fabrique, ont fait des progrès immenses, et le débit en est considérable. Sous ce rapport, M. Lemaire-Daimé a fait tous ses efforts pour donner à ce travail tous les soins et l'étendue qui était nécessaire et utile, il a réussi, et ses résultats le prouvent; il emploie cent seize ouvriers, et le chiffre de ses affaires est de 90,000 fr.

Le jury accorde à M. Lemaire-Daimé une mention honorable.

CITATIONS FAVORABLES.

M. CONNERAT, à Paris, rue Grénetat, 28.

M. Connerat fabrique principalement les montures de parapluies, il emploie trente-trois ouvriers, et fait pour 200,000 fr. d'affaires. Ses produits méritent, pour leur bonne confection, l'attention et la bienveillance du jury; en conséquence, il accorde à M. Connerat une citation favorable.

M. BLANC, à Paris, rue de Tracy, 1.

Les produits présentés par cet industriel, se composaient de parapluies, ombrelles et cannes à parapluies, il a présenté en particulier un nouveau parapluie à coulisse sans ressorts, assez ingénieux et solide; il emploie trente ouvriers, fait pour

70,000 fr. d'affaires tant à l'étranger qu'à l'intérieur.

Le jury accorde à M. Blanc une citation favorable.

---

§ 4. CORSETS.

Considérations générales.

La fabrication des corsets, en France, a une telle réputation, que les étrangers viennent les chercher, et l'exportation en est considérable ; cette industrie a fait de grands progrès : tous ceux qui s'en occupent ont cherché à rivaliser, et c'est à qui fera mieux, et apportera des améliorations dans l'art de les confectionner. Les corsets qui étaient exposés dans les galeries de l'industrie en offrent la preuve; les uns montés en baleines, d'autres avec des buscs en acier, et quelques-uns avec des buscs mécaniques qui se prêtent à tous les mouvements du corps. Ceux-ci sont remarquables, non-seulement par leur articulation simple et ingénieuse, mais aussi par le bon marché auquel ils sont établis. Les riches étrangers sont tributaires de la France pour cette industrie qui nous procure une grande exportation.

MÉDAILLES DE BRONZE.

Madame BOURGOGNE, à Paris, rue Hauteville, 28.

Madame Bourgogne est à la tête de l'une des premières maisons de Paris, pour la confection des corsets; la réputation de ses produits est très-bien établie ici, ainsi qu'à l'étranger: leurs formes agréables, les moyens perfectionnés avec lesquels elle les établit, lui donnent une supériorité réelle sur toutes les personnes occupées de cette industrie; aussi sa clientèle est-elle considérable dans les pays étrangers; l'Angleterre, l'Allemagne, la Russie, etc., recherchent ses produits. Elle emploie un grand nombre d'ouvrières; le chiffre de ses affaires se monte à 70,000 fr.

Le jury décerne à madame Bourgogne une médaille de bronze.

M. GOBERT (Auguste), à Lyon (Rhône).

M. Gobert s'est présenté avec un nouveau système mécanique flexible et avec lequel la personne qui le porte, peut faire toutes sortes de mouvements sans la moindre gêne, ce mécanisme se prêtant à tous les mouvements du corps. Cette sorte de brisure articulée qui forme deux branches, se fixe au dos du corset. Il a présenté aussi un busc fort simple et ingénieux qui, par le moyen d'une baguette qui s'y adapte, et que l'on tire à volonté, permet de délacer tout de suite le corset, sans la moindre difficulté. Cette ingénieuse invention est favorable à la santé, et la faculté de médecine de Lyon a reçu sur son compte un rapport très-flatteur par l'organe d'un de ses membres. Cette nouvelle mécanique pour les corsets a obtenu un débit considérable. Le prix en est modéré; le corset, avec ce système, ne coûtant en gros de Naples que 55 francs.

Le jury, en considération de cette amélioration remarquable dans cette branche d'industrie, accorde à M. Gobert une médaille de bronze.

MENTIONS HONORABLES.

Madame DUMOULIN, à Paris, rue du Vingt-Neuf-Juillet, 5.

Les corsets de madame Dumoulin sont remarquables par leur fabrication et l'élégance de leur forme, celui qu'elle a présenté est un corset sans goussets; le travail en est fait avec le plus grand soin.

Le jury accorde à madame Dumoulin une mention honorable.

Madame MILLOT, à Paris, rue Neuve-des-Petits-Champs, 77.

Les produits offerts par madame Millot sont très-bien établis, ce qui assure sa bonne clientèle, tant en France qu'à l'étranger.

Le jury accorde une mention honorable à madame Millot.

Madame veuve SENN, à Paris, rue Montholon, 12.

Les produits de madame Senn sont parfaits et ne laissent rien à désirer, soit par leur beauté ou par la modicité de leur prix.

Le jury accorde à madame Senn une mention honorable.

Madame NOLET, à Paris, rue Montmartre, 133.

Madame Nolet a présenté des corsets qui sont bien établis; sa clientèle est bonne, tant en France qu'à l'étranger.

Le jury lui accorde une mention honorable.

CITATIONS FAVORABLES.

Le jury cite favorablement

Madame FOUSSERET, à Paris, rue du Bac, 64,

Et Madame COLLET, à Paris, rue Montmartre, 167,

Pour la bonne confection, les formes agréables, et les prix modérés de leurs corsets;

Madame NIVEL, à Paris, passage Bourg-l'Abbé, 15,

Pour ses corsets bien confectionnés.

Madame HUBET, à Paris, passage du Caire, 38,

Pour ses corsets bien confectionnés; elle emploie quinze ouvriers, fait pour 20,000 francs d'affaires.

---

§ 5. PERRUQUES.

Considérations générales.

L'industrie manufacturière des perruques est très-considérable en France; beaucoup de capitaux y sont engagés; les étrangers accordent une préférence marquée à nos produits, et l'exportation a, depuis quelques années, augmenté d'une manière remarquable. En 1840, la quantité de cheveux ouvrés se montait à 5,883 kilogrammes; l'année dernière, ce chiffre s'est élevé à 12,667 kilog. Les fabricants se sont attachés à donner à leurs produits l'élégance, la légèreté, la solidité, et surtout à imiter la nature. La perfection qu'ils ont apportée à cette imitation leur a assuré une prépondérance sur les marchés étrangers, tellement établie, que les objets y sont recherchés et estimés. Cette industrie est donc digne d'intérêt.

MENTIONS HONORABLES.

M. CROISAT, à Paris, rue des Fossés-Montmartre, 3.

M. Croisat emploie vingt-six ouvriers, il fait beaucoup d'affaires, tant pour l'intérieur que pour l'exportation. Les perruques qu'il confectionne représentent parfaitement la nature, c'est à s'y méprendre; il a apporté dans cette industrie plusieurs perfectionnements pour lesquels il a obtenu un brevet d'invention. Le jury de 1839 lui a accordé une citation favorable, le jury central, reconnaissant que depuis cette époque, il a fait de nouveaux progrès, décerne à M. Croisat une mention honorable.

MM. NORMANDIN frères, à Paris, rue Neuve-des-Petits-Champs, 5.

MM. Normandin frères fabriquent très-bien les perruques, faux toupets et tours. Leurs produits sont satisfaisants sous le rapport des formes, de leur naturel et de leur confection. Le jury de 1834 leur avait accordé une mention honorable, celui de 1844 leur accorde de nouveau une mention honorable.

CITATIONS FAVORABLES.

M. MAJESTÉ, à Paris, Palais-Royal, galerie Montpensier, 1 et 2,

A présenté de très-belles perruques, emploie environ trente ouvriers, et fait pour 50,000 fr. d'affaires.

Le jury accorde à M. Majesté une citation favorable.

M. ÉMERY, à Paris, rue Saint-Antoine, 31.

Les produits présentés par M. Émery sont très-bien confectionnés et représentent bien la nature.

Le jury lui accorde une citation favorable.

M. GACHIN, à Paris, place Maubert, 6.

M. Gachin emploie environ de trente à quarante ouvriers; il fait pour 75,000 fr. d'affaires, ses produits sont de bonne qualité.

Le jury accorde à M. Gachin une citation favorable.

M. PÂRIS, à Paris, passage Choiseul, 25.

M. Pâris s'est présenté avec de bons produits et à des prix raisonnables.

Le jury lui accorde une citation favorable.

M. REGNIER, à Paris, galerie Véro-Dodat, 6,

Emploie dix-sept ouvriers; ses produits sont de bonne confection, il fait pour 50,000 fr. d'affaires.

Le jury lui accorde une citation favorable.

M. LEMONNIER, à Paris, rue du Coq-Saint-Honoré, 13.

M. Lemonnier a présenté un tableau de tresses et dessins en cheveux qui sont ingénieusement faits. Ces objets ont l'utilité de donner aux familles le moyen de conserver les cheveux des personnes qui leur furent chères : sous ce rapport, M. Lemonnier mérite, et le jury lui accorde une citation favorable.

OMISSION AU TOME II, page 764.

NON EXPOSANTS.

MENTION HONORABLE.

MM. COURTOIS et MORTIER, à Vaugirard (Seine), avenue d'Issy, 17 et 21.

MM. Courtois et Mortier ont imaginé un couvercle propre à régulariser la cuisson de la chaux, et surtout à éviter la plupart des inconvénients que présente cette industrie pour les habitations environnantes.

Le jury leur accorde une mention honorable.

OMISSION AU TOME II, page 954.

Pyrotechnie.

CITATION FAVORABLE.

M. CHAROY, à La Chapelle-Saint-Denis (Seine).

M. Charoy a présenté, à l'exposition, des artifices variés, et a imaginé des dispositions nouvelles et ingénieuses pour en augmenter les effets.

Le jury lui accorde une citation favorable.

TABLE DES MATIÈRES.

SIXIÈME COMMISSION.

BEAUX-ARTS.

SEPTIÈME COMMISSION.

ARTS CÉRAMIQUES.

HUITIÈME COMMISSION.

ARTS DIVERS.

FIN DE LA TABLE DU TROISIÈME VOLUME.

TABLE ALPHABÉTIQUE

DES FABRICANTS ET DES ARTISTES

RÉCOMPENSÉS

PAR LE JURY CENTRAL DE L'EXPOSITION

DE 1844.

ABRÉVIATIONS.

R. O. Rappel de médaille d'or.
N. O. Nouvelle médaille d'or.
O. Médaille d'or.
R. A. Rappel de médaille d'argent.
N. A. Nouvelle médaille d'argent.
A. Médaille d'argent.
R. B. Rappel de médaille de bronze.
N. B. Nouvelle médaille de bronze.
B. Medaille de bronze.
R. M. Rappel de mention honorable.
N. M. Nouvelle mention honorable.
M. Mention honorable.
R. C. Rappel de citation favorable.
C. Citation favorable.

A.

C.

D.

E.

F.

	Tom.	Pag.
FONTANA (Madame). — *Brosses et pinceaux pour peintres*.—R. M.	III.	381
FOREY.—*Calorifères*.—M.	II.	936
FORMENTIN (Mademoiselle).—*Lithographie*.—A.	III.	357
FORNIER, JANIN et FALSANT.—*Velours de soie*.—A.	I.	291
FORT et Comp.—*Couvertures*.—B.	I.	126
FORTEL et LARBRE.—*Etoffes pour gilets, châles, manteaux*, etc.—A.	I.	166
FORTIER.— *Etoffes laine et soie pour ameublements* —Mention pour ordre.	I.	146
FORTIER.— *Châles*.—R. O.	I.	214
FORTOUL.—*Escots divers*.—Voy. SECOND.		
FOSSEY.—*Ebénisterie*.—Voy. FOURDINOIS.		
FOUARD et BLANCQ.—*Draperie moyenne et commune*. —A.	I.	108
FOUCAULT.—*Machine pour faire écrire les aveugles*. —M.	III.	641
FOUCHÉ-LEPELLETIER.— *Produits chimiques*. —A.	II.	740
FOUCHÉ-LEPELLETIER.— *Engrais*.—M.	II.	856
FOUCHER.—*Cardes*.—B.	II.	203
FOUCHER.—*Métier à tresser des chaussons*.—M.	II.	226
FOUCERET.—*Papiers*.—Voy. LAROCHE.		
FOULC.—*Châles*.—Voy. PRADES.		
FOUQUE-ARNOUX et Comp.—*Porcelaines*.—N. A.	III.	435
FOUQUET aîné.—*Châles*.—R. A.	I.	217
FOURCADE frères.—*Draperie moyenne et commune*. —A.	I.	104
FOURCADE.—*Produits chimiques*.—Voy. DELACRETAZ.		
FOURCHÉ et SALMON.—*Couvertures*.—R. M.	I.	127
FOURCROY.—*Machines à filer le lin, la laine et le coton*.—B.	II.	190
FOURDINOIS et FOSSEY.—*Ebénisterie*.—A.	III.	86
FOURÉ (Charles).—*Draperie fine*.—R. A.	I.	84
FOURNEAUX.—*Orgues expressives*.—B.	II.	584
FOURNEL (Victor).—*Soieries*.—R. A.	I.	288

G.

H.

I.

J.

K.

	Tom.	Pag.
Larbre.—*Étoffes pour gilets, châles, manteaux, etc.*—Voy. Fortel.		
Lardière.—*Reliure.*—R. B.	III.	332
Laresoncule.—*Outils de ferblantier.*—C.	I.	818
Larguèze aîné.—*Cuirs et peaux.*—N. M.	III.	568
Larivière aîné.—*Sécateurs et dariers.*—M.	I.	849
Larnotier.—*Vernis et cirages.*—C.	II.	774
Laroche puîné.—*Toiles métalliques.*—Voy. Delacé.		
Laroche.—*Dessins de fabrique.*—B.	III.	392
Laroche et Foucerey.—*Papiers.*—M.	III.	541
Laroche-Joubert et Dumergue.—*Papiers.*—B.	III.	538
Larocque (Madame).—*Fleurs artificielles.*—B.	III.	654 et 664
Laroque frères et fils et Jacquemet.—*Laines peignées.*—A.	I.	36
Larrivé.—*Boutons en métal.*—M.	III.	616
Larrouchets.—*Toiles cirées.*—B.	III.	595
Lasné du Colombier.—*Aciers.*—M.	I.	779
Lasnier-Paris.—*Bonneterie.*—C.	I.	362
Lasserre frères.—*Mastic de bitume.*—M.	I.	690
Lasseron et Legrand.—*Grue-balance à double bec.*—A.	II.	495
Latune (Lombard) et Comp.—*Papiers.*—N. A.	III.	529
Laubereau et Gaulet.—*Machine à essorer les tissus.*—C.	II.	266
Laude frères.—*Sommiers élastiques.*—B.	III.	632
Laumailler et Fromot.—*Retordage des coton.*—R. B.	I.	401
Launay.—*Décoration de verrerie.*—Voy. Robert (François).		
Laurençot.—*Brasserie.*—M.	III.	685
Laurens.—*Travaux métallurgiques.*—Voy. Thomas.		
Laurent.—*Passementerie.*—R. M.	I.	371
Laurent frère et sœur.—*Tissus de laine.*—M.	I.	197
Laurent (Henri) et fils.—*Velours de laine, moquettes, tapis.*—O.	I.	169 et 535

M.

N.

O.

P.

Q.

R.

S.

T.

U.

V.

W.

FIN DE LA TABLE ALPHABÉTIQUE.

ERRATA GÉNÉRAL.

TOME PREMIER.

Pag. Lig.

XXVII, dernière, poteries, *lisez* arts céramiques.

XLI, 2, poteries, *lisez* arts céramiques.

20, 12, M. Auberger à Malassis, *lisez* M. Aubergé à Malassise.

44, 17, fi e, *lisez* filée.

70, 10, MM. Poitevin et fils, *lisez* MM. Poitevin frères.

85, 17, Legrix, *lisez* Legris.

90, 13, MM. Michel Couprie et Comp., *lisez* MM. Marcel Coupree et Comp.

91, 11, M. Morel-Beer, *lisez* M. Beer–Morel.

113, 19, Baron, *lisez* Baret.

114, 8, MM. Briche et Vanbavinchove, *lisez* M. Briche-Vanbavinchove.

168, 17, varié, *lisez* variés.

172, 18, (Nord), *lisez* (Somme).

177, 1, MM. Ternynk, *lisez* MM. Ternynck.

197, 30, de Block, *lisez* Deblock.

217, 1, M. Paul Godefroy, à Paris, *ajoutez* rue du Gros-Chenet, 17.

228, 2, MM. Damiron frères, *lisez* MM. Damiron et frères.

228, 9, Blin, *lisez* Blein.

Pag. Lig.

239, 15, variations, *lisez* variétés.

242 14, tarse, *lisez* tordage.

257, 29, M. Allire-Boubon, *lisez* M. Allyre-Boubon.

269, 20, CITATIONS, *ajoutez* FAVORABLES.

270, 19. Say, *lisez* Fay.

282, 17, MM. Pottin, etc., *lisez* MM. Potton, etc.

296, 3, MM. Naltès, Protlon et Thierriat, *lisez* MM. Nallès, Protton et Thierrat.

331, 12, MM. Fey-Martin et Comp., *lisez* MM. Fey, Martin et Comp.

342, 22, M. Deshayes, *lisez* M. Deshays.

399, 22, Chaise-Martin, *lisez* Chaisemartin.

401, 16, il cite, *lisez* le jury cite favorablement.

406, 5, soutiens, *lisez* lustrines.

414, 10, de filature, *lisez* des filatures.

418, 22, à tout ce qui lui a été présenté pour cette contrée, *lisez* aux articles de même genre destinés à cette contrée.

419, 14, Deloys, *lisez* Deloyse.

426, 26, fine, *lisez* fines.

431, 18, M. Quesnel-Massif, *lisez* MM. Quesnel-Massif frères.

432, 4, ce jeune fabricant, *lisez* ces jeunes fabricants.

434, 13, Chapperon, *lisez* Chapron.

440, 3, M. Dandeville, *lisez* M. Daudville.

442, 8, *ajoutez*, rue du Sentier, 3.

466, 20, Scrive-Labbé, *lisez* Scrive-Labbe.

469, 21, à Alençon, *lisez* à Ozé, près Alençon.

476, 27, M. Dandré, *lisez* M. Dandré à Saint-Quentin (Aisne) et à Paris, etc.

513, 27, garancière, *lisez* de tissus garancés.

516, 1, puce lisses, *lisez* puce et lilas.

519, 22, livre, *lisez* il livre.

537, 19, Réquillart et Chocquel, *lisez* Requillart et Chocqueel.

Pag. Lig.

541, 4, Chardonnaud, *lisez* Chardounaud.

552, 12, M. Dognien, *lisez* M. Doguin fils.

553, 14, M. Champaille, à Calais, *lisez* M. Champailler fils, a Saint-Pierre-lès-Calais.

554, 6, M. Aubry-Fabvrel, *lisez* M. Aubry-Febvrel.

571, 25, M. Géruzet, *lisez* M. Géruset.

578, 1, MM. Landeau-Noyers et Comp., *lisez* MM. Landean, Noyers et Comp.

590, 17, M. Le Mesle, *lisez* M. Lemesle.

596, 11, M. Blazy, *lisez* M. Blary.

597, 28, *ajoutez* et à La Ferté-Sous-Jouarre (Seine-et-Marne).

664, 3, Desfrèches, *lisez* Desfrièches.

664, 26, (Haut-Rhin), *lisez* (Bas-Rhin).

724, 21, près de, *lisez* à.

732, 24, Chavanne, *lisez* Chavane.

740, 16, M. Marsat, *lisez* M. Marsat fils.

775, 1, à Saint-Paul-du-Jarrat, *lisez* à Saint-Antoine-sur-Ariège.

810, 23, aînés, *lisez* aîné.

816, 25, M. Desprats à Gand, *lisez* M. Deprats à Gand.

855, 24, d'une corde, *lisez* d'un cordon.

857, 24, accroche, *lisez* s'accroche.

TOME DEUXIÈME.

Pag. Lig.

32, 28, Luccenay, *lisez* Lucenay.

232, 28, la machine deux cylindres, *lisez* la machine à deux cylindres.

243, 7, l'art typographique, l'art lithographique.

264, 24, perçage, *lisez* berçage.

296, 8, usqu'à ce que, *lisez* jusqu'à ce que.

297, 12, leurs résistances, *lisez* leur résistance.

304, 7, convertir, *lisez* découper.

322, 19 et 20, qu'a construit, *lisez* qu'a construites.

362, 17, Tullius, *lisez* Tullins.

395, 13, médaille d'argent, *lisez* nouvelle médaille d'argent.

455, 21, M. Phillipe, *lisez* M. Philippe.

TOME TROISIÈME.

Pag. Lig.

88, 13, faubourg Saint-Antoine, *lisez* rue Saint-Antoine.

116, 2, Peret, *lisez* Péret.

298, 1, §, *lisez* § 3.

302, 24, RAPPEL DE MÉDAILLE D'ARGENT, *lisez* NOUVELLE MÉDAILLE D'ARGENT.

316, 19, § 3, *lisez* § 4.

327, 22, Schönenberger, *lisez* M. Schönenberger.

328, 3, § 4, *lisez* § 5.

366, 17, MÉDAILLES, *lisez* MÉDAILLE.

407, 4, *lisez* CITATION FAVORABLE.

TABLE GÉNÉRALE.

Pag. Lig.

716, 29, Bécoulet et Vaissier (veuve), *lisez* Bécoulet (veuve) et Vaissier.

721, 26, Bodée, *lisez* Bore.

732, 25, *Étoffes de laines.*—Voy. Germain, *lisez Tissus de laine, soie et coton.*—Voy. Thibaut (Germain).

741, 4, Camus, *lisez* Camu.

741, 8, *ajoutez* Crozier.—*Soieries.*—Voy. Potton.

744, 7. *Ajoutez* Delacour.—*Bonneterie.*—Voy. Scot.

750, 27, Karzner, *lisez* Kazner.

752, 35, *ajoutez* Durand.—*Romaines et romaines oscillantes.* Voy. Ousty.

771, 2, Hamoir.—*Batistes.*—Voy. Mistiviers.

809, 16. Poitevin et fils, *lisez* Poitevin frères.

814, 23, Risler-Schwartz, *lisez* Risler, Schwartz.

816, 7, Rocer, *lisez* Roger.

FIN.

www.ingramcontent.com/pod-product-compliance
Lightning Source LLC
Chambersburg PA
CBHW052008230326
41598CB00078B/2138